普通高等教育教材

环境管理与决策

钟定胜　王稼倩　主编

化学工业出版社

·北京·

内容简介

本书分为两部分，共 15 章。第一部分为环境管理与环境法规，包括第 1 章～第 9 章，内容涉及环境管理的思想、方法、原则、环境管理制度、环境法规及企业环境管理等；第二部分为环境规划与环境决策，包括第 10 章～第 15 章，内容涉及环境管理与规划决策的理论与技术基础、水、大气、固体废物管理规划，以及全球环境问题与管理等。

本书对有关环境管理与环境决策等方面的环境人文社会科学知识，以及相关环境管理工作实务进行了系统性整理与归纳，并将其内容与中国环境管理实践进行了紧密结合，突出了对知识理论与技术方法的实用性讲解，可作为高等学校环境科学与工程、生态工程、安全工程及其他相关专业的通用型教材，同时也可作为环境管理人员和技术人员的参考书。

图书在版编目（CIP）数据

环境管理与决策 / 钟定胜，王稼倩主编 . -- 北京：
化学工业出版社，2025.8. -- （普通高等教育教材）.
ISBN 978-7-122-48451-2

Ⅰ. X32；X-01

中国国家版本馆 CIP 数据核字第 2025DZ1678 号

责任编辑：左晨燕　　　　　　　　　　装帧设计：韩　飞
责任校对：杜杏然

出版发行：化学工业出版社（北京市东城区青年湖南街 13 号　邮政编码 100011）
印　　装：北京天宇星印刷厂
787mm×1092mm　1/16　印张 22¼　字数 547 千字　2025 年 9 月北京第 1 版第 1 次印刷

购书咨询：010-64518888　　　　　　　售后服务：010-64518899
网　　址：http://www.cip.com.cn
凡购买本书，如有缺损质量问题，本社销售中心负责调换。

定　　价：85.00 元　　　　　　　　　　　版权所有　违者必究

在当今世界，推动可持续发展已成为各国的共识，环境管理在促进经济、社会与生态环境协调发展中的作用愈发重要。特别是对于中国这样一个人口众多、资源相对匮乏的发展中大国，加强环境管理、优化环境规划与环境决策显得尤为关键。

自 1972 年联合国人类环境会议以来，中国的环境管理实践经历了五十多年的发展，取得了显著成就。这些实践不仅为中国的环境保护事业奠定了基础，也为全球生态环境保护贡献了巨大力量。从早期的以"老三项、新五项"为代表的八项环境管理制度，到"总量控制制度""河湖长制""生态保护红线制度"等更新的环保制度，以及 2015 年新修订的被称为"带牙齿"的新环保法等，为中国的环境管理提供了坚实的行政管理制度与法规基础。同时，在环境规划和环境决策领域，中国也逐步建立了科学规范的体系，促进了国家及地方的环境与发展综合决策机制的建立，推动了环境保护的定量化管理和部门间的协调合作。

具体到每一个个人的环境保护工作实践来说，在几乎所有环境保护相关的专业性工作中都或多或少地要用到或涉及环境管理、环境法规、环境决策等环境人文社会科学知识。然而，大多数工科和理科专业（包括环境类本科专业）因教学计划的总学时限制，重点都放在了环境自然科学类知识的学习上，无法提供足够的学时以开设独立的环境管理、环境规划和环境法规等课程。本教材正是在这一背景下进行的构思与编写，即努力在相对较短的学时和文字篇幅内让读者能够系统性地掌握有关环境管理与决策的基础知识，并形成初步的环境管理技能基础。本书的核心内容基于编者在江苏大学和天津大学所开设和曾开设的环境专业课程《环境管理》《环境规划与管理》等系列讲义编写而成。这些讲义在编写和使用的过程中，每年都会吸收国内外有关环境管理与规划决策领域的最新进展，尽可能地进行实时更新。同时，结合编者的长期从业经历和教学经验，也包括在长期与各个层面的环境保护工作者们的交流等基础上，我们对环境管理与环境决策实务等方面的内容进行了系统性整理与探索，突出了教材内容与中国环境管理实践的结合与实用性。

本书力图达成以下 4 个特色：

（1）综合性：涵盖环境管理、环境规划、环境法和企业环境管理体系等方面的内容。

（2）实践性与实用性：通过编者的经验、案例分析与系统性的调研等，帮助读者理解环境管理与规划决策的实际应用。

（3）可持续性：强调可持续发展理念在环境管理与决策中的重要性，提供相关的理论和方法。

（4）更新性：总结近 50 年来中国环境管理与规划制度的变迁，分析不同发展阶段的环境管理重点及转变原因，同时，根据当前的实况与实务进展将核心内容进行了全面更新。

本书分为两部分，共 15 章。第一部分为环境管理与环境法规，包括第 1 章～第 9 章，内容涉及环境管理的思想、方法、原则、环境管理制度、环境法规及企业环境管理等；第二部分为环境规划与环境决策，包括第 10 章～第 15 章，内容涉及环境管理与规划决策的理论与技术基础，水、大气、固体废物管理规划，以及全球环境问题与管理等。其中，第 1 章～第 12 章以及第 14 章和第 15 章由钟定胜编写；第 13 章由王稼倩编写。全书的所有习题和习题参考答案由王稼倩编写与整理，书中的阅读材料由王稼倩编写与整理。全书最后由钟定胜统稿，并由钟定胜、王稼倩修改定稿。在本书编写过程中，得到了学院相关领导和师生的支持与帮助，也得到了化学工业出版社的大力支持，对此表示衷心的感谢。

本书内容涵盖广泛，但由于编者的水平和经验有限，书中难免存在疏漏和不足之处，诚恳地希望能够得到专家、学者及广大读者的批评与指正，以便在今后的修订中不断完善。

编者

2025 年 5 月

目录

第5章　环境管理的参与者及其职责与手段　　97

▶ 第8章　我国的环境法体系概述　　156

▶ 第9章　环境规划与管理的理论基础　　172

第15章　全球环境问题与管理

参考文献

| 绪论 |

环境科学与环境工程专业是一个需要广博知识和丰富专业经验的大学科。该学科方向既涉及自然科学，也涉及人文社会科学。自然科学方面的知识基础固然是进行科学有效的环境治理和环境决策的前提，但同时，工程技术类的环境保护和治理行动也离不开对环境人文社会科学尤其是环境管理领域知识的了解与应用。正因此，许多高等学校的环境专业都会为有了一定环境科学与工程的自然科学知识背景的高年级学生开设环境管理类的专业课程，这样一种安排既有利于学生更加深入地理解环境管理相关知识及其应用方法，也有助于学生们在今后的环境工程技术等领域的工作实践中自觉地应用环境管理与决策等方面的软科学知识技能。

就课程内容而言，在讲述具体的环境管理相关知识之前，系统地梳理一下环境科学的知识结构，以及环境管理与环境科学的学科关系，有助于为学生们建立更加清晰的有关环境专业知识结构体系的逻辑图像，从而更好地理解环境管理的学科属性和学习目的。

➢ 什么是环境科学？什么是环境管理？

环境科学是一门跨学科的综合性科学，旨在研究人与自然环境之间的相互关系及其影响。它涵盖了多个学科的知识，包括生物学、化学、物理学、地质学、气候学以及社会科学等多个领域，通过多学科的知识整合，分析和解决复杂的环境问题。

在环境科学中，研究者通过定量和定性的研究方法，评估人类活动对自然环境的影响，包括生态系统的健康、资源的可持续利用、污染的监测与治理，以及气候变化的影响等。例如，生态学家可能会研究特定地区的生物多样性变化；而化学家则会分析水体、大气或土壤等环境中的污染物，了解其对生态系统和人类健康的潜在风险；社会科学家可能会关注人类活动如何影响环境以及如何通过政策、法律和管理的手段来缓解这些影响等。

此外，环境科学还强调科学与政策的结合，为环境管理提供科学依据。通过环境影响评估、可持续发展策略的制定、环境规制的制定和完善以及公众参与的促进，环境科学为应对全球环境挑战提供了重要的理论支持与实践指导。总体而言，环境科学不仅关注自然界的现象，也关注社会、经济与环境之间的互动，强调多学科协作，以实现可持续的未来。

环境管理则是基于上述的环境科学与环境工程的理论与方法，从管理的角度制定和实施有效的策略，以保护和改善环境质量（环境管理的具体定义详见第2章，绪论中重在介绍环境管理与环境科学的相互关系）。它不仅涉及对自然资源的可持续管理，也包括对有关人类社会经济行为的环境政策的制定、环境影响评估以及公众参与等方面的研究与实践。通过环境管理，决策者可以在科学数据的支持下，制定出更为科学合理的环境保护措施，从而有效应对当今社会面临的诸多环境挑战。

➤ 环境科学的学科概念和学科地位

环境科学的学科概念和学科地位在学术界有着广泛的探讨。从严格的学科定义的角度来看，环境科学并不被视为一门独立的科学。这是因为，任何一门科学学科尤其是基础性的科学门类通常需要具备特定的研究对象，而且这一对象应当是该学科所独有的。例如，化学作为一门基础科学，其研究对象明确为化学反应及物质的性质；物理学则专注于研究从电子、原子到天体宇宙等各个尺度的运动变化、相互作用力等自然界基本规律；生物学研究生物体的内在结构规律及其相互关系；即使是人文社会科学也有自己独有的研究对象，比如心理学聚焦于人类行为及心理过程。上述这些基础性学科往往都有隶属于该学科的明确的且独有的研究领域和对象。

相较之下，环境科学缺乏一个独特的、专门的研究对象。它的研究内容通常涉及多个学科的交叉领域，几乎所有其他基础科学的知识都可以或多或少地被应用到环境科学研究和环境问题的解决中来。因此，从狭义上讲，环境科学无法被认定为一门独立的科学。但是，从广泛和通俗的视角来看，环境科学是一门典型的边缘科学、集成科学和复杂科学，是一门专注于如何运用各个学科的知识来恰当地解决复杂环境问题的科学。

➤ 环境专业的知识结构及工作去向介绍

（1）环境专业的知识结构

图 0-1 概括性地展示了环境科学的知识结构，整体上可以将环境专业的知识框架分为大环境和小环境两类。

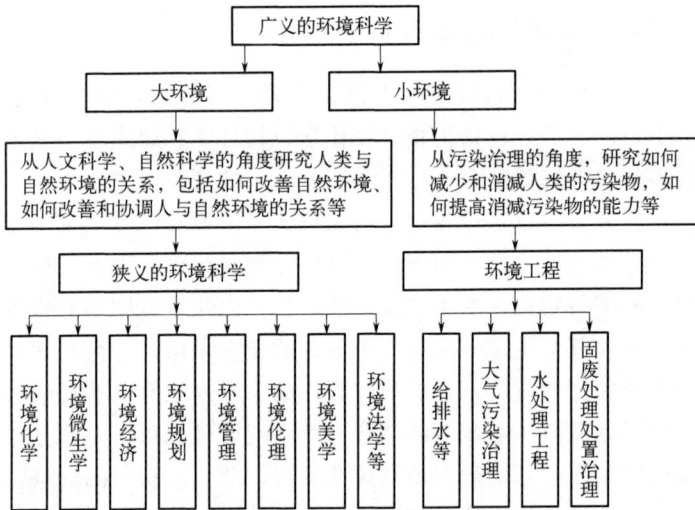

图 0-1　环境专业知识框架分类图

许多学校的环境专业设置中往往都包括两个系：环境科学系和环境工程系，当然，具体的系名不同学校可能会根据该校的历史渊源和自身特点的不同而有所不同，但核心是类似的。从专业划分来看，环境科学系的研究通常属于大环境范畴，而环境工程系则更关注具体的技术和应用，这些内容归入小环境。

小环境主要探讨环境污染、环境保护的工程技术措施及其管理，研究如何减少人类活动产生的污染物，并提高处理和消减这些污染物的能力。具体来说，小环境可以细分为多个领域，包括水、气、声、渣等（具体来说就是固体废弃物处理、大气污染治理、水处理与排水、噪声控制、生态修复工程等），这些领域直接针对污染物和环境破坏的治理与日常管理。

与此相对，大环境的环境科学则从自然科学和人文社会科学的角度，研究人类与自然环境的关系。这一领域的研究重点在于如何改善自然环境以及如何协调人类与自然环境之间的关系。大环境涵盖了软科学和硬科学，具体的分支包括环境化学、环境微生物学、环境毒理学等硬科学，也包括环境经济学、环境规划、环境管理、环境伦理学、环境美学和环境法学等软科学。

环境科学的知识结构充分体现了跨学科的整合，既涉及自然科学的实证研究和机理性分析，也需要人文社会科学的理论探讨和管理对策分析。这种综合性的知识结构使环境专业的学生能够全面理解环境问题的复杂性，这样才能逐步形成从多角度分析和解决这些问题的能力。总之，环境科学与环境工程在知识架构上的划分，不仅反映了学科间的差异，更体现了对环境问题的多层次理解，还体现了将自然科学知识技术与环境管理类知识相互结合的重要性。在实际应用中，只有将大环境和小环境的知识与技能有机结合，同时始终高度关注和严格遵循有关的环境管理规章制度要求，才能有效应对当今社会面临的各种环境挑战，推动可持续发展。

从环境专业学生自身未来职业生涯规划的角度来说，逐步具备这样一种多学科的知识结构，和获得从多学科的视角综合分析、理解和解决环境问题的能力，并熟悉环境管理知识体系，了解环境规章制度，才能形成相比其他专业学生在环境问题应对方面的专业优势，从而不仅有利于自己个人的职业发展，也能更好地服务于环境保护和可持续发展的目标。

（2）环境专业的常见工作去向介绍

随着全球环境问题被日益重视，环境专业及相关领域的毕业生在就业市场上展现出丰富的机会和广阔的发展空间。环境专业的毕业生可以选择多个不同的领域，以下是他们可能从事的八个主要工作方向的简要介绍。

1）生产企业

生产企业是环境专业毕业生的重要就业领域。几乎每个城市都有大量的生产型企业，这些企业在生产过程中会产生各种环境污染物。为了确保环境保护标准得到遵守，大多数企业，尤其是规模较大的企业，通常会设立专门的环境管理部门，负责监控和管理生产过程中的环境影响。

在生产企业中，环境部门员工的角色与生产部门员工的角色同样重要。他们通常负责制定环境管理计划、运营维护环保设施、进行环境监测和审核等，以确保企业运营符合环保法规。这些职责至少包括以下几类：

① 环境管理计划的制定：根据企业的实际情况，制定切实可行的环境管理目标和计划，以确保符合国家和地方的环境法规。

② 环境监测：定期对企业的废水、废气和固体废物进行监测，确保排放物质的浓度和数量符合规定标准。

③ 审核与评估：对企业的生产过程进行定期审核，评估其对环境的影响，提出改进建议。

此外，企业的产品出口通常需要通过严格的考核体系，其中 ISO 14000 环境管理体系认证经常是必不可少的。这一认证标准不仅有利于企业获得进入外国市场的资格，还可以帮助企业建立并维护一套科学且高效的环境管理体系，减少环境负担，提高环境绩效。

2）污染治理工程技术类企业

污染治理工程类企业或提供污染治理工程技术服务的公司，包括污水处理厂、垃圾填埋场、自来水厂、大气污染治理工程公司、环保设备公司等，以及为这些公司和工厂提供配套技术服务的公司等。这些企业的主要任务是处理和净化各种污染物，设计和制造环保装备和药剂，以保护环境和公众健康。

在这些企业中，环境专业毕业生的专业知识和技能发挥着关键作用。具体职责包括：

① 运营和维护污染治理设施：负责日常运营，确保污水处理、垃圾填埋和大气治理等设施的正常运转，及时发现并解决设备故障。

② 优化处理工艺：根据不同类型的污染物特性，分析和优化处理工艺，提高资源利用率，降低处理成本，确保处理效果达到或超过环保标准。

③ 定期检查与评估：制定并实施定期检查计划，评估设施的性能和合规性，以确保满足法规要求，并及时进行必要的改进和调整。

④ 生产制造符合市场需求的稳定和高效的环保装备和药剂耗材等。

环境专业毕业生在这些企业中不仅要掌握相关的技术知识，还需具备一定的项目管理能力，以便有效协调各项工作，确保环保设施设备的高效运行。

3）环境工程设计

环境工程设计是另一个重要的就业领域。环境专业毕业生可以从事污染治理设施的设计工作，包括污水处理厂、废气净化装置和固体废物处理系统等的设计与规划。在这一领域中，专业人员需要具备扎实的工程知识和设计技能，同时熟悉相关的环保法规和标准。

环境工程设计的具体工作内容包括：

① 设施设计：根据项目需求，设计符合环保标准的污染治理设施，确保其在实际运行中能够有效去除污染物。

② 技术可行性分析：对设计方案进行技术可行性分析，评估其经济性和实用性，以确保项目的顺利实施。

③ 协作与沟通：与其他专业人员（如结构工程师、电气工程师等）密切合作，确保设计方案的整体协调。

考取相关的专业证书，如注册环保工程师执业资格证书，将有助于大幅提升在这一领域的职业竞争力。

4）环境影响评价

环境影响评价（environment impact assessment）是环境专业毕业生可以进入的第四个领域。无论是新建项目还是技术改造项目，所有可能对环境产生影响的活动都需要进行或复杂或简单的环境影响评价。注册环境影响评价工程师负责评估这些活动，分析其对环境的潜在影响，并提出相应的缓解措施。

环境影响评价的工作内容大致包括：

① 数据收集与分析：收集与项目相关的环境数据，进行详细的分析，评估项目对空气、水体、土壤及生态系统的影响。

② 报告编写：编写环境影响报告，详细描述评估结果，并提出可行的缓解措施，确保项目的环境合规性。

③ 公众参与：组织公众参与活动，收集利益相关者的意见和建议，确保环境影响评价的透明度和公正性。

总的来说，环境影响评价工作涉及详细的数据收集、分析和报告编写，确保项目在环境上是合规的和可持续的。

5）政府环境管理机构

环境专业毕业生可以在环保局、监测站等政府部门工作，负责制定和执行环境保护政策，进行环境监测和执法。

在政府环境管理机构中，环境专业毕业生的主要职责包括：

① 政策制定与执行：参与制定和执行地方及国家的环保政策，确保各项政策的有效落实。

② 环境监测：负责环境质量监测，收集、分析和发布环境数据，提供科学依据以支持政策制定。

③ 执法与监管：对企业和其他组织的环境行为进行监督与执法，确保其符合环保法规，及时处理环境违法行为。

这些职位通常要求良好的政策分析能力、法规知识和项目管理能力，以确保各级环保法规和环境标准得到有效实施，及时解决处理环境破坏和环境污染事件、调解各类环境纷争等。

6）非政府组织及民间组织

非政府组织（NGO）和民间组织也是环境专业毕业生的一个就业领域。这些组织包括环保协会、绿色组织和环境基金会等。在这些组织中，环境专业人员可以从事环境教育、公众宣传、项目管理和政策倡导等工作，帮助提升公众的环保意识并推动政策的改进。

在非政府组织中的主要工作内容包括：

① 环境教育与宣传：开展环保知识的宣传和教育活动，提高公众的环境保护意识。

② 项目管理：负责实施各类环保项目，包括生态恢复、环境监测等，确保项目按计划进行。

③ 政策倡导：参与政策研究与倡导，推动政府及社会对环境保护的重视与投入。

通过这些活动，环境专业毕业生不仅能够影响公众的环保意识，还能在政策层面推动更为有效的环境保护措施。

7）环境科研工作

环境科研领域涵盖药剂设备研发、污染治理工艺研发以及与环境管理相关的信息软件和自动化控制系统的研究等。环境专业毕业生可以在大学、研究机构或企业的研发部门工作，致力于开发新技术、新材料和新方法，以解决环境问题。这些科研工作有助于推动环境技术的进步和应用，提升环境保护效果。

8）环境基础教育

环境专业毕业生可以在中小学、高校等教育机构担任教师，教授环境科学、环境保护和可持续发展等课程。他们的任务是培养学生的环保意识和科学素养，为未来的环境保护工作培养人才。

环境教育的工作内容至少包括：

① 课程开发与教学：设计和教授与环境相关的课程，帮助学生理解环境问题和可持续发展的重要性。

② 实践活动组织：组织学生参与各类环保实践活动，如植树、清理河流等，增强他们的实践能力和社会责任感。

③ 科研与教育结合：参与教育研究，探索有效的环境教育方法，不断提升教学质量。

通过在教育领域的工作，环境专业毕业生能够为社会培养出更多具备环保意识和能力的人才，从而推动社会整体的环境保护工作。

综上所述，环境及环境相关专业的毕业生在就业市场上享有丰富的机会和广阔的发展空间。无论是进入生产企业、污染治理工程技术类企业，还是从事环境工程设计、环境影响评价、政府环境管理、非政府组织工作、环境科研或环境基础教育，各个领域都迫切需要具备专业知识和技能的环境人才。

同时，这个专业对于知识技能和经验的积累要求较高，知识技能和经验越丰富，职业发展的高度和收入水平也会相应提高。总的来说，上述每个领域都需要充分掌握环境自然科学的硬知识，同时也需要对环境管理与决策的软科学知识有深入理解和掌握。随着全球对环境保护的重视程度不断提高，环境专业毕业生的职业前景将更加广阔，未来的发展潜力也将更加巨大。

|第1章| 环境与环境问题系统分析

1.1 环境及环境问题概述

几乎每门环境专业课程的第 1 章都要讲解环境问题。虽然许多读者可能已经对许多环境问题的表象耳熟能详，但深入理解环境问题及其与专业知识的关联性仍然至关重要。这种讲解的根本目的是将环境问题与该门课程的核心知识点相结合，比如化学类的环境专业课可以从化学的视角来讲解和剖析环境问题，生物或是物理类的环境专业课就应该从生物或物理的视角来讲解和剖析环境问题的根源及其治理方法，这不仅仅是为了吸引学生和读者的阅读兴趣，更是为阐明环境问题与这些不同的专业课程之间的内在机理联系和未来的应用方法。

本书之所以也要详细探讨环境问题，是为了对其根源进行系统分析。本书将主要从人文社会科学的视角入手，深入剖析环境问题的社会、经济和文化背景。通过这种多维度的分析，有助于更好地理解环境问题的复杂性及其对人类社会的深远影响。

1.1.1 环境的定义与构成

（1）环境的定义

从语义的角度来说，环境这个词本身并不指向任何一个物质实体。广义上，环境的哲学定义可以理解为：环境是一个相对于主体而言的客体。这个定义，只反映了任意两个事物之间的对应关系和映射关系，而不指向任何一个具体的事物。这一特性使得环境的研究与物理、化学、生物、经济学和心理学等学科形成鲜明对比，后者的研究对象通常较为具体且明确。因此，正如前文所提到的，在严格意义上，并不存在一门独立的科学学科专门称为"环境科学"，但在广义上，环境科学是一门典型的边缘科学和交叉科学。

在环境科学的语境中，环境的定义为：以人类社会为主体的外部世界的整体。这个外部世界涵盖了人类已知的、直接或间接影响人类生存和社会发展的各种事物。

根据《中华人民共和国环境保护法》，环境被定义为："影响人类生存和发展的各种天然的和经过人工改造的自然因素的总体，包括大气、水、海洋、土地、矿藏、森林、草原、湿地、野生生物、自然遗迹、人文遗迹、自然保护区、风景名胜区、城市和乡村等"。这一法律定义是对环境这个概念所做的通俗化和物质化的定义，旨在为环境保护的相关法规提供明确的界定，方便法律的实施和执行。

（2）环境的构成

1）根据环境功能不同分类

可以将环境划分为生活环境和生态环境两大类。

① 生活环境。指人类日常生活所依赖的空间和条件，包括居住、工作、学习等活动所需的物理和社会环境。生活环境的质量直接影响到人类的健康、幸福感和生活质量。

② 生态环境。涵盖了生物的生存状态及其繁衍的条件，涉及生态系统的平衡与稳定。生态环境不仅包括生物群落之间的相互关系，还包括生物与其物理环境（如气候、土壤、水源等）之间的相互作用。

2）从影响人群生活和生产活动的因素来看环境的构成

应包括人工环境和自然环境两种因素。

① 人工环境。由人类活动创造和改造的环境，包括聚居场所、商业区、工业园区、公共设施等。这些人工环境的设计和建设直接关系到人类生活的便利性和舒适性。

② 自然环境。指未经过人为改造的自然界，包括自然资源（如水、空气、土壤等）、自然现象（如气候变化、地质活动等）以及生态系统的整体。这些自然因素在维持生态平衡和人类生存中起着至关重要的作用。

通过以上有关环境的定义与构成分析，可以看出环境是一个复杂而动态的系统，既包括自然因素的影响，也涵盖了人类活动的作用。理解环境的多元性和复杂性，对于开展有效的环境管理和保护人类的生存空间至关重要。

1.1.2　环境问题的由来

环境问题是指由于人类活动或自然因素引起环境的质量发生变化，给人类及其他生物的正常生存和发展造成影响和破坏。

在工业革命前后，人类对环境的破坏程度存在显著差异。工业革命前，虽然人类的活动对自然环境有一定影响，但总体上对环境的破坏相对有限。随着工业化进程的加速，尤其是19世纪以来，工业技术在给人类带来了巨大物质财富的同时，也带来了各种污染和破坏，相应地，各类环境问题也逐渐显现并加剧。

总的来说，环境问题的发生与发展可以大致划分为以下3个阶段。

（1）早期环境问题阶段（自人类出现直至工业革命止）

在这一阶段，人类以狩猎、采集和农业为主要生存方式，虽然对自然环境有一定的干扰，但由于人口规模小、技术水平低，环境的破坏相对较轻。尽管存在一些局部的环境问题，例如森林砍伐和土壤退化，但整体上人类对自然环境的影响是有限的。

（2）近现代环境问题阶段（从工业革命到1984年发现南极臭氧空洞）

这一阶段标志着人类对环境的影响显著增加。工业革命带来了大规模的资源开采和生产，推动了经济的快速发展，但与此同时，伴随而来的是大量的废弃物和污染物排放，导致了空气、水体和土壤的严重污染。城市化进程的加速以及工业活动的扩张，使得环境问题愈发凸显，许多地区面临着生态退化和环境恶化的严峻挑战。例如，世界八大公害事件、印度博帕尔化工厂爆炸事件、切尔诺贝利核电站爆炸事件等，都发生在这一阶段。

世界八大公害事件中，诸如美国洛杉矶的光化学烟雾事件和英国伦敦的雾霾事件都深刻反映了城市工业化带来的空气污染问题。这些公害事件著名的主要原因是它们出现得比较早，受新闻报道较多，早期的社会关注度高，因此可以被列到教科书中，但这并不意味着这些公开事件就是在所有的环境事件中最为严重的。例如，相比英国伦敦烟雾事件，更为严重得多的印度博帕尔化工厂爆炸事件（1984年），就是这一阶段最具代表性的环境污染事件之一，造成了 2.5 万人直接死亡，55 万人间接死亡，另外有 20 多万人永久残废的巨大悲剧，这一事件深刻揭示了工业安全管理和环境保护之间的紧迫关系。苏联切尔诺贝利核事故（1986 年）虽然发生在此阶段的末期，但其前期的核能开发和利用过程中所暴露出的安全隐患，已在此阶段逐渐显现。上述这些事件的发生不仅对受影响地区的环境和居民生活造成了直接影响，也促使全球范围内加强对环境治理的重视，推动了国际社会在环境保护领域逐步开始合作与立法。

（3）当代环境问题阶段（从发现南极臭氧空洞至今）

1984 年，南极臭氧层的巨大空洞被发现，这一事件标志着人类活动对环境的影响，已经从局部地区的环境污染和破坏，上升为全球性的环境污染和破坏了。这一重大发现提醒人们，环境问题不再是局部的，而是需要全球共同面对的挑战。除了臭氧层破坏的问题以外，在这一阶段，环境问题的复杂性和多样性不断增加。全球气候变化、生物多样性减少、资源枯竭等问题日益凸显，成为人类社会面临的重大挑战。

通过以上对环境问题由来的分析，可以看出，环境问题的演变与人类活动的变化密切相关，随着科技的进步和社会的发展，如何有效管理和保护环境，已成为全球面临的重要任务。此外，许多环境问题的跨国界特性要求必须国际社会加强合作，包括制定相关政策、推动可持续发展等，才能共同应对这些全球性问题，从而保护地球的生态环境和营造人类的共同未来。

1.1.3　环境问题的分类

环境问题具有多样性和复杂性，但通常可以大致分为原生环境问题和次生环境问题两类。

（1）原生环境问题

这类问题是由自然力量引起的，具有人类目前无法避免，并且对其抵抗能力相对薄弱等特点。原生环境问题包括自然灾害，如火山喷发、台风、飓风和自然干旱等。这些现象是自然界自发产生的，尽管科学研究在不断发展，但人类对这些问题的成因及其发展过程仍未完全了解，且缺乏足够的能力去抵御其影响，只能去适应或者去缓解。

（2）次生环境问题

这类问题主要是由人为活动引起的，表现为生态环境的破坏、环境污染和公害等现象。随着工业化和城市化的推进，人类的生产和生活方式对自然环境造成了显著影响，导致资源的过度开发和生态平衡的破坏。现存的环境问题大多数属于次生环境问题，这些问题直接关系到人类的生活质量和生态系统的健康。

通过对这两类环境问题的识别与理解，我们可以更好地制定解决方案和应对策略，以保护我们的自然环境和人类社会的可持续发展。

1.1.4　全球的主要环境问题

（1）环境污染：主要包括大气污染、水体污染和土壤污染等

大气污染是由工业排放、交通运输、燃煤发电及其他人类活动导致的。工业生产过程中释放的废气、汽车尾气中的有害物质，以及燃煤时产生的烟尘和二氧化硫等，都显著增加了

空气中有害物质的浓度。这种污染不仅影响空气质量，还严重威胁人类健康，增加了呼吸道疾病、心血管疾病和其他健康问题的风险。此外，大气污染还可能导致酸雨、雾霾等现象，进一步加剧环境问题。

水体污染主要是由于农业化肥、工业废水和生活污水的排放所引起的。农业活动中使用的化肥和农药在降雨后可能流入河流和湖泊，导致水质恶化。工业废水往往含有重金属、有机污染物和其他有害物质。生活污水中的有机物和病原微生物也会对水体造成污染。这些问题不仅影响水生生态系统的健康和多样性，还威胁到人类的饮水安全，可能导致水源短缺和水传播疾病的增加。

土壤污染通常是由重金属、农药和化学肥料的过量使用所引起的。工业活动中排放的重金属（如铅、镉、汞等）会渗透到土壤中，长期积累后对生态和人类健康造成危害。农业中不当使用农药和化学肥料不仅导致土壤质量下降，还可能通过食物链影响人类健康，导致食品安全问题。此外，土壤污染还会影响土壤的生物多样性，降低土壤的肥力，进而影响农作物的生长和农业生产。

（2）二次污染：包括全球气候变暖、臭氧层破坏、酸雨和光化学烟雾等问题

二次污染是指在环境中通过化学反应或其他过程形成的新污染物，通常是由初级污染物转化而来的。它包括多个重要的环境问题，如全球气候变暖、臭氧层破坏、酸雨和光化学烟雾等。

全球气候变暖主要是由于温室气体（如二氧化碳、甲烷和氧化亚氮）的持续排放所致。这些气体在大气中积累，形成温室效应，导致全球气温上升。气温的上升引发了一系列极端天气事件，如热浪、洪水和干旱，同时也导致海平面上升，威胁沿海地区的生态系统和人类生活。

臭氧层的破坏主要源于氟氯化碳（CFCs）等化学物质的使用。这些物质在大气中分解后，会释放出氯原子等物质，从而破坏臭氧分子，导致臭氧层的减少。臭氧层的破坏增加了紫外线辐射的强度，给人类健康（如皮肤癌和眼疾）及生态系统（如水生生物和植物生长）带来了严重威胁。

酸雨是由二氧化硫（SO_2）和氮氧化物（NO_x）的排放引起的。这些污染物在大气中与水蒸气、氧气和其他化学物质反应，形成酸性物质，最终通过降水落入地面。酸雨会导致环境酸化，损害土壤的营养成分，影响植物的生长，甚至对水体生态造成严重影响，如鱼类和其他水生生物的生存环境被破坏。

光化学烟雾是由汽车排放和工业废气中的挥发性有机物（VOCs）在阳光照射条件下反应形成的。这一过程在光照强烈的条件下尤为明显，导致臭氧和其他有害物质的生成，进而造成空气质量下降。光化学烟雾不仅影响环境美观，还对人类健康造成威胁，可能引发呼吸系统疾病和其他健康问题。

（3）生态破坏：表现为生物多样性减少、土地荒漠化和水土流失等现象

生态破坏是指自然生态系统的功能和结构遭到破坏，主要表现为生物多样性减少、土地荒漠化和水土流失等现象。这些问题不仅影响生态环境的健康，还对人类的生存与发展构成严重威胁。

① 生物多样性减少是生态破坏的重要标志，主要源于栖息地的破坏、过度捕捞和外来物种的入侵。栖息地的破坏通常是由于城市化、农业扩张和基础设施建设等人类活动造成

的，导致许多物种失去生存空间。过度捕捞则使得水生生态系统中的鱼类和其他生物数量急剧下降，威胁到生态平衡和物种的存续。此外，外来物种的入侵往往会竞争本地物种的生存资源，扰乱生态系统的稳定性，进一步加剧生物多样性的减少。

② 土地荒漠化是生态破坏的又一重要表现，主要由不合理的土地利用、过度放牧以及气候变化等因素造成。过度开发和不科学的农业管理导致土壤质量下降，耕地面积逐渐减少，影响粮食生产的可持续性。同时，过度放牧会导致草地退化，进一步加剧土地的荒漠化现象。气候变化引发的极端天气（如干旱和高温）也会对土地的生产能力产生重大影响，威胁到生态系统的稳定性和人类的生计。

③ 水土流失是指土壤和水资源的流失，通常是由于不当的农业实践、森林砍伐和城市化进程所导致的。过度耕作和不合理的灌溉方式使得土壤结构遭到破坏，导致土壤肥力下降。此外，森林的砍伐使得土壤失去植被覆盖，增加了水土流失的风险，进而造成水资源的浪费，影响生态系统的恢复能力。城市化进程中的不合理开发也加剧了水土流失，使得原本健康的生态环境受到严重威胁。

（4）资源耗竭：主要涉及煤炭、石油等不可再生资源的枯竭

资源耗竭是指煤炭、石油等不可再生资源的逐渐枯竭，成为当前全球面临的重大挑战之一。随着全球经济的快速发展和人口增长，能源需求不断增加，导致这些资源的过度开采，面临枯竭的风险。此外，资源的过度开发还可能引发环境恶化、生态失衡以及社会经济问题，影响可持续发展。因此，寻找可再生能源和提高资源利用效率成为当务之急。

1.2 环境问题系统分析

本章的 1.1 节概括式地介绍了环境的基本概念和环境问题的表现类型。接下来从多个学科的视角深入剖析这些环境问题的产生根源，因为只有充分了解了环境问题的产生根源，才能得出应对环境问题的总体策略和具体方法。

在进行具体的环境问题系统分析之前，先来做一个思考讨论题：环境问题最根本是一个什么问题？大致的答案可以有：a. 一个工程技术问题；b. 一个社会经济问题；c. 其他。

在做出最终选择之前，我们首先需要考虑的一个重要现实问题是：如果污染者不进行污染处理怎么办呢？因为绝大多数环境问题已经有成熟技术可治理，而不是现有成熟技术不够高效的问题，当然，环境治理技术能更加高效当然更好，问题的关键在于如何要求其必须治理。科学地制定并不断完善环保法律固然是一个极为重要的方面，但是，如何严格执行同样重要甚至更加重要，这需要规章制度的完善、依法治国理念的全面落实、社会经济行为的宏观规划调控、人员素质的提高和公众舆论的参与等。而后面这些因素，无疑就意味着需要从多个视角来看待环境问题及其应对方法。因此，在给出这个问题的最终答案之前让我们先对环境问题的产生根源做一个多学科多角度的系统分析和逻辑梳理。

1.2.1 环境问题是多因素共同作用的结果

（1）环境事件中的影响因素梳理

在 20 世纪 70 年代以前，环境问题常常被视为一个纯粹的工程技术问题，主要集中在如何通过技术手段来解决污染和资源浪费等具体问题。1972 年斯德哥尔摩人类环境会议的召

开，标志着全球对环境问题认识的重大转变，这次会议达成的共识是：环境问题不仅仅是技术挑战，更是深刻的社会经济问题。得到这种共识的根本原因是，通过对大量的环境事件进行剖析，都可以发现经济和社会因素、不同阶层的需要不同、环保思想理念、法治水平、发展中国家步工业化国家后尘（越界转移）等影响因素。

首先，经济和社会因素在环境问题的形成中扮演着关键角色。经济增长往往伴随着资源的过度开发和环境的恶化。在追求经济利益的过程中，许多企业和国家忽视了环境保护的必要性，导致了严重的生态破坏和环境污染。例如，发展中国家在追求经济发展的过程中，常常依赖于资源密集型产业，这种模式不仅耗费了大量的自然资源，也对生态系统造成了不可逆转的损害。

其次，不同社会阶层对环境问题的需求和关注程度存在显著差异。高收入群体往往能够更好地享受清洁的环境和优质的生活条件，而低收入群体则常常生活在污染严重的地区，面临更高的健康风险。这种不平等的环境分配使得环境问题更加复杂化，社会的各个阶层在环境治理中的声音和需求也不尽相同。因此，制定环境政策时必须考虑到社会的多样性，以确保不同阶层的利益和需求得到平衡。

环保思想理念的普及与发展也是影响环境问题的重要因素。随着全球环保意识的增强，越来越多的人开始关注环境保护，推动可持续发展的理念。然而，在一些国家和地区，环保思想仍然未能深入人心，公众对环境问题的认知和重视程度不足。这种缺乏环保意识的现象，导致了人们在日常生活中对资源的浪费和对环境的破坏。因此，加强环保教育和宣传，提高公众的环保意识，是解决环境问题的关键一环。

法治水平也对环境问题的解决起到至关重要的作用。有效的法律法规可以为环境保护提供强有力的保障，促使企业和个人承担起环境责任。然而，在一些国家和地区，法律执行力度不足，环保法规形同虚设，导致环境问题屡禁不止。加强法治建设，提高环境法律的执行力，是推动环境治理的重要措施。

此外，发展中国家在快速工业化过程中常常面临"越界转移"的问题。发达国家由于环境成本的上升，将高污染、高能耗的产业转移到发展中国家，导致后者在经济发展的同时承担了更多的环境负担。这种现象不仅加剧了全球环境问题的复杂性，也使得发展中国家在追求经济增长的过程中面临更大的环保压力。因此，国际社会需要共同努力，促进全球环境治理，推动可持续发展。

综上所述，环境问题的产生是多因素共同作用的结果，涉及经济、社会、技术、法律和伦理等多个方面。要有效应对这些环境挑战，必须采取综合性的措施，从根本上解决环境问题。这不仅需要技术创新和经济转型，更需要社会各界的共同努力，推动环保思想的普及和法治水平的提升。只有通过多角度的系统分析，才能找到真正有效的解决方案，确保我们在追求经济发展的同时，也能保护好我们赖以生存的自然环境。

（2）有关"环境问题是多因素共同作用的结果"的学术研究

在有关"环境问题是多因素共同作用的结果"这个问题上，学术界也早就开始了相关的学术研究，除了定性的理论性研究外，还有一些针对具体环境问题的定量化研究。

Commoner 的著作《Making Peace with the Planet》[1] 中有一个分析调研，涉及对美国有机合成杀虫剂的环境影响的研究。按照她的调研分析，美国杀虫剂的使用量从 1950 年到 1967 年增长了 266%，即是原来的 3.66 倍。这一增长的背后涉及了多个影响因素的共同作用。首先，在此期间，美国的人口增长了 30%，即是原来的 1.30 倍。同时，人均谷物产出也有所增加，增长幅度为 5％，即人均谷物消费量是原来的 1.05 倍。然而，为了获得单位的谷物产出，喷洒的杀虫剂使用量增长了 168％，即 2.68 倍。

$$3.66＝1.30×1.05×2.68$$

式中，3.66 为农药量的增长；1.30 为人口数的增长；1.05 为人均财富的增长；2.68 为技术水平的增长。

由此可见，杀虫剂的使用增长不仅与人口数量的增加有关，还与人均谷物的消费量以及单位谷物产出所需的杀虫剂用量密切相关。上式表明，杀虫剂的总增长量是由人口、单位人均粮食量以及单位粮食所需的杀虫剂用量三者的综合作用所决定。这一分析强调了环境影响的多重性：随着人口的增长，环境影响也随之加大；人均财富的增加同样会导致环境影响的扩大；如果技术水平没有提升，反而因抗药性等问题导致杀虫剂使用量的增加，这将进一步加剧环境的负担。因此，这项研究结果有力地阐述了人类对环境的影响是多种因素共同作用的结果。值得一提的是，该研究还揭示了一个有趣的现象，即事实上，在这个分析计算公式中，杀虫剂的使用量可以被表示为"人口数"乘以"人均粮食量"，再乘以"单位粮食的杀虫剂使用量"，即：

$$杀虫剂量＝人口数×\frac{粮食量}{人口数}×\frac{杀虫剂量}{粮食量} \tag{1-1}$$

通过简约公式中的相同变量，我们可以发现，最终该公式实质上就是杀虫剂的使用量等于杀虫剂使用量，既自己等于自己。如此简单的公式结构，是在开玩笑么？不，这并不是在开玩笑，更不是在耍弄大家，而是凸显了在科学研究中思想的重要性和思维深度与广度的重要性。这项研究的意义就在于前文所说的，它可以剖析出来我们人类行为对环境的影响，是跟多种因素有极大的相关性的。因此，为了改善环境影响，人类社会需要在控制人口增长、调整财富分配以及提升技术水平等方面进行必要的反思和改进。这不仅涉及政策层面的调整，还需在社会价值观上进行深刻的变革。通过综合考量这些因素，才能更有效地应对环境挑战。

之后，罗萨（Rosa）[2] 在 Commoner 的上述研究的基础上，进一步提出了如下关系式：

$$I＝aP^bA^cT^de \tag{1-2}$$

式中，I，P，A，T 分别代表 impact（影响），population（人口），affluence（财富），Tech（科技）；a，b，c，d，e 为参数，统计指标。

在这个公式中，环境影响与人口、财富、技术水平的相关性梳理得更加详细，包括引入了指数和系数等参数。在具体使用中，这些指数和系数的具体取值需要结合具体对象进行有现实意义的调研和回归分析。

（3）小结

① 环境问题是多因素共同作用的结果。涉及自然、经济、社会和技术等多个领域。人口增长、资源消耗和工业化进程等因素共同加剧了环境的压力，导致了水污染、空气质量下降和生态系统破坏等一系列问题。

② 环境问题与各个因素之间的关系复杂。经济发展往往与环境保护存在矛盾，而技术进步在改善环境的同时也可能带来新挑战，社会的价值观和公众意识在环境问题的形成与解决中也起着重要作用，提升公众的环保意识和可持续发展理念，有助于推动更负责任的行为。

接下来，我们将从环境与技术、经济、人口、伦理四个角度详细论述环境问题产生的根源。

1.2.2 环境与技术

环境与技术之间的关系密切而复杂。技术的进步在推动经济发展的同时，也对环境造成了深远的影响。许多技术创新旨在提高生产效率和生活质量，但往往伴随着资源的过度消耗和环境的污染。随着工业化进程的加快，传统技术的使用导致了生态系统的破坏和气候变化等环境问题。因此，理解环境与技术的相互关系和相互作用，对于寻找可持续发展的解决方案至关重要。

（1）什么是技术？

技术是一个复杂而多维的概念，其定义可以从多个角度进行探讨。

首先，技术可以被视为人类智慧和想象力的产物。它源于人类对自然界的观察、理解与模仿，然后又施加于自然。它符合科学的原理，具有特定的功能，例如，农业灌溉技术通过对水资源的有效管理，提升了农作物的产量。人类的技术是对自然功能的放大，其核心的内在规律都不是人类创造的。例如，汽车、飞机、原子弹等所运用的客观规律，都是自然界已经有的，只是人类了解了客观规律之后加以组合运用和功能放大。

其次，技术在人与自然之间建立了一种沟通渠道和保护屏障。运用技术工具，人类可以上天入地，例如飞机、隧道、潜水艇等；还可以在恶劣的天气中舒适地生活，比如坚固又舒适的房屋、多功能的房车、便捷的户外帐篷等。这种沟通渠道和保护屏障使得人类能够更好地控制和利用自然资源，从而提高生产效率和生活质量。

再次，技术是一种劳动手段，帮助人类完成各种生产活动。无论是简单的工具，还是复杂的机械设备，技术始终是劳动过程中的重要组成部分。

最后，技术的表现形式可以分为两种：物化形态和智力形态。物化形态指的是技术在物质世界中的具体表现，如机器、工具等；而智力形态则体现在人类的知识、技能和方法上。这两者相辅相成，共同构成了技术的完整内涵。

综上所述，技术具有以下几个重要特征：a. 技术是人造的，代表了人类创造力的结晶；b. 技术具有特定功能，旨在解决实际问题；c. 技术是劳动手段，促进了生产力的发展；d. 技术既具有物化形态，也具有智力形态，体现了人类的知识与实践经验。因此，技术可以被定义为：人类根据生产实践经验和科学原理而创造出来的各种"知识、技能、手段、规则和方法"的集合。

（2）技术进步

技术进步是指技术在功能、效率和效果等方面的不断提升。此概念可以从多个维度进行探讨。

首先，技术进步通常通过比较功能相同或相近的技术来进行评估。通过对比不同技术在相似环境下的表现，我们能够判断出哪种技术在效率、效果或资源利用上更为出色。这种比较不仅涉及技术本身的性能，还包括其在实际应用中的表现。

其次，技术进步的一个重要指标是转化率，这包括物质、能量和信息的转化效率。转化率越高，意味着在相同的输入条件下，能够获得更多的产出，从而反映出技术的先进性。例如，在能源转化技术中，能够更高效地将原料转化为可用能量的技术被认为是更为先进的。

在传统的技术评估中，技术水平（A_t）的高低通常是通过以下公式来计算的：

$$A_t = \frac{Y}{f(C,L)} \tag{1-3}$$

式中，Y 为产出；$f(C,L)$ 为总的投入（包括资本、劳动）。

根据这一公式，A_t 的值越大，通常被认为技术水平越高，经济价值越大。

然而，仅仅依赖这一评估方法来判断技术进步是片面的。传统观点认为 A_t 越大越好，但这种评估忽视了技术对环境的影响。技术的进步不仅应考虑其经济价值，还必须关注其对环境的潜在影响，包括是否会造成严重的污染或引发环境风险。因此，在评估技术进步时，必须将经济效益与环境效益和环境影响相结合，充分考虑环境的价值和经济活动对环境的外部性问题。

综上所述，技术进步也应该是一个多维度的概念，涉及功能比较、转化率评估以及对环境影响的综合考量。只有在全面理解这些因素的基础上，我们才能更准确地判断技术的真正进步与价值。

（3）技术的巨大作用

技术在现代社会中发挥着不可或缺的作用，深刻地影响着经济、社会和环境的各个方面。以下将从经济作用、社会作用和对环境的影响三个维度简要介绍技术的巨大作用。

1）技术的经济作用

现代科技的进步使我们能够生产出大量的工业产品，极大地丰富了人类的物质生活。与我们的祖先相比，现代人所拥有的财富和资源几乎是他们所拥有总和的数倍。这种变化不仅体现在商品的种类和数量上，更在于生产效率的显著提高。

技术的进步使得生产方式发生了根本性的变革。从传统的手工业向机械化、自动化、智能化生产转变，使得生产效率大幅提升。现代化的生产线和先进的制造技术使得企业能够在更短的时间内生产出更多的产品，从而降低了生产成本，提升了市场竞争力。此外，信息技术的迅猛发展促进了全球化进程，使得各国之间的贸易更加便利，资源配置更加高效。又比如，互联网和电子商务的兴起使得消费者可以轻松购物，同时也为企业开辟了新的市场。通过大数据和人工智能，企业能够更好地预测市场需求，从而优化生产计划，提高资源利用效率。这些经济效益的提升不仅推动了企业的发展，也为国家的经济增长提供了强有力的支持。

技术的创新不仅推动了传统产业的转型升级，还催生了许多新兴产业。可再生能源、人工智能、生物科技等领域的快速发展，为经济增长提供了新的动力。例如，随着新能源技术的进步，太阳能和风能的生产成本不断降低，逐渐取代传统化石能源，促进了能源结构的转型。这些新兴产业不仅创造了大量就业机会，还推动了经济结构的优化。

2）技术的社会作用

技术的进步在改变人们生活方式的同时，也提高了生活质量。现代科技为人们提供了更多的便利和安全感，使得生活变得更加美好。

首先，科技的进步显著增强了人们的安全感。现代社会中，人类面临的自然灾害和其他风险虽然依然存在，但我们拥有比古代人类更为丰富和有效的应对策略。例如，借助先进的气象预报技术，及时获取天气变化的信息，使得我们能够更好地准备和应对潜在的天灾。此外，随着技术的不断升级，智能家居、监控系统和安全警报器等高科技产品的广泛应用，家庭和公共场所的安全保障得到了显著提升。智能家居系统不仅可以通过远程控制实现对家中设备的管理，还能通过传感器监测异常情况，及时发出警报。而监控系统则有效地提高了公共安全，帮助我们及时发现和处理潜在的安全隐患。总之，科技的发展为人类提供了更为安全的生活环境，使我们在面对各种风险时，能够更加从容和自信。

其次，经济水平的提高、医疗技术的进步显著提高了人类的寿命。根据《2023 年我国卫生健康事业发展统计公报》，到 2023 年，我国居民人均预期寿命达到 78.6 岁。这一成就的取得首先得益于经济水平和物质生活条件的不断提高，其次离不开医学研究的不断突破，例如基因治疗、精准医疗和新药研发等技术的应用，使得许多曾经致命的疾病得以治疗，极大地改善了人们的健康状况。

再次，出行方式的改革也使得人们的生活更加方便。汽车、飞机、高铁、地铁和共享单车等新型交通工具或新型出行方式的出现，极大地缩短了出行时间，提高了出行效率。同时，智能导航和出行应用程序的普及，使得人们在选择出行方式时更加灵活和便捷。

最后，科技在医疗卫生条件的改善上也发挥了重要作用。先进的医疗设备和技术使得疾病的诊断和治疗变得更加精准和高效。远程医疗和在线咨询的兴起，使得偏远地区的人们也能享受到优质的医疗服务，进一步缩小了城乡医疗差距。

3）技术对环境的影响

尽管技术进步带来了诸多好处，但其对环境的影响也不容忽视。在探讨技术与环境关系时，存在两种截然不同的观点：悲观主义和乐观主义。

悲观主义者认为，技术的发展存在"增长的极限"。这方面的代表作有《增长的极限》[3] 和《寂静的春天》[4] 等。《增长的极限》的作者是丹尼斯·梅多斯，他毕业于麻省理工学院。作为一位杰出的科学家，梅多斯与其他几位研究者一起，从环境经济系统和数学模拟的角度出发，运用系统动力学的方法，构建了一整套模拟模型。根据他们的模拟结果，他们预测如果继续按照当时的经济技术发展趋势，则未来地球的环境经济系统将面临崩溃的危险。他们指出，这个现象的根源在于地球的资源是有限的，而过度的技术应用将导致环境的不可逆转的破坏。总的来说，悲观派的观点强调了人类在追求经济增长时，必须考虑资源的可持续性和环境的承载能力。

与梅多斯的悲观观点针锋相对的是，学术界也有代表性的乐观派。来自伊利诺伊大学的经济学家朱利安·西蒙在其著作《资源丰富的地球》[5] 中提出了"没有极限的增长"的观点。他认为，资源并非逐渐短缺，资源的短缺与技术进步之间存在相互影响的关系，而不是单调恶化的结局。更为具体的，以其为代表的乐观派认为，技术的创新能够不断发现新的资源，提升资源的利用效率。例如，通过替代材料的研发和回收技术的进步，我们能够有效地延长资源的使用周期，减轻对自然资源的依赖。

乐观派的一个重要立论依据是：从市场规律的角度来说，任何一种资源如果是必需的同时又是不断减少的，则其市场价格会出现单调上升的现象，但这个现象在经济市场中并没有出现，许多资源的价格都是波动的，综合考虑货币时间价值的话，其价格并没有简单地单调上升，更没有单调地不断大幅上升。据此，乐观主义者提出：市场机制能够有效调节资源的供需关系，当某种资源变得稀缺时，其价格会上升，从而鼓励人们寻找替代品或开发新技术，这种动态的市场机制使得资源的短缺和技术进步之间形成了相互促进的关系。因此，他们认为，技术进步将能够解决资源短缺的问题，实现经济与环境的双赢。

然而，必须承认和重视的是，技术进步常常伴随着环境污染的问题。首先，没有任何一项技术能够实现 100% 的资源和能源的利用，这意味着技术的应用必然会产生一定的废弃物和污染物。例如，农药和化肥的使用虽然提高了农业产量，但也导致了土壤和水源的污染。

其次，某些技术的潜在风险也难以预见，如氟氯烃（CFCs）对臭氧层的破坏和滴滴涕（DDT）的环境影响等就是典型的案例。这些问题提醒我们，在享受技术带来的便利时，也必须关注和尽早防范其对生态环境的影响。

在现代农业中，转基因食品的出现引发了广泛的讨论。转基因技术通过将一种生物的基因转移到另一种生物体内，使得农作物具备特定的性状，如提高产量、抗倒伏、抗病虫害和保鲜等优点。然而，这一技术也带来了潜在的风险，包括人体对食品中新物质的过敏反应，以及对生态环境的影响，例如，转基因作物可能会与野生植物交叉授粉，导致基因的扩散，以及可能会对良好物种产生毒害，从而影响当地生态系统的平衡。同时，转基因作物的广泛种植也可能导致某些害虫的抗药性增强，进而影响农业的可持续发展。因此，在推广转基因技术时，必须充分评估其对生态环境的影响，确保其安全性和可控性。截至目前，关于转基因食品的争论并没有简单的结果，这也同样充分反映了技术应用中的复杂性和不确定性。

（4）小结

综上所述，技术在现代社会中发挥着不可或缺的作用。无论是经济发展、社会进步还是环境保护，技术都在其中扮演着重要的角色。然而，技术的双刃剑特性也提醒我们，在追求经济增长和社会进步的同时，必须关注其对环境的影响。人类已经无法离开技术，技术的应用已经渗透到生活的每一个角落。新技术的研发与应用，如清洁能源、海洋技术和生物技术等，将成为未来技术进步的重要方向。科学技术引发的问题往往需要科学技术来解决，因此，推动可持续技术的发展是实现经济、社会与环境和谐共生的重要途径。

为了更好地应对技术带来的挑战，政策和法律的完善同样至关重要。建立健全技术评估体系，改进技术评估手段，将有助于我们在技术应用中更好地权衡经济效益与环境保护之间的关系。只有在理性和科学的指导下，才能实现技术的可持续发展，确保人类社会在技术进步的道路上行稳致远。

1.2.3　环境与经济

经济活动在满足人类需求的同时，也对自然环境产生了深远的影响。经济生产和经济增长往往依赖于资源的开发与利用，这可能导致生态系统的破坏、资源的枯竭以及环境污染等问题。短期利益驱动下的经济模式，更容易忽视环境保护的重要性。因此，深入探讨环境与经济的相互作用，理解其根源，有助于寻找实现经济可持续发展的有效路径。

（1）什么是经济？

经济是指社会在有限资源条件下，通过技术手段进行生产、分配、流通和消费活动的系统。其核心在于以技术为基础，通过产品和服务的提供来满足人类的需求和欲望。经济的具体环节简介如下。

① 生产。指利用各种资源（如劳动力、资本、原材料）来制造产品或提供服务的过程。这一过程依赖于技术的进步和生产效率的提升。

② 消费。指最终用户使用产品或服务的过程。消费者的需求和偏好直接影响市场供需关系。

③ 流通。涉及产品或服务从生产者到消费者的过程，包括物流、销售和市场交易等环节。流通系统的效率直接影响经济的运作效率。

④ 分配。指资源和收入在社会成员之间的分配过程。这包括工资、利润、税收等形式

的收入分配，决定了不同社会群体的经济福利。

综上所述，经济是一个综合性的系统，通过各环节的协调运作，实现资源的有效利用和社会的经济发展。

（2）经济与环境之间的关系

经济和环境的相关关系可以通过图1-1描述。

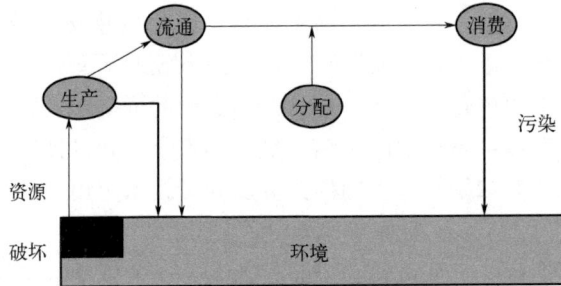

图1-1 经济和环境的关系图

经济活动包括资源开采、生产、流通、分配和消费等环节。几乎在每一个环节中，都会对环境造成一定程度的影响和破坏。首先，资源的开采必然会对自然环境造成损害，例如森林砍伐和矿产开采。其次，在生产过程中，企业常常排放各种污染物，导致空气、水体和土壤的污染。流通环节同样不可忽视，运输过程中的排放和包装材料的使用会进一步加剧环境问题。分配环节虽然相对较少直接影响环境，但若分配不公或不合理，可能导致资源的浪费和不必要的环境负担。最后，在消费环节，消费者的选择和行为也会对环境产生影响，尤其是废弃物的处理。如果消费后产生的垃圾没有得到妥善处理，将会对环境造成污染。因此，推行垃圾分类等措施也很重要，这样可以减少消费环节对环境的负面影响。

中国经济发展至今，规模已非常大，相应地环境污染物的产生量也非常大。以废水排放为例：1997年全国总废水排放量是416亿吨，到2007年为556.8亿吨，10年间增长了100多亿吨。全国总废水排放量的峰值为2015年的735.3亿吨。整个黄河的多年平均入海量每年就只有500多亿吨。也就是说，2015年我国的废水排放总量，大大超过了整个黄河的年平均入海径流量，可见中国经济体系规模之大，其对于环境的影响也极其大。不过，中国的废水排放量在2015年达到了顶峰，之后逐年下降，显示出一种波峰波谷的关系（需要补充的是，近年来国家不再公布具体的全国废水排放量，这并非因为废水排放量有反弹，而是因为废水统计的口径和考核方式发生了重大变化，同时中水回用等环保措施的推广也对数据产生了巨大的积极影响）。在很多其他的环境污染领域里都有类似的波峰波谷现象。该现象在环境领域里称之为一种环境库兹涅茨曲线（即倒U形现象）。

（3）传统发展模式与环境库兹涅茨曲线（environmental Kuznets curve，EKC）

环境保护与经济发展的关系一直是学术界争论的焦点之一。传统的发展模式往往遵循"先污染后治理"的路径，这一现象在环境经济学中得到了系统的理论阐释，形成了环境库兹涅茨曲线（EKC）理论。

1）环境库兹涅茨曲线的概念

环境库兹涅茨曲线呈现出一个倒U形的特征，如图1-2所示。纵轴代表环境破坏水平，横轴表示经济发展水平。随着经济水平的提升，环境质量最初会经历恶化，污染水平逐渐上

升。这一阶段通常与工业化进程加快、资源消耗加剧以及
环境保护意识不足有关。然而，随着经济的进一步发展，
社会对于环境保护的重视程度逐渐提高，技术创新与进步
的出现，以及环保法规的日益严格，最终导致环境污染水
平的下降。

中国的废水排放量在 2015 年出现了拐点，预示着其
他污染领域也可能开始出现类似的转折（从近年的统计数
据和环境质量正不断改善的情况来看，的确也是如此）。
需要强调的是，这一拐点并非在所有领域同步出现，而是
存在一定的时间差。从统计学角度来看，通常在经济的人
均收入达到 2000 美元时，环境质量会显现出改善的拐点。

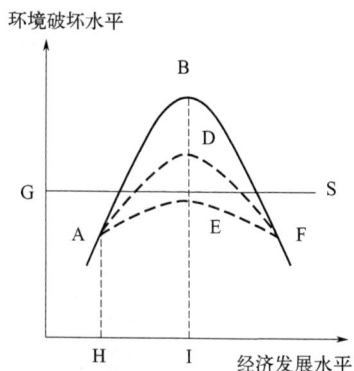

图 1-2　环境库兹涅茨曲线

2）环境质量标准线的引入

在 EKC 模型中，可以引入一条环境质量标准线（S）。这条线的意义在于，发展中国家
可以从发达国家的发展经验中汲取教训，避免走入过度污染的陷阱。这一标准线的警示意义
是：随着经济的增长，环境保护措施的实施与整个社会的经济运行，应当同步进行，以确保
在经济发展的同时，环境质量也能得到有效保护。

3）环境库兹涅茨曲线的经济学背景

环境库兹涅茨曲线的理论基础源于美国著名经济学家西蒙·库兹涅茨（Simon Kuznets）
于 1955 年提出的收入分配曲线。这一倒 U 形曲线描述了收入分配状况与经济发展之间的关
系。在经济发展初期，尤其是国民人均收入从最低水平上升至中等水平时，收入分配状况往
往趋于恶化。随着经济的持续增长，收入分配状况逐渐改善，最终趋向于更加公平的分配体
系。在库兹涅茨曲线中，Y 轴表示基尼系数或收入分配状况，X 轴则表示时间或人均收入
水平。这一理论不仅为理解收入分配变化提供了重要视角，也为分析环境质量与经济发展之
间的关系提供了可借鉴的理论框架。1993 年 Panayotou 参考"库兹涅茨曲线"，首次将这种
环境质量与人均收入间的关系称为环境库兹涅茨曲线（EKC）。

环境库兹涅茨曲线为理解经济发展与环境保护之间的动态关系提供了重要的理论支持。
通过借鉴发达国家的经验，发展中国家在追求经济增长的同时，应当重视环境保护，以实现
可持续发展的目标。

（4）经济发展不是目的

在现代社会的经济与环境关系中，必须明确一个重要观念：经济发展本身并不是最终目
的。真正的目的在于满足人类的物质与精神需求，提升人们的生活质量，使人们的生活更加
健康与快乐。追求 GDP 的增长固然重要，但若仅为此而追求经济增长，则可能导致忽视人
类更深层次的需求，甚至可能导致本末倒置。

1）需求层次理论的视角

根据马斯洛需求层次理论，经济发展应当与人类需求的不同层次相匹配。人类行为的本
质在于满足基本需求，包括生理需求、安全需求、社交需求、尊重需求和自我实现需求等多
方面。因此，经济发展应服务于人类的全面发展，而不仅仅是物质消费的增长。经济增长应
当被视为实现人类幸福生活的手段，而非目的本身。

过度追求 GDP 和消费的后果是显而易见的：如果每个人的经济水平都大幅提升而相应
的环境保护和环境治理没有得到充分的确保，则未来的环境压力将显著增加。值得欣喜和欣

慰的是，借鉴并扩展马斯洛的理论，我们可以确信：随着社会经济的发展，人的消费结构中，也会逐渐萌生对于环境质量越来越高的需求，因此，在统计意义上来说，随着经济的发展，公众对环境质量的需求也必然会逐渐显现，成为其消费结构中的重要组成部分。

2）消费与环境的关系及富裕阶层的环境责任

在理解消费与环境的关系时，可以借助图 1-3 来阐明不同经济阶层在消费行为中的差异。

图 1-3 不同经济阶层在消费行为中的差异

图中描绘了两个人的不同消费方式：一位贫困者倾倒少量垃圾，认为通过减少消费可以保护环境；而一位富裕者则倾倒大量垃圾，声称通过消费更多环保产品来实现环保。这种对比揭示了不同经济阶层在消费行为上的差异以及对环境的影响。

这幅图的一个重要启示是：无论是高消费但人数相对少的富裕阶层，还是低消费但人数众多的平民阶层，过量的消费和垃圾产生对环境的影响都是巨大的。值得重视的是，富裕阶层往往会引导着社会消费潮流。对这部分人的消费行为予以引导和控制，对树立健康的消费模式至关重要。通过改善富裕阶层的消费习惯和提升其环境责任感，有助于推动全社会环保意识的提升，促使整个社会向可持续发展迈进。

3）政府的角色与经济增长的陷阱

尽管社会对环境保护的意识在逐步增强，但在实际行动中，经济发展仍然可能对环境造成巨大压力。许多政府为了追求经济增长和政绩，往往倾向于鼓励消费。西方一些国家的选举政治亦常常通过刺激消费来获取选票。然而，消费欲望是无止境的，这种持续的消费必然会带来环境成本。

在中国，庞大的人口基数使得未来的环境压力愈加明显。因此，必须高度重视可持续发展，明确经济增长应服务于人们的整体福祉，而不是单纯追求数字上的增长。只有通过合理的资源配置和消费结构调整，才能确保经济发展能够真正促进人类的幸福与环境的可持续性，实现经济与环境的和谐共生。

（5）环境与经济相互关系的结论

首先，经济发展是必要的，但其根本目的并非单纯追求物质或经济增长，而是为了满足人类的基本需求，提升生活质量，使人们的生活更加快乐和健康。为此，个人及整个社会需要转变经济思想，甚至重塑价值观和人生观，以确保经济发展与人类福祉的协调。

其次，经济发展应当满足人类需求，但必须在环境的承载能力之内。这要求从个人到社会层面，全面转变发展模式，确保经济增长不对生态环境造成不可逆转的损害。可持续发展理念的引入，强调在满足当前需求的同时，保护未来世代的生存环境。

再次，经济制度，特别是分配制度的调整至关重要。适度的贫富差异可以成为社会发展的动力，激励创新与竞争。然而，过度的贫富悬殊将导致社会的畸形发展，进而对环境行为产生负面影响。这种不平衡不仅会加剧环境问题，还会对社会的稳定性产生严重威胁。因此，必须推动公平的资源分配，以促进社会的和谐发展。

最后，富裕阶层往往引领社会消费潮流，因此，增强其环保意识并有效引导其消费行为显得尤为重要。对富裕阶层的消费模式进行引导和控制，不仅能够促进健康的消费习惯，还能为整个社会树立可持续发展的榜样。这种引导对于实现社会的整体环保目标具有重要价值。

总的来说，经济与环境的关系是复杂且相互影响的。实现可持续发展要求我们在经济增长的过程中，始终关注人类的基本需求、环境的承载能力、经济制度的公平性以及消费行为的引导。只有通过全面的转变和调整，才能确保经济发展与环境保护的和谐共生。

1.2.4　环境与人口

随着全球人口的持续增长，资源消耗和环境压力也随之加大。人类活动，特别是城市化和工业化进程，导致了自然资源的过度开发和生态系统的破坏。人口密度的增加不仅直接影响环境质量，还影响社会经济结构，进而加剧环境问题。因此，深入探讨环境与人口之间的相互作用，对于解决环境问题具有重要意义。

（1）世界人口增长

要了解环境与人口之间的关系，首先需要探讨世界人口变化的趋势和规律。人类大约在300 万年前首次出现，从诞生到人口达到 10 亿，经历了约 300 万年的时间。然而，随着技术和社会的发展，人口增长开始呈现指数级上升的趋势。全球人口从 10 亿增至 20 亿，仅用了 135 年，且这一增长速度在随后的时期中越来越快。从 20 亿到 30 亿用时 25 年，从 30 亿到 40 亿用时 14 年，从 40 亿到 60 亿用时 23 年。全球人口在 2011 年 10 月 31 日达到了 70亿。世界人口从 70 亿增长到 2022 年 11 月 15 日的 80 亿，用了 11 年零半个月。

全球人口增长的贡献如图 1-4 所示。

在不同大洲，人口增长的比例存在显著差异。根据相关文献[7]，亚洲在全球人口中占据最高比例，但总体上所占比例呈下降趋势。从 1800 年到 1900 年的下降率最高，这与同时期发生在亚洲的战乱和饥荒等有关。2000 年前后的人口比例下降趋势中，极大的一个贡献来自中国，主要受到中国计划生育政策的影响，导致其人口增长速度显著减缓。与此相对，拉丁美洲和非洲的人口增长比例相对较高，而欧洲的全球占比则逐渐下降。北美洲在 1900年后也显示出总体下降的趋势。由于人口基数较小，大洋洲对全球人口变化的影响相对有限。

图 1-5 是中国的历史人口变化统计，从汉朝开始历经唐宋元明清等朝代。该图展示了多个波峰和波谷的现象，其中波峰对应中国古代相对繁荣和强大的朝代，而波谷则反映了王朝

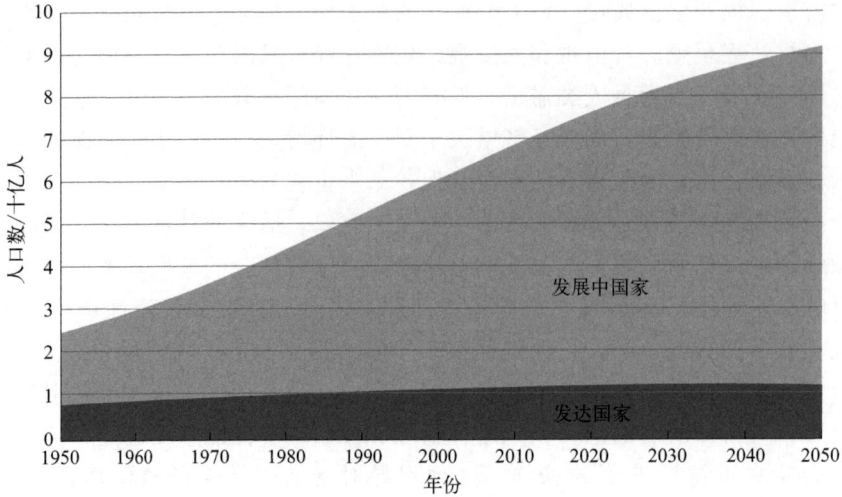

图 1-4　全球人口增长[6]

末年因各种原因导致的人口锐减。值得一提的是，清朝人口的迅速增长，主要归因于两个方面：首先，清朝整体上保持了 200 多年相对和平的环境，使得人口得以稳定繁衍；其次，农耕技术的持续积累和农业物种的快速丰富也起到了关键作用，这些因素与人类的大航海时代及跨国贸易密切相关。

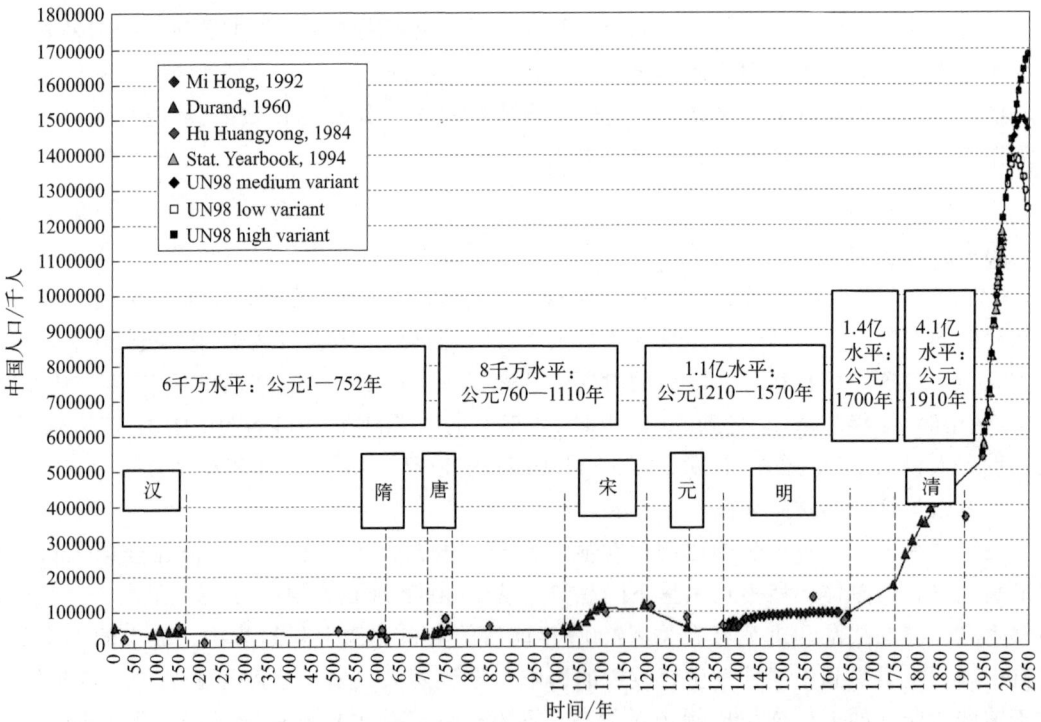

图 1-5　中国历史人口变化图[8]

农耕技术的进步使得单位面积的土地能够生产出更多的粮食，显著提高了农业的生产效率。同时，农业物种的引入和多样化，使得同一块土地在休耕期间能够轮换种植不同的作物，最大化土地的利用价值。例如，红薯等作物的引入，使得以前不易用于粮食生产的坡地等地块得到了有效开垦和利用。这一系列变化为中国的农业生产提供了新的动力，显著丰富了国家的物产，并在很大程度上推动了人口的增长。

（2）人口增长对环境的压力

人口增长对环境的压力是多方面的，涉及粮食生产、资源开发和环境质量等多个领域。

1）粮食生产

在 1900—1950 年期间，为了应对不断增长的人口，全球农业的主要策略是扩大耕种面积。这一做法虽然可以在短期内提高粮食供应，但也导致了森林面积的减少和植被的破坏，生态系统的平衡遭到严重影响。自 1950 年至今，农业生产的重点逐渐转向提高单位产量。通过引入高产作物和现代化农业技术，农民能够在相同的土地上生产更多的粮食。然而，这一过程伴随着化肥和农药的广泛使用，这些化学物质的日益增多虽然大幅提高了产量，但也导致了土壤和水源的污染，进一步威胁到生态环境的健康。

2）资源开发

资源开发的方式可以分为不可再生资源和可再生资源两类。不可再生资源的开发，如矿产和化石燃料，正面临枯竭的危机。随着开采的加剧，这些资源的储量不断减少，导致环境破坏和生态失衡。另一方面，可再生资源的开发，如森林和水资源，虽然理论上可以持续利用，但实际情况却并不乐观。由于过度开采和管理不善，这些资源的基地逐渐萎缩，生产力下降，无法满足日益增长的人口需求。

3）环境质量

人口的快速增长导致了城市化进程的加快，人口密度的上升给环境质量带来了巨大压力。城市中的空气污染问题日益严重，工业排放、交通废气和建筑活动等都成为主要的污染源。与此同时，水质恶化也是一个亟待解决的问题，工业废水、农业径流和生活污水的排放，使得水体污染严重，影响了人类的健康和生态系统的稳定。因此，人口的增长和过度拥挤不仅给环境带来了直接的负担，也对生态平衡和资源的可持续利用提出了严峻挑战。

（3）人口与环境之间容易发生的恶性循环

人口与环境之间容易发生恶性循环现象，这一现象在许多贫困地区表现得尤为明显。主要是因为这三者之间的相互影响具有互相递增性。图 1-6 解释了这一现象的根源。

1）人口增长与环境退化

人口增长直接导致对资源的需求增加。随着人口的增加，人们对土地、水源、能源和其他自然资源的需求也在上升。这种需求的增加通常伴随着农业扩张、城市化进程和工业发展，这些活动都会对环境造成压力，导致森林砍伐、土地退化、空气和水污染等环境退化现象。环境退化的加剧，进一步影响资源的可持续利用，导致生态系统功能的下降。

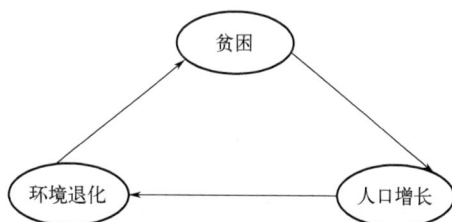

图 1-6 人口、贫困与环境三者的相互影响

2）环境退化与贫困的加剧

环境退化对贫困人口的影响尤为显著。生态系统的破坏，例如土地退化和水源枯竭，会减少农业产量和水资源供应，从而直接影响贫困人口的生计和生活条件。缺乏可用资源使得贫困人口陷入生存困境，进一步加剧贫困。贫困社区通常缺乏足够的资金和技术来应对环境

变化，这种脆弱性使得他们在环境恶化面前更加无力。

3）贫困与人口增长

贫困通常与高出生率密切相关。在经济条件较差的家庭中，往往会出现更多的子女，一部分原因是缺乏教育和医疗服务，以及对子女未来经济支持的期待。许多贫困家庭认为，子女不仅是家庭的希望，同时也能在未来为家庭提供经济支持。

然而，贫困家庭人口的增加进一步加重了对有限资源的压力，导致环境问题的加剧。随着人口的增加，水资源、土地和其他自然资源的需求不断上升，这使得环境承载能力面临严峻挑战。资源短缺的家庭往往会更加依赖于破坏性的生计方式，例如过度采伐木材和不合理的农业实践。这些行为不仅使得生态环境受到损害，还导致土壤退化和生物多样性的减少，形成了恶性循环。

4）恶性循环的形成

人口增长引发环境退化，环境退化加剧贫困，而贫困加速人口增长，形成了一个恶性循环。这个循环中的每一个环节都相互作用并强化了其他环节的影响。例如，环境退化使贫困家庭更难以获得足够的资源，生活条件恶化，从而进一步限制了他们的经济机会和健康状况。贫困家庭可能因缺乏教育和资源而继续增加生育率，进一步加剧了对环境的压力。

上述这种循环不仅使得环境问题难以解决，也使得贫困问题更加严重。要有效打破这一循环需要综合治理，包括改善教育和医疗条件、提供生育健康服务、提高资源利用效率、增强环境保护措施以及促进可持续的经济发展。

（4）小结

人口与环境之间的关系复杂而紧密，若处理不当，容易形成恶性循环。即：人口的持续增长对资源的需求不断加大，加之环境的退化，导致生活条件的恶化和贫困的加重。这一循环如果形成，不仅威胁到生态系统的稳定，也对社会的可持续发展构成挑战。

为打破这一恶性循环，控制人口增长是关键。实施科学的、合乎人性和法治精神的计划生育政策、改变传统的生育观念，以及建立和完善社会保障体系，能够有效降低出生率，减轻对环境的压力。社会保障体系的完善能为家庭提供更多的支持，减少对生育的依赖。

总的来说，需采取综合对策来协调人口与环境之间的关系。经济发展应与环境保护相结合，推动绿色经济和可持续发展。面向环境友好的技术进步则可以提高资源的利用效率，减少环境污染，促进生态恢复。最后，健全的社会保障体系不仅能提升居民的生活质量，还能增强他们的环境保护意识，从而形成良性循环。

1.2.5 环境与伦理

环境与伦理的关系也非常密切，这一点很容易被许多人所忽视。但事实上，伦理观念在塑造人类对自然环境的态度和行为中起着关键作用。人们的道德观念决定了对资源的使用方式和环境保护的重视程度。当社会普遍认同可持续发展的伦理观时，个体和集体更倾向于采取环保措施，减少对自然的破坏。相反，缺乏伦理责任感可能导致过度开发和环境污染。因此，伦理观念直接影响着环境治理的有效性和可持续性。

（1）环境伦理的定义

环境伦理是指人对自然环境的伦理关系，它涉及人类在处理与自然之间的关系时，何者为正当、合理的行为，以及人类对于自然界负有什么样的义务等问题。

　　环境伦理这一领域的研究不仅要关注和模仿人类与人类之间的伦理关系处理，还强调人与环境之间的伦理关系处理，旨在揭示人类行为对生态系统和自然资源的深远影响。此外，环境伦理还涉及对未来世代的责任。人类不仅要考虑当前的利益，还需为后代留存良好的生存环境。这种跨代际的伦理视角促使人们反思自身行为的长远影响，推动可持续发展的理念。

　　因此，环境伦理的研究不仅是理论上的探讨，更是实践中的指导。它要求我们在日常生活、政策制定和经济活动中，始终保持对环境的尊重与关怀，推动实现人与自然的和谐共生，确保我们所采取的行动能够惠及未来的世代。

　　（2）环境观

　　环境观是指人类对自然环境的理解与态度，它直接影响着人们的行为选择和社会政策的制定。迄今为止，人类在保护和珍视自然环境的过程中，提出了多种环境伦理学观点，这些观点反映了不同的环境观念，进而引发了对自然的不同态度。最为有代表性的是以下两类。

　　① 传统的环境观。如"牧童经济"概念，强调了人类与自然之间的短期利益关系。在这一观念下，资源被视为无限的，消费被认为是经济繁荣的标志。这种视角往往导致对自然资源的过度开发，忽视了生态系统的承载能力和可持续性。

　　② 与之相对的是新的环境观，即"太空船地球经济"理论。K. E. Boulding 在其著作中指出，地球是一个有限的生态系统，类似于太空船，必须在资源有限的情况下进行有效管理。这一观点强调了对资源的珍惜与合理利用，提倡可持续发展，认为人类应承担起对地球及未来世代的责任[9]。

　　然而，尽管我们已经认识到地球作为一个有限的球体，但在行为和制度上，社会并未作出相应的调整。例如，许多国家在应对气候变化的国际协议，如《京都议定书》和《巴黎协定》中采取的态度，显示出对环境保护的重视不足，反映出传统经济观念的深层影响。

　　在世界的许多地方，当前的行为模式和思维模式实质上仍然建立在"牧童经济"的基础之上，许多人仍然认为消费是经济繁荣的象征。在过去的很长时间里，衡量经济成功的标准往往是生产量或国内生产总值，但事实上这种单一的指标未能有效反映社会的可持续发展需求。因此，转变环境观念、倡导可持续发展的思维方式显得尤为重要。只有通过重新审视人与自然的关系，才能实现真正的生态平衡与社会进步。

　　（3）生态伦理观

　　生态伦理观是探讨人类与自然之间关系的伦理框架，主要包括人类中心主义和生态中心主义这两种主要观点。这两种立场对待自然界和生态系统的方式不同，它们的核心理念和处理方式在实际应用中也有所差异。

　　1）人类中心主义

　　人类中心主义是一种以人为中心的世界观，认为人类是自然界中的核心和最重要的存在。这种观点的特点包括：

　　① 评价事物的好坏。人类中心主义通过人类的利益和需求，"以人为中心"地来评价事物的好坏。例如，自然灾害如洪水、火山爆发和地震，通常被视为对人类活动和安全的威胁，而其影响和重要性主要从人类的角度出发进行评估。

　　② 对待万物的态度。这种观点强调人类的优越性，表现为"唯我独尊"的态度。认为

其他生物和自然资源的存在价值仅限于对人类服务。这种态度导致了生物灭绝和生态失衡现象的加剧，甚至出现了虐待动物的行为。

③ 处理事务的方式。在处理自然资源和环境时，人类中心主义倾向于将自然视为供人类使用的工具，采取"为我所用"的方式进行开发。例如，水利工程的建设往往优先考虑人类的需求，但其实也可能会对生态环境造成不可逆转的损害。

2）生态中心主义

相对于人类中心主义，生态中心主义则主张将生态系统和自然界的整体利益放在首位。这一观点的主要特征包括：

① 动物的权利。在生态中心主义中，动物也被视为具有固有的权利。许多国家已经通过立法保护动物权利，反映了对动物本身和它们生存环境的尊重。

② 大地伦理。生态中心主义认为，人类是大地共同体的一部分，应当以尊重的态度对待自然。人类的行为应该以促进共同体的和谐、稳定和美丽为目标，这被视为道德上的正确行为。

③ 敬畏生命。这种观点提倡对所有生命形式的敬重，而不是单纯的畏惧。生态中心主义强调，人类应当以谦卑的态度面对自然和其他生物，人类应当在保护和尊重生命的基础上进行活动，而非单方面地对待自然。

④ 生态中心主义与人类自我。生态中心主义并不意味着人类必须完全放弃自我或自身利益，而是倡导一种中庸的路线。人类可以在尊重生态的前提下追求自身的福祉。

3）在人类中心主义和生态中心主义之间寻找平衡点

人类中心主义和生态中心主义在许多方面正好针锋相对，因此在生态伦理的探讨中，以及在人类的行为实践中，寻找人类与自然之间的平衡点至关重要，有以下几点是在这种平衡点的判断中需要高度重视的：

① 失去人类的地球是不完整的。人类毕竟是地球生命孕育出的一个奇迹，是万物之灵，没有人类的存在，地球将失去其文化、科学和社会发展的丰富性，地球生态系统也将失去一种独特的维度。

② 只有人类的地球既不完整，也不会长久存在。人类的活动对地球的生态系统产生了深远的影响，如果没有有效的生态保护和可持续发展，地球上的人类社会将面临资源枯竭和环境崩溃，导致生存环境的不可持续。

③ 平衡准则。要实现人类活动和生态保护之间的平衡，需遵循生态完整性、稳定性和多样性的准则。这些准则强调在进行任何人类活动时，都应考虑其对生态系统的长期影响，并采取措施维持生态系统的健康与多样性。

综上所述，生态伦理观的探讨不仅涉及理论的比较，还需要在实际决策和行动中体现对环境和生态系统的尊重。只有在尊重生态环境和宇宙万物的基础上寻求平衡，才能实现人类社会和自然环境的和谐共存。

1.2.6 讨论与结论

（1）对讨论题的继续讨论

在前文中，我们从环境与技术、环境与经济、环境与人口以及环境与伦理多个视角，系统分析了环境问题的产生根源。通过这些分析，我们可以更清晰地理解环境问题的复杂性。

现在，让我们回到最初的问题，即环境问题归根结底是一个什么问题？它是一个工程技术问题？社会经济问题？还是其他类型的问题？要回答这个问题，我们需要建立一些基础性的共识。

首先，时至今日，环境问题的出现通常已不再是因为缺乏工程技术的问题，而是是否要采取以及如何采取工程技术问题。当然在环境问题出现的早期阶段，的确有工程技术不足的问题。但现在早已不是工程技术缺乏的问题了，而是是否采取工程技术，如何保证其必须进行处理的问题，而这些问题主要就是社会经济问题了，是如何进行有效的环境管理的问题。

其次，微观地从一个企业的角度来看，排污企业为何需要进行污染治理？虽然某些企业可能具备较高的道德意识和社会责任感，但依赖道德感来治理污染是极其不可靠的。实际上，法律体系才是确保企业遵循环境治理标准的关键。法律要求个人和企业必须采取必要的措施来控制污染。而法律体系为什么要这么做？为什么会有立法？是因为过度排放污染物导致环境污染，会影响人的生产生活甚至生命，造成了经济损失与生命健康损失。

因此，环境问题的产生反映出两个主要矛盾：一方面，人类对环境资源的开发和利用获得了局部利益；另一方面，这种开发行为却可能导致其他个体的经济利益、健康和生活质量受到损害。因此，环境管理的任务在于调和这两种矛盾，寻求可持续发展的解决方案。

综上所述，环境问题不仅仅是一个工程技术问题，更是一个环境管理和环境规划与决策的问题，归根结底，它是一个深刻的社会经济问题。

（2）结论

对环境及其相关问题的概念深入剖析，以及对环境问题产生根源的探讨，揭示了实现更为完善的社会变革的必要性。这一变革可以从以下四个方面进行深入考虑：

首先，经济观念的变革至关重要。这包括人类如何看待经济、环境、环境观以及伦理观。我们需要对这些观念进行全面的变革、启蒙、完善和升华，以促使社会在经济发展与环境保护之间找到新的平衡。

其次，技术体系的变革同样不可忽视。人类的科技体系和技术体系在环境评估、评价、应用和监督等方面都需要进行完善与改革。这意味着我们需要采用更科学的评估方法和技术手段，以确保环境问题得到及时有效的解决。

再次，社会制度的变革是实现环境管理与保护的基础。社会制度的有效性与合理性对人类的环境行为以及环境导向具有深刻的影响。通过优化和调整社会制度，可以为环境保护提供更为有力的支持。

最后，管理机制的变革也亟需加强。管理机制与社会制度密切相关，是社会制度的进一步细化。在管理层面，我们需要在社会的各个层面的日常管理中融入环保思想与理念，推动环境管理、生态管理和可持续发展的管理理念的落实。

为了实现环境保护与管理的目标，人们必须增强对环境问题的系统分析能力、理解能力和洞察能力。同时，树立正确的环境管理发展观，妥善处理环境管理、环境预测、环境政策与环境治理之间的关系，做到未雨绸缪，避免走向亡羊补牢式的末端治理模式，摒弃单一和狭隘的环境理念。通过这些变革，我们就能够更有效地应对当前环境问题，推动社会的可持续发展。

拓展阅读

1. 黄土高原的形成机理与水土流失
2. 美国与德国环保就业简介

复习思考题（答案请扫封底二维码）

问题 1. 什么是环境？请谈谈你对环境这个概念的理解。

问题 2. 环境问题的发展大致经历了哪几个阶段？

问题 3. 环境问题可分为哪两类？各类的特点是什么？

问题 4. 我国的环境政策主要有哪三项？

问题 5. 人类中心主义的生态伦理观体现在哪些方面？

问题 6. 生态中心主义生态伦理观体现在哪些方面？

问题 7. 技术所带来的环境问题主要有哪几个方面？

问题 8. 人类现在面临的主要环境问题有哪些？

问题 9. 环境问题说到最根本是一个什么问题？

问题 10. 关于技术对环境的影响，在历史上曾有哪两派代表性的观点和代表作？简要谈谈你的看法和观点。

问题 11. 从经济与环境的互动关系辨析中，可以得到什么结论及启示？

问题 12. 从人口与环境的互动关系辨析中，可以得到什么结论及启示？

问题 13. 环境问题的发生与发展，可大致分为哪三个阶段？第三个阶段的划分为何以臭氧层空洞的发现为标志？

问题 14. 人口增长、环境退化与贫困之间有何种关联？

问题 15. 关于"太空船地球经济理论"，说说你自己的理解。

| 第2章 | 环境管理概述

环境管理是一个典型的交叉学科和边缘科学，涉及生态学、经济学、法律学、社会学等多个学科的知识。随着全球环境问题的日益突出，环境管理的研究和实践变得尤为重要。本章将围绕环境管理的基本概念展开讨论，重点介绍以下 3 个方面：a. 什么是环境管理；b. 环境管理学及其现状；c. 环境管理基本原则。

2.1　什么是环境管理？

要深入理解环境管理的内涵，只需要回答清楚以下 4 个核心问题就可以基本明了：

① 谁来管？即环境管理的主体是谁？

② 管什么？即环境管理的对象是什么？

③ 怎么管？即环境管理的方法与手段有哪些？

④ 最终目标是什么？即环境管理的最终目的是什么？

2.1.1　环境管理的主体（谁来管）

有三大主体可以进行环境管理，包括政府、企业和公众。这三大主体的行为是构成人类社会行为的主体。在这三大主体行为的长期作用下，人类的环境才发生了巨大的变化。因此也必须同样地以这三者为共同主体，来管理好由政府行为、企业行为和公共行为组成的人类社会的群体行为。

尽管这三大主体均在环境管理中发挥着重要作用，但它们之间的地位和重要性并不完全相同。在这三者中，政府扮演着决定性角色。政府的作用不仅在于制定政策和法律，更在于其执行和监督的能力。为什么起着决定性作用的是政府呢？接下来，我们将通过一个虚拟的案例——"共有物的悲剧"，深入探讨环境管理的主体及其决定性作用。

（1）"共有物的悲剧"案例分析

"共有物的悲剧"案例是一个经典的经济学案例，它探讨了在没有明确所有权的情况下，公共资源的过度利用可能导致的环境退化。该案例以一个天然草场为背景，这片草场并没有明确的主人。在这片草场上，有甲、乙、丙三家牧民共同放牧。由于草场未在法律上直接确定或对外宣称由某个人拥有，也未经过购买，因此缺乏法律上的所有权证明，这使得草场成为一种公共物品。

面对这样的公共资源，甲、乙、丙三家牧民都需要利用草场来放牧。然而，问题在于，这些牧民该如何合理地使用草场？不同的使用方法将导致草场不同的发展结局。草场可能会因合理放牧而变得越来越繁茂，反之也可能因过度放牧而变得越来越枯竭。在这种情况下，甲、乙、丙三家牧民的利益得失及使用方案的不同，将直接影响到各自的生计和未来。

　　将草场使用到极致是符合人类天性的一种行为，反映了利益驱动机制的存在。虽然这种行为在短期内看似合理，但如果没有任何的制约，最终往往会导致草场的严重退化。因此，草场的使用必须由三家牧民共同确立一个公平、合理且科学有效的管理机制，以确保所有人都能在享有相应利益的同时，草场也能长久地延续下去，实现可持续利用。为了实现这一目标，可以考虑以下几种方案。

　　1）俱乐部理论

　　第一个方案是俱乐部理论。顾名思义，三方代表成立一个俱乐部，通过民主协商的方式讨论如何共享草场资源。俱乐部理论是一种直观且容易实施的想法，尤其是在缺乏强大政府的背景下。然而，要使俱乐部理论真正有效，必须满足以下几个条件。

　　① 参与的三方代表必须是完全理性的，没有一方会表现得非常不理性或试图称王称霸。

　　如果其中一家表现得非常霸道，其他几家虽然可能会一时屈服，但这种格局无法维持长久，容易导致内部的明争暗斗。因此，真正的平衡需要所有参与者都具备理性和道德约束。

　　② 参与者必须意识到自我约束的重要性。

　　他们需要明白，放任自己肆无忌惮的行为不仅会损害他人，也会最终损害自己。在这一过程中，参与方通过俱乐部的谈判，制定出符合各方利益的行为规则。这些规则的核心内容可能包括规定每个人放养的奶牛数量、放养频次以及其他一些具体的操作方法。最重要的是，各方必须确定每一个家庭在草场上允许放养的奶牛数量，确保这一数量不超过草场的生态承载能力。草场的承载力是有限的，面积有限，草的生物质量也是有限的。无节制地放牧必然会导致草场的退化。因此，确定每一家允许在草场放养的奶牛数量是至关重要的。这类解决方案在许多公共物品的分配中都有所应用，然而，这种方案往往只在特定时期内有效，难以长期维持稳定，存在不少问题。

　　③ 理性与条件变化的挑战。

　　问题一：真正完全理性的人几乎是不存在的。人类很难做到完全了解系统的最优解，并愿意遵循这些规则。完全理性的前提条件有两个：a. 系统的性质必须是完全确定的；b. 参与者需要足够聪明，能够理解所有可能的方案，并具备足够的智慧。然而，现实中人类很难准确把握牧场的承载力，也难以完全掌握邻居的行为模式。因此，俱乐部理论在实际应用中常常面临争议和挑战[10]。

　　问题二：客观条件的变化也是影响俱乐部理论有效性的一个重要因素。人类所处的社会条件和自然条件总是处于不断变化之中。例如，家庭人口的增长可能是不均衡的。一家牧民的人口可能增加一两人，而另一家可能增加四五人。人口增长较多的家庭可能会提出希望分得更多资源的要求，从而导致对公共资源使用权的重新评估和分配。此外，若新的居民（如丁）加入，也将进一步影响原有的管理规则。自然条件的变化同样会影响草场的利用。草场可能因环境变化而变得更加繁茂，亦可能因资源过度使用而变得更加贫瘠。在草场变得贫瘠时，如何调整俱乐部理论的规则，以适应新的生态环境，将是一个严峻的挑战。无论是因人类的有限理性，还是因自然条件的变化，俱乐部理论在实施过程中都会面临不断的挑战。规则的分配及公平性需要重新进行评估、梳理和安排。如果这种变化稍有不公，便可能导致俱乐部的瓦解。而一旦其中任何一位代表感到不满，选择自行其是或退出，俱乐部就会面临解散的风险。

　　综上，俱乐部的稳定性会受到频繁的挑战，难以作为长期有效的管理方案。

　　2）公共委托论

　　第二个方案是公共委托论。公共委托论是一种重要的环境管理理论，强调自然环境作为公共物品的特性，并指出政府在管理这些资源时的责任和义务。

自然环境是一个非常典型的公共物品，具有以下几个共有特征：

① 公共财产具有整体性和不可分性。例如，公园、空气和河流等资源都是整体性的，通常情况下都无法或不可被单独分割或占有。

② 环境的使用具有非排他性，意味着所有人都可以平等地使用这些资源，这一特性与私有财产有着显著的不同。

③ 环境保护的利益是共享的，只有将环境资源保护好，大家才能共同受益；反之，若环境遭到破坏，所有人都会受到损害。

背景介绍：公共委托论的确立可以追溯到美国的航运法。1916 年，美国通过了一项重要的航运法，旨在解决围绕密西西比河的航运争端。随着美国经济的蓬勃发展，密西西比河的运输需求急剧增加，随之而来的争议和冲突也层出不穷。为了有效解决这些问题，政府最终出面，通过立法手段来规范航运行为。这一法案不仅在美国国内形成了通行的规则，后来也逐渐成为国际通行的标准，成为其他国家在处理类似问题时的重要参考。

公共委托论的基本含义包括以下几个方面：

① 环境是全体公民的公共财产。国家在此理论框架下，接受全体公民的委托，负责合理支配和利用公共财产（即环境），并行使相应的管理权。这一责任不仅包括资源的分配，还包括对环境的维护和改善。

② 环境不是"自由财产"或"无主物"。在公共委托论中，任何人不得随意占有、使用、损害或破坏环境资源。环境资源的使用必须遵循法律法规，确保其合理利用。

③ 国家行使管理权，必须接受监督。国家在管理公共资源时，必须接受来自媒体、公众以及其他社会团体的监督。这一监督机制确保政府在行使管理权时不滥用权力，保持透明和公正。

④ 通过立法建立统一管理机制。国家需通过立法等方式，建立具有法律效力的强制性管理手段，以确保环境资源的合理利用。这种法治化的管理机制能够为环境保护提供坚实的法律保障。

（2）结论

综上所述，在这两种管理机制中，公共委托论更具稳定性和可行性。通过国家的公权力来管理公共资源，可以有效地避免"共有物的悲剧"，确保环境资源的可持续利用。因此，在环境管理中，国家（广义的政府）起着决定性作用。政府不仅负责环境的行政管理，还需通过立法和司法手段来确保环境资源的可持续利用。

同时，政府、企业和公众三者的共同参与是实现有效环境管理的关键。只有通过合理的管理机制与政策措施，以及有效的监督制约机制，才能确保自然资源的可持续利用，实现经济与环境的协调发展。在未来的环境管理实践中，我们需要不断探索和完善管理机制，以应对日益严峻的环境挑战。通过建立多方协作的治理模式，促进各方在环境保护中的积极参与，才能实现真正的可持续发展。

2.1.2　环境管理的对象（管什么）

在探讨环境管理的对象时，首先需要明确"管什么"的问题。为此，我们将从分析草场退化的案例入手，逐步揭示环境管理的对象究竟是什么。

（1）案例分析

以草场退化为例，在世界各国的许多地区，比如非洲稀树草原、中国的大西北等，过度放牧都曾经是或现在仍然是导致当地的某些地带出现环境退化的一个显著因素。在这类案例中，草场的退化不仅影响了当地生态环境的健康，更反映出人类与自然环境之间的复杂关系。环境的承载力，即生态系统能够支持的生物量与资源利用的限度，直接关系到人类活动的可持续性。在过度放牧的情况下，草场的植被受到压制，土壤的质量下降，最终会导致生态系统的失衡。

（2）从案例得到的启示

① 人与环境的关系中，人是主动的，环境是被动的。人类在利用自然资源时，往往是以主动的姿态进行影响和改变，而环境则在这种互动中被动接受影响。

② 调整人与环境之间关系的关键是规范人的行为。为了改善环境状况，必须对人类的行为进行有效的管理与规范。这包括对放牧、农业、工业等各类活动的干预与引导，以确保这些活动在可持续的范围内进行。

（3）如何管理人的行为

对人的行为的管理在环境管理中占据着核心地位，可以从多个层面进行分析：

① 个人行为。个体在日常生活中所采取的行动，比如用水习惯、垃圾分类、出行方式等，都会对环境产生直接或间接的影响。

② 社会行为。社会整体的行为模式，例如集体放牧、农业生产方式、城市规划等，都是影响环境的重要因素。

③ 经济、技术与人口因素。经济活动、技术创新和人口增长等因素同样对环境产生深远的影响。例如，随着人口的快速增长，资源消耗加剧，环境压力增大，要求我们采取相应措施进行调控。

④ 环境的自我修复能力。人类应努力维护和促进环境的自我修复能力。这意味着在进行开发和利用时，应考虑生态系统的恢复能力，通过合理的技术和工程干预，支持环境的可持续发展。

（4）结论：环境管理的对象是什么

综上所述，环境管理的对象主要是人与环境之间的关系，而且本质上是对人类活动的管理，具体涉及个人、企业和政府等多个层面。有效的环境管理不仅需要关注环境本身的保护与修复，更要从根本上对人类的行为进行引导与规范。

具体而言，环境管理的实施应包括以下几个方面：

① 个人层面。倡导个体树立环保意识，鼓励采取可持续的生活方式。

② 企业层面。推动企业实施绿色生产，采用环保技术，减少资源消耗和污染排放。

③ 政府层面。制定和实施相关的政策法规，加强环境监管，促进资源的合理利用和生态保护。

通过综合考虑上述这些方面的对象管理，环境管理才能够有效地促进人与环境的和谐共生，实现可持续发展的目标。

2.1.3 环境管理的手段（怎么管）

环境管理的主要手段可以归纳为五大类，它们分别是：行政手段、法律手段、经济手段、宣传教育手段以及科学技术手段。这些手段各具特点，适用于不同类型的人类活动，形成了一个相互关联的管理体系。

（1）环境管理的五类手段

① 行政手段。行政手段主要指各级政府，尤其是环境保护部门，运用立法和政策制定来进行系统化的管理。这包括制定环境保护法规、实施环境影响评估制度等，以确保各项环保措施得到有效执行。

② 法律手段。法律手段是环境管理的另一重要基础，通过法律法规来规范人类行为，明确责任和义务。法律手段的实施能够有效遏制环境违法行为，保护生态环境。

③ 经济手段。经济手段通过经济激励或惩罚来调动各方参与环境保护的积极性。例如，设立环境税、提供绿色信贷、实施排污权交易等，都是通过经济杠杆来引导企业和个人采取环保措施。

④ 宣传教育手段。提高公众的环保意识和责任感是环境管理的重要组成部分。通过多种形式的宣传教育，增强社会对环境保护的认知与支持，使环保理念深入人心，从而形成良好的社会氛围。

⑤ 科学技术手段。科学技术的进步为环境管理提供了新的工具和方法。研发高效的环保技术、改进环境监测手段、推广可再生能源等，都是通过科技创新来提升环境管理的效果。

这些手段针对不同的人类活动，涵盖了微观、中观和宏观层面。人类在应对环境问题时，需要根据具体情况，灵活运用不同的管理手段。例如，技术领域需加强技术规范和完善管理，而在人口管理上则需注重宣传教育的实施。

值得注意的是，这五类手段在地位上并不等同，存在核心与外围、基本与派生的区分。其中，行政手段和法律手段被视为基本手段，而经济、技术和宣传教育手段则属于派生手段（当然，在实际的社会管理中，经济手段并非完全都是派生的和市场化的手段，有时也有带有强制性的和法律法规性质的手段方法）。这种划分的根源在于经济学中的外部性现象。

（2）基本与派生手段之分的根源——外部性现象

外部性现象指的是某一行为对外界产生的影响。如果一项活动对外界产生积极影响，称为外部经济；反之，若对外界带来负面影响，则称为外部不经济。环境污染就是一个典型的外部不经济现象。企业即便在追求经济利益时，也可能对环境造成损害。这个问题单靠企业的道德自律或舆论宣传无法有效解决，最为可靠的方法是通过政府的强制法律手段进行干预，人类社会的长期实践已经证明，环境的外部不经济性必须通过强制手段才能解决。更为具体的，行政和法律手段的结合，是解决外部不经济现象的有效途径，这些手段的实施有助于确保环境保护政策的落实，进而提升管理的有效性和稳定性。

当然，在实际操作过程中，如何确保行政和法律手段不走偏，不陷入腐败和失效的境地，仍然是一个亟待解决的课题。这需要建立健全的监督机制和透明的执行流程，以确保环境管理的公正性和有效性。

2.1.4　环境管理的目标

环境管理的目标是一个不断演变的过程，随着经济发展阶段的不同和人类对环境问题认识的逐步深化而不断升级，该过程可以划分为污染控制、生态保护和可持续发展三个主要阶段，每个阶段的目标和重点各有不同。

（1）第一个阶段：污染控制

该阶段的环境管理目标是污染控制，这一过程始于工业革命并持续到 20 世纪 50 年代。在这一早期阶段，核心任务是识别和控制各种污染物的浓度，包括废水、废气和固体废物等。

例如，早在 1863 年，英国便通过了世界上第一部附带排放限制的法案《碱业法》，该法案专门针对制碱工业及其相关生产过程中所排放的污染物进行了严格的限制。这一立法标志着政府开始认识到工业活动对环境的影响，并采取措施加以应对。

在美国，污染控制的立法进程始于 20 世纪 40 年代，政府开始制定法律来控制大气污染，设立地区性法律和标准。1959 年，加州制定了环境质量标准和汽车排放标准，标志着美国污染控制体系初步建立。这些法律框架不仅为后续的环境保护措施奠定了基础，还为其他州和其他国家提供了可供借鉴的经验。

与此相比，中国的污染控制措施起步较晚。直到 1973 年，中国才开始制定三废（废水、废气、废渣）的排放试行标准，标志着国家对环境污染问题的重视。1983 年，中国颁布了地面水的环境质量标准，明确了地表水中污染物的最大允许浓度。这些初步的标准和法规为后续的环保工作提供了指导。

总体而言，这一阶段的主要目标是通过立法和标准的制定来减少污染物的排放，以确保环境质量的基本要求。虽然当时的措施和政策相对简单，但它们为后续更为复杂和全面的环境管理奠定了基础。随着社会对环境问题的关注加深，污染控制的理念逐渐演变为更加系统化的环境管理策略，为后来的环境保护工作提供了重要的启示和借鉴。

（2）第二个阶段：生态保护

在污染控制的基础上，环境管理的目标逐渐扩展至生态保护。这一阶段的关键在于人类意识到，除了控制污染物的浓度外，还必须确保这些污染物对生态环境不造成严重的危害。随着环境问题的加剧，生态保护的重要性愈发凸显。

美国在生态保护方面走在世界前列，除了不断完善污染控制的立法体系外，还出台了明确的生态保护法规。1964 年，美国通过了《原生环境法》，设立了多个保护区，为生态保护奠定了坚实的基础。这一法律不仅保护了特定的自然景观和生物种群，还为生态系统的恢复和维护提供了法律支持。1970 年，美国环保署（EPA）制定并实施了《国家环境政策法》。该法要求在进行环境影响评价时，必须考虑生态影响，确保环境决策的科学性和全面性。其中第 101 条明确规定，目标是在 1983 年前将水体净化到足以支持鱼类、贝类及其他野生动物生存的程度。这一规定体现了对生态系统健康的重视，强调了水体质量与生态平衡之间的密切关系。

在这一阶段，环境管理的目标不仅关注污染控制的数量，更加强调生态系统的整体健康和稳定。政策的制定者们开始认识到，保护生态环境不仅是减少污染的结果，更是维护生态系统功能和生物多样性的必然要求。通过综合考虑污染物对生态环境的影响，环境管理逐渐向系统化、综合化的方向发展。此外，生态保护的理念也开始渗透到社会各个层面，包括公众意识的提升和企业责任的加强。越来越多的人认识到，生态环境的保护不仅关乎自然界的平衡，也直接影响人类的生活质量和未来发展。因此，生态保护逐渐成为社会共识，促进了各界对环境保护的参与和行动。

总体而言，第二个阶段的环境管理目标的形成，标志着人类对环境问题认识的深化，强调了生态保护的重要性，为后续更为全面的可持续发展战略奠定了基础。

（3）第三个阶段：可持续发展

可持续发展已成为当前环境管理的主要目标，其理念最早于1972年在联合国斯德哥尔摩人类环境会议上提出。这次会议被广泛视为可持续发展理念的第一个里程碑，标志着全球对环境问题的广泛关注和重视。会议讨论了环境问题的复杂性，强调这些问题不仅仅是工程技术问题，还涉及社会经济因素及其他相关因素，从而引发了对人类与自然关系的深刻反思。

1992年，在联合国环境与发展大会上，可持续发展的理念得到了进一步明确（第二个里程碑）。这一理念被定义为既满足当代人的需求，又不损害后代人满足其需求能力的发展。大会制定了《21世纪议程》，并实施了具体的可持续发展战略行动计划，为全球可持续发展提供了框架和指导。

可持续发展的第三个里程碑是2002年的南非约翰内斯堡会议。该会议针对1992年环境与发展大会的不足进行了细化与修订，制定了详细的行动计划，并发表了关于可持续发展的约翰内斯堡宣言。宣言中提出了四个关键行动计划：

首先，消除贫困。会议认识到贫困与环境污染之间存在正相关关系，强调解决贫困问题是实现可持续发展的前提。

其次，改变不可持续的消费和生产模式，特别是针对富裕国家和阶层的过度消费。会议呼吁全球各国采取措施，推动资源的可持续使用，减少环境负担。

再次，保护和管理自然资源，以支持经济和社会发展。会议强调，合理管理自然资源对于实现经济增长与社会福祉至关重要。

最后，在全球一体化的背景下，推动全世界的可持续发展，关注跨界污染的转移以及各国之间的相互支持，特别是发达国家对发展中国家的环境援助。

这一行动计划旨在促进国际的合作与协作，以实现全球可持续发展的共同目标。此外，全球海平面上升已成为一个重大问题，许多岛国面临灭亡的威胁。例如，太平洋岛国图瓦卢已经开始搬迁，以应对气候变化带来的风险。这一现象不仅是环境问题的直接体现，也体现了全球气候变化对社会经济的深远影响。南非会议还特别关注了非洲及其他地区的可持续发展和资源管理，提出了明确的行动框架和制度性建议，以确保可持续发展的有效实施。

总体而言，可持续发展阶段的环境管理不仅关注环境保护和资源的合理利用，还强调社会公平和经济发展之间的平衡。这一阶段的核心在于通过综合治理，促进人类与自然的和谐共生，确保地球的可持续未来。

（4）进入21世纪后的新挑战

进入21世纪，全球气候变暖问题愈发严峻，温室气体减排成为环境领域的重要议题。随着科学研究的深入和公众意识的提升，清洁能源和绿色能源的理念逐渐得到广泛认可，成为应对气候变化的关键策略。这一转变不仅反映了对环境保护的重视，也标志着向可持续能源系统转型的迫切需求。

然而，尽管气候变化的影响日益明显，传统的常规的环境污染治理和生态保护依然是环境保护事业的核心内容。在此基础上，全球范围内对气候变化的关注与应对逐渐增强，形成了更为全面的环境管理框架。

总体而言，环境管理的目标在不断演进，从早期的污染控制，逐步转向关注生态保护，再到推动可持续发展。这一过程不仅反映了人类对环境问题认识的深化，也体现了经济发展水平的变化和社会责任感的提升。随着全球环境挑战的复杂性增加，未来的环境管理需要更加系统化和综合化，以确保实现可持续发展的长远目标。

2.1.5 环境管理的定义及小结

（1）环境管理的定义

通过对人们自身思想观念和行为进行调整，以求达到人类的发展与自然环境的承载能力相协调。也就是说，环境管理是人类有意识地自我约束，这种约束通过行政的、经济的、法律的、教育的、科技的等手段来进行，它是人类社会发展的根本保障和基本内容。注：在本章的后续部分，我们还将探讨环境管理学的定义，这是一个学术上的概念，与本节的这个定义有所不同。

（2）小结

环境管理是针对次生环境问题而言的一种管理活动，主要解决由于人类活动所造成的各类环境问题。相较于自然环境，人类的能力尚未足够强大到能够完全控制或改变自然，因此，提升对人类所造成的环境问题的管理能力显得尤为重要。

环境管理的核心是对人的管理。尽管环境管理试图解决人与环境之间的关系，实际上，管理的重点在于人，因为只有人类才能主动采取行动并发挥创造力。

环境管理是国家管理的重要组成部分。在国家的日常管理和行政管理中，环境管理占据着重要的地位。通过系统的环境管理，国家能够有效应对环境问题，提高资源利用效率，促进可持续发展。因此，必须不断加强环境管理的机制和措施，以更好地应对日益复杂的环境挑战。

2.2 环境管理学及其现状

2.2.1 环境管理学的产生

环境管理学的起源可以追溯到 1974 年，在联合国环境规划署（UNEP）和联合国贸易与发展委员会（UNCTAD）举行的研讨会上，首次提出了环境管理的初步定义：全人类的基本需求必须得到满足，发展应在满足这些需求的同时，不超过自然环境的承载能力。环境管理的目标在于协调这两者之间的关系。

随后，UNEP 的前执行主任托尔巴对环境管理学进行了更为系统的定义。该定义如下："环境管理应首先研究人类社会活动，尤其是经济活动与环境之间的相互影响原理。运用这一原理，环境管理要在每一个发展阶段中制定、执行、评价和调整发展规划，始终关注对环境的影响。这不仅包括经济效果的评估，还需重视环境和生态效应。通过经济、法律等多种手段，环境管理旨在影响人类行为，实现经济与环境的协调发展，从根本上解决环境问题"。

2.2.2 环境管理学的任务

环境管理学是一门建立在多学科基础之上的学科，其核心学识结构包括以下几个方面。

（1）环境运动变化规律方面的知识

研究自然环境的变化规律。具体指向自然科学类的环境科学的基本知识，以了解环境的基本特性。

（2）人与环境相互关系方面的知识

探讨人类活动对环境的影响及其反馈。具体包括：

① 经济与环境。通过环境经济学研究经济活动与环境之间的关系。

② 技术与环境。借助环境工程的知识，探索技术对环境的影响。

③ 人口与环境。运用环境社会学的视角，分析人口因素对环境的影响。

④ 伦理与环境。通过环境哲学探讨人类对自然环境的伦理责任。

在上述学识结构的基础之上，环境管理学的具体基本任务如下：运用人与环境关系的原理，制定环境管理的基本原则，并确定相应的管理手段，如政策和法律，此外，还需关注这些手段的实施方法及其绩效评估，确保环境管理与可持续发展战略的贯穿实施。

2.2.3 环境管理学的性质

环境管理学作为一门综合性学科，旨在通过科学的管理方法和策略来有效地保护和改善环境，实现可持续发展。其性质特征可以从多个维度进行探讨，主要包括科学性、艺术性、综合性和动态性。

（1）科学性

环境管理学的基本原理来源于环境科学和管理科学，这使得其具备了科学性。环境科学提供了关于生态系统、环境污染、资源利用等方面的理论与数据支持，而管理科学则为环境管理提供了系统的管理框架和方法论。环境管理学的科学性体现在以下几个方面：

① 理论基础。环境管理学借鉴了管理学中的经典理论，如泰勒的科学管理理论强调效率和标准化，法约尔的一般管理理论提供了管理过程的框架，而梅奥的人际关系与行为科学则关注团队合作和员工激励。通过借鉴这些理论的思想和方法，环境管理学逐步形成了自己的理论体系。

② 数据驱动。环境管理学依赖于大量的实证研究和数据分析，通过科学的方法收集和处理环境数据。这包括环境监测、影响评估和资源使用分析等，确保管理决策的科学性和有效性。

③ 多学科交叉。环境管理学的科学性还体现在其跨学科的特征上。它不仅涉及环境科学、经济学、社会学等学科，还与法律、政策、技术等领域密切相关。这种多学科的交叉使得环境管理能够更全面地理解和解决复杂的环境问题。

（2）艺术性

除了科学性，环境管理学还具备艺术性。有效的环境管理不仅依赖于科学理论和数据分析，更需要因地制宜、灵活应对和创造性思维，要根据具体情况随机应变。实际管理过程中，往往没有单一的书本知识可以完全依赖，创造性思维和实践经验的结合是实现成功管理的关键。具体来说，其艺术性表现为：

① 灵活应变。环境管理的实际工作中，面临的情境和挑战往往具有不确定性和复杂性。在这种情况下，管理者必须根据具体情况进行随机应变，制定适合的管理策略。这意味着，

管理者需要具备敏锐的观察力和判断力，能够迅速识别问题并调整管理方案。

② 创造性解决问题。环境管理涉及的许多问题往往是前所未有的，缺乏现成的解决方案。在这种情况下，管理者需要运用创造性思维，结合自身的实践经验，探索新的方法和路径。例如，在应对气候变化时，世界各国的管理者可能需要结合当地的社会经济条件和自然条件，设计出独特的减排策略。

③ 人际沟通与协作。环境管理不仅涉及技术和数据，还需要良好的沟通与协作能力。管理者需要与政府、企业、公众等多个利益相关者进行有效的沟通，协调不同利益之间的冲突。这种人际关系的处理能力是环境管理成功的重要因素。

（3）综合性

环境管理学的综合性体现在它的多维度视角上。环境管理不仅仅是对环境问题的简单处理，而是需要综合考虑经济、社会、技术等多方面的因素。具体来说：

① 系统思维。环境管理学强调系统思维，要求管理者在制定政策和实施管理时，考虑到各种因素之间的相互关系。例如，水资源管理不仅要关注水质，还要考虑到水的供需、生态保护和社会经济发展等多方面的因素。

② 可持续发展。环境管理的核心目标是实现可持续发展。管理者需要在经济增长、社会公正和环境保护之间寻找平衡，确保资源的合理利用和生态系统的健康。

③ 政策与法律框架。环境管理涉及的政策和法律框架也是其综合性的体现。管理者需要了解相关的法律法规，确保管理措施的合规性，同时也要关注政策的执行效果和社会反馈。

（4）动态性

环境管理学的动态性反映了其在不断变化的环境中适应和发展的能力。在全球环境问题日益复杂化的背景下，环境管理学的理论和实践也在不断演进：

① 应对新挑战。随着技术进步和社会变迁，环境管理面临新的挑战，如气候变化、生物多样性丧失等。管理者需要及时更新知识和技能，采用新的管理工具和方法，以应对这些动态变化。

② 反馈与调整。环境管理的过程是一个持续反馈和调整的过程。在实施管理措施后，管理者需要根据实际效果进行评估，及时调整策略。这种动态的管理机制有助于提高管理的有效性和适应性。

③ 全球视野。环境问题往往具有跨国界的特性，环境管理学需要在全球视野下进行思考和实践。国际合作与信息共享成为解决全球环境问题的重要手段，管理者需要具备全球化的视野和合作能力。

综上所述，环境管理学作为一门科学，既具备科学性，又具备艺术性，强调综合性和动态性。这些性质特征使得环境管理学能够有效应对复杂的环境挑战，实现可持续发展目标。在未来的发展过程中，环境管理学需要继续在理论和实践中深化与创新，以适应不断变化的环境需求。

2.2.4 环境管理学发展现状

环境管理学作为一门综合性的新兴学科，融合了环境科学、经济学、政策学和管理学等多个领域的知识。其主要目标是通过科学的管理方法和策略来保护和改善环境，同时实现可持续发展。环境管理学的历史仅有四十多年，自20世纪70年代开始逐渐萌芽。作为一门相对年轻的学科，其管理学术体系尚未完全成熟，普遍公认的教材体系仍在建立中，理论总结尚未能满足实际应用的需求。许多实践工作往往走在理论之前，反映出实践的紧迫性和广泛性，这为从事环境管理规划的学者提供了广阔的发展空间。以下是对环境管理学的发展历程和现状的概括。

（1）发展历程

1）早期阶段（20世纪初—20世纪70年代）

在早期，环境管理的概念并不明确，环境问题的应对和分析研究主要归属于工程学和城市规划等学科。1972年，斯德哥尔摩环境会议（联合国人类环境会议）的召开标志着环境管理的现代起点，促使全球对环境问题的关注，并推动了相关政策和法规的发展。重要代表作：斯德哥尔摩环境会议的会议文件和相关文献，奠定了环境管理的初步理论基础。

2）环境管理学的形成与发展（20世纪80—90年代）

在这一阶段，环境管理学逐渐从环境科学中独立出来，成为一门独立的学科。此阶段的重点是建立环境管理的理论框架和实用方法。1987年《我们的共同未来》（布伦特兰报告）提出了可持续发展的概念，进一步推动了环境管理学的发展。同时，各国开始制定环境保护政策和管理体系，环境管理学逐渐形成系统的理论和实践体系。重要代表作：

① Brundtland Commission（1987）. Our Common Future.[11] 该报告提出了可持续发展的概念，成为全球环境政策的重要基础。

② Barrow C J（1999）. Environmental management：Principles and practice.[12] 该书系统阐述了环境管理的基本原则和实践，包括：预防原则、污染者付费原则，多学科和前瞻性方法，可持续发展的目标，风险、危害和影响的评估，以及环境管理实务（包括个人、公司、政府、非政府组织和联合国环境规划署等国际机构如何进行环境管理）。

3）理论成熟与实践深化（21世纪初至今）

随着全球环境问题的加剧，环境管理学的理论和实践不断深化，研究重点转向如何将环境管理融入经济和社会发展中，以实现可持续发展目标。环境管理体系如ISO 14001标准的推出，为环境管理提供了系统化的工具和方法。在这一阶段，环境管理学的研究更加注重跨学科的整合，涵盖了生态系统服务、环境政策分析和环境经济学等领域。重要代表作：

① ISO（2015）. ISO 14001：2015 Environmental Management Systems—Requirements with Guidance for Use.[13] 该标准为企业和组织提供了环境管理的框架。

② Ostrom E（2009）. Governing the Commons：The Evolution of Institutions for Collective Action.[14] 该书探讨了公共资源管理和环境治理的复杂性。奥斯特罗姆博士首先描述了最常用的三种模型，这三种模型是推荐使用国家或市场解决方案的基础。然后，她概述了这些模型在理论和经验上的替代方案，以说明潜在的解决方案多样性。与共有物悲剧论不同，公地问题有时是由自愿形成的组织而不是由具有强制性的国家解决的。本书所考虑的案例涉及草地和森林的共有权、社区灌溉等其他水权，以及渔业。（奥斯特罗姆因对经济治理尤其是公共经济治理方面的分析而与奥利弗·威廉姆森（Oliver Eaton Williamson）共同被授予2009年诺贝尔经济学奖，她也是第一位获得诺贝尔经济学奖的女性）。

（2）现状

1）全球视角

国际上，环境管理学的教材和学术著作涵盖了从基础理论到实践应用的各个方面。主要包括环境政策、环境法规、环境影响评价、环境管理系统等。例如，《Environmental Management：Science and Engineering for Industry》[15] 和《Introduction to Environmental Management》[16] 等书籍系统介绍了环境管理的基本理论和应用案例。跨国企业和国际组织，如联合国环境规划署（UNEP）和世界银行，也积极参与环境管理领域的研究和政策制定。

2）中国视角

国内环境管理学的发展经历了从引进到自主创新的过程。早期主要依赖翻译和引进国外的理论和实践，近年来逐渐形成了适合中国国情的环境管理理论和方法。

重要教材包括：《环境管理》，刘常海、张明顺，中国环境科学出版社，1994[17]；《环境管理学》，叶文虎，高等教育出版社，2013[18]；《中国环境规划与政策》，王金南，中国环境出版社，2015[19] 等，这些教材和书籍不仅介绍了有关环境管理的基本理论，还结合了中国实际情况。与此同时，中国政府出台了一系列环境保护政策和法规，如最新的《环境保护法》（2015）和《土壤污染防治法》（2019）等，这些政策为环境管理提供了法律保障。

（3）未来趋势

未来环境管理学将更加注重全球环境治理、生态文明建设以及绿色发展的综合性管理。技术进步（如大数据、人工智能）将对环境管理产生深远影响，提升管理效率和精确性。跨学科合作将成为重要趋势，尤其是在应对气候变化、资源短缺等全球性问题时。

总的来说，环境管理学作为一门学科，已经从最初的理论探索阶段发展到一个逐步成熟且不断创新的阶段。无论是国内还是国际上，环境管理学的研究都在不断深化和扩展，以应对日益复杂的环境挑战。在未来，环境管理学面临着更大的挑战和机遇，随着全球对环境问题关注的增加，学者们需要继续探索和完善理论，以适应不断变化的环境管理实践。这一领域的不断发展将为可持续发展贡献更多的智慧和力量。

2.3 环境管理基本原则

环境管理的基本原则在不同的教材和研究中可能会有所不同，尤其是当从不同的视角出发时。本文将从宏观的方法论角度出发，重点介绍在日常环境管理实践中至关重要的两个原则：全过程控制原则和双赢原则。

2.3.1 全过程控制原则（全生命周期管理）

全过程控制原则是环境管理的核心理念之一，强调在环境管理过程中对各个环节进行全面监控与管理。无论是在企业、社会，还是在地方和国家政府层面，成功的环境管理都需要具备宏观与微观紧密结合的全局视野。这一原则的实施有助于实现环境保护与经济发展的协调，确保可持续发展的目标得以实现。

（1）全过程控制的层次

全过程控制原则可以分为企业层面的全过程控制和全社会层面的全过程控制两个层次。

1）企业层面的全过程控制

企业层面的全过程控制意味着对企业的每一个生产环节进行严格管理。这一过程涵盖了从原材料的开采、生产加工、运输和分配，到使用消费及最终废弃物处理的整个生命周期。企业不是仅需要关注单一产品的环境影响，而是应对整个企业的活动进行综合监管，确保在每个阶段都符合环境保护的标准和要求。

2）全社会层面的全过程控制

全社会层面的全过程控制则应涵盖社会活动的每一个与环境相关的环节。这意味着政府、企业和公众都应参与到环境管理中来，共同承担环境保护的责任。在这一层面上，政策制定者需要建立跨部门的协调机制，确保不同领域的环境管理政策能够相互配合，形成合力。

(2) 全过程控制的重要性与相关制度

在实际操作中，对产品全生命周期的管理尤为重要。以生命周期管理思想为指导，实施以产品为核心、面向全过程的环境管理是当务之急和大势所趋。这一理念强调从产品的原材料获取、生产、使用、回收，直到最终废弃的每个阶段都应受到监控。许多国家已经建立了良好的制度来支持这一管理模式，例如西方国家的产品身份证制度，可以追踪产品从原材料到废弃物的整个过程。

此外，环境标志制度以及我国正在推行的清洁生产促进法和循环经济促进法等，都是典型的全过程控制制度。这些制度不仅为企业提供了明确的环境管理标准，也为消费者提供了环保选择的依据，从而促进了全社会的环境意识提升。

(3) 全过程控制原则的显著特点

全过程控制原则具有以下3个显著特点：

① 管理内容的综合集成。这一原则要求从多个方面进行综合管理，既要管理产品本身，也要关注其原材料、进口、出口及废物处理等环节。通过全面的管理内容，可以有效减少环境影响，提升资源利用效率。

② 管理对象的综合集成。在全过程控制中，管理对象涵盖宏观和微观层面，涉及企业、政府和个人的共同参与。通过整合各方力量，可以形成强大的环境管理合力，推动社会整体的可持续发展。

③ 管理手段的综合集成。实现全过程控制需要多种管理手段的结合，包括技术手段、经济手段和法律手段。技术手段可以提高管理的效率，经济手段可以激励各方参与，而法律手段则为管理提供了必要的约束和保障。三者的有机结合，能够形成有效的环境管理体系。

(4) 未来展望

随着全球环境治理的不断深化，全过程控制原则将继续发挥其重要作用。未来，环境管理将更加注重数据的收集和分析，利用大数据和人工智能等新技术，提升环境管理的智能化水平。同时，公众参与和教育也将是实现全过程控制的重要组成部分，增强社会对环境问题的认知和责任感，推动全社会共同参与环境保护的行动。通过不断完善全过程控制原则，环境管理将朝着更加科学、系统和高效的方向发展，为实现可持续发展目标提供有力保障。

2.3.2　双赢原则

双赢原则是环境管理中不可或缺的精神性指导原则，它是指在处理利益冲突和环境问题时，要关注各方的利益，确保所有相关方均能从中获益，而不是以牺牲一方的利益来保障另一方的利益。这一原则基于非零和博弈的理念，即在资源有限的情况下，寻求各方的共同利益，而不是简单地将双方的利益看作是对立的。其核心目标是在实现环境保护与经济发展的平衡中找到共赢的解决方案。

（1）双赢原则的核心理念

双赢原则的核心在于通过合作和对话，寻求各方利益的最大化。在环境管理中，利益相关者可能包括政府、企业、社区、环保组织和公众等。通过充分沟通与协商，各方可以共同探索出既能促进经济发展，又能保护环境的方案。这种方法不仅能够降低利益冲突的可能性，还能增强各方的信任和合作精神。

（2）实现双赢的关键要素

为了实现双赢，合理且明确的规则至关重要。以下是实现双赢的几个关键要素：

① 透明的规则制定。规则的制定应确保公开、公平和公正，使各方明确自身的利益得失及任务的轻重缓急。透明的规则可以增强各方的信任感，降低潜在的冲突。

② 法律标准与政策制度。人类应依赖法律标准和政策制度，积极推动环境保护技术的发展。法律和政策能够为各方提供明确的行为规范，确保环境管理的实施过程具有合法性和合理性。

③ 资金筹措与资源配置。合法合理地筹措环境治理所需的资金是实现双赢的重要保障。各方应共同努力，探索多元化的融资渠道，如政府投资、企业赞助和社会捐赠等，以满足环境管理的资金需求。

④ 技术创新与协作。促进环境保护技术的发展和应用也是实现双赢的重要途径。通过技术创新，各方可以提高资源利用效率，降低环境污染，从而实现经济与环境的双重收益。

（3）双赢原则在实践中的应用

在实践中，双赢原则的应用可以体现在多个层面。例如，在企业的环境管理中，企业可以通过实施清洁生产技术和循环经济模式，降低生产成本的同时减少对环境的影响，从而实现经济效益与环境效益的双赢。在政府层面，政策制定者可以通过激励措施来鼓励企业和公众参与环境保护，形成良性互动，推动可持续发展。

展望未来，双赢原则在环境管理中的重要性将愈发凸显。随着全球环境问题的加剧，各国面临的挑战日益复杂，单一的利益追求已无法满足可持续发展的需求。只有通过跨界合作、利益共享，才能有效应对环境挑战，实现经济与环境的双重利益。未来，推动双赢原则的落实，将对全球可持续发展目标的实现产生深远影响。

综上所述，环境管理的全过程控制原则与双赢原则是实现可持续发展的重要基础。在实际操作中，将这两个原则相结合，将有助于推动环境管理的科学化、系统化和有效化。通过全过程控制，确保各个环节的环境影响得到有效管理；通过双赢原则，促进各利益相关者之间的合作与协调，从而为人类的可持续发展贡献力量。

拓展阅读

你住的城市正在下沉

复习思考题（答案请扫封底二维码）

问题 1. 环境管理的主体包括哪几个？

问题 2. 近代经济学家对可持续性的质疑有哪些代表性人物和观点？

问题 3. 全过程控制原则的典型制度有哪些？

问题 4. 环境管理的基本手段有哪些？其中最核心的手段是什么？为什么？

问题 5. 环境管理的目标经历了哪三次重要的变化？目标分别是什么？

问题 6. 环境管理学是建立在哪些学科的基础上的？

问题 7. 环境管理的基本原则有哪些？核心内容是什么？

问题 8. 为什么说环境规划和环境管理是一门复杂性边缘科学？

问题 9. 环境管理的对象是什么？

问题 10. 环境管理的主体包括哪几个？其中谁起着决定性作用，为什么？

问题 11. 环境的公共委托论的基本含义是什么？

问题 12. 用自己的理解讲述"共有物的悲剧"产生的缘由。

问题 13. 简述德内拉·梅多斯及《增长的极限》的诞生与影响。

问题 14. 结合环境管理学的发展及现状，分析环境管理队伍培养体系的不足。

问题 15. 环境污染为何具有外部不经济性的特征？该如何解决这种外部不经济性问题？

第3章 | 环境管理的思想

关于环境管理的思想，不同教材和书籍的论述与归纳存在着很大的不同。这一领域的复杂性和多样性反映了学术界对环境问题的不断深入思考与探索，也反映了在全球面临气候变化、资源枯竭和生态破坏等严重挑战的背景下，环境管理思想的重要性愈发凸显。本书将从以下 4 个方面讲解环境管理中的重要思想：a. 可持续发展思想；b. 循环经济思想；c. 清洁生产思想；d. 中国环境管理思想的发展。

3.1 可持续发展思想

3.1.1 可持续发展思想的形成

（1）古代朴素的自然保护观念

可持续发展的思想在古代就已有所体现，许多文化和文明都逐渐形成了人与自然和谐共生的观念。

1）中国古代的自然保护观念

在中国古代，这种理念根植于文化传统之中，强调对自然资源的珍视和对生态的尊重。在中国古代文献中，有许多关于自然保护的例证。《逸周书·大聚篇》记载，大禹在任时曾颁布禁令："春三月，山林不登斧，以成草木之长；夏三月，川泽不入网罟，以成鱼鳖之长。"这条禁令反映了对自然生态的尊重，强调在特定季节应停止对自然资源的开发，以便让生态系统恢复和繁荣。

战国时期，荀子在《王制》中提到："草木荣华滋硕之时，则斧斤不入山林，不夭其生，不绝其长也。"这句话强调了对自然的尊重与保护，认为在自然繁盛的时期，应当停止对其的破坏，以保证物产乃至生态的持续性。秦朝时期，《秦律·田律》同样表达了类似的思想，规定春二月禁止砍伐木材。这些法律反映了早期社会对自然资源的珍视，体现了古人对生态平衡的朴素理解。

此外，著名的成语"竭泽而渔"的出处《吕氏春秋·义赏》，其中写道："竭泽而渔，岂不获得，而明年无鱼；焚薮而田，岂不获得，而明年无兽。"这一表述同样体现了对自然资源过度开发的警示，强调了可持续利用的必要性。自此以后，中国历朝历代的法律中几乎均包含自然保护的条款，显示出这一理念在中国历史中的延续性。

关于古代的可持续发展思想，学术界存在两种相对的观点。一种认为，这种思想源于古代人类对生命的崇拜，缺乏科学知识，形成了一种带有迷信色彩的观念。然而，另一种观点则认为，虽然古代人们的有些行为和文字的确存在迷信色彩，但《秦律·田律》《王制》等古代文献中所制定的规则，措辞非常明确，反映的无疑是对自然保护的深刻理解，古人已能认识到在鱼类繁殖时期采取禁止捕捞等措施，这些都是中国古代在可持续利用自然资源方面思想理念的有力证据。

2）其他国家的古代自然保护观念

在世界其他文化中，也存在类似的可持续发展思想。例如，印度的古代哲学强调人与自然的和谐。《吠陀经》是印度教的经典文献之一，其中明确指出：一切生物都是宇宙的一部分，彼此相连；因此，人类有责任保护这些生命。这一思想反映了古印度人对生态系统相互依存关系的理解与尊重。在古代的阿育王时期（约公元前 268—前 232 年），印度实施了一系列保护动物和植物的法律。阿育王在其统治期间推行了"非暴力"政策，并在其法令中明确禁止杀害某些动物，如牛、鹿等。他还在印度各地建立了动物保护区，禁止猎杀和捕捞。阿育王的《石柱铭文》记录了相关信息。

在古埃及，法老们也意识到自然资源的有限性，采取了一系列措施保护尼罗河的水源。例如，古埃及的《法老法典》中有规定，禁止在特定时期内抽取过多的水，以保护河流的生态环境。此外，古埃及人将农业与自然的周期相结合，尊重自然规律，确保农作物的可持续生产。尼罗河的泛滥周期被视为农业成功的关键，古埃及人通过观察天文现象来预测洪水，从而合理安排播种和收割。古代埃及的宗教信仰也有体现与自然和谐共处的内容，比如古埃及人崇拜多种自然神灵，他们认为自然神灵的崇拜是保护环境的重要方式。

在美洲的印第安文化中，许多部落和民族在其传统中强调与自然的和谐共生。例如，北美的某些原住民文化中存在着"七代思维"的理念，即在做决策时考虑对未来七代人的影响。这种思维方式促使他们采取可持续的资源管理方式，保护土地和水源，确保后代的生存和发展。

总的来说，古代各国的自然保护观念虽因文化背景不同而有所差异，但共同点在于对自然的尊重与珍视，以及在资源利用上的可持续性意识。这些观念不仅反映了古人对自然的认知与理解，也为后来的环境保护和可持续发展提供了重要的思想渊源。

（2）近代经济学家对可持续性的质疑

进入近代，随着工业革命的推进，经济学家们开始对当时的社会经济发展的可持续性问题提出严肃的质疑。托马斯·马尔萨斯在 1820 年发表的《人口论》中，明确指出人口的增长呈指数级别，而食物供应的增长却是线性的。这一观点暗示了未来可能面临的资源短缺危机，成为后世对人口与资源关系研究的重要基础。马尔萨斯的理论引发了关于资源限制与人口增长之间关系的广泛讨论。大卫·李嘉图在 1817 年发表的《政治经济学及赋税原理》中，也表达了对人类消费不断增长的忧虑。他认为，随着经济的发展和消费的增加，资源的枯竭将成为不可避免的问题。李嘉图的观点强调了经济增长与资源消耗之间的矛盾。

随着时间的推移，经济增长的无限可能性引发了更多的讨论。经济学家亨利·米勒于 1900 年提出，经济是否真的可以实现无限增长值得怀疑。他认为，这种增长模式可能导致资源的枯竭和环境的恶化。米勒的质疑促使人们重新审视经济增长的质量和可持续性，强调了在追求经济繁荣的同时，必须关注生态环境的保护。

这些早期经济学家和社会学家的思想探索虽然引发了对经济增长的反思，但当时的社会普遍仍生活在一种"牧童经济"的幻象中。许多人未能意识到潜在的环境问题及其严重性，仍然相信经济增长是无止境的，忽视了资源的有限性和生态系统的脆弱性。这种对经济增长的盲目追求不仅导致了资源的过度开发，也为后来的环境危机埋下了隐患。

在此背景下，随着环境问题的日益严重，经济学界开始逐渐意识到可持续发展的重要性，为后来的可持续经济理论奠定了基础。这一转变促使经济学家们开始探索如何在促进经济增长的同时，实现对环境的保护与资源的合理利用。

（3）现代思想家对环境与发展关系的探索

进入 20 世纪，尤其是在二战之后，随着全球社会经济的不断发展，现代思想家们开始深入探讨环境与发展的关系，关注可持续发展的必要性和可能性。1960 年，美国伊利诺伊大学的学者霍华德·福伊斯特在《科学》期刊上发表了题为《世界的末日：公元 2026 年 11月 23 日，星期五》的文章，运用数学模型模拟未来可能发生的系统性崩溃。这一研究预示了人类面临的环境危机，引发了公众对可持续发展的关注。福伊斯特的工作展示了经济增长与环境承载能力之间的潜在冲突，强调了人类活动对生态系统的影响。

紧接着，1972 年，麻省理工学院的丹尼斯·梅多斯及其团队发表了《增长的极限》一书，进一步引发了广泛的争论。该书运用系统动力学的方法，通过计算机模拟复杂的经济模型，探讨了资源消耗、人口增长和环境污染之间的关系。梅多斯的研究指出，若不采取有效措施，经济增长可能导致生态环境的崩溃，这一观点在学术界和政策制定者中引起了强烈反响，推动了可持续发展理念的传播。

与此同时，经济学家朱利安·西蒙在 1981 年发表的《没有极限的增长》一书中，反驳了梅多斯的悲观观点。他认为，随着人类的创新和技术进步，资源短缺问题可以得到有效解决。西蒙的观点强调了人类智慧和技术能力在应对环境挑战中的重要性，提出了乐观的未来展望。此外，罗马俱乐部在其后续研究中进一步提出了零增长、有机增长和协调发展等新观点。这些概念强调了经济发展与环境保护之间的平衡，呼吁在追求经济增长的同时，关注生态系统的健康与可持续性。

上述这些探索为可持续发展提供了多元化的思考视角，促进了不同学科之间的交叉与合作。这些代表性的研究不仅引发了对可持续发展思想的广泛关注，也为后来的环境管理理论奠定了基础。这些理论为政策制定者提供了重要的参考，促使各国在经济发展与环境保护之间寻求更加合理的平衡，推动可持续发展的实践与实施。通过对环境与发展关系的深入探讨，现代思想家们为全球应对环境危机、实现可持续发展目标提供了宝贵的理论支持和实践指导。

（4）可持续发展思想的正式形成

可持续发展思想的正式形成可以追溯到 1980 年。当年，联合国大会（UNGA）通过了一项重要决议，要求对自然环境与其他各类因素之间的关系进行深入研究，以"确保全球持续发展"。这一决议标志着国际社会开始关注环境问题与经济发展的辩证关系，奠定了可持续发展理念的基础。同年，国际自然保护联盟（IUCN）在其发布的《世界自然保护大纲》中明确提出，人类要利用对生物圈的管理，使得生物圈既能满足当代人的最大持续利益，又能保护其满足后代人需求与欲望的能力。

1983 年，联合国大会再次通过决议，设立了"世界环境与发展委员会"（WCED），旨在专门研究"环境与发展"之间的相互影响。该委员会的成立反映了国际社会对可持续发展问题的高度重视，并为后续的政策制定提供了平台。

1987 年，世界环境与发展委员会完成了具有里程碑意义的报告《我们共同的未来》。该报告不仅标志着可持续发展思想的正式诞生，还在全球范围内引发了广泛的讨论和重视。报告中强调，在满足当代人需求的同时，必须确保不损害后代人满足其自身需求的能力。这一观点为后来的可持续发展理论提供了重要的理论基础，明确了可持续发展的核心理念：经济、社会和环境的协调发展。

《我们共同的未来》报告的提出，促使各国政府、国际组织以及非政府组织在制定政策时，越来越多地考虑环境保护与资源管理的可持续性。这一思想不仅影响了国际环境政策的制定，也为全球可持续发展目标的设定奠定了理论基础，推动了各国在可持续发展方面的合作与努力。通过这些历史性的进展，可持续发展思想逐渐成为全球治理的重要理念，影响着当今社会的各个层面。

3.1.2　可持续发展的定义和本质

（1）定义与内涵

可持续发展的定义是：既满足当代人的需求，又不对后代人满足其需求的能力构成危害的发展。这一定义由世界环境与发展委员会（WCED）提出，为可持续发展提供了一个清晰的理论框架，并强调了代际公平的重要性。这一概念不仅关注经济增长，还关注社会、环境和经济之间的协调关系，强调了在发展过程中应考虑的多维因素。

许多学者对可持续发展进行了不同的解读，提出了各自的观点。例如，张坤民在其著作《可持续发展论》中指出，可持续发展不仅仅是环境保护的问题，更是社会公平与经济发展的综合考量。他强调，真正的可持续发展需要在经济增长与社会正义之间找到平衡，确保所有人都能公平地享有发展带来的利益。

世界银行官员塞拉吉尔丁（Serageldin）在 1996 年指出，虽然可持续发展的定义在哲学上具有吸引力，但在实际操作中却存在一定的困难。他认为，这一定义需要更多的细化和实施策略，以便在不同的社会、经济和环境背景下有效应用。他呼吁在政策制定和实施过程中，考虑具体的指标和评估机制，以确保可持续发展目标的实现。

综上所述，可持续发展的内涵不仅涉及环境保护，还涵盖经济增长和社会公平等多个方面。这一理念的复杂性和多维性要求各方在制定政策时采取综合考虑的方式，以实现真正的可持续发展。

（2）可持续发展的原则

可持续发展原则的最早雏形源于世界环境与发展委员会（WCED）在 1987 年发布的《我们共同的未来》报告。这份报告不仅是可持续发展理念的重要文献，还明确阐述了可持续发展的原则和指导方针，对后续的环境政策和可持续发展实践产生了深远的影响。

可持续发展的原则主要包括以下几个方面：

① 机会的保护。不可再生资源应避免被耗尽，可再生资源不应枯竭，确保生态系统的基本功能得以维持。这个原则强调了资源的合理利用与保护，以保证未来世代的生存和发展。

② 选择性消费。鼓励非消耗性消费（如旅游、体育等），同时抑制消耗性消费（如食品、汽车等），引导社会形成可持续的消费模式。这一原则旨在塑造健康的消费习惯，以减少对环境的负面影响。

③ 尽可能保存或增殖自然资本。支持和鼓励环境再生活动，例如植树造林和水土保持等，确保生态系统的健康与稳定。通过恢复和保护自然环境，增强生态系统的韧性和服务功能。

④ 控制人口数量，提高人口素质。通过广泛开展素质教育、加强医疗保健、实施优生优育等措施，提高人力资本的质量。这一原则强调人力资源的可持续发展，以应对日益增长的人口压力。

⑤ 改善社会制度体系。抑制或减少不利于可持续发展的因素，推动社会制度向可持续发展转型。建立合理的政策框架和制度保障，有助于实现可持续发展的目标。

（3）可持续性与资本

从环境经济学的角度，可以将可持续性与资本的概念紧密联系起来，具体可以分为以下几类：

① 人力资本。指人口的数量和质量，包括知识、技能和健康状况等方面。

② 自然资本。包括自然资源及其环境质量，强调生态系统的健康。

③ 人造资本。指用于生产产品和服务的物质基础，如机器、厂房等。

④ 社会资本。包括社会文化和制度，维护社会稳定和提高管理效率的基础。

从环境经济学的角度来说，在可持续发展中，资本的管理与配置至关重要，确保各类资本的合理利用与保护，是实现可持续发展的重要前提。

（4）可持续性的分类

可持续性可以分为强可持续性和弱可持续性：

① 强可持续性。在保持资本总量不减的同时，强调自然资本的保护，确保自然资源的质量与数量不受损害。

② 弱可持续性。强调资本总量保持不减，即在经济发展过程中，整体资本的量不应减少。

这两者之间的区别在于，强可持续性关注资本的种类和质量，以及机会或潜在机会，而弱可持续性则侧重于总体资本量的维持。

衡量弱可持续性的准则是真实储蓄（genuine saving，GS）非负（Hartwick Rule）：

$$GS = GDP - D_m - D_h - D_e - R \tag{3-1}$$

式中，D_m 为人造资本折旧；D_h 为人力资本折旧；D_e 为自然资源消耗和污染损失之和；R 为环境恢复和治理的投入。

通过在传统的 GDP 中扣除上述成本后，得到的价值若为正，则该环境经济系统被认为是弱可持续的；若为负，则意味着环境经济系统萧条。这个方法为定量化评估提供了基础。

不过，在强可持续性的评估中，仅仅结果大于或等于 0 是不够的，需要进一步评估"可持续性差距"（sustainability gap，SG）：

$$SG = AS - SS \tag{3-2}$$

式中，AS 为各种资本的实际存量；SS 为可持续性标准。

其真实含义是：各种资本的实际存量与可持续性标准之间的差距。问题是，什么是可持续性标准？这个问题目前远没有统一的标准答案，需要学术界继续深入研究。

（5）案例分析：实现可持续发展的条件

在分析可持续发展的条件时，可以考虑一个封闭系统，例如与外界隔绝的牧场，即"共有物的悲剧"中的例子。在这样的系统中，需要考虑以下因素：a. 人口数量；b. 环境承载力；c. 奶牛数量；d. 分配制度。

① 情形之一：各项资本均保持不减。假设人口不变，环境承载力在可接受范围内，奶

牛数量和质量保持不减，制度合理。在这种情况下，人力资本、自然资本、人造资本和社会资本均保持不减，符合强可持续性的标准。

②　情形之二：资本的可替代关系。假定资本之间存在可替代关系，自然资本不减，其他资本可以相互替代，且它们的总和不减。在这种情况下，由于自然资本不减，其他资本的总和也不减，依然符合强可持续性的标准。

③　情形之三：弱可持续性。假设资本之间存在可替代关系，但四种资本的总和保持不减。在这种情况下，尽管资本总和不减，但其他资本对自然资本的替代可能导致一些潜在长远发展问题，从而仅符合弱可持续性的标准。

通过以上分析，可以看出实现可持续发展的条件不仅依赖于资本的数量和质量，还需要合理的制度安排和有效的资源管理策略。

3.1.3　生态足迹

（1）生态足迹的定义与意义

生态足迹（ecological footprint）是由环境科学家马希斯·威克那格（Mathis Wackernagel）在读博期间与他的研究团队一起在 20 世纪 90 年代初期首次提出的概念。生态足迹的具体定义是：一个人、地区或国家所使用的具有生物生产力的土地面积的度量。该理念旨在量化人类活动对自然资源的需求，尤其是生物生产力土地的使用情况。生态足迹不仅可以用于衡量个人或地区的资源消耗，还可以用于评估国家层面的可持续发展状况。

生态足迹的计算涉及追踪和计量人们所占有的资源及其所产生的废物。例如，如果一个人一年消耗 300kg 粮食，而该粮食的亩产为 900kg，那么这个人的粮食消费就相当于占用 1/3 亩具有生物生产力的土地。需要注意的是，这种土地面积的占用是具有排他性的，即一个人只要在地球上生存，就必须有相应的土地面积用于满足其粮食需求，尽管该土地可能并非由其本人耕作。生态足迹的概念强调了自然资源的有限性，提醒我们全球人口的生态足迹必须控制在地球可再生资源的承载能力之内。

生态足迹的意义在于它提供了一种直观的方式来理解人类活动对生态环境的影响。通过量化资源消耗与生态承载能力之间的关系，生态足迹为可持续发展提供了重要的理论基础和实践指导。它不仅促使个人和社会反思自己的生活方式，还为政策制定者提供了评估和改善环境政策的工具，推动全球向可持续发展的目标迈进。

此外，生态足迹的分析有助于识别资源使用的模式和趋势，鼓励各国采取更为可持续的资源管理策略。通过比较不同地区的生态足迹，政策制定者可以更好地理解各自的资源消耗情况，制定相应的政策以减少生态压力，最终实现人与自然的和谐共生。

（2）生态足迹的实例计算与比较

生态足迹的比较为我们理解不同交通方式对环境的影响提供了强有力的工具。通过分析不同交通工具的生态足迹，我们可以更清晰地认识到它们对资源消耗和生态环境的不同影响。以下是一个具体的例子，假设一个人居住在离工作地点 5km 的地方，使用不同交通工具的生态足迹计算结果如下：

脚踏车的生态足迹为 0.0122ha 或 122m²/人。

公共汽车的生态足迹为 0.03ha 或 301m²/人。

小汽车的生态足迹为 0.14ha 或 1442m²/人。[来源：Wackernagel（1996）[20]]。

从这些数据中可以明显看出，不同交通方式的生态足迹差异显著，反映出它们对生态环境的影响程度。脚踏车作为一种非机动交通工具，其生态足迹最低，显示出其在资源消耗和环境影响方面的优越性；而小汽车的生态足迹则最高，表明其对环境的负担最重。这样的比较不仅有助于引导个人和社会选择更为环保的出行方式，还为政策制定者提供了依据，以推动公共交通和可持续出行方式的发展。通过鼓励使用低生态足迹的交通工具，政府可以有效减少整体生态足迹，从而保护我们的环境。此外，这样的分析也能促进公众对可持续交通理念的理解，进一步推动社会向低碳出行的转型。

综上，可持续发展思想是环境管理领域的重要思想理念。这一思想已被广泛接受，但具体的理论细节和实施细节仍须不断完善与改进。可持续发展的关键在于发展与公平的平衡，以及对资源的合理利用与保护。在追求可持续发展的过程中，我们需要关注代际公平，确保在满足当代人需求的同时，保护后代人的利益。

3.2　循环经济思想

循环经济作为一种新型的经济理念和模式，逐渐成为全球可持续发展的重要组成部分。它不仅关注经济增长，也关注资源的合理利用和环境的保护。

3.2.1　循环经济的发生与发展

（1）思想萌芽

循环经济的思想源远流长。比如，在中国古代农耕文明中，常见的桑塘养殖模式就是一种循环经济的体现。农民通过养蚕、种桑和养鱼等方式，实现了资源的循环利用，既增加了农产品的产出，又有效利用了水资源。古罗马时期的城市规划建设中就有垃圾收集和处理的制度，强调资源的再利用和减少废物的产生。这类古代生产实践虽然并未以"循环经济"这一名词来进行理论描述，但它们体现了人类早期对资源可持续利用和生态保护的认识。

若从近现代的视角来看，循环经济的起源可以追溯至 20 世纪 60 年代。

1966 年，美国经济学家肯尼斯·埃瓦特·鲍尔丁（Kenneth Ewart Boulding）在其著作《即将到来的宇宙飞船地球经济学》一文中提出了"宇宙飞船理论"[21]。他认为地球的资源和生产能力是有限的，因此必须在自觉认识到这一点的基础上，建立循环生产系统。鲍尔丁的理论强调，地球就像一艘在太空中飞行的宇宙飞船，依赖于有限的资源生存；如果不合理开发资源和保护环境，最终将走向毁灭。他主张用储备型经济替代传统的增长型经济，以休养生息的方式替代消耗型经济，以福利量经济取代单纯的生产量经济，并以循环经济替代线性的单程经济。这一理论不仅在学术上具有重要意义，更在宏观层面为环境经济行为提供了新的视角，促使人们重新审视经济与环境之间的关系。鲍尔丁的理论为后来的循环经济思想奠定了坚实的基础，激励了后续的研究与实践。

进入 80 年代，随着全球经济的快速发展和环境问题的日益严重，社会各界开始反思传统的资源利用方式。人们逐渐意识到，单纯依靠填埋和焚烧等末端治理手段来处理废弃物已无法有效解决不断加剧的环境危机。同时，废弃物中蕴含着大量可再利用的资源。与此同时，许多经济体系在这一时期逐渐繁荣，资源的使用量显著增加，导致对新鲜资源的需求不断上升。因此，在这种背景下，如何开发和利用废弃物中的资源成为人们关注的焦点。

到了 90 年代，学者们对线性经济模式（即"取、用、弃"的单向流动模式）进行了更加系统的分析，认识到这种模式的局限性。线性经济往往导致资源的高开采、低利用和多排放，无法实现可持续发展。相对而言，循环经济作为一种新兴的经济模式，强调资源的循环利用和生态环境的保护，逐渐成为全球可持续发展战略的重要组成部分。

（2）循环经济与线性经济的比较

要深入理解循环经济的优势，首先需要对其与传统线性经济进行全面比较。

1）传统线性经济

① 流程。自然资源开发→物品生产消费→废弃排放（单向流动）。

② 特点。高开采、低利用、多排放。即高强度的资源开采、低效率的资源利用和大量废弃物的产生。

③ 问题。线性经济模式导致资源的无节制开采，加剧了生态环境的恶化。废弃物处理主要依赖堆弃、填埋和焚烧等末端治理手段，造成了严重的环境污染和资源浪费。

2）循环经济

① 流程。自然资源开发→物品生产、消费或旧物再用→废物再生资源。这是一种反馈式流程。

② 特点。低开采、高利用、少排放。即低强度的资源开采、高效率的资源利用和显著减少的废弃物排放。

③ 优势。循环经济按照自然生态系统的规律组织经济活动，通过合理和可持续地利用物质与能量，基本上不产生或者只产生很少的废物。通过资源的循环利用，减少对新资源的需求，降低环境负担，从而实现经济与环境的双赢。

循环经济的核心在于"反馈式流程"，即在生产和消费过程中，尽可能将废弃物转化为资源，实现资源的再利用。这种模式不仅有助于减少环境污染，还能显著提高资源的使用效率，推动经济的可持续发展。通过建立闭环系统，循环经济促进了经济活动与生态环境的和谐共生，为实现可持续未来提供了有效的解决方案。

3.2.2　循环经济的操作原则（"3R"原则）

循环经济的实施需要遵循一些基本原则，其中最为重要的就是"3R"原则，即减量化、再利用和资源化。

（1）减量化原则（Reducing）

减量化原则是循环经济的第一法则，强调减少进入生产和消费流程的物质量。通过优化生产工艺、改进产品设计、提高资源利用效率等方式，尽量减少原材料的使用量和废物的产生。这一原则不仅有助于降低企业的生产成本，还能减少对环境的负面影响。

例如，许多企业通过采用节能设备和清洁生产技术，推行环境质量管理体系 ISO 14000 等，成功实现了生产过程中的减量化，显著降低了能源消耗、物料消耗和废物产生。在中国，许多制造企业也早已开始实施绿色制造，推动减量化生产，尤其是在钢铁、化工等高能耗行业，通过引入先进的生产工艺和管理理念，实现了资源的高效利用。

（2）再利用原则（Reusing）

再利用原则是循环经济的第二个有效方法，强调在产品生命周期内尽可能多次以及多种方式地使用人们所购买的商品。通过修复、翻新、再加工等手段，延长产品的使用寿命，减少对新产品的需求。

例如，许多家电企业开始提供旧产品回收和翻新服务，消费者可以将旧家电（如旧手机、旧电瓶车等）交回厂家，厂家则通过修复和升级使其重新进入市场。这不仅减少了资源的消耗，还降低了消费者的开支。此外，许多社区也鼓励居民参与二手物品交易和交换活动、捐赠活动等，进一步促进资源的再利用。

（3）资源化原则（Recycling）

资源化原则是循环经济的第三个原则，强调对废弃物进行再生利用或资源化。通过分类回收和处理，将废弃物转化为新的资源，尽量减少环境污染。

例如，许多国家和地区建立了完善的废物分类和回收体系，鼓励市民积极参与废物的回收与利用。通过资源化，废纸、塑料、金属等废弃物可以被重新加工为新的产品，形成资源的闭环利用。中国近年来也在大力推动垃圾分类制度的实施，许多城市已经开始实行强制垃圾分类，以促进可回收物品的回收利用。

（4）小结：综合运用"3R"原则

在实际操作中，"3R"原则并不是并列的，更不是彼此独立的，而是需要综合运用。人们必须认识到，虽然资源化是资源循环的重要环节，但其有效性存在一定的限制。因此，在实施循环经济时，要优先考虑减少资源开采和避免废物产生的低排放甚至"零排放"方式（reduce）。同时，只有通过减量化、再利用和资源化的综合运用，才能实现资源的高效利用和环境的可持续保护。

3.2.3 循环经济的经济政策

为了促进循环经济的发展，各国纷纷出台了一系列政策措施，旨在提高资源利用效率，保护和改善环境。以下是一些主要的经济政策。

（1）可归还的保证金法

可归还的保证金法是指政府对某些产品的生产过程或产品报废时容易产生污染的生产企业收取保证金，当企业达到达标排放或报废产品回收时，政府再将保证金归还给企业。这一政策旨在激励企业采取环保措施，减少废物产生。

例如，早在20世纪90年代，美国在实施可归还的保证金法后，废弃物在重量上减少了10%～20%，在体积上减少了40%～60%。这一政策对需要安全处理的产品（如饮料瓶、玻璃瓶、啤酒瓶、蓄电池、轮胎）非常有效。在中国，类似的政策也在逐步实施。近年来，国家对一些高污染、高耗能的行业加强了监管，鼓励企业建立环境保护责任制以实现资源的有效回收和再利用。中国"家电下乡"政策中涉及对旧家电的回收和处理。生产企业在销售新家电时需要参与旧家电的回收工作，保证其可以被再利用或安全处理。企业需缴纳保证金，待完成旧家电回收后，政府将归还保证金。这一政策有效促进了旧家电的回收和资源再利用[22]。

（2）资源回收奖励制度

资源回收奖励制度是一些国家采取的激励措施，目的是鼓励市民积极参与资源回收。例如，日本在许多城市实行资源回收奖励制度，市民回收100只铝罐或600个牛奶罐可获得

100 日元的奖励。瑞典等国家也普遍采取类似的制度,涉及垃圾分类、资源回收、餐厨垃圾处理、生物质垃圾堆肥等。在中国,一些地方政府也正在探索资源回收奖励机制,鼓励居民积极参与垃圾分类和回收。例如,部分城市(如厦门、南宁、北京、天津、上海等)对参与垃圾分类的居民给予积分奖励,积分可用于兑换生活用品或享受其他福利。

(3)对倒垃圾进行收费

一些国家和地区实施了"倒垃圾收费"政策,即根据居民倾倒垃圾的数量和种类收取相应的费用。这一政策的实施旨在激励居民减少废物产生,推动垃圾分类和资源回收。

例如,韩国通过对垃圾收费政策,成功将居民的垃圾产生量减少了约 20%。这一政策不仅有效减少了垃圾的产生,还提高了市民的环保意识。在中国,部分城市也开始试点垃圾处理收费制度,通过收取垃圾处理费来促进居民的垃圾减量和分类。例如,上海市在实施垃圾分类时,推出了按垃圾投放量收费的试点,鼓励居民减少不必要的垃圾产生[23]。

(4)征收新鲜材料税

征收新鲜材料税是指对新开采的原材料征收一定比例的税费,以此鼓励企业使用再生资源和废弃物。通过提高新鲜材料的成本,企业将更倾向于采用可再生材料,从而推动资源的循环利用。

例如,在一些行业中,像电镀行业,由于其自来水的水价远高于普通居民的家用水价,这种水价税收政策倒逼企业更加注重工艺改进,减少新鲜用水,从而降低废水排放。中国在一些水资源紧缺的地区实施了水资源税,鼓励企业节约用水。以陕西省为例,该省对工业用水征收水资源税,税率根据用水量和用水类型而定。这一政策促使企业在生产过程中更加注重水的循环利用和节约,推动了水资源的合理使用[24]。

(5)征收填埋和焚烧税

征收填埋和焚烧税的政策旨在减少废物的填埋和焚烧量,鼓励企业和个人进行废物的回收和资源化。通过提高填埋和焚烧的成本,促进废物的减量化和资源化。

例如,许多欧洲国家通过征收填埋税和焚烧税,有效减少了废物的填埋和焚烧量,推动了资源的循环利用。在中国,虽然目前对填埋和焚烧的税收政策尚未普遍实施,但环保部门正在逐步探索和完善相关机制,以减少垃圾处理对环境的影响。

3.2.4　循环经济的实践案例

(1)德国的循环经济模式

德国是循环经济的先行者之一,其循环经济模式以高效的资源利用和严格的废物管理体系著称。德国通过法律法规和政策引导,建立了完善的废物分类和回收体系。德国的"绿点"制度鼓励企业在产品包装上标注环保标志,消费者可以根据标志选择环保产品。此外,德国还通过征收填埋税和焚烧税,推动废物的回收和资源化。通过这些措施,德国实现了高达 65% 的废物回收率,成为全球循环经济的典范。

(2)日本的资源回收制度

日本在资源回收方面采取了多项有效措施,形成了独特的资源回收制度。日本的垃圾分类制度非常严格,居民被要求将垃圾分为可燃物、不可燃物和资源物等多类,并按照规定的时间和地点投放。同时,日本还实施了"生产者责任延伸制度(EPR)"(日本是亚洲最早实施 EPR 制度的国家），要求生产商对其产品的全生命周期负责，包括产品的回收和再利用。通过这些措施，日本实现了高达 80% 的资源回收率，成为世界领先的循环经济国家之一。

（3）瑞典的可持续发展政策

瑞典在推动循环经济方面取得了显著的成就，成为全球垃圾管理和资源回收的典范。瑞典政府通过建立完善的废物管理体系，积极鼓励市民参与垃圾分类和资源回收，形成了全民参与的良好氛围。目前，瑞典的垃圾回收率已超过 99%，几乎没有垃圾被填埋，显示出其在废物资源化方面的成功。为进一步推动废物的资源化和再利用，瑞典政府实施了填埋税和焚烧税，旨在通过经济手段减少废物产生。填埋税的征收使得填埋成本上升，从而促使企业和居民更加注重垃圾的分类和回收。此外，瑞典的可再生能源利用率也非常高，约 50% 的能源来自可再生资源，这一方面推动了国家的可持续发展，另一方面也减少了对化石燃料的依赖。

1994 年瑞典政府出台了《废弃物收集与处置条例》，开启了生活垃圾分类的新时代。1999 年出台的《国家环境保护法典》成为监管生活垃圾管理的主要法律框架。在垃圾回收和处理的过程中，地方政府、生产商和居民三者之间的分工明确，各司其职，共同推动了循环经济的发展。地方政府负责制定本地的废物管理计划，承担生活垃圾的收集和处理责任，同时可以颁布本地的垃圾管理和卫生条例及财政措施。生产商则承担起回收和处理其产品产生的垃圾的责任。1994 年，瑞典首创并实施了"生产者责任制"，要求生产商在产品包装上详细标明回收方式，以引导企业提供从产品生产到处理的全链条服务。居民则负责垃圾的分类和支付相应的垃圾处理费用。《国家环境保护法典》规定，居民若故意或过失在公共场所乱扔垃圾，可能面临罚款或最长一年监禁的处罚。2000 年，瑞典开始对生活垃圾征收填埋税，遵循"谁污染谁治理、多污染多缴费"的原则，进一步激励垃圾减量与资源回收。

为鼓励居民积极参与垃圾分类和回收，瑞典还设立了"超市押金制度"和"购物退换货机制"，这些措施有效促进了物品的循环使用。此外，发达的二手市场也为物品的循环利用提供了便利，进一步推动了瑞典循环经济的持续发展。

（4）中国的循环经济促进法

在中国，为了促进循环经济的发展，提高资源利用效率，保护和改善环境，实现可持续发展，制定了《中华人民共和国循环经济促进法》。该法自 2009 年 1 月 1 日起施行，明确了循环经济的定义为在生产、流通和消费等过程中进行的减量化、再利用、资源化活动的总称。

《循环经济促进法》的实施为中国循环经济的发展提供了法律保障，促进了各行业的资源节约与环境保护，推动了可持续发展的进程。随着循环经济的推广，中国的许多城市也在借鉴国际经验，推动垃圾分类和资源回收的实施。近年来，越来越多的地方政府开始探索循环经济示范区，鼓励企业和居民参与到循环经济建设中来，以实现资源的高效利用和环境的可持续保护。

3.2.5　循环经济的挑战与展望

尽管循环经济在全球范围内得到了广泛关注和实践，但在实施过程中仍面临诸多挑战。

（1）面临的挑战

① 公众意识不足。许多人对循环经济的理解仍然有限，缺乏参与的积极性和意识。提

高公众的环保意识是推动循环经济的重要前提。

②技术瓶颈。循环经济的实施需要先进的技术支持，包括废物回收、再利用和资源化等环节。然而，当前技术水平的限制可能会影响循环经济的推广和应用。

③政策协调性。各国在实施循环经济政策时，可能会面临政策不协调的问题。需要各部门之间的密切合作，以形成合力。

（2）未来展望

尽管面临挑战，循环经济的发展前景依然广阔。未来，随着科技的进步和社会意识的提高，循环经济有望在以下几个方面取得突破：

①技术创新。新技术的发展将推动循环经济的实施，例如智能回收系统、可再生材料的研发等，将提高资源的回收率和再利用率。

②政策支持。各国政府将进一步加强对循环经济的政策支持，通过法律法规和财政激励措施，鼓励企业和个人参与循环经济。

③国际合作。循环经济是全球性的问题，各国应加强合作，分享成功经验，共同推动循环经济的发展。

④社会参与。提高公众的环保意识和参与程度，将是实现循环经济的重要保障。通过教育和宣传，促进社会各界对循环经济的认识，推动可持续发展的实现。

3.3　清洁生产思想

3.3.1　清洁生产思想的由来

清洁生产思想的形成与发展主要根源于应对全球环境污染与资源短缺的迫切需求。随着人类社会经济的不断发展，全球性的环境和资源问题日益突显，而工农业生产的剧增无疑是这些问题产生的直接来源。因此，为了应对这些问题，清洁生产思想逐渐演变为一种系统性的环境管理方法。其主要针对的是企业层面的环境管理，强调在生产过程中的污染控制和资源能源的节约与高效利用。接下来简要介绍清洁生产思想的历史背景及其重要发展节点。

（1）早期的环境保护理念

在 20 世纪 70 年代，环境问题开始引起全球的广泛关注。1972 年，联合国在斯德哥尔摩召开了人类环境会议，首次将环境问题推向国际舞台，强调了人类活动对环境的影响。这一会议为后来的各类环境保护政策奠定了基础，也包括清洁生产。

（2）欧共体的推动

更为直接且具体的，1976 年，欧共体（现欧盟）在巴黎举行了"无废工艺和无废生产国际研讨会"，会上提出了"消除造成污染的根源"的思想。这一理念强调，环境污染的根源在于生产过程中的不合理做法，因而在源头上进行控制和预防是解决问题的关键。

1979 年 4 月，欧共体理事会正式宣布推行清洁生产政策，标志着清洁生产思想在政策层面的首次系统性推进。这一政策的推出不仅促进了清洁生产理念的传播，也为各国在环保方面的努力提供了借鉴。

（3）清洁生产审计的起源

为了推行清洁生产思想，20 世纪 80 年代美国在化工行业开始实施污染预防审计，这一行动可以被认为是清洁生产审计的起源。这一审计方法通过对生产过程的全面评估，识别并消除潜在的污染源。此后，清洁生产审计逐渐被推广到其他行业，成为企业实施清洁生产的重要工具。

3.3.2 清洁生产的定义与基本要求

清洁生产的定义由联合国环境署提出，明确了其作为一种新的、创造性的思想在环境管理中的重要性。根据联合国环境署的定义：清洁生产是关于产品生产过程的一种新的、创造性的思想，该思想将整体预防的环境战略持续应用于生产过程、产品和服务中，以增加生态效应和减少人类及环境的风险。

清洁生产的实施需要遵循以下 3 个基本要求。

（1）对生产过程的要求

① 节约材料和能源。通过优化生产流程和技术手段，提高资源利用效率，降低资源消耗。

② 淘汰有毒原材料。优先选用低毒或无毒的原材料，减少有害物质的使用。

③ 减少废弃物的数量和毒性。通过改进工艺和技术，降低废物的产生量和毒性。

（2）对产品的要求

减少全生命周期的不利影响。从原材料的提炼，产品的设计、制造到最终处置，全面考虑环境影响，力求在各个环节减少对环境的负面影响。

（3）设计与服务的要求

将环境因素纳入设计和所提供的服务中。在产品设计阶段就考虑环境影响，确保产品在使用和处置过程中对环境的影响降到最低。

3.3.3 清洁生产的方法

清洁生产的方法主要分为两类，分别是源消减和现场循环回收利用。

（1）源消减

源消减是指在废物产生之前最大限度地减少或降低废物的产生量和毒性。源消减的方法可以进一步细分为：

① 改进生产过程。通过技术创新和工艺改进，提高生产效率，减少原材料的消耗和废物的产生。例如，采用先进的生产设备和智能化管理系统，以提高生产线的自动化程度，减少人为操作带来的浪费。

② 加强管理。通过完善企业管理制度，强化环境管理，确保清洁生产措施的落实。例如，建立环境管理体系，制定清洁生产计划，定期进行环境绩效评估。

（2）现场循环回收利用

现场循环回收利用是指在生产现场对能源、原材料和水资源等进行循环回收和重复利用。具体方法包括：

① 现场循环利用。如在洗车、建筑工地等场所，利用再生水进行清洗和施工，减少对新鲜水的需求。例如，火电厂的冷却用水可以进行现场的循环回收利用，从而显著降低水资源的消耗。

② 现场回收利用。将生产过程中产生的边角料、铁屑、木屑等废物进行回收利用，减少资源浪费。及时收集现场的废弃边角料，而不是与其他垃圾混杂在一起。这种行为对于提高使用率、减少回收成本非常有益。例如，木材加工企业可以将产生的木屑和废料加工成颗粒燃料，进行再利用。

3.3.4 中国的清洁生产进程

中国在清洁生产方面的努力始于 20 世纪 90 年代，随着环境问题的日益严重，国家逐渐认识到清洁生产的重要性，并采取了一系列政策和措施。

（1）重要会议与政策

1993 年 10 月，上海召开了第二次全国工业污染防治会议，会上号召大力推进清洁生产，强调清洁生产在环境保护中的重要性；1994 年 3 月，国务院常务会议讨论通过了《中华人民共和国 21 世纪议程——中国 21 世纪人口、环境与发展白皮书》，将清洁生产作为可持续发展的优先领域，确立了相关目标和行动；1996 年 8 月，国务院颁布了《关于环境保护若干问题的决定》，再次强调推行清洁生产的重要性，提出要在工业领域广泛推广清洁生产技术；1997 年 4 月，国家环保总局制定并发布了《关于推行清洁生产的若干意见》，提出到 2000 年建成比较完善的清洁生产管理体制和运行机制；1998 年 10 月，中国成为《国际清洁生产宣言》的第一批签字国之一，标志着中国在国际清洁生产领域的参与和承诺；1999 年 5 月，国家经贸委发布了《关于实施清洁生产示范试点的通知》，鼓励地方政府和企业积极参与清洁生产试点项目，推广清洁生产技术；等等。

（2）清洁生产促进法

为了进一步推动清洁生产的实施，中国于 2002 年制定了《中华人民共和国清洁生产促进法》。该法旨在促进清洁生产，提高资源利用效率，减少和避免污染物的产生，保护和改善环境，保障人体健康，促进经济与社会可持续发展。该法的出台标志着清洁生产在中国的法律地位得到了显著提高。

《清洁生产促进法》的主要内容包括：

① 明确清洁生产的目标。通过法律手段明确清洁生产的目标，要求企业在生产过程中采取有效措施，减少污染物的排放。

② 建立清洁生产管理机制。鼓励企业建立清洁生产管理体系，制定清洁生产计划，定期进行清洁生产审计和评估。

③ 促进技术创新。支持清洁生产技术的研发和推广，鼓励企业采用先进的清洁生产技术和设备，提高资源利用效率。

④ 强化政府监管。明确政府在清洁生产中的监管责任，加强对企业清洁生产活动的监督和管理。

中国的《清洁生产促进法》的出台比《循环经济促进法》（2009 年通过）要早，显示了中国在清洁生产领域的先行一步。相较于《循环经济促进法》，《清洁生产促进法》的制定过程相对简单，因为清洁生产的具体做法较为明确且成熟。

3.3.5 清洁生产的实施效果

清洁生产的实施在提升企业环境管理水平的同时，也为企业带来了显著的经济效益和社会效益。

（1）环境效益

清洁生产通过优化资源利用和减少废物产生，显著降低了企业的环境负担。这些改善不仅有助于保护生态环境，也为企业赢得了良好的社会声誉。

（2）经济效益

清洁生产的实施同样为企业带来了可观的经济效益。通过减少原材料和能源的消耗，企业的生产成本得到了有效控制。此外，清洁生产还促进了企业技术创新和产品升级，增强了市场竞争力。

（3）社会效益

清洁生产的推广不仅对企业自身有利，也为社会的可持续发展作出了贡献。通过改善环境质量，清洁生产有助于提高公众的生活品质和健康水平。同时，清洁生产的实施促进了绿色就业和相关产业的发展，为社会创造了更多的就业机会。

3.3.6 清洁生产的未来发展

随着全球对可持续发展的重视，清洁生产将在未来的发展中扮演更加重要的角色。以下是清洁生产未来发展的几个趋势：

① 技术创新与应用。清洁生产的实施依赖于技术的不断创新。未来，随着环保技术的不断进步，清洁生产将更加依赖于智能化、数字化的生产方式。例如，工业互联网和大数据技术的应用将使得企业能够实时监测和优化生产过程，提高资源利用效率。

② 政策支持与监管。各国政府对清洁生产的重视程度将持续提高，相关政策和法律法规将不断完善。政府将通过财政激励、税收优惠等手段，鼓励企业积极参与清洁生产。同时，政府的监管力度也将加强，确保企业落实清洁生产的各项要求。

③ 国际合作与经验分享。清洁生产作为全球性问题，各国在推进清洁生产的过程中应加强合作与交流。通过国际组织、行业协会等平台，各国可以分享清洁生产的成功经验和最佳实践，促进技术的传播与应用。

④ 社会参与与公众意识。提高公众的环保意识和参与程度，将是实现清洁生产的重要保障。通过教育和宣传，促进社会各界对清洁生产的认识，鼓励公众参与清洁生产活动，共同推动可持续发展。

综上，清洁生产思想是应对环境污染和资源短缺的重要策略。通过源头控制和循环利用，清洁生产不仅能够提高资源利用效率，减少环境负担，还能为企业带来显著的经济效益。中国在清洁生产方面的努力，体现了国家对可持续发展的重视和承诺。未来，随着技术的进步和政策的支持，清洁生产将在全球范围内发挥更加重要的作用，推动经济与环境的协调发展。

3.4 中国环境管理思想的发展

中国环境管理思想经历了多个阶段的演变与发展，反映了国家在环境保护和可持续发展方面的不断探索与创新。本文将详细探讨中国环境管理思想的发展过程，分析各阶段的特点、背景及其对环境保护工作的影响。

3.4.1　环境管理思想的发展阶段

中国的环境管理思想大致可以分为三个主要阶段：第一阶段为 20 世纪 80 年代后期—90 年代中期，第二阶段为 1996—2005 年，第三阶段为 2005 年以后。每个阶段都有其独特的背景和发展特点。

（1）第一个阶段（20 世纪 80 年代后期—90 年代中期）

1）背景与标志性文件

自新中国成立以来，我国经历了从一穷二白到逐步走出贫困的过程。新中国成立初期，环境领域和工农生产领域的发展逐渐从无到有，逐步正规化。在这一时期，由于工业生产对环境的影响相对较小，环境问题并不凸显，因此环境管理主要集中在末端细节管理上。

随着 20 世纪 80 年代的到来，中国经济全面恢复，改革开放政策的实施带来了经济的快速增长。伴随经济发展，环境问题逐渐显现，促使环境管理思想发生转变。

进入 80 年代后期，中国经济体制改革逐渐深入，计划经济向市场经济转型的步伐加快。在这一背景下，环境管理思想也开始发生重大变化。1996 年发布的《中华人民共和国国民经济和社会发展"九五"计划和 2010 年远景目标纲要》成为这一阶段的重要标志，明确提出了环境保护的目标与任务。

2）管理转变的具体表现

在这一阶段，中国环境管理思想的转变主要体现在以下 3 个方面：

① 由末端管理向全过程管理的转变。早期的环境管理主要集中在对污染物的事后处理，即末端管理。此时，环境保护的措施多为对已产生污染的治理。然而，随着环境问题的日益严重，管理者意识到必须从源头入手，将环境保护融入生产与消费的全过程。

② 由浓度控制向浓度控制和总量控制相结合的转变。在环境管理初期，主要采取的是对污染物排放浓度的控制，早期的环境标准主要关注卫生要求。然而，随着经济的发展和环境污染的加剧，仅依靠浓度控制已无法有效解决问题。因此，环境管理开始强调浓度控制与总量控制相结合，要求管理者关注整体的污染排放量。这一转变促使政策制定者在制定环境标准时，既要考虑单个企业的排放，也要关注整个行业或地区的污染总量。

③ 由行政管理为主向法治化、制度化、程序化管理的转变。在早期，环境管理主要依赖行政命令和指示，缺乏系统的法律法规支撑。随着社会的发展，环境管理逐渐向法治化、制度化和程序化转变。国家相继出台了一系列环境保护法律法规，建立了包括环境影响评价制度、"三同时"制度等在内的八项制度。1989 年发布的《中华人民共和国环境保护法》为环境保护提供了更为坚实的法律基础。这些制度的建立和法律的颁布为环境管理提供了法律依据，提高了管理的规范性和科学权威性。

3）影响与成效

通过以上三个方面的转变，中国的环境管理思想逐步形成了一个较为完整的体系。这一阶段的主要成效体现在环境保护意识的增强和管理水平的提高，推动了全国范围内环境治理工作的开展。

（2）第二个阶段（1996—2005 年）

1）背景与标志性文件或事件

1996 年，随着"九五"计划的实施，中国环境管理思想进入了新的发展阶段。此时，国家经济体制改革深入推进，市场经济体制逐渐建立，环境保护与经济发展的关系愈加紧密。

2）管理转变的具体表现

在这一阶段，环境管理思想的转变主要体现在以下几个方面：

① 微观环境管理向宏观环境经济系统管理的转变。在这一阶段，环境管理的重点逐渐从微观的面向企业的环境管理转向宏观的环境经济系统管理。管理者开始从更广泛的社会经济视角出发，思考环境问题与经济增长、社会发展之间的关系。这一转变促使环境管理政策逐步向综合性、系统性发展。

② 强调环境管理模式与"两个根本性转变"的结合。"两个根本性转变"是指：a. 经济体制由计划经济向市场经济的转变，这一转变是国家经济体制改革的必然选择，推动了经济的快速发展；b. 经济增长方式的转变。在可持续发展战略的要求下，经济增长方式需要从外延式（依赖资源消耗）向内涵式（依赖技术创新和资源效率提升）转变。这一转变要求环境管理与经济政策相结合，促进绿色经济的发展。

③ 树立"大环境思想"。在这一阶段，环境管理思想逐渐演变为"大环境思想"。这一思想强调从整个社会经济的视角和生态的视角来看待环境问题，认为环境保护不仅是生态保护的问题，更是社会经济可持续发展的重要组成部分。这一理念促使环境管理者在制定政策时考虑更广泛的社会和经济影响。

3）影响与成效

这一阶段的环境管理思想发展促进了环境保护政策的系统化和综合化，推动了国家在环境治理方面的重大进展。

（3）第三个阶段（2005年至今）

1）背景与标志性文件

进入21世纪后，中国的环境管理思想进入了新的发展阶段。2005年，《"十一五"规划》明确提出要加强环境保护，促进可持续发展，标志着环境管理思想的进一步深化。

2）管理转变的具体表现

在这一阶段，环境管理思想的转变主要体现在以下几个方面：

① 科学化。在这一阶段，环境管理的科学化水平显著提高。2005年前后，国家首次进行并完成了全国范围的环境容量核定，为环境规划和日常环境治理提供了科学依据。环境容量的核定使得环境管理者可以根据环境质量和承载能力进行科学的定量化决策，确保治理措施的科学有效性。

② 规范化。随着环境管理的逐步成熟，各级各类的环境保护规范和技术指南日趋规范化。环境管理的标准化和规范化为企业提供了明确的操作指引，帮助企业在生产过程中更好地遵循环保要求。多个行业相继制定了环保标准和技术规范，提高了环境治理的整体水平。

③ 法治化。这一阶段，环境管理逐步实现法治化。国家实施了环保"一票否决制"，即如果企业未能达到环保标准，将无法获得相关的行政许可。此外，惩罚力度大幅增加了的新《环境保护法》也在此期间开始实施，增强了法律的威慑力。这些措施有效推动了企业和地方政府官员的环保责任，提高了环境管理的效率。

3）影响与成效

这一阶段的环境管理思想推动了环境治理的深入开展，促进了绿色经济和可持续发展的理念在社会各界的广泛传播。2015年实施的新《环境保护法》被称为"带牙齿的环保法"，标志着中国环境管理进入了一个新的科学化与法治化的阶段。

3.4.2　环境管理思想的作用

环境管理思想不仅是环境保护工作的基础与指导思想，其作用体现在多个方面：

① 提高环境管理水平和效率。环境管理思想为环保工作提供了理论支持和实践指导，帮助管理者明确环境保护的方向与目标。通过科学的方法和合理的措施，环境管理思想可以显著提高环境管理的水平和效率，确保环境治理措施的有效实施。

② 正确处理发展经济与保护环境的关系。经济发展与环境保护往往存在矛盾，环境管理思想强调两者的协调与统一。通过科学的管理，确保经济发展与环境保护之间的平衡，减少利益冲突，促进可持续发展。

③ 加强协调与统一。环境管理思想强调各部门、各行业之间的协调与合作。通过建立跨部门的环境管理机制，促进资源的合理配置与利用，提高环境治理的综合效益。

④ 实现经济效益、社会效益和环境效益的统一。环境管理思想的最终目标是实现经济效益、社会效益和环境效益的统一。在推动经济发展的同时，确保社会的和谐与稳定，并保护生态环境，促进经济、社会与环境的可持续发展。

3.4.3　环境管理思想的未来发展趋势

随着全球环境问题不断发展和世界各国对环境问题关注度的不断提升，中国的环境管理思想也将继续演进，未来可能呈现以下几个发展趋势：

① 强化科学技术在环境管理中的应用。未来，科学技术将在环境管理中发挥更为重要的作用。借助大数据、人工智能等新兴技术，环境管理者可以更精准地监测和分析环境状况，提高环境治理的科学性和有效性。

② 加强国际合作与交流。面对全球性的环境挑战，中国需要加强与其他国家和地区的合作与交流。通过分享经验、技术和最佳实践，推动全球环境治理的进程，实现共同发展。

③ 提升公众参与意识。未来，公众对环境保护的参与意识将不断增强。环境管理者需要通过教育和宣传，提高公众的环保意识，鼓励社会各界积极参与到环境保护工作中来，形成全社会共同参与的环境治理格局。

④ 推动绿色经济转型。随着可持续发展理念的深入人心，绿色经济将成为未来发展的重要方向。环境管理思想将引导企业和政府在经济发展过程中注重资源的高效利用和环境保护，推动经济结构的优化升级。

综上，中国环境管理思想的发展历程反映了国家在应对环境问题过程中的不断探索与创新。从早期的末端管理到如今的全过程管理，环境管理思想已经逐渐形成了系统化、科学化、法治化的管理体系。未来，随着技术的进步和社会的发展，环境管理思想将继续演进，为实现经济、社会与环境的可持续发展提供指导。通过深入理解和应用环境管理思想，有助于推动中国在全球环境治理中发挥更为积极的作用。

拓展阅读

循环经济——以丹麦为代表的生态工业园模式

复习思考题（答案请扫封底二维码）

问题 1. WCED 的全称是什么？是哪一年成立的？该机构的代表性著作是什么？

问题 2. ISO 14000 系列标准的指导思想包括哪三个方面？

问题 3. 循环经济的主要经济政策有哪些？

问题 4. 循环经济与线性经济分别包括哪些环节？这二者有何异同？

问题 5. 清洁生产的方法有哪些？

问题 6. 环境管理思想的作用是什么？

问题 7. 在我国，环境管理思想发展的第一个阶段（20 世纪 80 年代后期—90 年代中期），其转变具体表现在哪几个方面？

问题 8. 循环经济的操作原则是什么？并简要论述其各自内涵。

问题 9. 试论述环境承载力与环境规划的关系。

问题 10. 如何区分强可持续性与弱可持续性？请举例说明。

第4章 | 环境管理的政策与制度

本章主要介绍的是中国的环境管理政策与制度，这些政策和制度，一方面学习借鉴了其他国家尤其工业发达国家的经验教训，同时也结合了中国自身的行政特点和国家制度体系的独特之处。进入21世纪，中国的环境管理制度体系继续进行着深刻的变革与完善，截至目前，整个环境管理的规章制度体系已超出了早期的八项制度的范畴，许多新的制度不断诞生，体现了我国环境管理制度体系越来越专业化、法治化和系统化的发展脉络。

在具体的内容中，我们将首先回顾中国的环境政策，探讨其发展历程和基本原则，从中了解国家在环境保护方面的战略框架。随后，我们将分析环境标准的制定与实施，以有助于认识这些标准在保护生态环境中的实际应用。接下来我们将重点介绍"老三项制度"和"新五项制度"，以充分了解这八项制度在中国环境管理中的基础性作用。最后，我们将介绍中国的最新环境管理制度及其内在逻辑，并简要介绍一下 ISO 14000 系列标准。通过这些内容的介绍与探讨，期望读者能够由此全面理解中国环境管理的理念与实践，增强对可持续发展的认识与责任感。

4.1 我国的环境政策

环境政策是国家为保护生态环境、实现可持续发展而制定的指导性原则和行动纲领。我国的环境政策经历了多次调整与完善，其中一个重要的里程碑是在 1989 年 4 月底召开的第三次全国环境保护会议上，正式提出了环境保护的三大基本政策。这三大政策分别是：a. 预防为主、防治结合的政策；b. 谁污染、谁治理的政策；c. 强化环境管理的政策。

4.1.1 "预防为主、防治结合"的政策

"预防为主、防治结合"的政策强调在环境保护工作中，预防应当放在首位，重视源头控制，以尽量减少污染的产生。这一政策的提出，源于对环境问题的深刻反思和科学研究，认识到单纯的事后治理无法根本解决环境问题。因此，强调在环境管理过程中采取更加积极的预防措施。

在这一政策的指导下，我国逐步建立了与之密切相关的一系列制度，如"三同时"制度和环境影响评价制度等。这些制度要求在项目审批前和建设过程中，必须全面评估可能造成的环境影响，确保在项目设计、施工和运营的各个阶段都考虑环境保护因素。例如，"三同时"制度要求新建、改建及扩建项目必须同时设计、建设和投入使用环境保护设施，这样能够有效防止污染物的产生和排放。通过实施这些制度，许多潜在的环境风险在项目实施前得以识别和控制，进而减少了对环境的损害。因此，这一政策不仅有助于保护生态环境，也为可持续发展奠定了基础，体现了早在 20 世纪 80 年代的时候我国在环境管理方面就具备了很好的前瞻性和科学性，反映了政府对环境管理的重视与承诺。

4.1.2 "谁污染、谁治理"的政策

"谁污染、谁治理"的政策明确了污染责任的归属，强调企业作为污染物的排放者，必须承担相应的治理责任。这一政策的提出，是对以往环境治理中责任不明确、管理松散现象的有力回应，旨在通过明确责任主体，增强企业和监管部门的环境责任意识，推动其主动履行环境保护的责任和义务。

这一政策的核心思想在于，将环境治理的责任落实到具体的污染者身上，促使企业在生产和运营过程中更加注重环境保护，采取必要的技术和管理措施，减少污染物的排放。这不仅有助于提高企业的环保意识，还能通过制度化的方式，形成对环境污染行为的有效制约，推动企业自觉遵守相关法律法规。

更为具体的，"谁污染、谁治理"的政策为后续的排污收费制度和环境保护目标责任制等制度奠定了重要的思想基础。排污收费制度通过对排污行为进行经济制约，进一步强化了企业的责任感，促使其在经济利益与环境保护之间作出平衡。而环境保护目标责任制则明确了各级政府及企业在环境保护方面的具体责任和考核标准，确保其在追求经济发展的同时，积极参与环境治理与保护。

总的来说，这一政策不仅是对污染责任的明确划分，更是推动生态文明建设的重要动力。通过建立健全的责任体系，促进企业与政府之间的良性互动，从而实现经济发展与环境保护的双赢局面。

4.1.3 强化环境管理的政策

强化环境管理的政策强调政府在环境保护中的主导作用，要求各级政府要加强环境管理工作，建立健全环境管理体制。该政策的实施，促使地方政府在环境保护方面承担起更多的责任与义务。

首先，强化环境管理的政策有力地推动了在国家的国民经济和社会发展规划等重大规划中明确环境保护的重要性。在各类经济规划中，如有关国家未来发展蓝图勾画的国民经济和社会发展规划等，都已明确要求将环境规划纳入整体发展框架。这种整合使得环境保护与经济发展相辅相成，要求在制定经济政策时必须考虑其对生态环境的影响。同时，国家系统性地推行专项环境规划，针对特定领域和区域制定具体的环境治理方案，确保在经济发展的同时，环境保护也能得到有效落实。

与此同时，在强化环境管理的政策框架下，我国逐步完善了环境监测和监督体系，建立了环境执法机制，形成了多部门协同管理的格局。各地方政府被要求制定具体的环保目标，并通过定期评估和考核机制，确保这些目标的实现。此外，国家还通过立法手段，推动《环境保护法》《大气污染防治法》《水污染防治法》等一系列法律法规的出台，为环境管理提供了法律保障。这些法律法规不仅为环境治理提供了明确的法律依据，还为各级政府和企业在环境保护中的行为提供了规范，形成了全社会共同参与环境保护的良好氛围。

总的来说，强化环境管理的政策通过将政府的日常行政管理与环境保护紧密结合，将生态环境治理与经济发展无缝对接，为我国的可持续发展奠定了坚实基础，从而才能确保在追求经济增长的同时，生态环境得以有效保护和改善。

综上所述，中国环境管理的三大基本政策虽然提出的时间已经比较久远，但在实质内容

上一点没有过时，仍然在为中国的环境治理提供着重要的理论基础和实践指导。通过对这些政策的深入理解与全面实施，我国的环境管理制度逐步走向专业化、法治化和系统化。随着新的环境管理制度的不断推出，国家在生态环境保护方面的工作将更加全面和深入，为实现可持续发展目标打下坚实基础。在未来的环境管理工作中，继续坚持这三大基本政策，将是推动我国生态文明建设和环境保护的重要保障之一。

4.2　环境标准

　　环境标准是现代环境管理中不可或缺的组成部分，它为环境保护的目标和效果提供了明确的定量化要求。环境标准是环境管理的基础工具之一，其本身也是一项基础性的环境管理制度。通过将环境管理工作由定性转向定量，环境标准使得环境管理变得更加科学化。环境标准不仅涵盖了控制污染和保护环境的各类要求，还为实现经济与环境的协调发展提供了具体的法律与技术依据。本节将系统探讨环境标准的含义、作用、国内外发展概况、我国环境标准体系的构成、制定环境标准的原理，以及地表水和大气环境质量标准的具体内容，以便为读者提供全面的理解。

4.2.1　环境标准的含义

　　环境标准是有关控制污染、保护环境的各种标准的总称，是从保护人群健康、促进良性循环出发，为获得最佳的环境效益和经济效益，在综合研究的基础上制定的，经有关部门批准赋予法律效力的技术准则。具体来说，环境标准包括但不限于以下几个方面：
　　① 污染物控制。环境标准规定了特定污染物的允许排放浓度和总量，以控制对环境的负面影响。
　　② 环境质量要求。标准设定了环境中各类要素（如空气、水体、土壤等）的质量要求，以确保人类健康和生态安全。
　　③ 法律效力。一旦经过相关部门批准，环境标准便具有法律效力，违法排放污染物的企业或个人将面临法律制裁。
　　环境标准的科学性和合理性直接影响到环境管理的效果，因此其制定过程需要充分考虑科学依据、社会经济条件和环境现状等多方面因素。

4.2.2　环境标准的作用

　　环境标准在环境管理中发挥着多重作用，主要包括以下几个方面：
　　① 指导作用。环境标准为政府、企业和社会公众提供明确的环境保护目标和规范，帮助各方理解和落实环境保护的要求。
　　② 控制作用。通过设定污染物排放的限值，环境标准可以有效控制污染源，减少对环境的负面影响，从而维护生态平衡。
　　③ 评估作用。环境标准为环境质量的监测和评估提供依据，有助于及时发现和解决环境问题，确保各项环保措施的有效实施。
　　④ 法律保障。经过批准的环境标准可作为法律依据，确保环境管理措施的实施，维护环境权益。

4.2.3 国内外环境标准概况

（1）国外环境标准概况

环境标准的发展在国际上与环境立法密切相关，最初是针对污染严重的工业密集地区制定的。其起源可以追溯到19世纪，即在工业革命开始以后，随着工业化进程的加快，环境污染问题也开始不断萌生并恶化，因此，许多国家开始制定相关法律和标准以应对日益严重的环境问题。以下是一些重要的历史节点。

1863年，英国制定了世界上第一个附有排放限制的法律《碱业法》（Alkali Act），对制碱工业及相关生产所排放的污染物进行限制，标志着环境标准的法律化起步。

美国从20世纪40年代开始制定法律控制大气污染，制定了地区法和标准。到60年代对汽车和固定燃烧污染源由各州制订排放标准。1963年，美国发布《清洁空气法》（Clean Air Act），这是美国历史上首个全面的空气质量管理法，设定了国家空气质量标准，开启了系统化的环境标准制定进程。1972年，美国通过了《清洁水法》（Clean Water Act），该法案设定了水质标准，规定了废水排放许可制度，旨在恢复和维护美国所有水体的化学、物理和生物完整性。

日本是亚洲第一个制定环保法规的国家，首先在工业密集地区制定公害防治条例和排放限制标准，逐步形成了较为完善的环境管理体系。在经济高速发展的20世纪60年代，日本的石油企业等排放的煤烟，加上汽车尾气导致大气污染日趋严重。为了使全日本达到环保标准，日本于1968年制定了《大气污染防治法》，该法对排放大气污染物质的工厂企业进行了规制。1970年，日本通过《水污染防治法》，设定了水质标准，要求工业排放必须符合特定的水质要求，以保护水体环境。

诸如此类的这些历史节点，突显了国际社会在环境标准制定方面的努力和进步，反映了随着环境问题的加重，各国在立法和标准化方面不断采取措施以保护环境和人类健康。

（2）我国的环境标准概况

我国的环境标准体系经历了多个发展阶段，主要是为了控制和预防工业企业造成的环境污染。以下是一些重要的标准制定历程：

1956年：颁布《工业企业设计暂行卫生标准》，为工业环境设计提供了基础标准。

1959年：颁布《生活饮用水卫生规程》，确保饮用水的安全性。

1963年：颁布《污水灌溉农田卫生管理试行办法》，对污水灌溉提出了卫生要求。

随着工业化的推进，为了有效地控制由于工业技术落后、资源利用率低带来的污染问题，1973年，我国制定了《工业"三废"排放试行标准》，开始系统地展开环境标准的制定工作。

自1980年起，我国逐步建立了完整的环境标准体系，主要内容见下文。

4.2.4 我国的环境标准体系

我国的环境标准体系主要分为两级和三类。

（1）两级标准

我国的环境标准分为国家标准和地方标准。

① 国家标准。由国家环境保护部门制定，具有普遍适用性，是环境管理的基本底线。

② 地方标准。根据各地方的实际情况制定，地方标准是在国家标准的基础上进行的补充和细化，可以比国家标准更细、更全面，要求更高。

（2）三类标准

① 环境质量标准。涵盖大气、地面水、海水、噪声、振动、电磁辐射、土壤等各个方面的标准。这些标准确保了环境要素达到一定的质量要求，以保护生态和人类健康。

② 污染物排放标准。除了污水综合排放标准和行业的排放标准外，还有针对烟尘、噪声、振动、放射性和电磁辐射的防护规定。这些标准旨在控制各类污染物的排放，减轻对环境的影响。

③ 基础标准与方法标准。包括对标准的原则、指南和导则、计算公式、名词、术语、符号等的规定。这些基础性标准为具体的环境管理和监测提供了技术支持。

4.2.5 制定环境标准的原理

环境标准的制定需要综合考虑科学依据、社会经济条件和环境现状等多方面因素，以确保标准的合理性和可行性。

（1）环境质量标准的制定原理

制定环境质量标准的科学依据主要是环境质量基准。基准值是通过科学实验和研究确定的，反映了污染物对人类和其他生物的最大安全剂量或浓度。在制定环境质量标准时，需要综合考虑以下因素：

① 生物毒理性。通过毒理学研究确定污染物对生物体的影响，确保人类和生态系统不受损害。

② 经济评估。评估环境治理的经济成本与收益，确保标准的可行性，使其在经济上具有合理性。

③ 参考外国现有标准。借鉴国际上成熟的环境标准，以提高标准的科学性和合理性，确保与国际接轨。

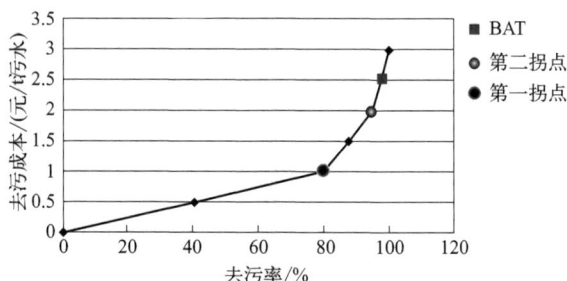

图 4-1 去污率与去污成本的 S 曲线示意图

（2）污染物排放标准的制定原理

污染物排放标准是指可排入环境的某种物质的数量或浓度。这些标准旨在确保排放不会导致环境质量超出既定的安全范围。如图 4-1 所示，污染物排放标准的设置过程通常可以用 S 曲线来描述，反映了去污率与成本之间的关系。

1）第一拐点

在这一点之前，去污设施的投入成本相对较低，而去污率的提升却非常显著。这个阶段代表了技术初步应用的最佳经济效益，意味着企业可以通过相对较小的投入获得较大的环境改善。这一拐点通常与"最佳实用技术"（best practicable technology，简称 BPT）的应用相对应。

2）第二拐点

在经过第一拐点后，随着去污设施的进一步投资，成本开始显著增加，而去污率的提升却相对缓慢。这一阶段标志着技术的边际效益递减，意味着继续投资的经济回报逐渐降低。而在经过第二拐点后，成本进一步快速增加，但去污率的提升却变得非常缓慢。这一拐点通常与"最佳可行技术"（best available technology，简称 BAT）的应用相对应。

3) 最佳实用技术（BPT）与最佳可行技术（BAT）

① 最佳实用技术（BPT）：强调经济可行性和技术可靠性，适用于大多数企业，尤其是中小型企业。BPT 的目标是确保技术的应用不会对企业的经济运行造成过大压力，同时能有效控制污染物的排放。

② 最佳可行技术（BAT）：要求在技术上成熟、经济上合理，代表着污染治理的先进方向。BAT 的制定通常基于行业内最先进的技术和实践，旨在推动企业采用更高效的污染控制方法，以达到更严格的排放标准。目前，发达国家普遍采用 BPT 和 BAT 相结合的方法来制定排放标准。

通过理解污染物排放标准的制定原理及其拐点意义，政策制定者和企业能够更有效地平衡环境保护与经济发展的需求，确保在实现环境质量改善的同时，保持经济的可持续性。BPT 和 BAT 的合理应用能够帮助企业在不同阶段优化污染治理策略，最大化环境效益与经济效益。

4.2.6 《地表水环境质量标准》和《环境空气质量标准》简介

（1）《地表水环境质量标准》

我国的地表水环境质量标准自 1983 年首次制定以来，经历了三次重要的修订，分别是在 1988 年、1999 年和 2002 年。目前执行的标准是 2002 年修订的版本，涵盖 109 项指标，主要针对饮用水源地和集中式生活饮用水的保护。根据《地表水环境质量标准》（GB 3838—2002），地表水环境质量分为五类，具体如下：

① Ⅰ类水：用于源头水，国家自然保护区等，水质要求很高，能够支持生态系统和人类饮用。

② Ⅱ类水：集中式生活饮用水源，地表水源一级保护区，适用于饮用水和生态用水。

③ Ⅲ类水：集中式生活饮用水源地、地表水源地、二级保护区，适用于一般水体的生活饮用水源和部分工业用水。

④ Ⅳ类水：一般工业用水区，非人体直接接触的娱乐用水区，适用于工业生产和某些休闲活动。

⑤ Ⅴ类水：农业用水以及一般景观要求水域，主要用于灌溉和景观水体，水质要求相对较低。

2002 年以来我国地表水环境质量标准保持长时间的稳定，主要是由于水环境质量的复杂性。与大气环境相比，水体污染涉及的污染物种类和来源更加多样化，包括农业径流、工业废水、生活污水等。因此，标准的修订难度较高。此外，水环境质量超标的情况相对复杂得多，治理难度大于大气污染。大气污染主要来自集中式的污染源，治理措施相对集中，同时大气的迁移运动方式相对简单，相比之下，水污染则涉及极为多种多样的污染源包括大量的小型污染源，且分布情况和汇流关系非常复杂，因此治理策略更加复杂。

值得注意的是，虽然 2002 年的《地表水环境质量标准》是最丰富的，但某些指标的要求相较于 1999 年的标准有所放宽（如总磷、大肠菌群和氨氮等）。这一现象的最主要原因在于，追求过于严格的水质标准可能导致许多河流和流域长期处于超标状态，容易给日常的环境执法和环保管理带来两难困境。因此，不论是在制定还是修订的过程中，都需要兼顾当时和当下的社会经济技术水平与环境质量要求，逐步改进水质，而不能也无法一味地追求高标准。

在 2002 年的标准中，基本项目有 24 项，特别针对饮用水的要求更为严格。此外，集中式生活饮用水源地的补充项目有 5 项，特定项目则有 80 项，涵盖了多种水质指标。这些指标的制定反映了国家对水资源保护的重视。

（2）《环境空气质量标准》

我国的《环境空气质量标准》也经历了多次修订，首次发布于 1982 年，随后在 1996 年和 2000 年进行了修订。最新版的《环境空气质量标准》（GB 3095—2012）于 2012 年发布，是第三次修订。这次修订，主要包括以下几个方面的变化：

① 功能区划调整。将原有的三类区减少为二类区，进一步严格控制空气质量，确保居民生活环境的健康安全。

② 新增污染物。此次修订新增了对 $PM_{2.5}$ 和臭氧等对人类健康影响较大的污染物的监测，反映了对细颗粒物和臭氧污染的重视。

③ 浓度限制调整。调整了 PM_{10}、二氧化硫、铅等污染物的浓度限制，设定了更为严格的标准。

④ 数据统计有效性规定。加强了对空气质量监测数据的规范性要求。

环境空气质量标准的指标数量相对较少，主要包括二氧化硫（SO_2）、二氧化氮（NO_2）、一氧化碳（CO）、臭氧（O_3）、颗粒物（PM_{10} 和 $PM_{2.5}$）六项。这些指标的制定与国际标准接轨，特别是世界卫生组织（WHO）和欧美国家的标准，反映了我国对空气质量改善的持续努力和对公众健康的重视。

上述两类环境质量标准的具体数值固然是非常重要的，但对于环保工作者而言，理解标准的核心要义和适用范围比简单地机械化记住每一项具体指标的数值大小更为重要。综合来看，我国的地表水和大气环境质量标准在制定和修订过程中，逐步适应了环境保护的需要，体现了国家对生态环境治理的重视与努力。这些标准的实施，不仅为环境保护提供了法律依据，也为各级政府和相关部门在治理和监测中提供了科学指导。在未来，我们需要继续加强对环境标准的研究与应用，推动标准的国际接轨，不断提升环境管理的科学性和有效性，以实现人与自然的和谐共生。

4.3 老三项制度

4.3.1 "三同时"制度

"三同时"制度是中国在环境管理领域的一项重要创新，是中国首创、自创的特色制度，旨在通过对新建、改建、扩建项目及技术改造项目的污染治理设施进行规范，确保环境保护与经济建设的协调发展。该制度的确立和实施，对我国环境保护事业的发展起到了积极的推动作用。

4.3.1.1 "三同时"制度的含义

"三同时"制度是指新建、改建、扩建项目和技术改造项目的污染治理设施必须与主体工程同时设计、同时施工、同时投产。

具体而言，这一制度要求在项目的规划和建设过程中，污染治理设施的设计和建设必须紧密围绕主体工程的技术特性和污染特性进行设计、施工和投产，以确保在项目投产的同时，相关的环境保护措施也能够到位。这一制度的核心在于强调环境保护与经济建设的同步进行。通过将污染治理设施的建设与主体工程的建设紧密结合，可以有效避免"先污染后治理"的现象，减少环境污染的发生，提升资源的利用效率。

4.3.1.2 "三同时"制度的确立

"三同时"制度是我国最早的环境管理制度之一，其起源可以追溯到1972年。当时，在北京官厅水库建设和污染治理的过程中，国务院批转的《国家计委、国家建委关于官厅水库污染情况和解决意见的报告》中首次明确提出了工厂建设和"三废"（废水、废气、固体废物）利用工程要同时设计、同时施工、同时投产的要求。这一要求的提出，标志着"三同时"的环境管理思路开始逐步形成。

1989年，《中华人民共和国环境保护法》的颁布，为"三同时"制度的实施提供了法律依据。该法第26条明确规定"建设项目中防治污染的设施，必须与主体工程同时设计、同时施工、同时投产使用。防治污染的设施必须经原审批环境影响报告书的环境保护行政主管部门验收合格后，该建设项目方可投入生产或者使用。防治污染的设施不得擅自拆除或者闲置，确有必要拆除或者闲置的，必须征得所在地的环境保护行政主管部门同意。"这一条款的设立进一步强化了"三同时"制度的法律地位。

4.3.1.3 "三同时"制度的实施流程和验收流程

（1）"三同时"制度的实施流程

在实际操作中，"三同时"制度的实施流程主要包括以下几个步骤：

① 项目审批阶段。在项目立项阶段，申请单位需提交环境影响评价（EIA）报告，确保项目符合环保要求。环评报告须经环保部门审核批准，方可进入项目设计阶段。

② 设计阶段。在项目设计阶段，设计单位需将污染治理设施的设计纳入到主体工程的整体设计中，确保其技术可行性和经济合理性。

③ 施工阶段。在施工阶段，污染治理设施的施工必须与主体工程的施工同步进行，确保两者之间的协调性。

④ 投产阶段。在项目投产前，需进行"三同时"验收，确保污染治理设施已按设计要求建成并投入使用。

（2）"三同时"验收流程

"三同时"验收流程是确保新建、改建、扩建项目及技术改造项目在环境保护方面合规的重要环节。该流程旨在确保污染治理设施与主体工程的设计、施工和投产同步进行，以下是详细的验收流程：

1）确保项目已完成前期准备

在申请"三同时"验收之前，项目方需确保以下事项已完成：

① 环评报告批复。项目方需进行环境影响评价（EIA），并将环评报告提交给环保部门进行审核。只有在环评报告获得批准后，项目才能进入下一步的设计和施工阶段。

② 污染物验收监测。项目方需对各类污染物（如废水、废气、噪声等）进行监测，确保其排放符合国家及地方的环保标准。监测结果必须记录在案，并提供给环保部门。

③ 排污申报登记（对有些企业不是必需的）。在某些情况下，企业可能不需要进行排污申报登记，特别是小型企业或低污染排放项目。企业应根据当地法规和环保部门的具体要求决定是否进行此项登记。

④ 排污许可证办理（对有些企业不是必需的）。企业需根据项目的性质和当地环保政策，判断是否需要申请排污许可证。部分小型项目可能在特定条件下不需要此证，但拥有排污许可证将有助于规范企业的排污行为。

2）申请"三同时"验收

完成以上准备后，项目方可以正式申请"三同时"验收，具体步骤包括：

① 向环保局递交"三同时"验收申请。项目方需向当地环保局提交书面验收申请，说明项目已完成相关环保措施，并请求进行验收。

② 提交环评报告。提交经过批复的环评报告副本，以供环保局查阅。

③ 提交环评批复执行情况报告。该报告应详细说明项目在实施过程中如何遵循环评的要求，确保环保措施得到了有效落实。

④ 提交验收监测报告。提供污染物排放监测结果，证明各项污染物的排放达标，确保符合环保要求。

3）环保局现场验收

在接到验收申请后，环保局将进行现场核查，主要包括：

① 现场检查。环保局工作人员将对项目进行实地检查，确认污染治理设施的建设和运行情况，确保其符合环评报告和"三同时"制度的相关要求。

② 核查内容。检查内容包括污染治理设施的设计、施工是否与主体工程同步进行，设施的运行状态是否正常，是否按照设计标准进行污染物的处理。

4）发放竣工验收报告

一旦现场验收通过，环保局将发放竣工验收报告，项目方可正式投入运营。该报告是项目合法运营的依据，确保项目在环境管理上的合规性。

总的来说，"三同时"验收流程是一个系统性的过程，涉及多个环节和要求。项目方在实施过程中需严格遵循相关法律法规，确保环境保护措施的落实，并通过合规的验收流程实现项目的合法运营。

4.3.1.4　"三同时"制度在实施中可能出现的问题

尽管"三同时"制度有力地推动了我国环境保护事业的发展，但在实施过程中如果过于简单化操作，可能会带来以下一些问题：

① 以单项治理为主，缺乏系统性。目前的"三同时"制度往往侧重于单项污染源的治理，要求每个污染源都配备一套治理装置。这种做法在经济上是不合理的，容易导致资源浪费和治理效率低下。应加强对污染源的系统性治理，推行规模化处理以更好地利用规模效应降低治污单价，推动区域性污染防治。

② 忽视污染物总量控制。在执行"三同时"制度时，往往关注的是各项污染物的浓度达标，因此，如果想仅仅依靠三同时制度进行环境治理的话会无法实现对污染物总量的控制。这可能导致虽然单个项目的污染物排放浓度符合标准，但整体污染负荷依然较高，从而

不能有效改善环境质量。

③ 执行过程的严格性不足。"三同时"制度的执行必须严格，否则将导致污染治理设施的建设经费浪费，甚至无法真正保护环境。部分地方在项目审批和验收过程中，可能存在走过场的现象，未能充分落实环境保护措施。

④ 缺乏有效的监管和评估机制。目前对"三同时"制度的监管和评估机制仍不够完善，导致在项目实施过程中，环境保护措施的落实情况可能出现难以追踪和评估的现象。应建立健全的监督机制和数据信息系统，确保各项环保措施的有效执行。

4.3.1.5 改进建议

为了更好地实施"三同时"制度，建议采取以下措施：

① 加强法规和政策的完善。在现有法律法规的基础上，进一步完善"三同时"制度的相关政策，明确各级政府和环保部门的职责，确保政策的有效落实。

② 推动区域性污染防治。结合区域特点，开展区域性污染防治工作，鼓励企业采取联合治理措施，提升整体治理效果。

③ 建立污染物总量控制机制。在实施"三同时"制度时，强调污染物总量控制，建立相应的指标体系，确保环境质量的持续改善。

④ 强化监管和评估机制。建立健全的监管机制，定期对"三同时"制度的执行情况进行评估，及时发现并解决存在的问题。

⑤ 提升公众参与和信息透明度。加强公众对"三同时"制度的了解和参与，提升信息透明度，让社会各界共同参与环境保护工作。

"三同时"制度作为我国环境管理的重要制度之一，在促进环境保护和可持续发展方面的作用不可忽视。通过不断完善和改进这一制度，可以进一步提升我国环境管理的水平，为实现生态文明建设目标提供有力支持。

4.3.2 环境影响评价制度

（1）含义

环境影响评价制度（eia-environment impact assessment，EIA）是指在建设项目的规划和实施过程中，对其可能引起的环境影响进行系统分析、预测和评估，提出预防或者减轻不良环境影响的对策和措施，并要进行跟踪监测和评估的制度。

环境影响评价不仅是一种技术手段，更是一项重要的环境管理制度，旨在将环境保护的理念贯穿于项目的全生命周期。

（2）提出和实施

环境影响评价制度最早由美国的柯德威乐教授提出，并于 20 世纪 70 年代初在美国得到了法律上的确认。1970 年，美国国会通过了《国家环境政策法》（NEPA），明确要求对所有联邦政府资助的重大项目进行环境影响评价。这一法律的出台，标志着环境影响评价制度的正式确立，并为全球环境管理提供了重要参考。美国的 EIA 制度实施以来，取得了显著成效，不仅有效遏制了许多潜在的环境风险，还推动了环境保护意识的普及。随后，许多国家纷纷借鉴这一制度，制定了适合本国国情的环境影响评价法规和政策。

（3）内容

环境影响评价制度的内容主要包括以下几个方面：

1）建设方案的具体内容

① 对项目的具体设计、施工计划、运营方案等进行详细描述，以便全面了解项目的全貌。

② 评估项目的规模、技术路线、资源消耗、排放物等具体信息，为环境影响评价提供基础数据。

2）建设地点的环境状况

① 对项目所在区域的自然环境、社会环境、生态系统等进行全面调查，了解现有的环境质量状况。

② 收集建设地点的气象、水文、地质、生物多样性等基础数据，为环境影响预测和评估提供依据。

3）项目建成实施后可能对环境产生的影响和损害

① 分析项目在建设和运营过程中可能产生的各类污染物及其排放途径，包括大气污染、水污染、土壤污染等。

② 预测这些污染物对环境和人体健康的潜在影响，评估其可能造成的生态破坏、资源耗竭等问题。

4）防止这些影响、损害的对策措施及经济技术论证

① 提出可行的环境保护措施和技术方案，以减少或消除项目对环境的不利影响。

② 对这些措施和方案进行经济技术论证，确保其经济可行性和技术可靠性。

（4）我国环境影响评价制度的确立与运行

我国的环境影响评价制度起步较晚，但发展迅速。1978 年，国家在《关于加强基本建设项目前期工作内容》中首次提出了进行环境影响评价的问题。1979 年 9 月，《中华人民共和国环境保护法（试行）》的颁布，将环境影响评价制度法律化，标志着我国环境影响评价工作的正式启动。

自 20 世纪 70 年代末以来，我国的环境影响评价工作在广度和深度上都有了显著发展。2002 年，《中华人民共和国环境影响评价法》的颁布，进一步规范了环境影响评价的程序和内容，明确了各级政府和企业的责任与义务，为环境影响评价制度的实施提供了法律保障。

值得一提的是，我国环境影响评价制度的最早全面实施是在改革开放的窗口城市深圳市开始的。深圳作为特区城市，率先在城市规划和建设中引入了环境影响评价制度。这一举措不仅为深圳的快速发展提供了环境保护的保障，也为全国其他地区提供了宝贵的经验和示范效应。

根据《中华人民共和国环境影响评价法》和相关法规，需要执行环境影响评价制度的项目主要包括以下几类：

1）工业项目

① 典型行业：化工、冶金、钢铁、水泥、电力等。

② 环境影响：这些项目通常涉及大量的资源消耗和污染物排放，对大气、水体和土壤造成严重污染。例如，化工行业可能排放有毒有害气体，冶金行业可能产生重金属污染，电力行业可能排放大量温室气体。

③ 具体措施：需要对排放物进行严格监控，采用先进的污染治理技术，并制定详细的环境管理方案。

2）基础设施项目

① 典型项目：道路、铁路、机场、港口等交通运输项目，以及供水、供电、供热、通信等市政工程项目。

② 环境影响：这些项目在建设和运营过程中可能会对生态环境产生较大影响。例如，道路和铁路建设可能导致土地占用和生态破碎，机场和港口建设可能产生噪声污染和水体污染。

③ 具体措施：需要进行全面的环境影响评价，评估项目可能对区域环境的综合影响，并制定相应的环境保护措施和管理方案，确保项目在实施过程中对环境的影响降至最低。

3）房地产开发项目

① 典型项目：住宅区、商业区、旅游区等开发项目。

② 环境影响：这些项目在施工和使用过程中可能会对土地、水资源、空气质量等产生影响。例如，住宅区开发可能导致土地资源紧张，商业区开发可能增加交通流量和空气污染，旅游区开发可能对自然景观和生态环境造成破坏。

③ 具体措施：需要在规划和建设前进行详细的环境影响评价，提出减缓不利影响的措施，确保项目建设与环境保护协调发展。

4）资源开发项目

① 典型项目：矿产资源开采、石油天然气开采等。

② 环境影响：这些项目通常会对地质结构、水资源、空气质量等产生显著影响。例如，矿产资源开采可能导致地质灾害和水资源污染，石油天然气开采可能产生油污污染和温室气体排放。

③ 具体措施：需要进行详细的环境影响评价，制定严格的环境保护措施和应急预案，确保资源开发过程中对环境的影响降至最低。

5）农业和林业项目

① 典型项目：大规模的农田开发、畜牧业养殖、林业采伐和种植等。

② 环境影响：这些项目可能会对生态系统和生物多样性造成影响。例如，农田开发可能导致土地退化和水资源耗竭，畜牧业养殖可能产生大量的有机废弃物和水体污染，林业采伐可能破坏森林生态系统和野生动物栖息地。

③ 具体措施：需要制定科学合理的开发计划，采取有效的环境保护措施，确保项目实施过程中对生态环境的影响降至最低。

6）其他特殊项目

① 典型项目：核能、放射性物质处理、危险废物处置等。

② 环境影响：这些项目需要特别严格的环境影响评价和管理措施。例如，核能项目可能产生放射性污染，放射性物质处理和危险废物处置可能产生有毒有害物质的泄漏和扩散。

③ 具体措施：需要进行严格的环境影响评价，制定详细的环境保护措施和应急预案，加强项目实施过程中的环境监测和管理。

7）各类规划和政策的环境影响评价

① 各类重要规划和政策：城市总体规划、区域发展规划、产业政策、交通运输政策等。

② 环境影响：这些规划和政策会对环境产生广泛而深远的影响。例如，城市总体规划

可能影响土地利用和生态布局，区域发展规划可能导致资源过度开发和环境污染，产业政策可能带来特定行业的环境风险，交通运输政策可能增加大气污染和噪声污染。

③ 具体措施：需要在规划和政策制定过程中进行环境影响评价，评估其可能带来的环境影响，提出相应的预防和减缓措施，确保规划和政策在实施过程中能够实现可持续发展目标。

总的来说，环境影响评价制度要求以上这些项目在规划和建设前，必须进行详细的环境影响评价，编制环境影响报告书或环境影响报告表，并经相关环境保护主管部门审核批准。通过环境影响评价，可以识别和预测项目可能造成的环境影响，提出减缓不利影响的措施，从而确保项目建设与环境保护协调发展。

（5）制度执行中可能存在的问题

尽管环境影响评价（EIA）制度在中国已经取得了巨大的成效，但在实际执行过程中，仍需要防范以下可能出现的问题：

1）时间滞后（执行不严格）

在一些项目中，环境影响评价往往是在项目已经启动或即将启动时才进行，导致评价结果无法对项目设计和实施产生实质性影响。例如：某些地方政府为了加快基础设施建设，常常在项目已经开工后才补做环境影响评价，导致环保措施无法及时介入，如在高速公路建设项目中，EIA报告在项目开工后才提交，这就会导致难以及时调整路线设计以减少对生态环境的破坏。

2）环境保护措施得不到落实

某些项目在环境影响评价报告中提出的环保措施，往往在实际建设和运营过程中得不到有效落实，导致环境污染问题依然存在。例如：某化工厂在EIA报告中承诺采用先进的废水处理技术，但在实际运营中为节省成本，未按规定建设废水处理设施，导致周边河流水质严重污染，影响了当地居民的生活。

3）合理布局问题得不到落实

环境影响评价报告中提出的合理布局建议，往往因各种原因得不到采纳，导致项目选址不合理，环境风险增加。例如：在某城市的房地产开发项目中，EIA报告建议将项目布局调整以避开湿地保护区，但由于开发商的经济利益考虑，该建议未被采纳，最终导致湿地生态系统受到破坏。

4）常常带来不应有的纠纷或损失

由于环境影响评价工作不到位，项目实施过程中常常引发环境纠纷，甚至导致经济损失和社会矛盾。例如：某矿山开采项目在EIA过程中未充分评估对周边村庄的影响，导致开采过程中大量粉尘和噪声污染，引发村民集体抗议，最终导致项目停工并面临巨额赔偿。

5）公众参与尚未引起充分重视

在环境影响评价过程中，公众参与往往流于形式，公众的意见和建议得不到充分重视和采纳，影响评价结果的公正性和科学性。例如：某大型工业园区建设项目在EIA过程中虽组织了公众意见征集，但实际操作中只是走过场，公众提出的关于空气质量和交通影响的担忧未被采纳，最终导致项目实施后环境投诉不断，居民满意度低。

（6）制度改进意见

为进一步完善环境影响评价制度，提升其执行效果，可以从以下几个方面进行持续改进：

1）要实行超前服务

在项目规划和设计阶段，就要启动环境影响评价工作，确保评价结果能够对项目决策产生实质性影响。提前介入项目的可行性研究和设计阶段，提出环境保护的建议和措施，确保项目在源头上减少环境影响。

2）引入公平竞争机制，实行公开招标

通过公开招标的方式，选择具备资质和经验的环境影响评价机构，确保评价工作的科学性和公正性。建立透明的竞争机制，避免评价机构与项目单位之间的利益冲突，提高评价结果的可信度。

3）强调公众参与

在环境影响评价过程中，要充分听取公众的意见和建议，特别是受项目影响较大的社区和群体。通过公开听证会、问卷调查等形式，增加公众参与的渠道和机会，增强评价过程的透明度和公信力。

4）开展后评估

对已经实施的项目进行环境影响后评估，评估实际环境影响与预期评价结果的差异，分析原因并提出改进措施。建立环境影响后评估制度，将其作为环境管理的重要环节，确保环境保护措施的持续有效。

5）开展环境审计

对项目在建设和运营过程中环境保护措施的落实情况进行审计，确保环境管理措施的有效执行。通过环境审计，及时发现和纠正环境管理中的问题，提高环境管理的水平和效果。

（7）相关的政策和法律框架

我国的环境影响评价制度在政策和法律框架上有了较为完善的体系。主要法规和政策包括：

①《中华人民共和国环境保护法》。这是我国环境保护领域的基本法，为环境影响评价制度的实施提供了法律依据。

②《中华人民共和国环境影响评价法》。该法对环境影响评价的程序、内容、责任等作出了详细规定，是环境影响评价工作主要的专业性法律依据。

③《建设项目环境保护管理条例》。该条例对建设项目环境影响评价的具体要求和程序作出了详细规定，明确了各级政府和企业的责任和义务。

④《环境影响评价技术导则》。这是环境影响评价的技术规范，对评价方法、评价内容、评价标准等作出了详细规定，确保评价工作的科学性和规范性[25]。

（8）国际经验借鉴

在环境影响评价制度的实施过程中，我国还可以借鉴国际上的成功经验。

1）美国的《国家环境政策法》

① 法律框架：美国的《国家环境政策法》（NEPA）是世界上第一个正式确立环境影响评价制度的法律。该法要求所有联邦政府资助的项目必须进行环境影响评价，以确保其不会对环境造成严重影响。

② 公众参与：NEPA强调公众参与，要求在环境影响报告书的编制过程中，充分听取公众的意见和建议。公开听证会和公众咨询是NEPA的重要组成部分，确保评价过程的透明度和公信力。

③ 环境保护措施落实：NEPA 不仅要求对项目的环境影响进行评估，还要求提出具体的环境保护措施，并在项目实施过程中进行严格的监督和管理，确保这些措施得到有效落实。

2）欧盟的《环境影响评价指令》

① 法律框架：欧盟的《环境影响评价指令》是环境影响评价制度的法律基础，要求成员国在项目审批过程中必须进行环境影响评价。指令对评价的程序、内容、公众参与等作出了详细规定。

② 技术标准：欧盟的环境影响评价指令对技术标准有严格要求，确保评价工作的科学性和规范性。各成员国根据指令制定了详细的技术导则，指导评价工作的开展。

③ 跨境环境影响评价：欧盟的环境影响评价指令还特别强调跨境环境影响的评估，要求成员国在项目可能对其他国家产生环境影响时，必须进行跨境环境影响评价，并与受影响国家进行协商。

3）日本的环境影响评价制度

① 法律框架：日本的环境影响评价制度由《环境影响评价法》规范，要求对所有重大建设项目进行环境影响评价。该法对评价的程序、内容、公众参与等作出了详细规定。

② 环境保护与经济发展的平衡：日本在环境影响评价中注重环境保护与经济发展的平衡，强调通过科学的评价和合理的决策，实现经济发展与环境保护的双赢。

③ 公众参与和信息公开：日本的环境影响评价制度特别强调公众参与和信息公开，要求在评价过程中充分听取公众的意见和建议，并将评价结果向社会公开，增强评价过程的透明度和公信力。

（9）未来展望

随着我国经济社会的快速发展，环境保护面临的挑战日益严峻。环境影响评价制度作为环境管理的重要手段，必须不断完善和创新：

① 深化环境影响评价制度改革。进一步完善环境影响评价的法律法规，健全评价程序和技术标准，提高评价工作的科学性和规范性。

② 加强环境影响评价能力建设。提高环境影响评价机构和人员的专业素质和技术能力，确保评价工作的质量和水平。

③ 推进环境影响评价信息化建设。利用信息技术手段，建立环境影响评价信息管理系统，提高评价工作的效率和透明度。

④ 强化环境影响评价的监督管理。加强对环境影响评价工作的监督检查，严厉打击违法违规行为，确保评价结果的公正性和科学性。

⑤ 推动环境影响评价的国际合作。加强与国际社会的交流合作，借鉴国际先进经验，提升我国环境影响评价工作的水平和效果。

综上所述，环境影响评价制度作为一项重要的环境管理制度，在我国的环境保护工作中发挥了重要作用。通过不断完善和创新，环境影响评价制度必将在实现可持续发展、建设生态文明的进程中发挥更加重要的作用。

4.3.3　排污收费制度

（1）含义

排污收费制度是对污水、废气、固体废弃物、噪声、放射性等各类污染物的各种污染因子按照一定的标准收取一定数额的费用，以及有关排污费可以计入生产成本，专款专用，主要用于污染源治理等基本原则规定的总称。

这些排污收费的主要用途是污染源治理和环境保护，以确保环境质量的改善和生态系统的可持续发展。排污收费不仅是对污染行为的经济制约，也是对企业环境责任的明确要求。

排污收费制度的基本原则包括：

① 污染者自负责任。污染者应为其造成的环境损害付费。

② 专款专用收。取的排污费必须用于环境治理和保护，不得挪用。

③ 公平合理。收费标准应合理，并考虑企业的经济承受能力和环境影响程度。

（2）国外发展概况

排污收费制度在环境管理领域的实施可以追溯到 20 世纪 70 年代。1972 年 2 月，世界经济合作与发展组织（OECD）环境委员会提出了"污染者负担原则"，强调污染者应为其造成的环境污染和生态破坏承担相应的经济责任。这一原则为后来的排污收费制度奠定了理论基础。

1976 年，德国制定了世界上第一部征收排污费的法律——《污水收费法》。这一法律的出台是由于当时德国水体污染严重，急需通过经济手段来控制污染。排污收费制度的实施有效减少了污水排放量，并促进了污水处理技术的进步。在随后的几十年中，许多国家相继建立了类似的排污收费制度。例如，瑞典、芬兰和荷兰等国在环境收费方面采取了积极措施，推动了环境保护和可持续发展。

（3）我国排污收费制度的确立

中国的排污收费制度起步于 20 世纪 70 年代末，1978 年首次提出排污收费的概念，标志着这一制度的初步形成。1989 年国务院发布了《排污费征收管理暂行办法》，为排污收费的具体实施提供了政策依据。自此以后，排污收费制度逐渐在全国范围内推广。2003 年，国务院发布的《排污费征收使用管理条例》进一步规范了排污收费的具体标准、征收程序和管理机制，明确了各级政府和企业在排污收费中的责任，使排污收费在实际操作中更加合理和透明。

（4）排污收费的基本理论

1）排污收费的理论依据

排污收费制度的核心理论基础在于环境本身具有经济价值。企业在生产过程中会消耗自然资源并排放污染物，这些活动不仅带来了经济收益，同时也对环境造成了负担或是消耗了环境容量。环境的健康与质量（包括环境自净能力和环境容量）应视为公共物品，属于全社会的共同财富。因此，企业在获得物质产品的经济利益的同时，不应当将环境价值视为其私有财产。从经济学的角度来看，企业的生产活动应当为其对环境造成的影响付出相应的代价。这一代价不仅反映了企业对资源的使用，还包括其对环境的污染和破坏。因此，排污收费制度的实施是为了确保企业在享受经济利益的同时，向社会和环境承担应有的责任。通过排污收费，将环境的价值以及环境损害的成本内化到企业的生产成本中，从而实现环境价值的社会再分配（见图 4-2）。

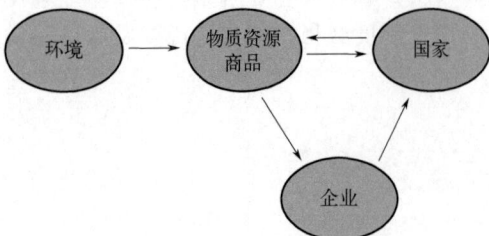

图 4-2　环境价值的社会再分配

排污收费的返还机制是实现这一目标的关键。企业缴纳的排污费用应通过国家的管理体系和税收体系，返还给社会，用于环境治理和修复。这种机制形成了一个完整的自治的闭环：企业为其排污行为付费，政府将这些费用用于改善环境质量，最终实现经济发展与环境保护的双赢。

2）排污收费标准

① 以环境质量为依据进行收费。一些发达国家通常采用环境质量标准作为收费依据，即只要排污就需收费，而不论是否超标。这种方法鼓励企业主动减少排污，保护环境质量。

② 以环境污染物排放标准为依据进行收费。在许多国家，尤其是我国，早期的排污收费主要是基于超标排污的收费，即只有当污染物排放超过国家标准时才需要缴纳费用。随着国家经济实力的增强和公众环保意识的提高，2003 年后，国家逐渐转向以环境质量为基准的收费模式。

（5）排污收费制度的演变

自 2018 年 1 月 1 日起，《中华人民共和国环境保护税法》及其实施条例的正式施行，标志着我国排污收费制度经历了一次重大的转型。这一法案取代了早期的排污收费制度，将以前的排污收费制度升级为环境保护税制度。根据新法律，环境保护税由税务机关负责征收，而生态环境部门则承担污染物的监测和管理职责。

这一转变的背景在于，随着社会经济的发展，公众对环境质量的期望不断提升，环保意识也随之增强。环保税的设立不仅提高了排污的经济成本，促使企业更加重视环境保护，还进一步明确了环境保护的责任和管理职能，清晰划分了税务机关与生态环境部门各自的职责。这种职能分工有助于提高环境治理的效率，确保环境保护工作更加专业化和系统化。此外，这一新的税制设计可以有效减少环境行政主管部门在处理排污收费问题时可能出现的利益冲突，更好地避免诸如"拿人钱财替人消灾"等不当现象的发生。这种透明的管理机制不仅增强了公众对环境管理的信任，也为企业的合规经营提供了更为明确的指导，从而推动整个社会向更加可持续的方向发展。

（6）我国排污收费制度的基本政策

① 缴费不免除治理责任和其他责任的原则。企业即使缴纳了环境费用，仍需承担治理责任，不能以缴费为由逃避法律责任。

② 累进制收费原则。根据污染物排放量的增加，收费标准逐步提高，以增强企业的环保意识。

③ 排污费强制征收和拖欠上缴排污费受罚原则。政府有权强制征收排污费，未按规定缴纳的企业将面临相应的处罚。

④ 新污染源加倍收费或从严处罚原则。对新设立的污染源，实行更高的收费标准，促使企业对新产生的污染源采取更严格的控制措施。

⑤ 超标排污费与排污费同时征收原则。对超标排污的企业，除了正常的排污费外，还需缴纳超标排污费。

⑥ 排污费计入生产成本的原则。企业可以将排污费用计入生产成本，从而减轻经济负担。

⑦ 排污费的补助原则。政府可根据企业的实际情况，给予一定的补助，鼓励其进行环境治理。

⑧ 排污费专款专用原则。收取的排污费用必须用于环境治理和保护，不得挪用。

⑨ 排污费有偿使用原则。企业在进行污染治理设施的升级和技术改造时，可以申请使用部分排污费，以支持其环保投资。这一原则的目的是使企业在负担排污费用的同时，能够获得必要的资金支持进行环境保护和污染治理，确保环保设施的有效运行和持续改善。

⑩ 过失排污、违章处罚原则。对因过失或违章造成的污染行为，企业将受到严厉的法律制裁。

排污收费制度在推动环境保护和治理方面发挥了重要作用。然而，过度依赖排污收费制度可能导致"拿人钱财替人消灾"的现象。也就是说，企业可能通过缴纳排污费来规避环境责任。因此，必须辅以严厉的处罚制度和公开透明的法治环境，确保企业在排污时，既要承担经济成本，也要承担环境责任。在未来的环境治理中，排污收费制度应与其他环境管理措施相结合，如加强环境监管、提高违法成本、推动清洁生产等，以实现全面的环境保护和可持续发展。通过不断完善和优化排污收费制度，促进企业的环保意识和社会责任感，推动我国经济的绿色转型和可持续发展。

4.4　新五项制度

中国在环境管理领域的八项制度包括老三项制度和新五项制度，其中，老三项制度是在20世纪70年代末期提出的，而新五项制度则是在80年代末期形成的。这些制度分别反映了不同历史阶段我国对环境保护的重视程度与管理方法的演变，标志着中国在环境治理方面不断推进的改革与创新。老三项制度主要集中在基础的环境管理和监管，而新五项制度则引入了更加系统和综合的管理理念，旨在提升环境保护的效果和效率。

4.4.1　城市环境综合整治定量考核制度

城市环境综合整治定量考核制度是新五项制度中至关重要的一部分，旨在通过科学、系统的考核方法，有效推动城市环境的持续改善与可持续发展。

（1）含义

以城市环境综合整治规划为依据，在城市政府的统一领导下，通过科学的定量的城市环境综合整治考核指标体系，把城市各行业组织起来，开展以环境、经济、社会效益统一为目标的环境建设、城市建设、经济建设，使城市环境综合整治定量化。

通过定量考核，城市政府能够对各项环境治理工作进行系统评估，识别存在的问题，并采取针对性措施加以解决。这一制度的实施不仅为政府提供了科学的决策依据，也为公众和社会各界提供了透明的定量化信息，使得环境治理工作更加公开、公正和高效。

（2）综合整治方向

城市环境综合整治的方向主要集中在以下几个方面：

① 控制水体污染。随着城市化进程的加快，水体污染问题日益严重。城市环境综合整治的首要任务是保护水资源，确保水体的水质达到国家标准，尤其是饮用水源的保护，防止污染源的入侵。

② 控制大气污染。大气污染是影响居民健康和生活质量的重要因素。综合整治工作应着重控制工业废气、汽车尾气等主要污染源，降低 $PM_{2.5}$、二氧化硫、氮氧化物等有害物质

的排放。

③ 固体废物管理。固体废物的产生和处理是城市环境治理的重要组成部分。通过提升垃圾分类、资源回收和无害化处理能力，减少固体废物对环境的影响。

④ 噪声污染控制。噪声污染也会对居民的生活和健康造成困扰甚至伤害。城市环境综合整治应采取措施，降低交通、建筑施工等产生的噪声，改善居民的生活环境。

在这些方向中，保护水体和大气被视为重中之重，特别是饮用水源的保护和烟尘污染的控制是综合整治工作中的关键任务。

（3）城市环境综合整治的产生与发展

1）产生阶段

城市环境综合整治的产生背景可以追溯到 20 世纪 80 年代。当时，随着城市工业化和人口的快速增长，城市环境问题日益突出，环境综合整治工作进展严重滞后于城市发展的需求。环境问题的集中表现为水体和大气的污染加剧，固体废弃物的处理不当等。同时，城市环境保护的相关工作尚未成为市长和各部门负责人的任期责任，导致环境治理缺乏足够的重视。

这一阶段，城市环境管理以定性管理为主，定量管理相对较少，缺乏科学的管理方法，往往依赖经验进行决策。这种状况迫切需要建立一个系统的、量化的考核机制，以促进环境治理的有效实施。

2）发展阶段

1988 年，国务院发布了《关于城市环境综合整治定量考核的决定》，这一政策的出台标志着城市环境综合整治工作进入了一个新的发展阶段。该决定明确了城市环境综合整治的目标和方向，并将其纳入市政议程，推动了全国范围内的普遍开展。

自此以来，城市环境综合整治定量考核制度逐渐形成并完善，成为各地政府环境管理工作的重要依据。通过建立科学的考核指标体系，各级政府能够对城市环境质量进行定量评估，促进环境治理工作的深入开展。在这一过程中，政府部门还积极借鉴国际上先进的环境管理经验，结合我国国情，逐步形成了一套适合我国城市特点的环境综合整治考核体系。

（4）城市环境综合整治指标体系

城市环境综合整治的指标体系是评估城市环境质量、污染控制和管理水平的重要工具。在不同的阶段，具体的指标体系和评价计算方法有所不同。

在"十一五"期间，中国的城市环境综合整治定量考核指标体系主要包括以下几个方面：

① 环境质量指标。主要反映城市的空气质量、水质、噪声等环境要素的综合水平。这些指标通常通过定期监测获得数据，确保反映真实的环境状况。

② 污染控制指标。衡量城市在污染物排放控制方面的成效，包括工业废气、废水和固体废物的处理情况。通过对主要污染源的监测和评估，确保污染物的排放符合国家和地方的标准。

③ 环境建设指标。评估城市在环境基础设施建设、绿化和生态修复等方面的进展。这些指标能够反映城市在改善环境质量方面的努力和成效。

④ 环境管理指标。反映城市在环境管理制度、执法和公众参与等方面的有效性。这些指标不仅关注环境治理的结果，也重视治理过程的透明度和公众参与的程度。

在"十一五"期间，采用了权重和记分办法，依据得分结果进行分级考核，将城市分为十个等级，具体分数范围为：一级，总分 90～100 分；二级，总分 80～90 分；三级，总分 70～80 分。

这一评估体系为政府和公众提供了直观的城市环境质量信息，便于进行横向和纵向的比较。在"十二五"期间，指标体系经历了较大的调整，模块分得更加细化，计算方法也有所变化。新增了工作合规性的定性判断和扣分制，以提升考核的科学性和准确性。此外，生态环境部生态司于 2020 年启动了国家环境保护模范城市管理规程和考核指标的修订工作，并于 2021 年开展了试点打分测评工作，旨在为今后的城市环境管理提供更加完善的参考依据。

（5）具体实施案例分析

城市环境综合整治定量考核制度的具体实施涉及多个环节，包括数据采集、指标评估、结果反馈和改进措施等。各地在实施过程中，结合自身实际情况，制定了相应的考核细则和实施方案。

例如，某市在实施城市环境综合整治定量考核制度时，建立了专门的监测机构，对环境质量进行实时监测。通过大数据技术，整合各类环境监测数据，确保数据的准确性和时效性。同时，该市还设立了环境保护专项资金，用于支持环境基础设施建设和污染治理项目，确保考核指标的达成。在考核结果反馈方面，该市定期召开环境治理工作会议，针对考核结果进行分析，找出存在的问题，并制定相应的改进措施。此外，还通过媒体和公众参与等方式，提升环境治理的透明度，增强公众的环保意识。

（6）小结

新五项制度中的城市环境综合整治定量考核制度，是国家应对日益严峻的环境问题的重要举措。尽管这一制度的提出和实施已有近二十年的历史，但其在当今环境治理中依然发挥着不可或缺的作用。通过科学的考核指标和综合整治方向，政府能够有效地推动城市环境的改善，促进经济和社会的可持续发展。

4.4.2 环境保护目标责任制

环境保护目标责任制是新五项制度中的一项重要内容，旨在通过明确责任、目标和考核，推动各级政府及相关单位对环境保护的重视和落实。

（1）含义

环境保护目标责任制是一种具体落实地方各级人民政府和有污染单位对环境质量负责的行政管理制度。该制度通过明确环保主要责任者和责任范围，运用目标化、定量化和制度化的管理方法，推动环境保护工作的全面深入发展。

这一制度的实施使得环境保护的责任不再是模糊的概念，而是明确的任务，要求各级政府和企业在一定时间内达成具体的环境质量目标。通过这种制度化的管理，能够有效提高环境保护的效率和透明度，增强政府和企业的责任感。河长制也是环境保护目标责任制的一个典型应用案例和新的制度外延，详见 4.5.6 部分相关内容。

（2）内容

环境保护目标责任制的内容主要包括以下几个方面：

① 明确政府职责。环保工作是各级政府的基本职责。这一责任不仅限于环保局，而是

整个政府系统的共同责任，确保政府在经济发展过程中兼顾环境保护。各级政府必须将环境保护纳入其工作目标，确保在经济发展过程中兼顾环境保护，保持生态平衡。

② 设定环境质量目标。每届政府在其任期内都要确保环境质量达到某一预定目标。这些目标通常包括空气质量、水质、土壤质量等方面的具体指标，确保环境质量的持续改善。

③ 签订环境目标责任书。上一级政府与下一级政府之间签订环境目标责任书，明确各自的责任与义务。这一机制确保了环保目标的层层落实，使得责任更加具体、明确。

④ 目标分解与落实。环境目标不仅要由政府层面进行分解，还要逐一落实到有关企业。这一措施确保企业在生产过程中遵循环保要求，减少污染排放。

（3）工作运行程序

环境保护目标责任制的工作运行程序可分为以下 4 个阶段：

① 制定阶段。各级政府根据国家和地方的环保政策，结合本地区的环境状况和经济发展需要，制定相应的环境保护目标。这一阶段需要广泛征求各方意见，包括环保局系统及从事环境保护工作的研究机构、大学等相关单位也应参与其中，以确保目标和方案的科学性和合理性。

② 下达阶段。上级政府将制定的环境保护目标通过正式文件下达到下级政府，形成书面的环境目标责任书。这一责任书是实施环保目标的法律依据，也是各级政府在环保工作中的行动指南。

③ 实施阶段。各级政府及相关单位按照责任书的要求，开展具体的环境保护工作。此阶段需要加强组织协调，确保各项措施的有效落实。

④ 考核阶段。在实施过程中，定期对环境保护目标的达成情况进行考核。考核结果将作为对政府和企业的评价依据，直接影响其绩效考核和奖惩措施。

（4）特点

环境保护目标责任制具有以下几个显著特点：

① 明确的时间和空间界限。制度规定了具体的实施时间和责任范围，确保每个政府和企业都有清晰的责任。

② 明确的环境质量目标和定量要求。制度中设定了具体的环境质量目标和可分解的质量指标，使得各级政府和企业在环保工作中有明确的方向。

③ 明确的年度工作指标。通过设定年度工作指标，各级政府可以对环保工作进行动态管理和调整，确保目标的实现。

④ 配套的措施和考核奖惩办法。制度要求配备相应的支持保障措施，包括资金、技术、人员等方面的支持。同时，考核奖惩办法确保了责任的落实，避免出现走过场的现象。

⑤ 定量化的监测和控制手段。通过建立科学的监测体系，确保环保工作的透明度和效果，及时发现和解决环境问题。

（5）相关政策与法规背景

环境保护目标责任制的实施与我国的环境保护法律法规体系密切相关。随着环保意识的提高，国家相继出台了一系列法律法规，为环境保护目标责任制提供了法律依据。

①《中华人民共和国环境保护法》。这是我国环境保护的基本法律，明确了各级政府在环境保护中的职责，为环境保护目标责任制的实施奠定了法律基础。

②《国务院关于进一步加强环境保护工作的决定》（1990）。该决定强调了各级政府在环

境保护中的责任，明确了环境保护目标责任制的重要性。

（6）简评环境保护目标责任制

环境保护目标责任制的实施，极大地推动了我国环保工作的发展，使得环保工作深深融入各级政府的日常行政职责之中。通过明确责任和目标，该制度有效提高了环境保护的效率和透明度。然而，必须注意的是，配套措施的完善是制度有效运作的关键。全面依法治国和环境信息的公开透明是保障环境保护目标责任制顺利实施的重要基础。缺乏法律支持和透明的信息可能导致环境污染事件被隐瞒，从而损害公众对政府和企业的信任。此外，目标责任分解的科学性和合理性也非常重要。如果目标设定不合理，可能导致责任推卸，影响环保工作的整体效果。

（7）小结

环境保护目标责任制作为新五项制度中的重要组成部分，为我国的环境保护工作提供了明确的方向和法律依据。通过目标化、定量化、制度化的管理方式，该制度有效推动了各级政府和企业对环境保护的重视和落实。尽管面临一些挑战，但随着制度的不断完善和公众参与意识的提高，环境保护目标责任制将在实现可持续发展目标中发挥更大的作用。

4.4.3　排污申报登记与排污许可证制度

排污申报登记与排污许可证制度也是新五项制度中的重要组成部分，旨在通过制度化的管理手段来规范排污行为，保护环境。

（1）含义

排污申报登记与排污许可证制度实际上是两个相辅相成的制度：排污申报登记是基础，而排污许可证制度则是在这一基础之上的进一步发展。排污申报登记与排污许可证制度是指任何单位欲向环境中排放污染物，需向有关机关（多为环保部门）申报所排放污染物的种类、性质、数量、排放地点和排放方式等，经过审查同意并发给许可证后方可进行排放。

这一制度的核心在于对排污行为的事前管理，通过对排污单位的申报和登记，确保环保部门能够掌握排污情况，从而有效进行环境监管。排污许可证制度的实施有助于明确排污单位的责任，减少环境污染，维护生态平衡。不过在环保事业发展的早期，企业在排污监测方面的手段相对落后，缺乏自动在线监测设备和严格的执法，导致排污情况难以有效监管。因此，在当时排污申报登记的主要目的有两个：一是了解当地的排污情况，二是为排污收费提供依据。近年来，随着我国环保投入的不断增加，排污申报登记制度也得到了显著的改善和发展。尤其是在2015年实施的新《环境保护法》及《环境保护税法》出台后，排污申报登记的内容得到了升级，成为一种更为详细、科学的管理方式。

（2）两种形式

排污许可证制度通常包括两种形式：

① 正式许可证。对于长期排污的单位，经过审核后发放的正式许可证，允许其在规定的条件下进行排放。这种许可证通常具有一定的有效期，需定期更新。

② 临时许可证。对于短期或特殊情况下的排污单位，可以申请临时许可证。这种许可证的有效期较短，适用于临时性项目或应急情况。

（3）实施的具体步骤

排污申报登记与排污许可证制度的实施通常包括以下几个步骤：

① 排污申报登记。排污单位向环保部门提交排污申报，详细说明其排放的污染物种类、性质、数量、排放地点和方式等信息。环保部门对这些信息进行审核，以确保其合规性。

② 总量审核。环保部门在审核排污申报时，会对该地区的污染物排放总量进行审核，确保在国家和地方的排放标准内。总量审核需要结合排污单位的地理位置、周边环境容量等因素进行科学评估。

③ 审批发放许可证。经审核合格后，环保部门将发放排污许可证，明确排污单位的排放限额和相关要求。这一过程确保了排污单位的排放行为在法律框架内进行。

④ 排污许可证的日常监督管理。环保部门对已发放的排污许可证进行监督管理，定期检查排污单位的排放情况，确保其遵守许可证的规定。这一环节也是排污许可证制度有效性和稳定性的关键。

（4）排污许可证制度的必要性

排污许可证制度实施的必要性主要体现在以下几个方面：

① 浓度控制。通过设定排污许可证的排放浓度标准，确保企业在排放污染物时不会对环境造成过大的冲击负荷。这种控制机制能够有效限制污染排放对环境的瞬时影响，从而保护生态系统的稳定性和健康。

② 总量控制。排污许可证制度有助于对污染物的总排放量进行有效管理，将污染物排放总量控制在环境容量和环境承载力的限度之内，从而确保特定区域内的环境质量不被恶化。因此，排污许可证制度不仅要关注排放浓度，还要综合考虑排放强度和总体排放量等指标，以实现更全面的环境治理目标。

通过上述这两种控制方式，排污许可证制度能够有效减少环境污染，保护生态环境，促进经济与环境的协调发展。此外，实施排污许可证制度还有助于提高企业的环保意识，推动其采用更清洁的、环境友好的生产技术和管理方法，从而为可持续发展奠定基础。

（5）排污许可证的转让——排污权交易

排污权交易是指在排污总量恒定的情况下，已取得排污指标的排污单位由于采用无害的工艺技术或进行污染治理而产生的富余排污指标进行的交易。

1）含义

排污权交易的核心是鼓励企业通过技术创新和污染治理减少排放，并允许其将未使用的排污指标转让给其他需要排污指标的企业。实际上，这是一种将排污指标作为商品进行交易的方式。这种正向机制既激励了企业进行环保投资，也实现了资源的优化配置。

2）实例简介：美国的排污权交易

排污权交易最早出现在美国，主要通过以下几种政策形式实施：

① 泡泡政策（bubble policy）。该政策将一个工厂或特定区域的多家工厂视为一个"气泡"。只要该"气泡"向外界排出的污染物总量符合政府规定的标准，允许"气泡"内的各个排放点自行调整排放量。

② 排污补偿政策。这一政策要求整个地区污染物总量的增加应由该地区同一污染物的减少来抵消，以保持整个地区某项污染物的总量不超标。

③ 贮存政策。工厂能够以受法律保护的形式，将多余的排污权储存起来，以便在未来的交易中使用。该政策是与"泡泡政策"同时发展起来的，这种政策为企业提供了更多的灵活性，促进了排污权的有效利用。

（6）简评排污许可证制度

尽管排污许可证制度在理论上具有许多优点，然而在实践中其执行仍面临一些挑战：

① 执行难度。在实施过程中，面临总量确定、容量确定、基础资料的准确性、交易范围的限定等一系列问题。排污许可证的有效性依赖于准确的数据和科学的管理。

② 定价困难。排污权交易的定价机制尚不成熟，市场浮动空间较大，导致交易价格的不确定性。这使得企业在进行排污权交易时面临较高的风险。

③ 技术与资金问题。许多企业在进行排污监测与治理时，缺乏必要的技术支持和资金投入，导致排污管理效果不理想。

综上所述，排污许可证制度通过对排污行为的规范化管理，有助于实现环境保护目标。然而，制度的有效实施需要政府、企业和社会的共同努力，建立健全的法律法规和监管体系，确保环境保护工作落实到位。

（7）相关政策与法规背景

排污申报登记与排污许可证制度的实施，与我国的环境保护法律法规体系密切相关。以下是一些重要的政策和法规：

①《排放污染物申报登记管理规定》（1992 年）。作为我国最早的排污管理法规，明确了排污单位的申报义务，为后续的排污许可证制度奠定了基础。

②《中华人民共和国环境保护法》（2015 年修订）。作为我国环境保护的基本法律，明确了排污单位的法律责任，为排污许可证制度的实施提供了法律支持。

③《排污许可证管理暂行规定》（2016 年）。该规定对排污许可证的管理进行了系统化的梳理，明确了排污许可证的申请、审批、发放及监督管理等流程[26]。

④《排污许可管理办法》（2024 年 4 月 1 日生态环境部令第 32 号公布，自 2024 年 7 月 1 日起施行）。进一步细化了排污许可证的管理要求，明确了排污单位的责任和义务，提升了制度的执行力[27]。

（8）小结

排污申报登记与排污许可证制度作为新五项制度中的重要组成部分，为我国的环境保护工作提供了明确的方向和法律依据。通过对排污行为的规范化管理，该制度旨在有效减少环境污染，保护生态环境。

4.4.4 污染集中控制制度

污染集中控制制度旨在通过集中治理的方式，提升环境治理的效率，最大限度地减少环境污染。

（1）含义

污染集中控制制度是指：在一个特定的范围内，在不减轻污染源单位防治责任的前提下，将同类污染源排放的污染物集中预防和治理的措施；为保护环境所建立的集中治理设施和采用的管理措施，以集中治理为主，用尽可能小的投入获取尽可能大的环境、经济、社会效益。

污染集中控制制度的实施不仅有助于提高污染治理效率，还有助于减少管理的复杂程度，提升管理的智能化水平。通过集中治理，可以降低处理成本，从而实现经济上的规模效益。具体而言，污染集中控制制度的推行对中国环境基础设施建设起到了积极促进作用，比如在污水处理领域，市政污水处理厂的规划建设就是集中治理的典型代表之一。

（2）基本做法

污染集中控制制度的基本做法主要包括以下几个方面：

① 以规划为先导。在实施集中控制之前，必须先进行科学的环境规划，合理划分不同的功能区域。通过明确各区域的环境功能，突出重点领域，并制定相应的治理措施，以确保集中治理的有效性。这一过程中，还需考虑基础设施的建设，例如下水道系统等，以保障污水、废气等污染物能够顺利进行集中处理。

② 政府主导。地方政府在污染集中控制中发挥着主导作用。政府领导人需要亲自挂帅，协调各相关部门，明确各自的职责和分工，确保各项措施的有效落实。政府的协调能力是实现污染集中控制的重要保障，地方政府的参与不仅仅涉及环保局，还包括财政、规划、建设等多个部门，形成合力，共同推进环境治理。

③ 与分散治理相结合。污染集中控制并不是一种单一的、完全独立的治理方式，而是需要科学合理地与分散治理相结合。由于区域内污染源的分布可能存在一定距离，单靠集中控制有时不仅在经济上不可行，并且在实施过程中可能会面临各种难以克服的障碍。因此，地方政府应积极开辟多种资金渠道，鼓励社会资本参与环境治理。同时，在特定情况下，要灵活结合分散治理的模式，以降低治理成本，提升治理效果。这种综合治理策略不仅能够提高资源的利用效率，还能促进不同治理方式之间的协同作用，从而更有效地应对复杂的环境污染问题。

（3）污染集中控制的几种形式

污染集中控制制度涵盖多种污染治理形式，主要包括以下几种：

1）废水污染的集中控制

废水集中控制是指在特定区域内，通过建设污水处理厂等集中治理设施，对工业和生活废水进行统一处理。这一措施能够显著提高废水处理的效率，降低对水体的污染风险。

在实施过程中，地方政府应明确废水排放标准，要求各排污单位按照规定进行废水申报和排放。同时，政府还需加强对污水处理设施的监管，确保其正常运行，并定期监测处理后的水质，以保证符合环保要求。

2）废气污染的集中控制

废气集中控制是指在工业园区、城市等特定区域内，对各类废气排放进行集中治理。通过建设废气处理设施，如脱硫、脱氮和除尘设备等，减少废气对环境的影响。

废气集中控制的关键在于加强对排放企业的管理，要求其定期监测废气排放情况，并按照相关标准进行治理。地方政府应制定相应的废气排放标准，并对不达标企业实施处罚，以确保排放控制的有效性。

3）有害固体废物的集中控制

有害固体废物的集中控制是指在特定区域内，对产生有害固体废物的企业进行集中监管和处理。通过建设危险废物处理设施，确保有害固体废物得到安全、合理的处理。

在实施过程中，地方政府需加强对企业产生的有害固体废物的管理，要求其定期上报废物产生情况，并制定相应的处理方案。同时，政府应建立危险废物追踪制度，以确保废物的安全处置，防止环境污染的发生。

4）噪声污染的集中控制

噪声污染的集中控制是指在城市发展过程中，针对噪声源进行集中治理。通过建设隔声墙、噪声屏障等设施，降低噪声对居民生活的影响。

在实施过程中，政府应进行噪声监测，定期评估噪声污染情况，并对超标企业采取处罚措施。同时，政府可以加强对居民的宣传教育，提高公众的环保意识，鼓励社会各界共同参与噪声污染的防治工作。

（4）政策背景

污染集中控制制度的实施与我国的环境保护法律法规体系密切相关。以下是一些重要的政策和法规：

①《中华人民共和国环境保护法》。作为我国环境保护的基本法律，该法明确了污染控制的基本原则和地方政府的责任，为污染集中控制制度的实施提供了法律依据。

②《中华人民共和国水污染防治法》。该法律规定了水污染的防治措施，强调了废水集中处理的必要性，为废水污染的集中控制提供了法律支持。

③《中华人民共和国大气污染防治法》。该法明确了废气排放的管理要求，支持废气污染的集中控制，促进环境改善。

④《中华人民共和国固体废物污染环境防治法》。该法律为有害固体废物的集中控制提供了法律依据，要求企业对产生的固体废物进行管理和处置。

（5）实施效果与挑战

污染集中控制制度的实施取得了一定的成效，但也面临一些挑战。

1）实施效果

通过污染集中控制制度的实施，许多地区的环境质量得到了显著改善。集中治理设施的建设使得废水、废气和固体废物的处理效率提高，减少了对环境的污染。同时，政府的主导作用使得各部门能够协同推进环境治理工作，形成合力。此外，污染集中控制制度的推行还促进了基础设施建设，尤其是在污水处理、固废处理和废气治理方面，推动了市政污水处理厂、城市下水道管网、固废处理设施和工业废气处理设施等的建设，为环境保护提供了坚实的基础。

2）面临的挑战

① 资金问题。污染集中控制需要大量的资金投入，尤其是在集中治理设施的建设和维护方面。地方政府在资金筹措上可能面临压力，影响治理效果。

② 技术水平。部分地区在污染集中控制的技术水平上存在差距，缺乏先进的治理技术和设备，导致治理效果不尽如人意。

③ 管理力度。在实际操作中，部分企业可能存在侥幸心理，未按照规定进行排放。地方政府需加强对企业的监管力度，确保治理措施的落实。

（6）小结

污染集中控制制度作为新五项制度中的重要组成部分，为我国的环境保护工作提供明确的方向和法律依据。通过集中治理的方式，该制度旨在有效减少环境污染，保护生态环境。

4.4.5 污染限期治理制度

污染限期治理制度是新五项制度中的最后一项，也是历史悠久的重要制度之一，旨在通过法定措施，督促造成污染或其他环境问题的单位在规定时间内进行治理。该制度与老三项几乎同时提出，并在1989年正式列为国家制度，标志着我国在环境治理方面法律体系的逐步完善。2015 年，新修订的《环境保护法》进一步明确了污染限期治理制度的权限，赋予县级以上人民政府发布污染限期治理决定的权力。这一制度的实施不仅是对特定环境问题的及时响应，更是推动环境治理工作的重要手段。

（1）含义

污染限期治理制度是指各级人民政府为了应对某一特定环境问题或实现某一环境目标，针对造成污染或其他环境问题的某些单位，发布强制性的限期治理决定或命令。此制度的核心在于通过设定明确的治理期限，促使相关单位在规定的时间内采取有效措施，减少或消除污染物的排放，从而改善环境质量。

这一制度的实施，体现了政府在环境治理中的监管职责，也反映了对环境保护的高度重视。通过污染限期治理，政府可以有效地调动社会资源，集中力量解决突出的环境问题，切实维护公众的环境权益。

（2）限期治理概念的内涵

污染限期治理的概念包含几个重要的层面：

① 科学评估。限期治理并不是随意针对某一地区的污染问题，而是需要经过科学的调查和评估。政府应明确污染源，污染物的性质、排放地点、排放状况、迁移转化规律及其对周围环境的影响等多种因素，以确保治理措施的针对性和有效性。

② 突出重点。限期治理必须突出重点，分期分批解决污染危害严重、群众反映强烈的污染源和区域。这一原则确保了有限的资源能够优先用于最紧急、最重要的治理项目。

③ 四大要素。限期治理的实施需要具备限定时间、治理内容、限期对象和治理效果四大要素。明确这些要素有助于政府和企业清晰理解治理的要求和目标。

（3）限期治理范围

污染限期治理的范围主要包括以下几个方面：

① 区域性限期治理。针对特定区域的污染问题，如上海市对苏州河的治理、南京市对秦淮河的治理、河北省对白洋淀的治理等。这些治理行动通常是由地方政府主导，旨在改善特定水体的环境质量。

② 行业性限期治理。针对特定行业的普遍污染问题，例如对造纸行业制浆黑液污染的限期治理，以及对机械行业锅炉生产的限期改造更新。这种治理方式有助于提升整个行业的环保标准。

③ 污染源限期治理。针对特定污染源的治理，例如吉林炭素厂沥青烟的限期治理，齐齐哈尔钢厂煤气发生炉的酚氰限期治理等。这种治理方式直接针对具体企业，有助于解决特定的污染问题。

（4）限期治理的重点

在实施污染限期治理时，重点应放在以下几个方面：

① 污染危害严重且群众反映强烈的污染物和污染源。这些治理项目的实施能够显著改善环境质量，解决地方环境矛盾，保障社会安定。

② 环境敏感区域。如居民稠密区、水源保护区、风景游览区、自然保护区、城市上风向等。对这些区域的污染治理尤为重要，以防止对公众健康和生态环境造成更大的影响。

③ 行业污染项目。污染范围广、危害大的行业项目需要特别关注，例如化工、冶金、造纸等行业的污染问题。

④ 其他必须限期治理的污染企业。针对那些未能在规定时间内达到环保标准的企业，政府应及时采取限期治理措施，以促使其进行整改。

（5）政策背景

污染限期治理制度的建立与发展，离不开相关法律法规的支持。我国在 1979 年颁布的《环境保护法（试行）》首次从法律上确定了限期治理制度。1989 年，《环境保护法》正式施行，确立了限期治理制度的基本内容和模式，并为其他相关法律所采纳。此后，《大气污染防治法》《水污染防治法》《环境噪声污染防治法》《固体废物污染环境防治法》等单行法中也相继规定了限期治理制度。

新修订的《环境保护法》第六十条明确规定："企业事业单位和其他生产经营者超过污染物排放标准或者超过重点污染物排放总量控制指标排放污染物的，县级以上人民政府环境保护主管部门可以责令其采取限制生产、停产整治等措施；情节严重的，报经有批准权的人民政府批准，责令停业、关闭"。这一规定进一步强化了污染限期治理的法律基础，提高了对违法排污行为的惩罚力度。

（6）实施效果与挑战

污染限期治理制度的实施在促进环境治理方面发挥了重要作用，但在实践中也面临一些挑战。

1）实施效果

通过污染限期治理制度的实施，许多地方的环境质量得到了显著改善。政府通过限期治理措施，集中力量解决了部分突出的环境问题，增强了公众的环保意识。此外，限期治理制度的推广也推动了企业的技术改造和环保设施的建设，提高了整体环境治理水平。

2）面临的挑战

① 利用限期治理作为"护身符"。在实践中，部分企业可能将限期治理作为超标排污的"护身符"，以逃避应承担的环境责任。这种现象不仅削弱了制度的威慑力，也影响了环保工作的推进。

② 法律规定的不一致性。尽管多部法律法规中都涉及限期治理制度，但各法律之间在条件、决定机关、超过限期治理期限的处罚等方面有时存在不一致，导致在实际操作中出现混乱，降低了治理效果。

③ 监管力度不足。部分地方政府在实行限期治理时，监管力度不足，导致企业未能按照规定进行治理，影响了治理效果。

4.5　新的环境管理制度与 ISO 14000

在过去的几十年中，随着我国经济的快速发展和环境治理在国家治理体系中的日益突出，环境管理制度的建设也不断深入。传统的八项制度虽然在我国环境保护中仍具有基础性价值，但随着形势的发展，这一制度体系的局限性逐渐显现。八项制度的局限性在于其主要集中于污染防治，缺乏对生态保护和可持续发展的全面考虑。因此，国家需要推出新的制度来补充和完善环境管理制度体系。时至今日，我国的环境管理制度体系已经大大超出了原有的八项制度这一框架。目前并不存在一个简单的提法来概括我国现行的所有环境管理制度，总的来说，其核心是围绕新修订的《环境保护法》等法律体系进行常态化的生态环境保护与管理。

基于上述背景，近年来，我国的环境治理在法治化的道路上不断开拓进取，国家相继推出了一系列新的环境管理制度，这些制度不仅丰富了我国的环境管理体系，也为实现可持续发展提供了新的思路与方法。本节将详细探讨这些新制度，包括污染物排放总量控制制度、清洁生产制度、环境标志制度、公众参与制度、环境管理体系认证 ISO 14000 以及河长制等。

4.5.1　污染物排放总量控制制度

污染物排放总量控制制度是为应对特定区域内的环境污染问题而设立的一项重要政策，适用于工业比较集中和排污量较大的地区、流域及环境质量要求高的区域，旨在防止污染物的积累导致环境质量超标。

（1）制度背景

污染物排放总量控制制度的提出，源于我国对环境保护日益增强的重视。1996 年，《水污染防治法》首次明确了水污染物总量控制的法律框架，随后《大气污染防治法》（2000年）明确了大气污染物总量控制的法律框架。这些法律为污染物排放总量控制提供了制度保障和强有力的法律法规支持。

（2）污染物排放总量控制制度的含义和类型

污染物排放总量控制制度，是指事先依据某种规则确定某一区域内污染物的容许排放总量，然后按一定原则分配给该区域内的各个子区域和污染源，同时制定相应的管理政策和措施，以确保区域内的污染物排放总量不超过规定的容许排放总量。

污染物排放总量控制制度主要包括以下 3 种类型：

① 容量总量控制。该模式以受纳水体的环境容量为基础，制定排放口的总量控制负荷指标。这意味着在制定排放标准时，会考虑水体的自净能力和生态健康，确保排放不会对水体造成不可逆的损害。

② 目标总量控制。此模式以控制区域的容许排污量为控制目标，制定排放口的总量控制负荷指标。通过设定明确的排污目标，政府可以更有效地引导和监督污染源的排放行为，确保整体环境质量的提升。这一方法所设定的总量控制目标未必与当地的环境容量完全对应，尤其是在早期环境监测基础条件尚不完备，无法充分掌握当地环境容量的条件下，这一方法曾经被普遍采用过。

③ 行业总量控制。该模式从不同行业的经济技术特征和环境外部性出发，以资源和能源的合理利用为基础，进行行业性的总量控制负荷分配。这一方法不仅需要科学分析最佳生产工艺和实用处理技术，还需要进行行业间的纵横向对比，以确定最终的行业总量控制方法和具体要求，从而在整体上促进各行业的环保技术进步和资源节约。

污染物排放总量控制制度的核心在于限制特定区域内的污染物排放总量。具体而言，政府会根据区域环境承载能力及污染物排放标准，制定年度排放总量指标，并对排污单位的排放进行监测和管理。该制度与排污许可证制度有交叉之处，后者要求企业在排放污染物时必须获得相应的许可证，以确保其排放符合国家标准，从而有效保护环境和公众健康。

（3）实施效果与挑战

通过污染物排放总量控制制度的实施，许多地区的环境质量得到了显著改善。然而，实际操作中也面临一些挑战，例如部分企业可能存在超标排放现象，或者在排放监测和数据上弄虚作假。因此，需要加强对排污单位的监管，提高信息公开程度，以确保制度的有效性。

4.5.2 清洁生产制度

（1）制度背景

《中华人民共和国清洁生产促进法》于 2003 年颁布，标志着我国在推动清洁生产方面迈出了重要一步，也标志着我国的清洁生产制度的正式确立。

（2）含义

在推行清洁生产时，我国将其与工业产业结构、产品结构的调整相结合，要求在制定产业政策时，严格限制或禁止可能造成严重污染的产业、企业和产品，要求工业企业采用能耗物耗小、污染物产生量少的有利于环境的原料和先进工艺、技术和设备，采用节约用水、节约用能、节约用地的生产方式。

（3）发展方向

清洁生产制度的方向由对污染源的控制逐渐转向对产品的控制和消费环节的控制。这意味着不仅要关注生产过程中的污染防治，还要考虑产品的全生命周期，包括设计、生产、使用和废弃阶段的环保要求。

（4）实施效果与挑战

清洁生产制度的推行促进了企业技术的创新和环保意识的提升，许多企业通过技术改造和管理优化实现了资源的高效利用。然而，清洁生产的推广仍面临着一些问题，如部分企业对清洁生产的理解不到位，缺乏相应的技术支持和资金投入。因此，政府应加强对清洁生产的宣传和培训，鼓励企业积极参与。

4.5.3 环境标志制度

（1）制度背景

环境标志制度是通过国家对某些在生产和消费过程中不会或很少污染和破坏环境的产品进行认证，旨在引导消费者选择环保产品。该制度的实施有助于通过市场机制促进环境管理目标的实现。

（2）含义

环境标志制度的核心在于对环保产品进行认证审批，赋予其"环境标志"身份，使消费者在选购商品时能够自发地抵制那些在生产和使用过程中对环境造成较大危害的产品。这一制度不仅有助于促进环保产品的市场竞争力，也推动了企业在生产过程中更注重环境保护。

（3）各国环境标志的实例

环境标志制度作为推动环保产品市场的重要手段，在全球范围内得到了广泛应用。各国根据自身的环境保护需求和市场情况，设计了不同的环境标志，以帮助消费者识别环保产品并鼓励企业实施可持续生产。以下是几个国家的知名环境标志实例及其具体图案结构和含义的详细介绍。

1）德国的"蓝色天使"（blauer engel）

"蓝色天使"认证创建于 1978 年，是全世界第一个环保认证标志，也是目前全球公认的最严格的环保认证。该认证旨在通过认证环保产品，鼓励消费者选择对环境友好的商品。该认证的所有受理产品和服务的技术标准均由独立的环境标志委员会来决定，其认证过程包括严格的文件审核、依据标准的第三方检测报告和现场检查。

发展至今"蓝色天使"标志（图4-3）已成为世界上涉及产品种类最多的生态标签之一，在国际市场具有很高的市场认知度。

图案结构：图标以联合国环境规划署（UNEP）的橄榄枝环绕地球和蓝色天使等为主体图案，象征着人与自然的和谐共生，蓝色天使标志上面伴有环境标志等相关字样。

含义：这个标志代表了对环保产品的认证，也传达了保护环境、可持续发展的重要理念。蓝色天使象征着环境保护的承诺，而橄榄枝环绕地球则代表全球范围内的环保行动。

通过"蓝色天使"标志，德国政府不仅推动了环保产品的消费，也促进了企业在生产过程中采取更环保的措施。

2）加拿大的"环境选择标志"（environmental choice program）

加拿大的"环境选择标志"，如图4-4所示，是由加拿大环境保护局于1988年推出的。该标志旨在帮助消费者识别符合环保标准的产品和服务。

图案结构：图形上的一片枫叶代表加拿大的环境，枫叶又由3只鸽子组成，象征3个主要的环境保护参加者——政府、产业、商业，同时也象征着可持续发展和生态循环。商标伴随着一个简短的解释性说明，解释商标为什么被认证。

含义：枫叶作为加拿大的国家象征，代表了加拿大对环境保护的承诺。标志传达的信息是：消费者选择带有此标志的产品，可以为保护环境贡献一份力量。

"环境选择标志"通过提供明确的环保认证信息，帮助消费者作出更明智的购买决策，同时也推动企业提升产品的环境性能。

3）日本的生态标签（eco mark）

日本的生态标签（图4-5）于1989年推出，旨在通过严格的环境标准认证，推动企业生产环保产品。

图4-3 德国"蓝色
天使"图标

图4-4 加拿大的"环境
选择标志"

图4-5 日本的生态标签

图案结构：该标志的设计独特且富有象征意义，呈现出一个人用双手拥抱地球的形象，其中双手的形状巧妙地构成了英文字母"e"，代表"环保"（environment）、"地球"（earth）和"生态"（ecology）。地球被双手环绕，象征着人类对自然环境的关爱和保护。

含义：这个设计传达了人类与自然之间的和谐关系，强调了保护地球的重要性。双手的拥抱象征着人类对生态环境的责任和承诺，体现了可持续发展的理念。通过该标志，消费者可以轻松识别那些在生产过程中注重环保的产品，从而作出更负责任的消费选择。

通过生态标签的推广，日本不仅推动了环保产品的生产和消费，也提高了公众的环保意识，鼓励更多企业在生产过程中采用可持续的做法。

4）中国的环境标志（十环标志）

1994 年 7 月 28 日，国家环保局向各省、自治区、直辖市环保局转发《环境标志产品认证管理办法（试行）》《中国环境标志产品认证证书和环境标志使用管理规定》等相关文件，标志着中国环境标志产品（十环）认证体系的正式起步和初步确立。这一体系以"绿色选择，健康未来"为核心理念，通过对产品全生命周期的环境行为进行评价，授予符合环保标准的产品以十环标志，为消费者提供了清晰、可靠的绿色消费指南。

为规范中国环境标志的管理，2003 年 9 月，国家环保总局在整合多项认证资源的基础上批准成立了中环联合（北京）认证中心有限公司，承担"中国环境标志"授予的技术评定工作和标志授予及监管工作，并颁发中国环境标志标识。2008 年 9 月 27 日发布的《中国环境标志使用管理办法》（环境保护部公告 2008 年第 48 号），该文件明确了中国环境标志是由生态环境部确认、发布，并经国家工商行政管理总局商标局备案的证明性标识。

图 4-6　中国的环境
十环标志

图案结构：如图 4-6 所示，十环标志图形由中心的青山、绿水、太阳及周围的十个环组成。

含义：图形中心的青山和绿水象征着中国的自然资源与生态环境，太阳则代表着光明与希望。外围的十个环紧密结合，环环紧扣，表示公众参与，共同保护环境；同时十个环的"环"字与环境的"环"同字，十个环不仅象征着"十全十美"，也寓意着"全民联系起来，共同保护人类赖以生存的环境"。

通过十环标志的推广，中国政府希望提高公众的环保意识，鼓励消费者选择对环境友好的产品，从而推动绿色消费。

（4）实施效果与展望

环境标志制度的实施有效地引导了消费者的购买行为，提高了环保产品的市场份额。然而，部分消费者对环境标志的认知不足，导致市场反应不如预期。因此，政府应加强对环境标志的宣传和推广，提高公众的认知度。

各国的环境标志制度在促进环保产品的市场发展、提高公众环保意识和推动企业可持续生产方面发挥了重要作用。通过明确的认证标准和富有象征意义的图案，这些环境标志不仅为消费者提供了选择依据，也为企业的环保努力提供了激励。未来，随着全球环保意识的提高和技术的发展，环境标志制度将继续演变与完善，以适应不断变化的市场需求和环境挑战。

4.5.4　公众参与制度

（1）含义

公众参与制度是指在环境保护领域，公民有权通过一定的程序或途径参与与环境利益相关的决策活动。公众的参与不仅有助于提高决策的透明度，还能增强政策的社会认同感。

在中国，公众参与的相关法律依据包括《中华人民共和国环境保护法》和《中华人民共和国政府信息公开条例》等，这些法规为公众参与环境决策提供了法律保障。

（2）构筑环境建设的公众参与平台

环境建设是国家的重要职能，但也离不开公众的积极参与。构筑公众参与平台需要在以下3个方面进行安排：

① 法律层面。通过立法保障公众参与的权利，确保公众在环境决策中的发言权。例如，《中华人民共和国环境影响评价法》明确规定了公众在环境影响评价过程中的参与权利，要求相关单位在决策前向公众公开环境影响报告。

② 组织层面。建立代表性和有序的公众参与机制，确保不同利益群体的意见能够被充分表达。中国政府鼓励建立各类环保志愿者组织及社会团体，以促进公众参与环境治理和监督。

③ 操作层面。在环境决策过程中，确保公开、公平和公正，让公众能够真实地参与到环境管理中来。

（3）实施效果与挑战

公众参与制度的实施使得环境决策更加民主化，增强了公众对环境保护的意识。然而，部分地区的公众参与机制仍不完善，公众的参与程度和实际影响力有限。因此，政府应进一步完善公众参与的机制和渠道，鼓励更多的公民参与到环境保护中来。具体措施包括加强公众参与的宣传教育，提高公众的环保意识，优化信息披露机制，确保公众能够便捷地获取环境信息并参与相关决策等。

4.5.5　环境管理体系认证 ISO 14000

ISO 14000 是一个独立而系统化的环境管理体系，具有高度的规范性和科学性。它并不是由政府强制推行的刚性制度，而是由民间国际组织制定并推广的，允许市场自由选择和应用的标准管理体系。本书在第 6 章将详细介绍 ISO 14000 制度。

4.5.6　河长制

（1）制度背景

河长制于 2003 年首次在浙江省长兴县提出，旨在通过责任包干的管理模式来改善水体环境。该制度强调各级政府及其领导责任，确保水资源的有效管理与保护。2016 年，中共中央发布了《关于全面推行河长制的意见》，明确提出到 2018 年底在全国范围内全面建立河长制，为水资源的保护与水环境的改善提供了坚实的制度保障。

（2）定义与任务

河长制的具体定义是：以保护水资源、防治水污染、改善水环境、修复水生态为主要任务，在全国江河湖泊全面推行河长制，由各级党政主要负责人担任"河长"，负责组织领导相应河湖的管理和保护工作，构建责任明确、协调有序、监管严格、保护有力的河湖管理保护机制，为维护河湖健康生命、实现河湖功能永续利用提供制度保障。

（3）实施效果与挑战

河长制的实施显著提升了水资源的管理水平，推动了水环境的改善，许多地区的水质得到了有效提升，生态环境逐步恢复。通过设立河长，地方政府能够更好地协调资源，整合各方力量，形成了以河长为核心的水资源管理网络。然而，在实际操作中，河长制也面临一些挑战。例如，部分地方政府在落实河长制时缺乏足够的资源、技术支持和人员培训，导致措施难以有效落实。此外，信息共享机制不足和公众参与度不高也制约了河长制的全面推行。

为了解决这些问题，政府需要进一步加强河长制的实施力度，确保其有效性。可以通过加大财政投入、完善政策法规、强化宣传教育、提升技术支持等措施，确保河长制的各项任务能够落到实处。同时，鼓励公众参与和监督，增强社会各界对水资源保护的意识，共同推动河长制的深入实施，最终实现水资源的可持续利用与生态环境的全面改善。

4.5.7 小结与展望

新的环境管理制度从强化管理的角度确定了环境保护实践应遵循的准则和一系列可操作的具体实践办法，是关于污染防治和生态保护管理思想的规范化指导。这些制度的实施不仅为我国的环境保护事业提供了重要支持，也为可持续发展奠定了坚实基础。

① 环境管理八项制度（"老三项"和"新五项"）在我国的环境保护进程中起到了巨大的积极作用和奠基性价值。

② 除了八项制度外，我国目前还有多项其他不同形式的环境管理规章制度，这些制度以我国的环保法为核心展开，并在法律框架下互相呼应与融合。

③ 尽管八项制度仍存在，但其具体内容一直在与时俱进，逐步趋向专业化和法治化。随着我国环保事业的不断推进与完善，其中有些环境管理制度正在逐步淡出历史舞台，或正在升级换代为新的形式。总的来说，这些环境管理制度将不断适应新的发展需求，为实现生态文明建设目标作出更大贡献。

拓展阅读

河长湖长制成果显著案例之广东省江门市

复习思考题（答案请扫封底二维码）

问题 1. 我国的环境标准体系包括哪些级别与类型？

问题 2. 环境质量标准的制定思路与方法是什么？

问题 3. 除了老三项、新五项外，我国现行的环境管理制度还有哪些？

问题 4. 在实践中，"三同时"制度存在哪些问题？

问题 5. 我国的老三项、新五项环境管理制度分别包括哪几项制度？

问题 6. 城市环境综合整治指标体系包括哪几个方面？

问题 7. 排污权交易为何在大气环境管理中相对易行而在水环境管理中难行？

问题 8. 污染集中控制制度的实施面临何种挑战？

问题 9. 为什么碳排放权交易可以在全球范围进行，而其他的大部分环境污染物的排放权交易必须限制在局部地域（泡泡政策）的范围内？

问题 10. 简述排污收费制度与征收环保税的异同。

问题 11. 最佳实用技术（BPT）与最佳可行技术（BAT）从哪国源起？代表性文件是什么？

第5章 | 环境管理的参与者及其职责与手段

环境管理是实现可持续发展和生态文明建设的重要组成部分,涉及多个利益相关者的共同参与。在环境管理体系中,各类参与者承担着不同的职责和角色,共同推动环境保护工作。总体而言,这些参与者可以分为政府管理(宏观层面)、企业管理(中观层面)以及公众个人参与(微观层面)三个层次。

从整体框架结构来看,根据参与者的性质和职能,环境管理的参与者可以分为以下 6 大类:

① 环境保护行政机构。包括各级环保局、环保厅以及生态环境部等,负责制定和执行环境政策与法规。

② 环境保护立法机构。主要指各级人民代表大会,负责环境法律法规的制定与修订。

③ 环境保护司法机构。负责环境法律的实施与监督,主要包括我国的法院体系,同时也涵盖具备行政司法权限的环保局系统。

④ 公民非政府组织。这些组织在环境保护中发挥着重要的监督和倡导作用,推动公众参与和环境意识的提升。

⑤ 大众传媒及其他。媒体在环境管理中起到信息传播、公众舆论发布和公众监督等方面的作用,促进社会对环境问题的关注。

⑥ 企业。作为经济活动的主体,企业在环境管理中承担着重要的责任,通过实施环保措施和技术创新,推动可持续发展。

本章将深入探讨环境保护行政机构的构成、发展历史、主要职能以及组织架构,重点分析中国和美国的环境保护行政机构,并结合实际案例说明其在环境管理中的具体作用。通过对比不同国家的环境保护行政机构,我们可以更清晰地理解其在促进环境保护、实施相关政策和法规方面的有效性,以及面临的挑战与机遇。同时,将讨论如何通过国际经验的借鉴,进一步完善我国的环境管理体系,以更好地应对日益严峻的环境问题,推动生态文明建设的进程。

5.1 环境保护行政机构

5.1.1 环境保护行政机构的作用和意义

环境保护行政机构在环境管理体系中扮演着至关重要的角色,其作用和意义主要体现在以下几个方面:

① 政策制定与实施。环境保护行政机构负责制定和执行国家和地方的环境政策、法规及标准,确保环境保护工作有法可依。这些政策为企业和公众提供了明确的行为指南,推动

环境保护的系统化和规范化。

② 监督与执法。环境保护行政机构承担着环境法规的监督和执法职能，定期检查企业和其他活动对环境的影响，确保各类环境法规得到有效执行。通过对违法行为的查处，维护法律的权威性，增强社会对环境保护的信任。

③ 环境监测与评估。环境保护行政机构负责环境质量的监测和评估，收集和分析环境数据，及时发布环境信息。这为政府决策提供科学依据，有助于及时发现和解决环境问题。

④ 公众参与与环境教育。环境保护行政机构需要采取各种方式方法促进公众参与环境保护活动，包括通过宣传教育提高公众的环保意识，鼓励社会各界积极参与环境保护工作等。增强公众的环保意识，有助于形成全社会共同参与的良好氛围。

⑤ 协调与合作。环境保护行政机构在不同政府部门、企业和非政府组织之间发挥协调作用，促进各方合作，共同应对复杂的环境问题。这种跨部门的合作有助于资源的合理配置和环境管理的综合治理。

⑥ 推动可持续发展。通过有效的环境管理，环境保护行政机构促进经济与环境的协调发展，推动可持续发展目标的实现。它们在平衡经济增长与生态保护之间的关系中发挥着关键作用。

总之，不论在任何国家和任何经济体系中，环境保护行政机构在维护生态环境、推动可持续发展、提高社会环境意识等方面都具有重要的作用和深远的意义。

5.1.2 中国环境保护行政机构的发展历史

中国环境保护行政机构的发展历史与国家的经济建设息息相关。在新中国成立初期，由于经济基础薄弱，工农业生产水平较低，国家的主要精力集中在解决人民温饱等基本经济问题上。在这一阶段，工农业普遍落后使得大部分地区的环境质量相对较好，因此环境问题并未成为重要的议事日程。

然而，随着经济的逐步发展和人口的快速增长，环境问题逐渐显现，促使国家开始重视环境保护。相应地，中国的环境保护行政机构也经历了多个阶段的发展，反映了国家对环境保护重视程度的不断提升。从20世纪70年代初的初步探索阶段，到90年代形成较为系统的机构体系，直至如今的生态环境部，中国的环境保护行政机构不断壮大，逐步建立起较为完善的环境管理体制。这一发展历程不仅体现了国家对环境保护的重视，也反映了社会对生态环境可持续发展的日益关注。

5.1.2.1 中国环境保护行政机构的变迁过程

1974年：国务院环境保护领导小组及其办公室成立，以应对随着人口大规模增加而逐渐显现的环境问题。这一机构的成立，标志着中国的规范化环境保护工作的起步。

1982年：设立城乡建设环境保护部，下设环境保护局，开始对环境保护进行系统性管理。标志着环境保护工作开始向系统化和专业化发展。

1984年：设立国务院环境保护委员会，作为协调机构，进一步强化了环境保护的组织领导。该委员会的成立，标志着环境保护工作逐步走向制度化和规范化。同年，国家环境保护局成立，仍然隶属于建设部，负责全国的环境保护工作。其成立意味着国家对环境保护的职责进行了明确划分，为后续的环境管理打下了基础。

1988年：国家环境保护局晋升为"副部级"直属机构，提升了其地位与影响力。这一变化反映了国家对环境问题的重视程度不断上升，环境保护工作逐渐纳入国家发展战略目标。

1998 年：国家环境保护总局成立，成为"部级"直属单位，同时撤销国务院环境保护委员会，进一步增强了环境保护的独立性。这一阶段的前后，中国的环境管理体系逐步成熟，环境保护的法律法规逐步建立。

2008 年：中华人民共和国环境保护部成立，负责国家的环境保护工作。环境保护部的成立，标志着环境管理体制的进一步完善，形成了以政府为主导、社会各界共同参与的环境保护工作格局。

2018 年：中华人民共和国生态环境部成立，标志着中国环境保护体制的进一步改革与完善。生态环境部的成立不仅进一步提升了环境保护的行政权限与责任范围，也使得生态文明建设与环境保护的工作更加紧密结合。

从 1974 年到 2018 年，中国的环境保护行政机构经历了从不存在专门的环境保护机构到职能庞大的生态环境部的历史变迁，显示了我国环境保护工作不断得到重视和完善，环保行政机构的组织架构规模和职权范围不断扩增的总体趋势。

5.1.2.2　生态环境部与前国家环保部的结构变化

在生态环境部成立之前，国家环保部（也包括再往前的国家环境保护总局）经历了多个阶段的职能和结构变化。以下是主要的变化：

① 职能整合。国家环保部在设立初期主要负责环境保护尤其是污染治理方面的具体执行与监管，但随着环境问题的复杂性增加，职能逐渐扩展到生态保护、资源管理、国际合作等多个领域。生态环境部成立后，进一步整合了资源与环境的管理职能，形成了更为综合的环境治理体系。

② 组织架构调整。在国家环保部时期，内部设有多个司局，如污染控制司、环境影响评价管理司等。随着生态环境部的成立，这些司局进行了整合与优化。例如，以前的污染控制司的职能被重新划分，成立了更为专门化的机构，如大气环境司、水生态环境司、土壤生态环境司等，各司其职，提高了工作效率。

③ 法律法规的完善。生态环境部成立后，加强了对环境保护法律法规的制定与实施。在国家环保部时期，虽然已有系统性的法律框架，但在生态环境部的推动下，环境法律体系得到了进一步丰富和完善。

④ 环境监测与执法能力提升。生态环境部在监测与执法方面的能力得到了显著增强，通过建立国家生态环境监测网络等，提高了环境质量的监测精度与覆盖面。此外，生态环境执法局的设立，统一负责生态环境监督执法，确保环境法律法规的有效执行。

5.1.2.3　生态环境部主要职能

生态环境部作为中国的最高环境保护行政机构，肩负着多项重要职能。这些职能不仅涵盖环境保护的各个方面，还涉及生态文明建设、可持续发展、资源管理、海洋保护等多个领域。生态环境部的主要职能包括但不限于以下几个方面：

① 制定环境保护方针、政策和法规。生态环境部负责制定国家的环境政策和法律法规，确保环境保护工作有法可依，为各级政府和社会公众提供明确的法律依据。

② 制定并监督执行国家环境标准和管理制度。生态环境部负责制定全国范围内的环境

标准,并对各地方政府的执行情况进行监督,确保各项标准得到落实。

③ 制定和监督国家及重点地区的环境规划和计划。与经济类的发展规划类似,环境领域的相关规划也需要每五年更新一次。通常都是由国家生态环境部(或委托相关技术部门)制定环境规划的总体目标和任务框架,各行政区根据自身实际情况制定具体实施规划,以实现总体目标。

④ 指导和协调重大环境问题的解决。在应对突发环境事件时,生态环境部负责组织调查和处理重大环境污染事故,协调各方力量,确保事故处理的及时性与有效性。

⑤ 自然生态保护与恢复。生态环境部负责生态建设与生态修复工作,包括自然保护区的管理、生态保护红线的划定等。这一职能旨在保护生物多样性和生态系统的完整性,为可持续发展提供坚实保障。

⑥ 公报、示范、认证、宣教、新闻出版、监测、统计。生态环境部负责发布全国及各省市的环境质量公报,并进行环境监测和统计,向社会公众提供透明的信息,增强公众环保意识。

⑦ 重大项目或重大开发活动的环境影响评价管理。生态环境部负责重大项目或重大开发活动的环境影响评价管理,确保其对环境的影响降到最低。通过科学评估重大项目对环境的潜在影响,提前制定相应的缓解措施,促进可持续发展。

⑧ 指导、协调和监督海洋环境保护。生态环境部负责全国海洋生态环境监管工作,确保海洋资源的可持续利用和生态环境的健康。

⑨ 参与国际环境保护活动。在全球化背景下,生态环境问题往往是跨国界的。生态环境部代表中国参与国际环境合作,推动全球环境治理,促进可持续发展的全球性倡议。

通过以上职能的实施,生态环境部在推动中国生态文明建设、实现可持续发展目标方面发挥着至关重要的作用。

5.1.2.4 生态环境部组织机构介绍

我国生态环境部的组织机构包括中央纪委国家监委驻生态环境部纪检监察组(中央指导)和四类职能部门,形成了完整的环境保护管理体系。以下是生态环境部的主要组织机构及其职责的简介。

(1) 总体结构

① 机关司局。包括办公厅、中央生态环境保护督察办公室、综合司、法规与标准司、行政体制与人事司、科技与财务司、自然生态保护司、水生态环境司、海洋生态环境司、大气环境司、应对气候变化司、土壤生态环境司、固体废物与化学品司、核设施安全监管司、核电安全监管司、辐射源安全监管司、环境影响评价与排放管理司、生态环境监测司、生态环境执法局、国际合作司、宣传教育司、机关党委、离退休干部办公室等司局级单位。

② 派出机构。由国家生态环境部派驻各个省市的督察机构和监察机构,包括在华北、华东、华南、西北、西南、东北地区设立的督察局及核与辐射安全监督站,以及长江、黄河等重点流域的环境督察监督管理局。

③ 直属单位。包括环境应急与事故调查中心、机关服务中心、中国环境科学研究院、中国环境监测总站、环境发展中心、环境与经济政策研究中心、中国环境报社、核与辐射安全中心、南京环境科学研究所、环境规划院等提供技术支持的单位。

④ 社会团体。主要包括中国环境科学学会、中华环境保护基金会、中国环境文化促进

会、中国环境新闻工作者协会和中国生态文明研究与促进会。

（2）机关司局介绍

1）大气环境司

① 主要职责。

a. 负责全国大气、噪声、光等污染防治的监督管理。

b. 拟订和组织实施相关政策、规划、法律、行政法规、部门规章、标准及规范。

c. 承担大气污染物来源解析工作（源解析包括污染物种类、排放源分析）。

d. 指导编制城市大气环境质量限期达标和改善规划。

e. 建立对各地区大气环境质量改善目标落实情况考核制度。

f. 组织划定大气污染防治重点区域，指导或拟订相关政策、规划、措施。

g. 组织拟订重污染天气应对政策措施。

h. 建立重点大气污染物排放清单和有毒有害大气污染物名录。

i. 建立并组织实施大气移动源环保监管和信息公开制度。

j. 组织协调大气面源污染防治工作。

k. 组织实施区域大气污染联防联控协作机制，承担京津冀及周边地区大气污染防治领导小组日常工作。

l. 承担保护臭氧层国际公约国内履约相关工作。

② 内设机构。

a. 综合处，负责大气环境管理的综合性事务。

b. 大气环境质量管理处，负责大气质量监测与评价。

c. 大气固定源处，负责工业排放源的管理与监督。

d. 大气移动源处，负责机动车排放的管理与控制。

e. 噪声与保护臭氧层处，负责噪声污染的防治和臭氧层的保护。

f. 京津冀及周边地区大气环境协调办公室，负责区域大气污染的协同治理。

g. 京津冀及周边地区重污染天气应对处，负责区域重污染天气的应急管理。

h. 京津冀及周边地区项目协调与监督处，负责区域内大气污染防治项目的协调与监督。

2）水生态环境司

① 主要职责。

a. 负责全国地表水生态环境的监管，拟订和组织实施水生态环境政策、规划、法律、行政法规、部门规章、标准及规范，拟订和监督实施国家重点流域、饮用水水源地生态环境规划和水功能区划。

b. 建立和组织实施跨省（国）界水体断面水质考核制度。

c. 统筹协调长江经济带治理修复等重点流域生态环境保护工作。

d. 监督管理饮用水水源地、国家重大工程水生态环境保护和水污染源排放管控工作，指导入河排污口设置。

e. 参与指导农业面源水污染防治。

f. 承担河湖长制相关工作。

② 内设机构。

a. 综合处，负责水生态环境管理的综合性事务。

b. 重点流域保护修复协调与监督处，负责重点流域的生态保护与修复工作。

c. 地表水生态环境质量管理处，负责地表水质量监测与评价。

d. 水污染源处，负责水污染源的管理与控制。

e. 重点工程水质保障处，负责重大工程项目的水质保障工作。

3）土壤生态环境司

① 主要职责。

a. 负责全国土壤、地下水污染防治和生态保护的监督管理，拟订和组织实施相关政策、规划、法律、行政法规、部门规章、标准及规范。

b. 监督防止地下水污染。

c. 组织指导农村生态环境保护和农村生态环境综合整治工作。监督指导农业面源污染治理工作。

② 内设机构。

a. 综合处，承担司内文电等综合性事务和综合协调工作，开展土壤污染状况详查工作。

b. 污染地块生态环境处，简称污染地块处，承担污染地块污染防治监督管理、土壤污染防治综合性工作。

c. 农村生态环境处，或称农用地土壤生态环境处，简称农村处，组织指导农村生态环境综合整治，监督协调有机食品发展，监督指导农业面源污染治理，承担农用地土壤污染防治和生态保护监督管理等工作。

d. 地下水生态环境处，简称地下水处，承担地下水污染防治和生态保护监督管理工作。

4）综合司

主要职责如下：

a. 负责生态环境政策规划和业务综合工作。组织起草生态环境政策、规划，协调和审核生态环境专项规划。

b. 组织生态环境统计、污染源普查和生态环境形势分析。

c. 承担污染物排放总量控制综合协调和管理工作，提出实施总量控制的污染物名称和控制指标，监督检查各地污染物减排任务完成情况。

d. 实施生态环境保护目标责任制，拟订生态环境保护年度目标和考核计划。负责生态环境保护领域经济体制改革工作。承担西部大开发、东北等老工业基地振兴、推进雄安新区生态环境保护、支持海南改革开放和京津冀协同发展等相关工作。

e. 承担国家生态安全、生态文明建设年度评价相关工作以及生态环境部咨询机构日常工作。

5）生态环境执法局

主要职责如下：

a. 统一负责生态环境监督执法。

b. 监督生态环境政策、规划、法规、标准的执行。

c. 组织拟订重特大突发生态环境事件和生态破坏事件的应急预案，指导协调调查处理工作。

d. 协调解决有关跨区域环境污染纠纷。

e. 组织开展全国生态环境保护执法检查活动。

f. 查处重大生态环境违法问题。

g. 监督实施建设项目环境保护设施同时设计、同时施工、同时投产使用制度，指导监督建设项目生态环境保护设施竣工验收工作。

h. 承担既有项目环境社会风险防范化解工作。指导全国生态环境综合执法队伍建设和业务工作。

i. 承担挂牌督办工作。

6）生态环境监测司

主要职责如下：

a. 负责生态环境监测管理和环境质量、生态状况等生态环境信息发布。

b. 拟订和组织实施生态环境监测的政策、规划、行政法规、部门规章、制度、标准及规范。

c. 建立生态环境监测质量管理制度并组织实施。

d. 统一规划生态环境质量监测站点设置。

e. 组织开展生态环境监测、温室气体减排监测、应急监测。

f. 调查评估全国生态环境质量状况并进行预测预警。

g. 承担国家生态环境监测网建设和管理工作。负责建立和实行生态环境质量公告制度，组织编报国家生态环境质量报告书，组织编制和发布中国生态环境状况公报。

7）环境影响评价与排放管理司

主要职责如下：

a. 负责从源头准入到污染物排放许可控制、预防环境污染和生态破坏。

b. 拟订并组织实施政策、规划与建设项目环境影响评价和排污许可相关法律、行政法规、部门规章、标准及规范。

c. 组织开展区域空间生态环境影响评价。

d. 组织编制和实施"三线一单"。

e. 组织审查规划环境影响评价文件。

f. 按权限审批涉核与辐射、海岸及海洋工程以外建设项目环境影响评价文件。

g. 指导实施建设项目环境影响登记备案。

h. 开展建设项目环境影响评价文件的技术复核。

i. 组织开展建设项目环境影响后评价。

j. 承担排污许可综合协调和管理工作。

k. 指导协调新建项目环境社会风险防范化解。

8）法规与标准司

主要职责如下：

a. 负责建立健全生态环境法律法规标准等基本制度。

b. 起草生态环境综合性法律法规草案和规章，归口管理专业性法律、行政法规、部门规章的协调、审核与报批工作。

c. 组织对发送生态环境部的法律、行政法规草案提出有关生态环境影响方面的意见。

d. 承担机关有关规范性文件的合法性审查工作，组织开展相关法律法规规章及规范性文件清理和法律法规后评估。

e. 指导依法行政、普法、地方立法等工作。

f. 牵头指导实施生态环境损害赔偿制度改革。

g. 依法推动社会组织和有关机关开展生态环境公益诉讼。

h. 归口管理部法律顾问和国际公约国内立法配套工作。

i. 负责相关法律法规规章解释，配合司法机关做好司法解释工作。

j. 组织开展机关行政复议、行政应诉、国家赔偿等工作。

k. 承担国家生态环境标准、基准和技术规范管理工作，拟订相关规划、计划、管理办法和标准制订技术规则，承担标准立项、协调和审核报批等工作，制订基础类标准和生态环境基准，组织标准实施评估工作，承担地方标准备案。

l. 组织管理环境与健康有关工作，建立环境与健康监测、调查和风险评估制度。

总的来说，不论是国家生态环境部还是各省市的生态环境厅局，其组织机构的结构和各部门的职能划分都是不断变动的。这种变化反映了国家对环境保护工作的适应能力和灵活性，旨在应对日益复杂的环境挑战和社会需求。随着环境问题的演变、科技的进步以及公众环保意识的提高，生态环境部门的职能逐步扩展，从最初的污染治理向生态保护、资源管理等多维度领域拓展。

5.1.3 美国环境保护行政机构简介

5.1.3.1 历史沿革

美国环境保护署（EPA）的成立是美国环境保护史上的重要里程碑。1970 年，时任总统尼克松提议成立 EPA，经过国会批准，EPA 于同年成立，成为执行联邦环境保护法律的主要机构。其成立标志着美国环境保护工作进入了一个新的阶段。1970 年 EPA 成立初期仅有 5200 名编制、11 亿美元的财政预算。EPA 的成立是对当时环境问题日益严重的直接反映，旨在集中资源和力量，加强环境保护。随后，EPA 的人员和预算不断增加，1980 年达到 12000 名工作人员和 50 亿美元预算（其中 15 亿美元用于 EPA 自身工作，其余转移至地方政府）。这一阶段，EPA 的职能不断扩大，环境保护工作覆盖的领域越来越广泛。

到 2000 年，美国的总环境投资达到 1850 亿美元，占当时国民生产总值（GNP）的 2.8%，这表明环境保护已成为美国经济社会发展的重要组成部分。相比之下，1998～2002 年，中国在环境保护和生态建设方面的投入为 5800 亿元，而 2005 年的环保投资仅占国内生产总值（GDP）的 1.3%。到 2010 年，这一比例提升至 1.95%。在《全国城市生态保护与建设规划》（2015—2020 年）中提出，到 2020 年我国环保投资占 GDP 的比例不低于 3.5%，这一目标如今已实现。这一成就不仅表明我国在环境保护方面的投入持续增长，更反映了国家对可持续发展的重视与决心。

5.1.3.2 主要职能

① 实施和执行联邦环境保护法律。负责实施《清洁空气法》《清洁水法》等重要环境法律，确保各项法律的有效执行。

② 制定对内对外的环境保护政策。制定国家环境保护政策，指导各州执行。在这一过程中，EPA 需要考虑各州的具体情况，确保政策的灵活性和适应性。

③ 制定环境保护研究和开发计划。推动环境技术和管理的创新。

④ 制定环境保护标准和法规条例。涵盖大气、水、固废、农药、有毒有害物质等多个领域的标准。

⑤ 对地方政府提供技术帮助。为地方政府提供技术支持和培训，确保其有效执行环境

法规。EPA 还通过建立合作伙伴关系，促进地方环境管理能力的提升。

⑥ 发放排污许可证。负责排污许可证的发放和管理，推动排污交易机制和泡泡政策，以实现污染物的减排目标。

⑦ 参与全球环境保护。代表美国参与国际环境保护事务，推动全球可持续发展。

5.1.3.3　内部设置

EPA 内部结构包括多个综合性和专项办公室，具体如下：

① 6 个综合性办公室。负责全局性的环境管理工作，确保各项政策的协调与实施。

② 25 个专项办公室。专注于特定的环境保护领域，如水资源、空气质量、土壤保护等，确保各领域的环境管理有序进行。

③ 10 个区域办公室。负责各区域的环境项目执行，协调联邦与州之间的环境保护工作，确保地方与中央之间的信息沟通与协调。

综上，环境保护行政机构在环境管理中扮演着至关重要的角色。通过制定和执行相关法规、政策，监督环境质量，协调各方力量，环境保护行政机构能够有效应对环境挑战。在中国，生态环境部的设立和职能的完善，为国家的环境保护提供了强有力的保障；而在美国，EPA 的存在则确保了联邦环境法律的有效执行。通过比较中美两国的环境保护行政机构，我们可以更好地理解环境治理的复杂性和多样性，为未来的环境管理提供借鉴。

5.2　环境保护立法机构

5.2.1　环境保护立法机构：中国

5.2.1.1　历史沿革

中国的环境保护立法机构经历了多个重要的发展阶段。自 20 世纪 80 年代起，随着经济的快速发展，环境问题逐渐显现，国家对环境保护的重视程度不断提升。1993 年，全国人民代表大会（全国人大）设立了环境保护委员会，主要负责环境保护法律的制定和监督执行。这标志着环境保护立法在中国的初步建立。这一机构的成立，不仅反映了国家对于环境保护的法律重视，也为后续的环境保护立法奠定了基础。1994 年，环境保护委员会升格为全国人大环境与资源保护委员会，进一步扩展了其职能。委员会的职能不仅包括环境保护，还涵盖了资源的合理利用与保护。这一变动体现了对环境与资源保护的整体性认识，强调了两者之间的密切关系。

5.2.1.2　主要职能

全国人大环境与资源保护委员会的主要职能包括：

① 环境与资源保护立法。负责起草和审议环境保护相关法律法规，推动法律的制定与修订。

② 执法监督。对环境保护法律的实施情况进行监督，确保法律法规的有效执行。

③ 政策建议。向全国人大及其常委会提出环境保护与资源利用方面的政策建议，推动国家环境保护政策的落实。

④ 公众参与。鼓励公众参与环境保护立法与监督，增强法律的透明度和公众的参与感。

在过去的几十年中，环境保护立法机构不断完善其职能和职责，推动了多项重要环境保护法律的制定和实施。例如，《中华人民共和国环境保护法》于 1989 年颁布，并在 2014 年进行了重大修订，进一步增强了环境保护的法律地位和效力。此外，相关法律如《中华人民共和国水污染防治法》《中华人民共和国大气污染防治法》等相继出台，形成了较为完整的环境保护法律体系。

5.2.1.3 环境与资源保护立法（《中华人民共和国立法法》相关规定）

中国的环境与资源保护立法遵循一定的程序和规定，以确保法律的科学性和有效性。以下是相关的立法流程及规定：

① 法律案的提出。根据《中华人民共和国立法法》，法律草案的提出主体包括全国人大常委会的 10 名委员、30 名全国人大代表、全国人大专门委员会、国务院、最高人民法院、最高人民检察院及中央军委等。这一规定保证了多方参与的立法机制，使得环境保护法律能够充分反映各方利益和需求。

② 提前送达。为了确保法律审议的充分性和有效性，法律草案应当在会议举行的七日前送达委员或代表。这一规定旨在给予委员和代表足够的时间进行研究和讨论，确保法律审议过程的透明和民主。

③ 三审制度。中国的立法程序采用三审制度。法律草案需经过三次审议后，才能提交表决。在审议过程中，委员和代表可以提出意见和建议，经过充分讨论后，形成共识的法律草案可以在二审后直接交付表决。这一制度确保了法律草案的质量和合法性。

④ 终止。如果法律草案在审议过程中存在较大争议，并且经过两年仍未能解决，则可以终止该法律草案的审议。这一规定避免了因争议过久而导致的立法效率低下。

> **知识链接**
>
> 环境立法案例介绍：《循环经济促进法》的通过经历了三审三读

5.2.2 环境保护立法机构：美国

在美国，环境保护立法由国会负责。国会在环境保护方面的主要职能包括审议法律草案、进行辩论和表决，同时还控制环境保护署（EPA）的预算和权力，并对其进行监督。

（1）国会的职能与结构

美国国会由参议院和众议院组成，负责制定和审议全国性的法律。由于议员来自不同的地方，代表不同的地方利益，美国的环境立法经常会受到来自利益集团的压力。国会的成员在环境问题上的立场和投票行为，往往受到选区利益、企业游说和公众舆论的影响。

（2）国会控制 EPA 的预算与权力

国会对 EPA 的预算和权力有着直接的控制权。EPA 作为美国联邦政府的环境监管机构，其职能包括制定和实施环保法规、监督环境质量和执法等。国会通过对 EPA 预算的审核和拨款，间接影响其政策和行动。

（3）国会负责审议法律草案

国会负责审议环境保护相关的法律草案，进行辩论和表决。环境立法在国会中经常面临激烈的争论，尤其是在涉及经济利益和环境保护之间的平衡时。

（4）利益集团的影响

由于美国国会议员代表不同的地方利益，大型企业和行业协会往往通过游说活动对立法过程施加影响，推动有利于自身利益的政策。这种现象在环境立法中尤为明显，有时会导致一些必要的环境保护措施难以实施。

（5）"棒槌规定"

美国国会设有"棒槌规定"，即国会可以提出意见，要求 EPA 在规定的时间内采取适当的对策措施。如果 EPA 未能在规定时间内采取行动或未对相关意见作出修改，则国会的意见将被视为必须遵守的规定。这一规定为国会对 EPA 的监督提供了法律依据，增强了国会在环保立法中的主导地位。

5.3 环境保护司法机构

5.3.1 环境保护司法机构：中国

在中国，环境保护的司法机关主要是法院，狭义上指的是各级人民法院，广义上也包括环保局等执法机构。法院负责受理与环境保护相关的案件，并依法进行审理。法院的判决对诉讼当事人（包括环保局、企业、受害者）具有约束力。

（1）司法现状

近年来，随着中国全面推进依法治国和公众环保意识的提升，环境诉讼数量显著增加。对于环境专业的学生而言，这一领域也是一个值得关注的职业发展方向，因为拥有环境专业知识背景的人才在从事环境法律相关事务时具有明显优势。

（2）法院的职责

① 受理案件。法院负责受理涉及环境保护的各类案件，包括环境污染、生态破坏等纠纷。

② 依法审理。法院根据法律规定对案件进行审理，作出公正的判决。

③ 维护法律权威。法院的判决具有法律效力，能够对社会产生普遍的约束力，维护社会的法律秩序。

（3）法官素质提升

为提高环境法官的专业素质，近年来中国加强了对法官的培训和教育，特别是在环境法领域。法官的专业知识和实践经验直接影响到环境案件的审理质量，因此，提升法官的素质是推动环境保护司法公正的重要环节。

（4）相关法律法规最新进展

2015 年 1 月 7 日，《最高人民法院关于审理环境民事公益诉讼案件适用法律若干问题的解释》开始施行。这一解释为环境民事公益诉讼提供了法律依据，有助于增强公众在环境保护中的法律地位，鼓励更多的社会力量参与到环境保护中来。

5.3.2 环境保护司法机构：美国

美国的环境保护司法机构与中国相似，主要由法院构成。然而，二者在司法结构和体系上存在显著差异。中国属于大陆法体系，以成文法为主，而美国则属于海洋法体系，更加注重案例法的作用。这种差异导致两国在环境保护法律的适用和执行上有着不同的实践方式和法律理念。

（1）司法结构

在美国，法院负责受理与环境相关的案件，并对其进行审理。美国的法院判决不仅对当事人具有约束力，有时还会对政策和立法产生影响。美国法院在环境保护中的角色非常重要，甚至可以直接介入不同层级环境保护行政机构之间的争议。

（2）典型案例

例如，在洛杉矶光化学氧化剂（光化学烟雾）控制问题上，法院最终否决了州计划，并由 EPA 发布新的规定。这一判决不仅对洛杉矶当地的环境政策产生了深远影响，也为其他州的环境立法提供了借鉴。

另一个典型案例是 2008 年，加利福尼亚州牵头的 16 个州联名起诉 EPA，控告其不允许地方政府制定更为严格的汽车尾气排放标准。时任加利福尼亚州州长的施瓦辛格作为牵头人，最终在法庭上胜诉，EPA 不得不批准加州制定的汽车尾气排放标准。这一案例不仅体现了州政府在环境保护中的主动性，也展示了法院在环境立法中的重要作用。

5.4 公民和非政府组织

公民和非政府组织在环境保护与管理活动中发挥着至关重要的作用。

5.4.1 公民参与

公民可以通过自律、维权（如提起诉讼）、参与环境保护活动等多种方式积极参与环境保护。例如，蕾切尔·卡逊的著作《寂静的春天》不仅成为现代环保意识的启蒙之作，也标志着公民自发调查研究成果的显现，促使社会对环境问题的关注和行动。

> **典型案例**
>
> 蕾切尔·卡逊和她的《寂静的春天》

5.4.2 非政府组织的崛起

近几十年来，非政府组织在环境保护领域的影响力日益增强。这些组织以其独立性和灵活性，能够迅速响应环境挑战并推动变革。其中，"绿色和平组织"是最具代表性的国际环保组织之一，该组织通过全球范围内的活动和倡导，推动环境保护和可持续发展。此外，中国的一些环保组织，如生态环境部宣传教育中心和中华环保联合会等，也在推动环保事业中发挥了积极作用，致力于提高公众的环保意识和参与度。下面介绍一些典型的非政府组织。

（1）美国环境保护协会

美国环境保护协会成立于 1967 年，最初关注 DDT 对鱼鹰种群的影响。随着公众环保意识的提升，其逐渐转型，致力于通过科学研究和政策倡导寻找环境问题的解决方案。美国环境保护协会在酸雨问题上的研究历时 20 年，提出了二氧化硫排放权交易的方案，并在全国酸雨控制计划中发挥了关键作用，最终得到了时任总统乔治·沃克·布什的认可。这一成功案例不仅展示了非政府组织在环境治理中的作用，也强调了科学与政策结合的重要性。

（2）中华环保联合会

中华环保联合会（China Environmental Protection Federation，CEPF）成立于 1993 年，是中国重要的非政府环境保护组织之一。该组织致力于促进环境保护，推动可持续发展，提升公众环保意识和参与度。其主要事迹包括：

① 推动环保立法。中华环保联合会积极参与国家和地方环境立法的进程，为环境保护政策的制定提供专业建议，推动相关法律法规的实施。

② 环境教育与宣传。该组织通过开展各类环保宣传活动和教育项目，提升公众对环境问题的认识，鼓励公众参与环保行动。例如，联合会曾组织全国性的"地球日"宣传活动，吸引了大量民众参与。

③ 生态保护项目。中华环保联合会实施了多个生态恢复项目，致力于改善生态环境。例如，在一些受污染地区开展植树造林和湿地恢复项目，有效提升了当地的生态质量。

④ 法律援助与维权。该组织为公众提供环境法律咨询和支持，帮助解决环境纠纷，维护生态权益。例如，中华环保联合会曾协助多个地方的社区和公众控诉污染企业的侵害，成功维护了居民的环境权益。

> **知识链接**
>
> 一些重要的环境保护组织

5.5 大众传媒、教育机构

大众传媒在环境保护中扮演着举足轻重的角色。它不仅有助于揭示环境污染的真相，还为公众提供相关的信息和资料，呼吁大家关注环境问题，并对政府和企业施加影响。通过新闻报道、纪录片、社交媒体等多种形式，大众传媒能够有效传播环境保护的重要性，提升公众的环保意识，推动社会各界共同参与环境保护行动。

5.5.1 大众传媒的作用

① 揭露环境污染。媒体通过深入的调查报道，揭露企业和政府在环境保护方面的失职行为，推动社会关注环境问题。例如，2011 年，《纽约时报》曾报道了福岛核电站事故后的环境污染情况，引发了全球对核能安全的广泛关注。这种曝光不仅引起公众的关注，还促使相关部门采取措施，改善环境状况。

② 提供信息资料。媒体为公众提供科学、准确的环境信息，帮助人们了解环境问题的严重性和复杂性。通过报道最新的环境研究成果和政策动态，媒体可以增强公众对环保议题的理解和重视。例如，BBC 制作的纪录片《我们的星球》（Our Planet）展示了气候变化对自然生态的影响，增强了公众对自然生态与人类关系的理解和重视。

③ 呼吁公众参与。媒体通过各种宣传和报道，鼓励公众参与环保活动，增强社会对环境保护的责任感。例如，组织环保活动的宣传、分享成功的环保案例，都能激发公众的参与热情。

④ 施加政府影响。媒体的监督作用使得政府和企业在环境保护方面更加重视公众的声音，并推动企业承担更多的环境责任。例如，中国的《南方周末》通过调查报道揭露了多起污染事件，促使地方政府采取措施，加强环境监管，推动了相关政策的落实。

5.5.2　教育机构的角色

教育机构在环境保护中同样扮演着重要角色，通过教育影响人们的思想和行为，促进环境教育的普及。特别是在青少年和职业教育中，环境教育应得到加强，以培养未来的环保意识和责任感。

① 青少年教育。在中小学教育中，环境教育应成为课程的重要组成部分。比如，许多学校通过开展"绿色校园"等项目，鼓励学生参与植树、清理河流等活动，从而提高学生们的环保意识，培养生态文明理念。此外，一些国家已经将环境保护与环境科学类课程纳入基础教育课程，确保学生从小就学习环保知识，使他们从小树立保护环境的价值观。

② 职业教育。职业院校应开设环境管理与保护相关课程，培养具备环保思想和意识的专业人才。例如，中国的一些职业院校开设了环境工程和可持续发展课程，学生在学习中不仅掌握专业技能，还能了解环保的重要性。这些人才将在未来的工作中推动可持续发展，为社会的环保事业贡献力量。此外，企业也应与教育机构合作，提供实习和培训机会，使学生能够在实践中学习和应用环保知识。

综上所述，大众传媒和教育机构在环境保护中各自发挥着独特而重要的作用。只有通过多方合作，才能有效提升公众的环保意识，推动社会各界共同努力，实现可持续发展的目标。

5.6　企业

作为环境管理的重要参与者，企业在环境管理中扮演着不可或缺的角色。近年来，越来越多的企业认识到环境保护的重要性，并建立了系统的、科学的企业环境管理体系。

企业通过建立环境管理体系，制定环境政策，实施环境监测和评估，推动可持续发展。这些措施不仅有助于企业合规经营，也提升了企业的社会责任形象。

ISO 14000 环境质量管理体系是目前最为主流和最为科学、最为高效的环境管理体系，越来越多的企业借鉴这套体系改进了自身的环境管理，还有许多企业直接申请通过了 ISO 14000 环境质量管理体系认证。ISO 14000 是国际标准化组织（ISO）制定的一系列环境管理标准，旨在帮助企业建立有效的环境管理体系，减少环境影响。企业通过认证 ISO 14000，可以提升在环境管理方面的公信力，增强市场竞争力。由于其内容非常丰富，在此先一笔带过，其具体内容将在本书的第 6 章进行详细介绍。

　　综上，通过分析中国和美国的环境保护立法及司法机构、公众参与、非政府组织、媒体和企业的作用，可以看出，环境保护是一项系统工程，涉及多个层面和主体。只有通过立法、执法、公众参与和企业自律的共同努力，才能有效推进环境保护事业，实现可持续发展。

📚 拓展阅读

　　1. 世界上规模最大、历史最悠久的全球性非营利环保机构——世界自然保护联盟

　　2. 应对气候变化成功诉讼案例之"荷兰皇家壳牌公司应对气候变化不力被申诉"

复习思考题（答案请扫封底二维码）

　　问题 1. 环境管理的参与者主要包括哪六大类？

　　问题 2. 大众传媒在环境管理方面可以起到什么作用？

　　问题 3. 我国生态环境部的主要职能包括哪些方面？

　　问题 4. 全国人大环境与资源保护委员会的主要职能包括哪些方面？

　　问题 5. 松花江水污染事件中反映出哪些环境管理上的问题？

　　问题 6. 从环境管理的角度来说，DDT 对人类的启示是什么？

　　问题 7. 请简要说明国家和地方生态环境管理机构的职责和关系。

　　问题 8. 请对比分析国外发达国家和我国的环境措施。

第6章 | 环境管理体系ISO 14000简介

最近几十年来，在全球经济快速发展的背景下，环境问题日益突出，成为制约社会经济可持续发展的重要因素。人类社会经济活动的主要载体是企业，企业的生产行为，正是各类环境问题的主要来源，因此企业在追求经济利益的同时，必须关注其活动对环境的影响。环境管理体系（EMS）的建立和实施，尤其是 ISO 14000 系列标准的应用，为企业提供了一套科学、规范和有效的环境管理方法。

6.1 环境管理体系认证的必要性

6.1.1 环境问题的影响

环境问题不仅制约了经济的发展，还对人类的生命健康构成了严重威胁。根据世界卫生组织（WHO）的报告，每年因环境污染导致的疾病和死亡人数高达数百万。企业在生产和运营过程中可能对周围居民和社会造成多种危害，例如废气和废水的排放，以及噪声污染等。这些环境问题不仅损害了公众的生活质量，还可能使企业面临法律诉讼、经济赔偿和声誉受损等风险。每年，因环境污染事件而遭受严厉惩罚的企业层出不穷，面临巨额经济赔偿和刑事判决等后果。因此，企业在追求经济利益的同时，必须高度重视环境管理，以减少其对环境的负面影响。通过积极采取环境保护措施，企业不仅可以降低法律风险和经济损失，还能够提升自身形象，增强市场竞争力，从而实现经济效益与环境保护的"双赢"局面。

6.1.2 环境管理体系的优势和价值

环境管理体系 ISO 14000 系列标准是一套相对科学、规范和有效的企业环境管理方法体系。通过实施环境管理体系，企业可以获得多方面的优势和价值：

① 提升环境绩效。通过实施 ISO 14000 系列标准，企业能够提高管理效率，减少环境风险，进而提升经济效益。许多企业在实施环境管理体系后，发现生产过程中的资源利用率显著提高，废物和排放量大幅减少。例如，日本丰田公司通过实施 ISO 14000，大幅减少了生产过程中的废水和废气排放，取得了显著的环境效益和经济效益。

② 增强市场竞争力。绿色认证已成为全球贸易的重要标准，获得认证的企业更容易获得客户信任和市场份额。同时，许多跨国公司在选择供应商时，优先考虑通过 ISO 14000 认证的企业。此外，许多国家和地区在进出口贸易中设立了绿色壁垒，只有符合环保标准的产品才能进入市场，这使得 ISO 14000 认证成为企业参与国际竞争的重要凭证。

③ 树立品牌形象。ISO 14000 认证可以帮助企业提升社会形象和声誉，增加公众和客户的信任度。企业通过环境管理体系的实施，向社会展示其对环境保护的承诺，从而赢得消费

者的青睐，提升品牌形象。

6.1.3　政府与组织的支持

ISO 14000 系列标准的推广与应用，离不开各国政府和相关组织的积极支持和参与。政府在推动企业实施 ISO 14000 标准方面发挥着至关重要的作用，通常通过立法、政策激励、技术支持和宣传教育等多种手段，推动企业的环境管理实践。

（1）各国政府政策的推动

许多国家已经认识到环境管理体系的重要性，并采取了相应的政策措施。例如，欧盟于 2001 年发布的第二版《生态管理审核体系》（EMAS）不仅鼓励成员国企业自愿实施 ISO 14000 标准，还要求这些企业定期进行环境审核和公开环境绩效报告。这一政策的实施为企业提供了明确的方向，并通过以下方式提供支持：

① 政策支持。欧盟为实施 EMAS 的企业提供了政策框架，确保企业在环境管理方面得到必要的法律保障。

② 技术指导。欧盟及其成员国组织了多种培训和技术指导活动，帮助企业理解和实施 ISO 14000 标准，提升其环境管理能力。

③ 资金支持。一些国家的政府设立了专项资金，支持企业在环境管理体系建设方面的投资，如改善生产设施、引入环保技术等。

此外，许多国家还通过制定激励政策，鼓励企业在环境管理方面进行创新。例如，提供税收减免、财政补贴或优先贷款等，降低企业实施 ISO 14000 的经济负担。

（2）中国政府的推动

在中国，政府对 ISO 14000 标准的推广同样给予了高度重视。具体措施包括：

① 政策引导。政府出台了一系列政策文件，明确了环境管理的目标和方向，鼓励企业积极参与 ISO 14000 认证。

② 资金支持。国家和地方政府设立了专项资金，支持企业进行环境管理体系的建设和认证，帮助企业引入先进的环保技术和设备。

③ 培训与教育。政府组织了多种形式的培训和宣传活动，提升企业管理层和员工的环境意识，增强其对 ISO 14000 标准的理解和应用能力。

④ 示范企业。通过评选和表彰一批在环境管理方面表现突出的企业，树立行业标杆，激励更多企业参与 ISO 14000 认证。

总的来说，政府的支持是 ISO 14000 标准推广的重要驱动力。通过政策引导、资金支持和技术指导等多种方式，各国政府和组织不仅提升了企业的环境管理水平，也促进了全球范围内的可持续发展。

6.2　ISO 14000 系列标准概述

ISO 14000 是环境管理系列标准的简称，其核心是环境管理。它是国际标准化组织（ISO）从 1993 年开始制定的"以环境管理为核心、其他技术文件为配套"的编号为 14000 的环境管理系列标准。ISO 14000 系列标准的制定旨在帮助组织在环境管理方面建立一套系统的方法，以实现可持续发展。该系列标准于 1996 年正式发布实施。经过近 30 年的发展，

ISO 14000 在全球范围内掀起了绿色认证的浪潮，越来越多的企业认识到环境管理的重要性并积极参与 ISO 14000 认证。

6.2.1 标准的组成

ISO 14000 系列标准包括多个方面，主要涵盖以下内容：

① 环境管理体系（EMS）。提供企业建立和实施环境管理体系的指导，最重要的标准是 ISO 14000。ISO 14000 标准的核心目标是帮助企业提高环境绩效，减少环境影响，实现可持续发展。

② 环境审核。对企业环境管理体系的评估过程，确保其符合标准要求。通过定期的环境审核，企业能够识别管理体系中的不足之处，并及时进行改进。

③ 环境标志。用于识别符合环保标准的产品和服务，帮助消费者做出环保选择。

④ 生命周期评估（LCA）。评估产品在整个生命周期内的环境影响，帮助企业制定更环保的产品设计和生产流程。

该系列标准共预留 100 个标准号，分为七个系列，编号从 ISO 14001 到 ISO 14100。表 6-1 是 ISO 14000 系列标准的主要组成部分：

表 6-1　ISO 14000 系列标准名称及标准号分配表

系列	名称	标准号
SC1	环境管理体系（EMS）	14001～14009
SC2	环境审核（EA）	14010～14019
SC3	环境标志（EL）	14020～14029
SC4	环境行为评价（EPE）	14030～14039
SC5	生命周期评估（LCA）	14040～14049
SC6	术语和定义（T&D）	14050～14059
WG1	产品标准环境指标	14060
	备用	14061～14100

6.2.2 全球推广与应用

ISO 14000 标准在全球 140 多个国家得到推广和应用。中国是较早启动推行 ISO 14000 系列标准的国家之一，该标准的推广始于 20 世纪 90 年代。一直以来，中国政府积极倡导企业实施环境管理体系，推动了国内企业在环境保护方面的进步。根据中国国家认证认可监督管理委员会（CNCA）的数据，截至 2021 年 6 月 30 日全国共 143 家质量管理体系认证机构和 129 家环境管理体系认证机构，共颁发 ISO 14000 认证证书 180527 份，涵盖制造、建筑、医疗、旅游等多个行业。

6.3　ISO 14000 标准的基本思想和运行特点

6.3.1 指导思想

制定 ISO 14000 系列标准的指导思想包括以下 3 点：

（1）消除贸易壁垒

ISO 14000 系列标准的目标之一是努力消除各国之间的贸易壁垒，为企业提供公平的竞争环境。随着全球化进程的加快，国际贸易日益频繁，然而，各国在环境保护方面的法规和标准却存在很大差异，导致了贸易中的非关税壁垒。ISO 14000 系列标准为企业提供了一套统一的环境管理标准，使企业在国际市场中能够遵循一致的规则，从而减少因环境标准差异而导致的贸易摩擦。通过实施这些标准，企业能够提升其环保形象，增强国际市场竞争力，同时也为各国间的公平竞争提供了基础。

（2）用于认证与注册

ISO 14000 系列标准可用于各国对内对外的认证、注册等，以促进国际贸易的便利性。ISO 14000 系列标准不仅是环境管理的指导原则，更是各国进行认证和注册的重要依据。这些标准为企业提供了一种系统化的环境管理框架，使其能够通过第三方认证机构进行环境管理体系的认证。获得 ISO 14000 认证的企业，能够向外界证明其在环境保护方面的承诺和能力，从而获得市场的认可与信任。此外，这些标准还促进了国际贸易的便利性，因为越来越多的国际买家在选择供应商时，倾向于选择那些已经获得 ISO 14000 认证的企业。

（3）摒弃对环境改善无帮助的行政干预

ISO 14000 系列标准强调环境管理的自我约束和自我管理，倡导企业在遵循法律法规的基础上，主动采取环境管理措施。标准要求摒弃对环境改善无帮助的行政干预，避免不必要的行政负担和资源浪费。通过建立一套科学的环境管理体系，企业能够在自愿的基础上持续改进环境绩效，而不依赖于外部强制措施。这种自我管理的理念不仅提高了企业的环保意识，也增强了其市场适应能力。

6.3.2　运行特点

ISO 14000 系列标准的运行特点主要包括以下 7 个方面：

（1）着眼持续改进

ISO 14000 系列标准强调企业应主动发现不足，进行改进和逐步提高。企业在实施过程中，需定期评估和改进环境管理措施，以适应不断变化的环境要求。持续改进不仅包括对现有环境管理措施的优化，还应关注新技术、新方法的引入，确保企业在环境管理方面始终处于行业领先地位。通过建立内部审核和管理评审机制，企业能够及时发现问题并采取措施进行纠正，从而不断提升环境管理水平。

（2）强调法律法规的符合性

企业在实施环境管理体系时，必须承诺遵守相关的法律法规及其他要求。ISO 14000 标准要求企业建立合规性程序，确保其所有活动和产品均符合所在国家和地方的环境法律法规。这不仅有助于企业规避法律风险和有效降低环境风险，还能提升企业的社会责任感和公众形象。通过对法律法规的遵守，企业能够增强其在社会中的公信力，赢得客户和合作伙伴的信任。

（3）注重污染预防

ISO 14000 系列标准提倡清洁生产，强调使用清洁的能源、原材料和生产工艺，以减少对环境的负面影响。污染预防是 ISO 14000 的核心理念之一，企业应在生产的各个环节中采取有效措施减少废物和污染物的产生。通过改进生产工艺、优化资源利用和实施清洁技术，企业不仅能够降低环境影响，还能实现成本的节约，从而在经济效益与环境保护之间找到平衡。

（4）最高管理者的承诺与责任

ISO 14000 标准强调企业最高管理者的承诺与责任，要求其在环境管理中发挥领导作用。最高管理者应积极参与环境管理体系的建立与实施，确保资源的有效配置和管理措施的落实。管理者的承诺不仅体现在政策的制定上，还应通过实际行动来引领全体员工，形成全员参与的环境管理文化。只有在管理层的重视和支持下，企业才能够真正实现环境管理目标。

（5）全员意识、全员承诺与全员参与

企业应建立全员参与的环境管理文化，使每位员工都能为实现企业的环境目标作出贡献。ISO 14000 标准强调，环境管理不仅是环境管理部门的责任，而是每位员工的共同责任。通过培训和宣传，企业能够提高员工的环保意识，使其在日常工作中自觉遵守环境管理规定，积极参与环保活动。这种全员参与的模式，不仅增强了员工的责任感，也促进了企业整体环境管理水平的提升。

（6）系统化、程序化的管理和必要的文件支持

ISO 14000 标准要求企业将离散无序的活动置于一个统一有序的整体中，通过文件化的管理确保环境管理措施的有效实施。企业需要建立完善的环境管理文件体系，包括环境方针、目标、程序和记录等，以确保各项管理措施的可追溯性和可审核性。通过系统化的管理，企业能够提高工作效率，减少资源浪费，从而在环境管理中实现更好的绩效。

（7）与其他管理体系的兼容和协同运作

ISO 14000 系列标准应与其他管理体系（如 ISO 9001 质量管理体系、ISO 45001 职业健康安全管理体系等）兼容，促进企业管理的协同运作。通过将环境管理与质量管理、职业健康安全管理等其他管理体系相结合，企业能够形成一个全面的管理框架，提高整体管理水平。这种协同运作不仅能够减少管理成本，还能提高企业在各项管理体系中的绩效，推动企业的可持续发展。

综上所述，ISO 14000 系列标准不仅为企业提供了一套系统的环境管理方法论，还通过其基本思想和运行特点，促进了全球范围内的环境管理水平提升。

6.4　ISO 14000 的实施步骤

① 制定环境方针。企业需制定明确的环境方针，确保其与企业的战略目标相一致。方针应包括对持续改进和污染预防的承诺，以及遵守相关法律法规的承诺。例如，一家制造企业在制定环境方针时，可能会承诺减少温室气体排放，并需要确保所有员工都了解这一方针。

② 环境因素识别与评估。企业应识别与其活动、产品或服务相关的环境因素，并进行评估，以判断这些因素对环境的影响程度。通过对环境因素的识别，企业可以更好地了解其在生产和运营过程中可能造成的环境影响。环境因素的识别可以通过多种方法进行，例如：a. 现场检查，对生产现场进行实地检查，识别潜在的环境影响源；b. 员工访谈，通过与员

工的沟通，了解生产过程中可能存在的环境问题；c. 数据分析，分析企业的生产工艺和生产数据，识别废物和排放的来源。

③ 设定目标与指标。在识别环境因素后，企业应设定相应的环境目标和指标，以便对环境绩效进行监测和评估。目标应具有可测量性，并与企业的整体战略相一致。例如，一家化工企业可以设定以下环境目标：a. 在未来三年内，减少废水排放量20%；b. 提高回收利用率，使废物回收率达到90%；c. 在两年内，实现能源使用效率提高15%等。

④ 资源配置与责任分配。确保实施环境管理体系所需的资源配置，包括人力、财力和物力，并明确各级管理者和员工在环境管理中的责任。例如，企业可以设立专门的环境管理部门，负责环境管理体系的实施和监督。

⑤ 文件与记录管理。建立完善的文件和记录管理体系，确保所有环境管理活动都有据可依。企业应制定相应的文件管理程序，确保文件的及时更新和有效性。

⑥ 内部审核与管理评审。定期开展内部审核和管理评审，以评估环境管理体系的有效性和适宜性，审核结果应作为持续改进的基础。通过内部审核，企业能够识别管理体系中的不足之处，并及时进行改进。

⑦ 第三方认证。经过内部审核和管理评审后，企业可以申请第三方认证，以获得 ISO 14000 认证。认证机构将对企业的环境管理体系进行评估，确保其符合标准要求。获得认证后，企业须每年进行年审，每三年进行换证，以保持认证的有效性。

6.5　ISO 14000 申请认证的条件

企业在申请 ISO 14000 认证时需遵循以下条件：

① 遵守法律法规。企业必须严格遵守国家及地方的法律、法规、标准及污染物控制指标。在开展生产和经营活动时，企业应确保其所有操作符合所在国家和地区的环境法律法规及相关标准。这不仅是 ISO 14000 认证的基本要求，也是企业合法合规经营的前提。遵守法律法规有助于企业降低环境风险，避免因违法行为导致的经济损失和声誉损害。例如，某制造企业在实施 ISO 14000 认证过程中，积极对照国家的《环境保护法》和地方的污染物排放标准，确保其生产过程完全符合相关要求，从而顺利通过认证。

② 建立环境管理体系。企业需按照 ISO 14000 标准建立环境管理体系，并至少正常运行三个月。这意味着企业在实施环境管理体系（EMS）的过程中，已完成必要的环境因素识别、法律法规符合性评估、目标设定、管理方案制定及实施等工作。只有经过一段时间的实际运行，企业才能够更好地识别管理体系中的不足之处并进行相应改进，从而为认证提供可靠依据。

③ 现场审查准备。在申请认证之前，企业需做好现场审查的准备工作。现场审查将对管理体系进行全面检查，企业的运作记录必须保持三个月以上的完整记录。这些记录应包括环境管理活动的各个方面，如环境监测数据、合规性检查、内部审核结果等，以确保审查过程的顺利进行，并为最终认证提供充分的依据。

6.6　ISO 14000 申请认证的步骤

ISO 14000 认证的实施过程可以分为几个关键步骤，以下是详细的实施步骤和要求。

6.6.1 领导决策和准备

① 最高管理者的承诺。企业最高管理者的承诺是实施 ISO 14000 认证的首要条件。管理层应充分认识到环境管理的重要性，并在决策中将环境保护作为企业战略的一部分。最高管理者的承诺不仅体现在政策的制定上，还应通过实际行动来引领全体员工，形成全员参与的环境管理文化。

② 任命环境管理者代表，组建工作小组。在实施 ISO 14000 认证过程中，企业应任命一名环境管理者代表，负责环境管理体系的建立、实施和维护。该代表应具备一定的环境管理知识和经验，并能够协调各部门的工作。此外，企业应组建一个跨部门的工作小组，负责具体的实施任务。该工作小组应包括来自生产、质量、采购、财务等不同职能部门的人员，以确保环境管理措施的全面性和有效性。

③ 提供资源保证。企业在实施 ISO 14000 认证时，应提供必要的资源保障，包括人力、财力和物力支持。最高管理者应确保环境管理工作所需的各类资源得到合理配置，以保证管理体系的有效运行。例如，企业可以为环境管理者代表提供相关培训，购置必要的监测设备，或聘请专业的咨询机构进行指导。

6.6.2 宣传、动员、培训

① 企业有关环境管理体系（EMS）的决定与决策。在开始 ISO 14000 认证之前，企业应宣传其实施环境管理体系的决策。这可以通过内部会议、公告、邮件等形式进行，确保所有员工了解企业在环境管理方面的目标与愿景。

② 企业建立 EMS 的计划、步骤与行动。企业应制定详细的环境管理体系建立计划，明确实施步骤与行动。这包括环境方针的制定、环境因素的识别、法律法规的符合性评估、环境目标的设定等。通过制定清晰的计划，企业能够更好地组织实施工作，提高效率。

③ EMS 与企业生存、发展、壮大的关系。企业应向员工宣传环境管理体系与企业生存、发展、壮大的关系。通过强调 ISO 14000 认证的重要性，企业能够增强员工的环境保护意识，激发他们的参与热情。许多企业在推行环境管理时，发现其在降低成本、增强竞争力、提升品牌形象等方面获得了显著的效果。例如，某家电子产品制造商通过实施 ISO 14000，成功降低了 20% 的生产成本，并提升了产品的市场认可度。

④ EMS 有关知识培训。企业应为员工提供 EMS 相关的知识培训，提高员工对环境管理的认识和理解。培训内容应涵盖 ISO 14000 标准的基本要求、环境方针、环境因素识别、法律法规的遵守等。通过培训，员工能够更好地履行其在环境管理中的职责。

⑤ 明确员工在企业 EMS 建立、实施、保持中的地位、角色与作用。通过明确职责，员工能够更好地参与到环境管理工作中。例如，生产部门的员工在日常操作中应自觉遵守环境管理规定，发现问题及时反馈，推动企业环境管理的持续改进。

6.6.3 环境管理体系——规范及使用指南

ISO 14000 系列标准，尤其是 ISO 14000 标准，提供了一套全面的环境管理体系（EMS）要求，旨在帮助组织有效地管理其环境责任，提升环境绩效，并确保符合法规要求。本节将详细介绍 ISO 14000 认证过程中环境管理体系的主要规范及使用指南，包括总要求、环境方针、环境因素的识别、法律与其他要求、目标和指标等内容，并结合实际案例进行深入分析。

（1）总要求

组织应建立并保持一个环境管理体系，以确保其环境管理工作符合 ISO 14000 标准的要求。环境管理体系的建立不仅是为了满足认证要求，更是为了提升组织在环境管理方面的整体水平，使其在日常运营中能够有效识别、控制和改善环境影响。

案例分析：某化工企业的环境管理体系。某化工企业在实施 ISO 14000 标准时，首先对其现有的环境管理措施进行了全面评估。企业成立了一个项目组，负责识别现有的环境管理程序，并对照 ISO 14001 标准进行评估。经过几个月的努力，该项目组识别出了多个环境影响显著的环节，如废水处理、废气排放、固体废物管理等。企业随后建立了符合 ISO 14000 标准的环境管理体系，制定了详细的环境方针和目标，并实施了环境监测与评估机制。经过一年的努力，该企业成功获得了 ISO 14000 认证，显著提升了其在行业内的竞争力，减少了环境事故的发生率，降低了法律风险。

（2）环境方针

最高管理者应制定本组织的环境方针，并确保其：a. 适合于组织活动、产品或服务的性质、规模与环境影响；b. 包括对持续改进和污染预防的承诺；c. 包括对遵守有关环境法律、法规和组织应遵守的其他要求的承诺；d. 提供建立和评审环境目标和指标的框架；e. 形成文件，付诸实施，予以保持，并传达到全体员工；f. 可为公众所获取。

实例 1：某制造企业的环境方针。某汽车零部件制造企业在制定环境方针时，明确表示其致力于减少生产过程中的废物和废气排放。该企业的管理层召开了多次会议，讨论如何在生产过程中减少对环境的影响，并最终形成了一份环境方针文件。文件中明确了企业的环保目标，如降低废气排放量 20%、减少生产过程中的固体废物 30% 等。此外，该企业承诺遵循 ISO 14000 标准，持续改进环境管理措施，确保其产品符合环保法规要求，并向客户和公众公开其环境方针。为了增强透明度，企业还在官方网站上发布了环境方针，定期更新环保绩效报告，说明其在环境管理方面的进展和未来计划。这种做法不仅增强了客户的信任，也提升了企业的公众形象。

实例 2：某食品企业的环境方针。一家知名食品生产企业在制定环境方针时，强调可持续发展，承诺在原材料采购、生产工艺和产品包装等环节中优先选择环保材料。该企业的管理团队进行了广泛的调研，了解市场上可用的环保材料及其供应商，确保在采购环节就考虑环保因素。在其环境方针中，企业明确了目标，例如减少塑料包装使用量 50%、采购 100% 可再生材料等。为了确保方针得到有效执行，该公司还建立了内部审核机制，定期检查各部门对环境方针的遵守情况。企业还通过社交媒体和官方网站定期向社会披露其环保绩效，展示其在可持续发展方面的努力和成就。

（3）环境因素的识别

组织应建立并保持程序，用来确定其活动、产品或服务中可控的环境因素，以及可以期望施加影响的环境因素，以便判定那些对环境具有重大影响，或可能具有重大影响的因素。组织应确保在建立环境目标时，考虑与这些重大影响有关的因素，并及时更新相关信息。

案例分析：某电子产品厂的环境因素识别。某电子产品制造企业在实施 ISO 14000 标准时，组织了一次跨部门的环境因素识别研讨会。通过小组讨论，企业识别出生产过程中产生的废物、废气及水资源消耗等主要环境因素。特别是在生产环节，企业发现其使用的某些化学溶剂在蒸发过程中会释放有害气体，严重影响空气质量。为了解决这一问题，企业决定对生产工艺进行改进，采用低挥发性溶剂，并引入了废气处理设备以减少排放。同时，企业还定期更新环境因素的评估，确保在新的生产工艺或产品推出时，及时识别其对环境的潜在影响。这种动态的环境因素管理方法使企业能够快速响应市场变化，确保其环境管理措施的有效性。

（4）法律与其他要求

组织应建立并保持程序，用来确定其活动、产品或服务中环境因素的适用法律，以及应遵守的其他要求，并建立获取这些法律和要求的渠道。这一要求确保组织在环境管理过程中能够及时了解并遵循相关法律法规，降低法律风险。

案例分析：某建筑公司的法律合规性管理。某建筑公司在 ISO 14000 认证过程中，建立了法律合规性管理程序。该公司成立了一个专门的法律合规小组，负责定期对相关环境法律法规进行梳理和更新。小组成员定期参加行业协会举办的法律培训，确保对最新的法律法规有充分的了解。此外，建筑公司还与法律顾问合作，确保其项目在设计和施工过程中符合所有环境法律要求。每个项目开始前，合规小组都会进行一次法律审核，确保项目设计和施工方案符合当地环境法规。这种做法有效降低了建筑公司因法律问题带来的风险，并提高了其在行业内的信誉。

（5）目标和指标

组织应针对其内部每一有关职能和层次，建立并保持环境目标和指标并形成文件。组织在建立与评审环境目标时，应考虑法律与其他要求、自身的重要环境因素、可选技术方案、财务、运行和经营要求，以及各相关方的观点。

案例分析：某制药企业的环境目标设定。某制药企业在实施 ISO 14000 认证时，设定了减少药品生产过程中废水排放的目标。企业通过建立监测系统，实时跟踪废水排放情况，并根据实际数据不断调整生产工艺，以实现更高的环保标准。具体而言，企业设定了在未来三年内将废水排放量减少 30% 的目标，并为此制定了详细的行动计划，包括优化生产工艺、投资新设备、强化员工培训等。此外，企业还定期向员工和公众报告环境目标的达成情况，增强透明度和责任感。通过这些措施，该制药企业不仅提升了自身的环保形象，也在行业内树立了良好的榜样。

（6）环境管理方案

组织应制定并保持旨在实现环境目标和指标的环境管理方案，其中应包括：a. 规定组织的每一有关职能和层次实现环境目标和指标的职责；b. 实现目标和指标的方法和时间表。如果一个项目涉及新的开发和新的或修改的活动、产品或服务，应对有关方案进行修订，以确保环境管理与该项目相适应。

案例分析：某汽车制造商的环境管理方案。某汽车制造商在实施 ISO 14000 认证时，制定了一项详细的环境管理方案，明确了各部门在实现环境目标过程中的职责和时间表。该方案不仅涵盖了生产环节，还包括了供应链管理，确保所有环节都符合环境政策要求。例如，生产部门负责减少生产过程中废气的排放，采购部门则需优先选择环保材料的供应商，而销售部门则需向客户宣传企业的环保政策和产品。这种全方位的管理方案确保了企业在各个环节都能有效地贯彻环境管理方针，最终实现设定的环境目标。

（7）机构和职责

为便于有效的环境管理，应当对环境管理者代表的作用、职责和权限作出明确规定，形成文件，并予以传达。管理者应为实施与控制环境管理体系提供必要的资源，包括人力资源和专项技能、技术以及财力资源。

组织的最高管理者应指定专职的管理者代表，除了其他职责以外［无论他（们）是否还负有其他方面的责任］，还应明确他（们）在下列方面的作用、职责和权限：

① 确保按照本标准建立、实施与保持环境管理体系要求；

② 向最高管理者汇报环境管理体系的绩效，以便评审，并为改进环境管理体系提供依据。

案例分析：某电力公司的环境管理组织结构。某电力公司在实施 ISO 14000 认证时，明确了环境管理者的角色，并设立了专门的环境管理部门。该部门负责制定环境政策、实施环境管理措施，并定期对环境管理体系进行审核。环境管理部门的经理直接向公司高层汇报，确保环境管理问题得到足够重视。此外，企业还设立了跨部门的环境管理小组，成员来自生产、质量、采购等不同职能部门，确保环境管理措施能够在各个环节得到有效实施。通过明确职责，该公司有效提升了环境管理的效率和效果，确保所有员工都能在各自岗位上为环境保护贡献力量。

（8）培训、意识与能力

组织应确定培训的需求，并要求其工作可能对环境产生重大影响的所有人员都经过相应的培训。应建立并保持一套程序，使处于每一有关职能与层次的人员都意识到：

① 符合环境方针与程序和符合环境管理体系要求的重要性；

② 他们工作活动中实际的或潜在的重大影响，以及个人工作的改进所带来的环境效益；

③ 他们在执行环境方针与程序，实现环境管理体系要求，包括应急准备与响应要求方面的作用与职责；

④ 偏离规定的运行程序的潜在后果。

从事可能产生重大环境影响的工作人员应具备适当的教育、培训和（或）工作经验，胜任他所担负的工作。

案例分析：某食品企业的培训计划。某食品生产企业在实施 ISO 14000 认证时，为员工提供了全面的环境管理培训。培训内容包括环境方针、法律法规、应急响应等。企业通过举办定期的培训班和工作坊，确保所有员工都能理解环保的重要性以及自己在环境管理中的角色。例如，在一次培训中，企业邀请了环保专家为员工讲解废物管理的最佳实践，并组织了实地考察，让员工亲自参与到废物分类和处理的过程中。通过培训，员工不仅明确了自己的职责，还提升了对环境保护的意识，从而在日常工作中自觉遵守环保规定。这种培训机制有效增强了员工的环境责任感，促进了企业的可持续发展。

（9）信息交流

组织应建立并保持一套程序，用于有关其环境因素和环境管理体系的以下方面：a. 组织内各层次和职能间的内部信息交流；b. 外部相关方信息的接收、成文和答复。组织应考虑对涉及重要环境因素的外部信息的处理，并记录其决定。

案例分析：某化妆品公司的信息交流机制。某化妆品公司在 ISO 14000 认证过程中，建立了内部信息交流平台，确保各部门能够及时共享环境管理相关信息。该平台不仅包括环境管理的最新政策和程序，还提供了一个反馈渠道，员工可以随时提交对环境管理的建议和意见。此外，该公司还定期向外部利益相关方（如客户、供应商）发布环保报告，展示其在环境管理和可持续发展方面的努力。这种透明度不仅增强了客户的信任，也促进了与供应商之间的合作，推动了整个供应链的环境绩效提升。

（10）环境管理体系文件编制

组织应以书面或电子形式建立并保留以下信息：a. 对管理体系核心要素及其相互作用的详细描述；b. 查询相关文件的途径和方法。

案例分析：某建筑公司的文件管理系统。在实施 ISO 14000 认证的过程中，某建筑公司建立了系统化的文件管理程序，以确保所有与环境管理相关的文件能够方便地查阅和使用。该公司首先详细描述了管理体系的核心要素，包括环境方针、环境目标、法律法规遵循、环境影响评估及持续改进等，并阐明了这些要素之间的相互作用。例如，环境方针指导目标设定，而目标的实现又需要通过合规性检查和环境影响评估来反馈和优化。为了有效管理这些文件，该公司采用了一套先进的电子文档管理系统，所有文件均经过数字化处理。员工可以通过内部网络轻松查找和下载所需的文件，确保信息的快速获取和使用。此外，该公司还设立了文件审核机制，确保所有文件在使用前都经过适当的审查和批准。每当文件更新或修订时，相关部门会及时通知所有员工，以确保大家都能使用最新版本的文件。这种做法不仅提高了文件的可追溯性，还增强了环境管理的透明度，确保管理体系的有效实施。通过系统化的文件编制和管理，企业能够更好地理解和运用其环境管理体系，从而促进环境绩效的持续提升。

（11）文件管理

组织应建立并保持一套程序，管理本标准所要求的所有文件，从而确保：a. 文件便于查找；b. 对文件进行定期评审，必要时予以修订并由受权人确认其适宜性；c. 凡对环境管理体系的有效运行具有关键作用的岗位，都能得到有关文件的现行版本；d. 及时将失效文件从所有发放和使用场所撤回，或采取其他措施防止误用；e. 由于法律和（或）保留信息的需要而保存的失效文件，予以适当标识。

所有文件均须字迹清楚，注明日期（包括修订日期），标识明确，妥善保管，并在规定期间内予以留存，应规定并保持有关建立和修改各种类型文件的程序与职责。

案例分析：某能源公司的文件管理。某能源公司在实施 ISO 14000 认证过程中，制定了严格的文件管理程序，确保所有环境管理文件都能得到有效控制。该公司建立了电子文档管理系统，每当文件更新或修订时，系统会自动通知所有相关人员。此外，企业还设立了文件管理责任人，负责定期审核文件的适宜性和有效性。每个季度，文件管理责任人都会对所有环境管理文件进行一次全面审查，确保所有文件都是最新的，并在必要时进行修订。通过这种管理措施，该公司有效避免了因使用过时文件而导致的操作失误。

（12）运行控制

组织应根据其方针、目标和指标，确定与所标识的重要环境因素相关的运行与活动。针对这些活动（包括维护工作），应制定详细的计划，以确保它们在规定的条件下进行。程序的建立应符合以下要求：

① 考虑到缺乏程序指导可能导致偏离环境方针、目标与指标的运行，组织应建立并保持一套以文件支持的程序。这些程序应明确规定各项活动的具体要求和操作流程，以确保所

有相关人员能够遵循。

② 在程序中应规定运行标准，包括关键性能指标和环境合规标准，确保活动的执行符合预定的环保目标。

③ 对于组织所使用的产品和服务中可标识的重要环境因素，需建立并保持相应的管理程序，并将相关的程序和要求及时通报给供应商和承包方，以确保整个供应链的环境管理水平。

案例分析：某制造业公司的运行控制。某制造业公司在实施 ISO 14000 认证时，针对生产过程中的关键环境因素，制定了详细的运行控制程序。这些程序包括对生产线的监控和管理，确保生产过程中的废物和废气排放符合环保标准。例如，该企业在生产过程中引入了实时监测系统，能够对废气排放进行实时检测，并在超标时自动发出警报，及时采取纠正措施。此外，该公司还针对废物处理制定了专门的管理程序，确保废物的分类、储存和处置符合相关法规。企业通过定期培训员工，提高他们对环保标准的认识和遵循意识，从而在日常操作中有效减少环境影响。在维护工作方面，企业制定了定期检查和维护的计划，确保设备在最佳状态下运行，减少因设备故障导致的环境风险。同时，企业建立了应急响应程序，以确保在发生环境事故时能够迅速采取措施，降低潜在的环境影响。通过这些综合的运行控制措施，该制造业公司有效降低了环境风险，提升了其环保形象和市场竞争力。

（13）应急准备和响应

组织应建立并保持程序，以识别潜在的事故或紧急情况，制定响应措施，并预防或减少可能伴随的环境影响。必要时，尤其是在发生事故或紧急情况后，组织应对应急准备和响应的程序进行评审和修订，以确保其有效性和适宜性。组织还应定期检验上述程序的可行性和有效性。

案例分析：某化工企业的应急响应计划。某化工企业在实施 ISO 14000 认证时，制定了详尽的应急响应计划，包括潜在事故的识别、应急响应程序的制定和定期演练。该企业通过与当地消防部门和应急管理机构合作，定期进行应急演练，确保员工在面对突发事件时能够迅速有效地应对。例如，在一次演练中，企业模拟了化学品泄漏的场景。演练中，员工迅速按照应急预案进行处理，立即启动泄漏控制和隔离措施，成功控制了"泄漏"影响，并确保了周围环境的安全。演练结束后，企业组织了总结会，评估演练效果，并针对存在的问题进行改进。此外，企业定期检讨和更新应急响应计划，确保其符合最新的法律法规和行业标准。这种演练不仅提升了员工的应急响应能力，也增强了企业的安全管理水平，确保在实际事故发生时能够有效降低环境风险和潜在损失。通过系统化的应急准备和响应措施，该化工企业在行业内树立了良好的安全管理形象。

（14）监测和测量

组织应建立并保持以文件支持的程序，对可能具有重大环境影响的运行与活动的关键特性进行例行监测。这些监测应包括对环境绩效的评估、相关运行控制的检查，以及对组织环境目标和指标符合情况的跟踪信息记录。监测设备需进行定期校准和维护，并根据组织的程序保存校准与维护记录。此外，组织还应建立程序，以定期评估对有关环境法律、法规的遵循情况，确保所有活动符合相关要求。

案例分析：某电力公司的监测系统。某电力公司在实施 ISO 14000 认证过程中，建立了全面的环境监测系统，专注于废气排放、水资源使用和能源消耗等关键环境指标。该公司采用了先进的监测设备，例如激光气体分析仪和水质监测仪，能够对污染物排放情况进行实时数据记录和分析。所有监测设备均经过严格的校准程序，确保测量数据的准确性和可靠性。通过定期的监测和数据分析，该公司能够及时识别环境管理中的问题，并采取相应的改进措施。例如，在一次监测中发现某一发电机组的废气排放超标，企业立即启动了应急响应程序，对该机组进行了检修和调整，确保其符合环保标准。同时，该公司还设立了定期评审会议，分析监测数据的趋势，以便提前识别潜在的环境风险。这样的监测机制不仅提高了企业的环境合规性，还增强了其在公众中的信誉，使其在环保方面树立了良好的企业形象。通过透明的数据披露和积极的环境管理行动，该电力公司成功获得了利益相关者的信任，进一步推动了可持续发展的目标。

（15）违章、纠正与预防措施

组织应建立并保持程序，明确有关职责和权限，以便对违章行为进行处理与调查，采取措施减少由此产生的影响，并实施纠正与预防措施。任何旨在消除实际和潜在违章原因的纠正或预防措施，应与问题的严重性和伴随的环境影响相适应。对于因纠正与预防措施而引起的成文程序更改，组织应遵循实施并进行详细记录。

案例分析：某制药企业的纠正措施。某制药企业在 ISO 14000 认证过程中，建立了违章处理和纠正措施的程序，以确保环境管理的有效性。当发现某一生产环节未能达到环保标准时，该企业迅速启动调查程序，分析原因并制定相应的纠正措施，确保类似问题不再发生。例如，在一次内部审核中，发现某一生产线的废水处理设备运行不正常，企业立即组织技术团队进行检修，并对相关操作人员进行再培训，确保他们了解设备的正确使用方法。此外，企业还对该设备制订了定期维护计划，避免未来再出现类似的问题。通过这些纠正措施，该制药企业不仅有效消除了潜在的环境风险，还增强了员工的环境意识，提升了整体的环境管理水平。

（16）记录

组织应建立并保持程序，用来标识、保存与处置环境记录，环境记录中应包括培训记录和审核与评审结果。环境记录应字迹清楚，标识明确，并能追溯相关的活动、产品或服务。保存和管理的环境记录应便于查阅，避免损坏、变质或遗失，并应规定其保存期限并予以记录。组织应保存记录，以证明其符合本标准的要求，并在适当时使用这些记录来评估自身的环境管理体系。

案例分析：某建筑公司的环境记录管理。某建筑公司在实施 ISO 14000 认证时，建立了全面的环境记录管理系统，以确保所有的环境监测数据、培训记录和审核结果能够得到妥善保存。该公司采用电子文档管理系统，将所有环境记录数字化处理，以便于存档和查阅。例如，该建筑公司为每个项目建立了独立的环境记录档案，包括环境影响评估报告、监测数据、法规遵循情况及员工培训记录等。这些记录不仅便于内部审核，也能够在外部审核时提供必要的证据，确保企业的环境管理措施符合 ISO 14000 标准的要求。此外，公司设定了记录的保存期限，确保所有记录在规定时间内得到妥善管理和处置，避免信息的丢失或损坏。通过定期审核环境记录的完整性和准确性，公司能够及时更新和完善其环境管理体系，确保持续改进和合规性。这样的记录管理系统不仅提高了企业的运营效率，也为其在环境管理方面的决策提供了可靠的数据支持。

（17）环境管理体系审核

组织应制定并保持定期开展环境管理体系审核的方案与程序，其目的在于：a. 判定环境管理体系是否符合环境管理工作的计划安排和本标准的要求；b. 判定环境管理体系是否得到了正确的实施和保持；c. 向管理者报送审核结果。

组织的审核方案（包括时间表）应基于所涉及活动的环境重要性和以前审核的结果，为确保全面性，审核程序中应包括审核的范围、频次和方法，以及实施审核和报告结果的职责与要求。

案例分析：某能源公司的审核程序。某能源公司在实施 ISO 14000 认证过程中，制定了详细的环境管理体系审核计划，定期对环境管理体系进行内部审核。审核小组由来自不同部门的成员组成，包括环境管理、生产、质量控制和安全等领域的专业人员，以确保审核过程的全面性和客观性。在审核过程中，审核小组会对环境管理文件、记录、监测数据进行全面的检查，并与相关人员进行访谈，以评估他们对环境管理方针和程序的理解与执行情况。审核小组还会实地检查生产现场，观察实际操作是否符合既定的环境管理标准和程序。

每次审核结束后，审核小组会撰写详细的审核报告，列出发现的问题、潜在风险和改进建议，并向管理层汇报。管理层根据审核结果制定相应的整改计划，确保环境管理体系的持续改进和有效性。例如，在一次审核中，审核小组发现某些部门未能按时提交环境监测数据，导致数据记录不完整。为了解决这一问题，管理层立即采取措施，重新制定数据提交的时间节点，并强化相关人员的培训，确保所有部门都能按照规定及时提交监测数据。此外，企业还决定增加对数据提交的监控频率，以确保信息的及时性和准确性。这种定期审核机制不仅提高了企业的环境管理水平，也增强了员工的责任感。通过系统的审核，企业能够持续识别和解决环境管理中的问题，确保环境绩效的不断提升。

（18）管理评审

组织的最高管理者应定期对环境管理体系进行评审，以确保体系的持续适用性、充分性和有效性。管理评审过程应确保收集到必要的信息，以供管理者进行评价，评审工作应形成文件。管理评审应基于环境管理体系审核的结果、不断变化的客观环境和对持续改进的承诺，指出可能需要修改的方针、目标以及环境管理体系的其他要素。

案例分析：某汽车制造商的管理评审。某汽车制造商在实施 ISO 14000 认证时，定期召开管理评审会议，评估环境管理体系的运行情况。会议的参与者包括公司的高层管理人员、环境管理部门负责人以及相关职能部门的代表，以确保各个部门的意见和建议都能得到充分讨论。在评审会议上，各部门负责人会汇报本部门在环境管理方面的工作进展、面临的挑战以及未来的计划。例如，生产部门可能会报告在减少废物产生方面的成功案例，而采购部门则可能会分享与环保供应商合作的经验。高层管理者会根据各部门的汇报，结合内部审核结果和外部环境因素的变化，讨论环境管理方针和目标是否需要调整。同时，管理层还会评估环境管理体系的有效性，确保其能够支持公司的战略目标和市场需求。例如，在一次管理评审中，管理层发现由于市场需求变化，某些产品的生产工艺需要调整，而这些调整将对环境产生潜在影响。管理层决定在新工艺实施前，进行全面的环境影响评估，并制定相应的管理措施，以确保新工艺符合环保要求。此外，管理层还决定加强与利益相关者的沟通，以确保公众和社区的意见在环境管理决策中得到考虑。这种定期的管理评审确保了企业在动态环境中能够灵活应对，持续改进其环境管理体系。通过系统的评审，企业不仅能够及时调整其环境管理策略，还能增强其在市场中的竞争力，确保在满足客户需求的同时，保持对环境的责任。

综上，ISO 14000 系列标准为组织提供了一套系统的环境管理框架，通过建立和实施环境管理体系，组织能够有效识别、评估和控制环境影响，提升环境绩效和合规性。通过以上详细的案例分析，我们可以看到，成功实施 ISO 14000 认证的企业在环境管理方面取得了显著成效，不仅提升了自身的市场竞争力，还对环境保护作出了积极贡献。

这些案例展示了不同类型企业在实施 ISO 14000 标准过程中所采取的具体措施和取得的成效，强调了最高管理层的承诺、全员参与的文化、系统化的管理流程以及与法律法规符合的重要性。通过充分的准备与实施，企业不仅能够顺利获得 ISO 14000 认证，还能在环境保护的道路上不断前行，实现经济效益与环境效益的双赢。

6.6.4 环境管理体系文件编制的流程

图 6-1 主要阐述了环境管理体系文件编制的流程、结构和标准依据：

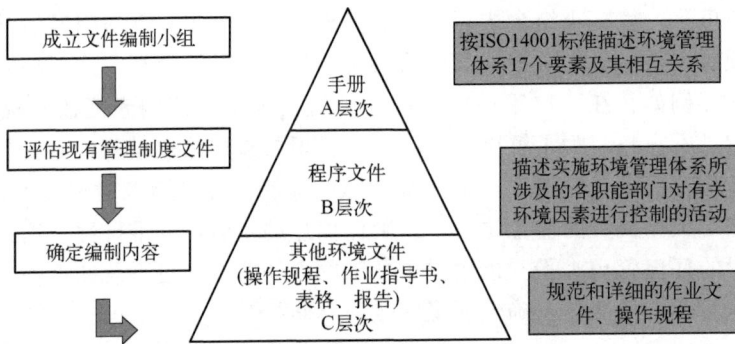

图 6-1　环境管理体系文件编制流程图

（1）编制小组的成立

目的：成立专门的文件编制小组是为了确保环境管理体系文件的编制工作有组织、有计划地进行。小组成员通常由不同部门的代表组成，包括环境管理、质量管理、生产、行政等，以确保多方意见的整合。

职责：小组负责制定编制计划、分配任务、收集资料、协调各部门的意见，并最终审定文件内容。

（2）评估现有管理制度

在编制新文件之前，首先需要对现有的管理制度进行全面评估。这一过程有助于识别现行制度中的优缺点，了解其在实际操作中的有效性和适用性。

方法：评估可以通过问卷调查、文件查阅、访谈、现场观察等方式进行，确保收集到真实、全面的信息。

文件编制小组应对现有文件进行全面评估，重点关注以下几个方面：

① 文件的完整性。现有文件是否涵盖 ISO 14000 标准的所有要求。

② 文件的适用性。现有文件是否适应企业当前的运营状况。

③ 文件的有效性。现有文件是否能够有效指导企业的环境管理实践。

评估完成后，小组将确定需要编制的新文件和修正、简化整合的现有文件内容。

（3）确定编制内容

根据评估结果，确定需要编制的文件内容，确保这些内容符合 ISO 14000 等国际标准的要求。编制内容应涵盖环境政策、目标、程序、责任分配等方面。编制过程中需要考虑文档的版本控制、更新机制以及如何保证文档的可追溯性。

（4）文件结构

1）手册（A 层次）

定义：手册是环境管理体系的核心文件，通常包括环境方针、管理体系的范围、目标和基本要求。

作用：手册为其他文件提供指导，确保所有相关文件的方向一致。

2）程序文件（B 层次）

定义：程序文件详细描述了各个具体程序的实施步骤，包括职责、资源分配、记录要求、监测、记录和报告的流程等。

内容示例：如环境影响评估、应急响应程序、内部审核程序等。

3）其他环境文件（C 层次）

定义：这一层次的文件包括操作指导、工作记录、表格和报告等，主要用于支持和补充手册和程序文件。

重要性：这些文件确保了日常操作的规范化，为员工提供了具体的操作指引，确保员工理解其在环境管理中的角色和责任。

（5）标准依据

ISO 14000 标准：图 6-1 中提到的 ISO 14000 标准是国际上广泛认可的环境管理体系标准，其核心在于帮助组织提高环境绩效、遵守法律法规、减少环境影响。在编制环境管理体系文件时，必须遵循 ISO 14000 的 17 个要求，这些要求涵盖了从环境方针的制定到持续改进的全过程。

总的来说，环境管理体系文件编制流程图系统性地展示了环境管理体系文件编制的步骤和结构，清晰地表达了编制过程中各个环节的重要性及其相互关系。通过科学、系统的文件编制，企业能够有效提升环境管理水平，确保合规性，并推动可持续发展。这样的编制工作不仅是对企业环境管理的规范，更是对社会责任的积极履行。

6.7 ISO 14000 认证准备与审核流程

6.7.1 ISO 14000 认证准备

在准备 ISO 14000 认证时，企业需要系统地收集和整理一系列材料，以确保满足认证要求。ISO 14000 系列标准是由国际标准化组织（ISO）制定的环境管理体系标准，旨在帮助企业提升环境绩效、减少环境影响，并确保遵循相关法律法规。实现这一目标的第一步就是准备好相关的认证材料。

ISO 14000 认证所需的材料至少包括以下 12 类，这些材料构成了整个认证过程的基础，确保企业能够有效展示其环境管理体系的合规性和有效性。需要强调的是，并非所有企业都需要涉及所有项目，具体材料的准备应根据企业的实际情况和行业特性进行选择和调整。

① 环境影响评价报告。包括环保监测机构对环境影响评价（EIA）报告中项目的检测结果。这些报告应详细记录环境影响评价的过程和结果，以确保企业对其活动对环境的影响

有全面的认识。对于某些不涉及重大环境影响的企业，可以简化报告的细节。

② 环境因素清单。列出与企业活动相关的所有环境因素。这一清单应涵盖所有可能影响环境的因素，如水、空气、土壤、生态等，并进行适当分类。企业应根据其活动的性质和规模调整清单内容，确保其全面和准确。

③ 重大环境因素清单。识别出对环境影响较大的因素。企业需基于环境因素清单，评估哪些因素对环境的影响显著，并重点关注这些因素的管理和监控。对于小型企业，可能不需列出过多的重大环境因素，确保管理的真实与合理性。

④ 重大环境因素的控制记录。记录对重大环境因素的控制措施及其效果。企业应制定并实施控制措施，并定期评估其效果，以确保环境影响最小化。这一记录对于不涉及重大环境影响的企业可能不适用。

⑤ 化学品仓库管理。建立化学品的材料安全数据表（MSDS）数据库，并确保相关信息在使用现场清晰可见。MSDS 应详细说明所使用化学品的性质、危害、处理和应急措施。这一项主要针对涉及化学品使用的企业，确保安全管理到位。

⑥ 有毒有害废弃物管理。包括废物管理的流程和记录。企业须建立有效的废物管理程序，确保有毒有害废弃物得到妥善处理和处置。对于不产生有毒有害废弃物的企业，此项内容可相应简化，以降低管理负担。

⑦ 五联单及回收合同。有毒有害废物的回收证据，需由具备资质的公司进行回收。这些文件是证明企业合规处理废弃物的重要依据，适用于相关行业的企业，确保合规性。

⑧ 适用的法律法规清单。列出所有适用于企业的环境法律法规及其他要求。企业须确保遵循相关法律法规，并定期更新法律法规清单，以保持合规性。此项对所有企业均适用，确保法律风险最小化。

⑨ 环境目标和指标的完成情况。提供推进记录，展示设定环境目标的达成情况。企业应设定具体的环境目标，并定期评估其达成情况。无论企业规模大小，设定和评估环境目标都是促进环境管理的重要环节。

⑩ 特殊岗位一览表。包括特殊岗位员工的培训及考核记录。企业需确保特殊岗位员工接受必要的培训，并能够有效执行环境管理措施。对于不涉及特殊岗位的企业，此项内容可视情况调整，以适应实际需求。

⑪ 合规性评价报告。评估企业在环境管理方面的合规性。通过合规性评价，企业能够识别潜在的合规风险，并制定相应的改进措施。所有企业都应重视合规性评价，以提升管理水平。

⑫ 其他常规资料。如内部审计记录/报告、管理评审记录/报告、文件发放与回收记录等。这些资料为企业的环境管理提供了重要的支持和依据，适用于所有企业。

在准备上述这些材料时，企业应结合自身的行业特点、规模和环境管理的实际需求，灵活调整材料的准备情况，以确保认证的有效性和合规性。通过系统的材料准备，企业不仅能够顺利通过 ISO 14000 认证，还能在环境管理方面实现持续改进，为可持续发展奠定基础。

6.7.2 环境管理体系审核流程

在准备好认证材料之后，企业需要对环境管理体系进行审核，以确保其符合 ISO 14000 标准的要求。审核过程通常分为内部审核、管理评审和外部认证三个主要步骤。

（1）内部审核

内部审核是企业环境管理部门对环境管理体系进行自我评估的过程，其主要目标是识别体系中的不足之处并提出改进建议。内部审核的关键内容包括：

① 文件与标准的符合性。审核环境管理文件是否符合 ISO 14000 标准的要求。这包括对环境管理手册、程序文件和记录的完整性与适用性进行检查，确保所有文档均符合标准要求。

② 文件的使用性。评估环境管理文件在实际操作中的有效性和适用性。审核员需确保员工能够理解并正确执行文件中的相关要求，保障环境管理措施的落实。

③ 执行情况。审核各部门在环境管理方面的执行情况，确认各部门是否按照环境管理体系的要求进行操作。此环节能够帮助发现执行中的问题，确保体系的有效运行。

完成内部审核后，审核结果将整理成报告，并提交给企业管理层进行管理评审。

（2）管理评审

管理评审是企业管理层对企业自身的环境管理体系进行全面评估的重要环节，主要包括以下几个方面：

① 充分性评估。评估环境管理体系是否覆盖了所有必要的管理环节，确保没有遗漏关键的管理要素和流程。

② 适用性评估。确保环境管理体系能够适应企业的实际情况以及外部环境的变化。企业需根据市场需求和法律法规的变化，及时调整环境管理体系，以保持其有效性和相关性。

③ 有效性评估。检查环境管理措施的实施效果，并提出相应的改进建议。评审过程中，管理层需关注环境目标的达成情况及潜在的改进机会，以提升整体环境管理水平。

管理评审通过后，企业将正式向第三方认证机构提交认证申请。

（3）外部认证

在完成内部审核和管理评审后，企业需选择一家具有资质的认证机构（如 ISO 认可的、通过中国国家认证认可监督管理委员会认定的认证机构）进行外部审核。外部审核的主要步骤包括：

① 审核准备。认证机构与企业确认审核的时间、范围及相关人员，确保审核工作顺利进行，并提前做好相应的准备。

② 现场审核。审核员将对企业的环境管理体系进行现场审核，检查文件、记录和实际操作的符合性。此环节是验证企业环境管理体系有效性的关键，审核员将通过实地观察和访谈评估管理体系的实际运行情况。

③ 审核报告。审核结束后，认证机构将出具审核报告，详细说明审核结果及发现的问题。报告中将列出企业的合规性、潜在的改进机会以及建议的改进措施，为企业后续的改进提供重要依据。

如果审核通过，企业将获得 ISO 14000 认证证书。这标志着企业在环境管理方面达到了国际标准，能够更好地履行其社会责任。获得 ISO 14000 认证后，企业需要进行日常的监管和维护。一般情况下，每年需进行一次年审，而每三年需进行换证。图 6-2 详细罗列了整个 ISO 14000 的认证流程，以及日后复评、换发证书等过程。

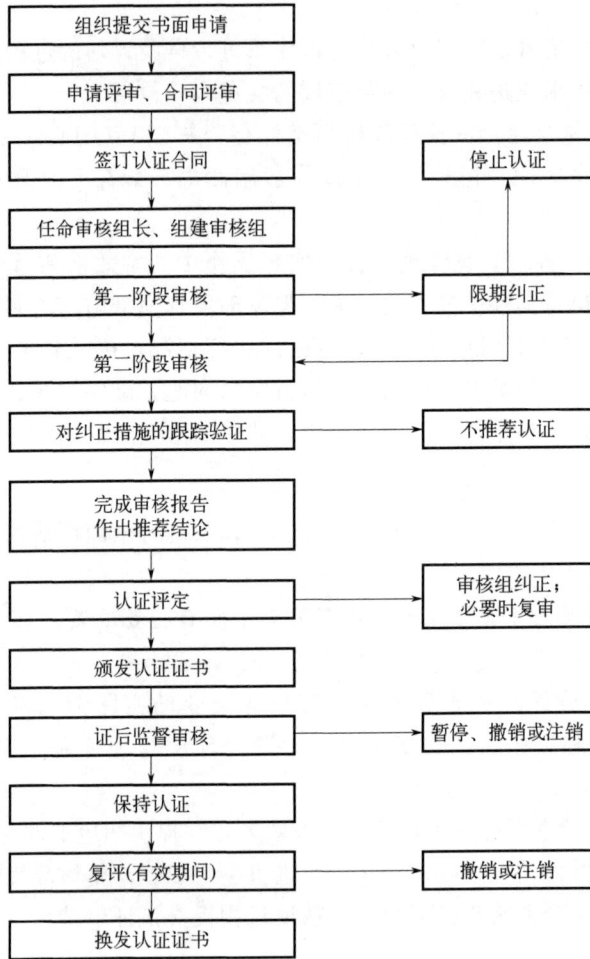

图 6-2 ISO 14000 的认证流程

6.8 环境管理体系的内审员与外审员

在实施 ISO 14000 认证的过程中，内审员与外审员在审核体系中扮演着至关重要的角色。两者的职责和资格要求各不相同，但都对环境管理体系的有效性和合规性起着关键作用，并且都需要获得相应的证书。

6.8.1 内审员

内审员，即内部审核员，是指在企业内部进行环境管理体系审核的人员，通常为企业的员工。他们的主要职责是对企业的环境管理体系进行自我评估，确保其符合 ISO 14000 等标准的要求。内审员的具体职责包括：

① 审核环境管理体系的合规性。内审员负责审核企业内部的环境管理体系，确保其符合 ISO 14000 标准的要求。他们需具备一定的专业知识，能够理解和应用相关标准，以便准确评估体系的有效性。

② 识别改进机会。内审员应具备敏锐的观察力，能够发现体系中的不足之处，并为企业提供切实可行的改进建议，以提升环境管理的有效性和效率。

③ 培训与指导其他员工。内审员还需定期组织培训，提升全员的环境管理意识和能力，帮助员工理解环境管理的重要性及其对企业可持续发展的影响。

资格要求：内审员通常需要接受相关的培训，包括 ISO 14000 标准的解读、审核技巧和环境管理知识等。然而，内审员并不需要获得国家注册审核员的资格。任何具备一定专业知识和审核能力的员工都可以成为内审员。获得内审员证书相对简单，接受相关的培训考核通过即可获得，企业内部通常会组织相关培训来提升内审员的能力和素质。

6.8.2 外审员

外审员是指在认证机构工作的审核员，负责对申请认证的单位进行审核。外审员需要获得国家注册审核员资格认证。在中国，国家注册审核员是指经过中国国家认证认可监督管理委员会（CNCA）或其下属机构［如中国认证认可协会（CCAA）］认证的审核员。这些审核员具备特定的资格和专业知识，能够独立进行外部审核。外审员的职责包括：

① 评估企业的环境管理体系。外审员需确保企业的环境管理体系符合 ISO 14000 标准的要求。外审员通常具备较强的专业背景和丰富的审核经验，能够进行独立的、全面的审核。

② 提供认证建议。在审核过程中，外审员能够为企业提供专业的建议和指导，帮助企业识别改进方向，推动其环境管理体系的持续优化。

③ 进行后续审核。外审员还需定期对企业进行跟踪审核，确保企业在环境管理方面的持续改进和标准的持续符合性。

资格要求：外审员通常需要具备相关的专业背景和丰富的审核经验。报考条件包括大专及以上学历、相关工作经验以及通过认证机构的培训和考试。外审员的专业性和认证要求使其在环境管理体系的审核中具有更高的权威性。

内审员与外审员的区别如下：环境管理体系的内审员与国家注册审核员（外审员）在中国是两个不同的角色。尽管他们在环境管理和审核过程中都非常重要，但其职责和资格要求存在显著差异。其中：内审员主要负责企业内部的自我评估和改进，不需要国家注册的资格，重视的是对企业内部环境管理的持续改进和员工培训。外审员是经过认证的专业审核员（国家注册审核员），通常在外部审核中工作，具备更高的专业要求和资质，负责对企业进行独立评估和认证。

6.9 国家注册审核员的培训与认证

成为国家注册审核员是一个系统而严谨的过程，涉及多个步骤和条件，旨在确保审核员具备必要的专业知识和实践能力，以有效地进行环境管理体系的审核。

6.9.1 报考条件

要成为国家注册审核员，申请者需要满足以下条件：

① 教育背景。申请者需具备国家认可的大专及以上学历，通常要求与环境管理或相关

领域相关。拥有相关专业背景将帮助审核员在审核过程中更深入地理解企业的环境管理实践和相关标准。

② 工作经历。申请者需至少具备四年的技术或管理岗位工作经历，其中至少两年需与质量管理或环境管理相关。这一经历要求旨在确保审核员对环境管理体系的运作有充分的实践理解和经验。

6.9.2 培训与考试流程

成为国家注册审核员的基本流程包括以下几个步骤：

① 参加培训。申请者须参加经过中国认证认可协会（CCAA）认可的培训课程，并获得培训合格证书。培训内容通常涵盖 ISO 14000 标准、审核技巧、环境管理知识以及相关法律法规等，确保申请者具备扎实的理论基础。

② 参加全国笔试。全国笔试通常在每个季度的最后一个周末进行。通过笔试后，申请者方可进入下一步。笔试内容主要考查申请者的环境管理知识、审核技巧和相关法规的理解能力。

③ 申请成为实习审核员。通过笔试后申请者须联系认证机构进行挂靠，申请成为实习审核员。实习阶段是审核员成长的重要过程，申请者将在资深审核员的指导下，积累实际审核经验。

④ 转正为正式审核员。完成实习满 20 天后，实习审核员须提交转正申请，并在经过审核后成为正式审核员。转正后，审核员将具备独立进行审核工作的资格，能够在认证机构内执行全面的审核任务。

6.9.3 CCAA 的角色

中国认证认可协会（CCAA）是国家认证认可监督管理委员会的下属机构，负责对认证机构、培训机构和审核员进行管理与监督。CCAA 的主要职责包括：

① 制定审核员培训和认证标准。CCAA 负责制定审核员培训和认证的标准，以确保培训和认证过程的规范性和有效性，进而提升审核员的整体素质。

② 组织全国范围内的审核员考试。CCAA 定期组织全国范围内的审核员评估考核，以评估审核员的能力，确保其符合行业标准，从而维护认证工作的质量。

③ 监督各认证机构的审核工作。CCAA 还负责监督各认证机构的审核工作，确保其符合国家标准，维护市场的公正性和透明度，保障企业和公众的合法权益。

综上，ISO 14000 认证是企业环境管理的重要工具，通过系统的准备、审核和认证过程，企业能够有效提升其环境管理水平，降低环境风险，实现可持续发展。内审员和外审员在这一过程中发挥着不可或缺的作用，确保企业的环境管理体系符合国际标准。随着全球对环境保护的重视，ISO 14000 认证将为企业在市场竞争中提供重要的优势。总之，ISO 14000 作为一套科学、有效的环境管理体系标准，对于提升企业环境管理水平，促进可持续发展具有重要作用。各国企业应高度重视并积极实施这一标准，以实现环境保护和经济效益的"双赢"。未来，随着全球环境问题在社会事务中的日益突出，ISO 14000 将在更广泛的领域和更多的企业中得到应用，成为推动全球绿色发展的重要力量。

拓展阅读

ISO 14000 实施行业举例——海运行业

复习思考题（答案请扫封底二维码）

问题 1. ISO 14000 标准的运行特点是什么？

问题 2. ISO 14000 的申请认证条件有哪两个方面？

问题 3. 政府以哪些方式鼓励成员企业实施 ISO 14000 标准？

问题 4. 制定 ISO 14000 系列标准的指导思想是什么？

问题 5. 环境标准和贸易之间的联系是怎样的？

问题 6. 环境管理体系文件编制应对现有文件进行全面评估，重点关注哪几个方面？

问题 7. ISO 14000 外审需要准备哪些材料？

问题 8. 政府可以采取什么措施推动企业加强其环境管理？

第7章 | 区域环境管理

环境管理作为社会公共管理的一种,必须落实到具体的地理空间上,与人类的地理行政管理相结合。因此,从地理空间的角度进行的环境管理分类可统称为区域环境管理。区域环境管理包括城市环境管理、农村环境管理、流域环境管理、开发区环境管理等。

7.1 城市环境管理

环境管理说到底是对人类社会经济行为的管理,而作为人类社会经济行为最为密集的区域——城市,必然是环境管理的重点,这也是本章的重点内容——城市环境管理。

7.1.1 城市与城市环境管理概述

7.1.1.1 城市与城市环境

(1)城市的定义和特点

1)城市定义

城市是人类利用和改造环境而创造出来的一种高度人工化的地域,是人类经济活动集中、非农业人口大量聚居的地方。

城市是人类文明的产物,是社会经济发展的重要载体,它不仅是人类居住和生活的场所,也是社会、经济、文化、科技等各方面活动的中心。随着社会的发展,城市的定义也不断扩展和演变,但其核心特征始终是人口和活动的高度集中。

2)城市特点

城市是一个复杂的巨系统,它包括自然生态系统、社会经济系统和地球物理系统,这些系统互相联系、互相制约,共同组成庞大的城市系统。

① 自然生态系统。城市中的自然生态系统包括植物、动物、微生物等生物要素,以及空气、水、土壤等非生物要素。它们共同作用,提供了城市居民所需的生态服务,如空气净化、水体净化、气候调节和生物多样性保护等。然而,随着城市化进程的推进,城市中的自然生态系统往往受到人为干扰,其功能和结构也不完整。

② 社会经济系统。城市中的社会经济系统包括人口、经济活动、社会结构和文化活动。它是城市发展的核心动力,为城市提供经济支持和社会服务。城市中的工业、商业、服务业等经济活动推动城市经济增长,提供就业机会和财政收入;教育、医疗、交通、公共安全等社会服务设施为居民提供基本生活保障;文化、艺术、娱乐等活动丰富了居民的精神生活,提升了城市的文化品位。然而,社会经济系统在城市中也面临资源消耗、环境污染、社会不平等等诸多挑战。

③ 地球物理系统。城市中的地球物理系统包括地质、地形、气候、水文等自然地理要素。地质和地形条件决定了城市的布局和发展方向，气候和气象条件影响城市的气温、降水、风速等气象要素，水文条件和水资源状况影响城市的供水、排水、防洪等水利工程建设。然而，地球物理系统在城市中也面临气候变化、地质灾害、水资源短缺等诸多挑战。

（2）城市环境及其主要特征

城市环境是经人类充分改造过的一个人工环境系统，也是一个复杂的巨系统。它主要有以下特征：

① 社会经济系统对于城市环境起着决定性的作用。社会经济活动是城市环境变化的主要驱动力，它使原有的自然生态系统组成和结构发生了巨大的变化。例如，工业生产和交通运输排放的污染物会影响空气质量，农业活动和城市建设会改变土地利用方式，进而影响生态系统的结构和功能。

② 城市环境中的自然生态系统是不独立和不完整的生态系统，其社会经济系统也不独立不完整。由于城市化和人类活动的干扰，城市中的自然生态系统往往受到严重破坏，其功能和结构无法独立运作。例如，城市绿地和公园虽然在一定程度上提供了生态服务，但其生物多样性和生态功能远不及自然生态系统。同时，城市的社会经济系统也不独立和完整。城市的发展高度依赖外部资源和能源的输入，如水、电、食品和原材料等。此外，城市的社会经济活动受政策、市场和全球经济环境的影响，导致其自我调节能力有限。

③ 城市环境具有高度的人工化和复杂性。城市环境是人类活动的产物，具有高度的人工化和复杂性。各种环境因素相互交织，形成复杂的环境问题。例如，城市中的建筑物、道路、工厂等人工设施改变了自然地形和水文条件，增加了城市的环境压力。

（3）城市环境问题产生的根源

① 城市化的迅速发展。城市化是指人口和经济活动向城市集中的过程。随着城市化的快速推进，城市人口和经济活动不断增加，导致资源消耗和环境压力显著上升。历年的统计数据显示，2008年全球城市人口首次超过了总人口的50%。而在中国，2004年的城市化率为41.7%；到2015年，城镇化率上升至56.1%；《中华人民共和国2024年国民经济和社会发展统计公报》显示，截至2024年底，全国人口140828万人，全国常住人口城镇化率为67.00%。发达国家的城镇化率平均水平要在80%以上。这更凸显了我国未来可能面临的城市环境压力。

② 政策导向的历史影响。中国曾长期奉行"变消费城市为生产城市"的政策，强调工业化和经济增长，这一政策在20世纪中后期尤为突出，导致城市迅速发展成为工业中心，重工业和制造业成为经济支柱。这一发展模式在促进社会经济快速增长的同时，也带来了严重的环境问题。首先，工业化进程中大量工厂的兴建和运作，造成了严重的环境污染，工业废气、废水和固体废物的大量排放，使得许多城市面临大气污染、水污染和土壤污染的严峻挑战。其次，在城市建设过程中，大量的绿地被砍伐，湿地被填埋，自然生态系统遭到破坏，生物多样性受到威胁。此外，资源的过度开发和环境的过度利用，使得城市环境的结构和功能不尽合理和完善，进一步加剧了生态环境问题的出现。能源消耗和水资源利用量的不断增加，导致了能源短缺和水资源危机等问题。为应对这些挑战，必须采取综合措施，推动可持续发展，改善城市环境质量。

7.1.1.2　几种主要的城市环境问题

（1）城市大气污染

1）能源结构与大气污染

我国能源和消费构成中煤占主要地位。与世界能源构成相比，我国煤炭的比重高于世界平均水平1倍以上。因此我国的大气污染主要表现为煤烟型污染严重。煤炭燃烧产生的污染物，如二氧化硫（SO_2）、氮氧化物（NO_x）和颗粒物（PM），会严重影响空气质量。

尽管近年来煤炭消费比重有所下降，但煤炭依旧是大气污染的主要来源。2021年煤炭消费占一次能源消费总量的比重为56.0%，石油占18.5%，天然气占8.9%，水电、核电、风电等非化石能源占16.6%。与十年前相比，煤炭消费占能源消费比重下降了14.2个百分点，水电、核电、风电等非化石能源比重提高了8.2个百分点。

2）大气污染类型

大气污染主要分为以下几类：

① 煤烟型污染。主要由煤炭燃烧产生的烟尘、SO_2等污染物构成。

② 石油型污染。主要由石油及其制品燃烧产生的污染物，如氮氧化物、烃类化合物等。

③ 混合型污染。由多种污染源混合产生的污染，如机动车尾气和工业废气共同作用。

④ 特殊型污染。非能源性污染，包括工厂生产过程中排出的废气和发生意外事故释放的废气（如氯气、氟化物、金属蒸气或酸雾等），以及秸秆焚烧产生的废气及烟尘、建筑工地扬尘、沙尘等。

3）地理差异与污染特征

城市的经济状况和地理位置不同，其大气污染的主要问题也不同。总体而言：我国北方城市主要面临空气降尘问题，而南方城市则以酸雨为主。

酸雨正式的名称是酸性沉降，指pH值小于5.6的雨水、冻雨、雪、雹、露等大气降水。它可分为"湿沉降"与"干沉降"两大类，前者指的是所有气状污染物或粒状污染物，随着雨、雪、雾或雹等降水形态而落到地面者，后者则是指在不下雨时，从空中降下来的落尘所带的酸性物质。全球有西欧、北美和东南亚三大块酸雨地区。

4）火电行业排放控制

火电行业的污染物排放占据了总的大气污染物排放量的很大比重，需要被重点控制。中国《火电厂大气污染物排放标准》（GB 13223—2003）自2004年1月1日起实施，从此开始对烟尘、SO_2等进行全面的控制。数据显示，从2007年起，我国火电行业烟尘、SO_2等排放量便开始全面回落。2011年时，我国再次修订了《火电厂大气污染物排放标准》（GB 13223—2011），新标准更加严格，被称为当时的史上最严标准，尤其是在具体排放限值方面提出了更高的要求。与此同时，部分大型经济城市内部严禁建设任何燃煤电厂，并于2014年9月在全国范围开展了"超低排放"的行动计划，促使全国所有具备相应条件的发电机组均达到了超低排放的基本水平。

成效：2006年之前随着火电发电量增加，火电行业烟尘排放量呈缓慢增长趋势，2006年达到峰值约370万吨；随着政策的推行，火电行业烟尘排放量开始逐年下降，到2016年排放约35万吨，不足2006年峰值的10%。火电行业SO_2排放量2006年达到峰值约1320万吨；随着政策的推行，SO_2排放量开始逐年下降，到2016年排放量约170万吨，仅占

2006 年峰值的 13%。火电行业 NO_x 排放量 2011 年达到峰值约 1107 万吨；随着政策的推行，NO_x 排放量同样开始逐年下降，到 2016 年排放量约 155 万吨，仅占 2011 年峰值的 14%。

（2）城市水环境污染

1）水环境污染现状

据 1997—2015 年《中国环境状况公报》的数据，我国七大水系、部分湖泊、水库和地下水都受到不同程度的污染。在我国的许多城市曾经出现了"有河则干""有水皆污"的状况。在此期间，多年来七大水系水质排序（从好到坏）大体为长江、珠江、松花江、淮河、黄河、辽河、海河。2014 年，全国 423 条主要河流、62 个重点湖泊（水库）的 968 个国控地表水监测断面（点位）的水质监测显示，Ⅰ、Ⅱ、Ⅲ、Ⅳ、Ⅴ、劣Ⅴ类水质断面分别占 3.4%、30.4%、29.3%、20.9%、6.8%、9.2%，地下水的检测更显示出六成地下水质量差。在此期间，总体而言，长江、珠江总体水质良好，松花江、淮河为轻度污染，黄河、辽河为中度污染，海河为重度污染。

此后，随着"十三五"规划和新环保法的施行，以及全国普遍性的生态环境治理投入的不断增加，到 2021 年，全国地表水Ⅰ～Ⅲ类断面比例为 84.9%，同比上升 1.5 个百分点，"十三五"以来，实现"六连升"。重点流域水质持续改善，长江、珠江流域等水质持续为优，黄河流域水质明显改善，淮河、辽河流域水质由轻度污染改善为良好。2023 年 1—12月，3641 个国家地表水考核断面中，水质优良（Ⅰ～Ⅲ类）断面比例为 89.4%，同比上升 1.5 个百分点；劣Ⅴ类断面比例为 0.7%，主要污染指标为化学需氧量、总磷和高锰酸盐指数。其中，长江、浙闽片河流、西北诸河、西南诸河、珠江和黄河流域水质为优，淮河、辽河和海河流域水质良好，松花江流域为轻度污染。

2）水环境污染来源

1997 年全国污水排放量约 416 亿吨。2014 年全国废水排放总量 716.2 亿吨。2016 年全国废水排放总量达到 760 亿吨。1997 年数据统计显示，城镇生活污水占 45%，工业废水占 55%。到 2014 年，比例结构发生了根本性改变，工业:生活=28.7%:71.3%。与此同时，随着污水处理厂数量增加，污水处理能力提升，我国污水年处理量也逐年大幅提升。2014年污水年处理量 401.62 亿立方米，2018 年逼近 500 亿立方米。

工业水污染主要来自造纸业、冶金工业、化学工业以及采矿业等行业。总的来说，工业废水的排放量逐年小幅下降，生活污水的总量虽然不断增加，但处理率均实现了稳步快速增加。2001 年我国城市污水的集中处理率仅为 18.5%，2014 年我国城市污水处理率达到 89.34%，2020 年达 95%，2022 年达 97.9%。

（3）城市固体废物

1）污染现状

随着中国经济的快速发展，工业和城市生活固体废物的产生量显著增加。1997 年全国工业固体废弃物产生量为 10.6 亿吨，危险废物产生量 1077 万吨。到 2011 年，全国一般工业固体废物产生量 32.3 亿吨，工业危险废物产生量 3431.2 万吨，总量上均有大幅增加。据调查，全国工业固体废弃物的累计堆存量已达 65 亿吨，占地 51680 公顷，其中危险废物约占 5%，与此同时，我国城市生活垃圾堆存量已达 80 亿吨（2011 年数据）。目前城市生活垃圾产生量约 14 亿吨/年，全国有 2/3 的城市陷入垃圾包围之中，垃圾处理和垃圾减量化问题迫在眉睫。此外，随着消费水平的提高和现代生活方式的改变，塑料包装用量迅速增加，"白色污染"问题尤为突出。例如，2019 年中国塑料垃圾产生量达到 6300 万吨，约占全球塑料垃圾总量的 1/3。

2）污染来源

城市固体废物的主要污染来源包括：

① 工业固体废物。主要来自制造业、建筑业和采矿业等工业活动。

② 废旧物资。包括废旧家电、电子产品、家具等。

③ 城市生活垃圾。日常生活中产生的废弃物，如厨余垃圾、纸张、塑料等。

城市固体废物的污染危害主要包括以下几个方面：

① 侵占大量土地。固体废物的堆存和填埋占用了大量土地资源，导致土地资源的浪费。

② 污染空气。垃圾堆放和填埋过程中，废物分解产生的有害气体（如甲烷、二氧化碳）会污染空气，影响居民健康。

③ 污染水体。垃圾填埋场渗滤液和工业废弃物中的有害化学物质可能渗透到地下水和地表水中，造成水体污染。

④ 垃圾爆炸事故。垃圾填埋场中有机废物分解产生的甲烷气体在一定条件下可能引发爆炸，造成安全隐患。

3）污染危害

近年来，中国政府加大了对固体废物污染治理的力度。通过推进垃圾分类、提升垃圾处理能力、推广资源循环利用、建设垃圾焚烧厂等措施，固体废物污染问题有所缓解。2020 年，全国城市生活垃圾无害化处理率达到 99.2%，有效减少了垃圾对环境的危害。随着政策的不断完善和技术的进步，未来中国的固体废物管理有望进一步改善。

（4）城市噪声

1）污染现状

根据多年《中国环境状况公报》显示，中国的城市噪声污染曾经普遍处于中等污染水平。近年来，随着环境保护政策的加强（包括加强交通管理、优化城市规划和绿化建设等）和社会公众环保意识的提高，城市噪声污染状况得到了显著改善。根据 2020 年数据，城市环境噪声的平均水平有所下降，许多城市的噪声污染已逐步趋于改善。

2）污染来源

城市噪声的主要来源包括：

① 交通噪声。主要来自机动车辆、铁路和航空交通。城市道路上的交通繁忙，尤其是在高峰时段，造成了显著的噪声污染。

② 工业噪声。工业企业在生产过程中产生的机械噪声、设备运转声等，尤其是在工业集中的区域，噪声问题尤为突出。

③ 生活噪声。居民日常生活中产生的噪声，包括家电运转声、娱乐活动声、邻里交谈声等。

④ 施工噪声。城市建设和基础设施维修过程中，施工设备和机械所产生的噪声，对周边居民生活造成影响。

3）污染危害

城市噪声污染对环境和人类健康带来了多方面危害。

① 对听觉的影响。长期暴露在高噪声环境中可能导致听力下降甚至听力损失。

② 其他生理效应。噪声污染可能引发心血管疾病、睡眠障碍和免疫系统功能下降等健康问题。

③ 心理效应。噪声干扰会导致焦虑、压力增加和心理健康问题，影响居民生活质量。

④ 对动物的影响。噪声污染不仅影响人类，也对动物栖息地和行为产生负面影响，可能干扰其交配、觅食和生存。

随着对噪声污染危害的认识加深，中国各地政府开始采取措施加强噪声治理，包括实施交通管理、制定噪声标准和加强公众教育等，旨在改善城市的声环境质量。

7.1.1.3　城市环境管理的发展

（1）美国

自 20 世纪 70 年代以来，美国建立了环境保护署（EPA），开始进行系统性的环境质量调查和监测。这一时期，美国的环境管理逐渐形成了科学、系统的框架，涵盖了政策制定、法规实施和公众参与等多个方面。同时，学者贝利等人编纂并出版了《城市环境管理》[28]，这一类的相关重要著作推动了城市环境管理理论的发展。此外，美国的高校纷纷设立"城市规划系"或"城市环境规划系"，培养专业人才，促进了城市环境管理领域的研究与实践。这些举措不仅提升了学术水平，也加强了政策的科学性和可操作性，为美国城市的可持续发展奠定了坚实基础。

（2）苏联

在 20 世纪 70 年代，苏联设立了城市建设研究所和城市环境保护研究室，开始将环境保护纳入城市规划设计的整体框架。这一举措使得环境因素在城市发展中得到了更多重视，为后续的城市环境管理奠定了基础。苏联的城市环境管理强调了生态平衡与社会经济发展的协调，推动了在城市建设过程中考虑环境影响的理念。这一时期的研究与实践为后来的城市环境管理提供了重要借鉴。

（3）日本

1974 年，日本制定了国土利用计划法，并形成了全国性的国土利用规划。这一法律框架明确将城市环境规划纳入城市建设规划中，强调了环境保护与城市发展的协调性，为城市环境管理提供了法律支持和政策指导。日本的城市环境管理不仅关注污染控制，还重视生态保护和资源的可持续利用，通过实施严格的环境法规和政策，推动了城市的绿色发展。

（4）中国

自 20 世纪 70 年代初期起，中国开始关注城市环境管理，重点从城市污染源调查和城市环境质量评价入手，逐步建立起相应的管理体系。进入 80 年代后，城市环境管理的重点逐渐从单纯的环境污染控制转向更加综合的城市生态环境管理。通过采取多种措施，如加强环境监测、推动污染减排、实施生态恢复和推动绿色基础设施建设等，中国的城市环境管理水平不断提升，努力实现可持续发展目标。近年来，中国还积极引入智能技术和大数据分析，以提高环境管理的效率和准确性。这些努力不仅改善了城市环境质量，也提升了公众的环保意识和参与度，为建设宜居城市创造了条件。

总体来看，各国在城市环境管理方面的发展历程各具特色，反映了不同社会背景下对环境问题的重视程度和应对策略。在全球化背景下，国际的经验交流与合作显得尤为重要，为解决共同面临的城市环境挑战提供了宝贵的借鉴。

7.1.2　城市环境管理的基本途径和方法

城市环境管理是实现可持续发展的重要手段，旨在通过有效管理和控制各种环境因素，提升城市的生态环境质量，促进经济与环境的协调发展。随着城市化进程的加快，环境问题日益突出，城市环境管理的科学性和有效性显得尤为重要。本节将探讨城市环境管理的基本途径和方法，主要包括污染物浓度指标管理、污染物总量指标管理和城市环境综合整治等方面。

7.1.2.1　污染物浓度指标管理

污染物浓度指标管理是城市环境管理的基础，主要通过控制污染源的排放浓度来实现环境质量的改善。

（1）污染物浓度控制指标的分类

污染物浓度控制指标一般可分为综合指标、类型指标和单项指标三类。

1）综合指标

综合指标通常涵盖污染物的产生量和产生频率等数据，能够全面反映某一地区或行业的污染状况。例如，污水排放量、烟尘排放量、废气排放量以及最大飘移距离等都是综合指标的具体表现。这些综合指标能够反映出某一地区或行业的整体污染水平，便于制定针对性的治理措施。

2）类型指标

类型指标是根据污染物的性质进行的分类，主要分为化学污染指标、生态污染指标和物理污染指标三种。具体而言：

① 化学污染指标。这些指标主要用于评估水体和空气中化学物质的浓度和影响。例如，在水环境中，化学污染指标包括 pH 值、溶解氧、生化需氧量（BOD）、化学需氧量（COD）、挥发酚类、氰化物和重金属等。这些指标能有效反映水体的化学污染程度及其对生态系统和人类健康的潜在风险。

② 生态污染指标。这类指标关注生态系统的健康状况，评估生物多样性和生态平衡的破坏程度。例如，水生生物的种类和数量、大肠杆菌和藻类数量等都属于生态污染指标。这些指标能够帮助管理者了解生态系统的变化，及时采取措施保护受影响的生态环境。

③ 物理污染指标。物理污染指标主要涉及对环境造成物理性影响的污染物，如噪声、振动、辐射和温度等。这些指标可以帮助评估物理污染对人类健康和生态环境的影响。

总的来说，类型指标为环境治理提供了量化依据。

3）单项指标

任何一种物质如果在环境中的含量超过一定限度都会导致环境质量的恶化，可由此把它作为一种环境污染单项指标。例如，氨氮、挥发酚类、COD、BOD、细菌数、温度和 pH 等都是常用的单项指标。通过监测和控制这些单项指标，可以及时发现和处理环境问题，防止特定污染物对生态系统造成不可逆转的损害。

（2）污染物浓度指标管理中可能存在的问题

尽管污染物浓度指标管理在环境治理中发挥了重要作用，但也存在一些问题：

① 忽视污染物流量。仅关注污染物的排放浓度，可能导致环境中污染物总量的不断增

加，从而无法有效保障城市的环境质量。如果仅控制浓度而不考虑排放总量，可能使企业在达标排放的情况下仍然造成环境负担。

② 可能导致治理成本增加。为满足排放标准，超标排污的企业往往采取改进工艺、提高处理深度和增加处理环节等措施。然而，在分散治理的情况下，难以实现规模效益，反而会增加社会总成本。这种情况可能导致企业在经济利益和环境责任之间的矛盾，影响环境管理的有效性。

③ 稀释问题。一些污染源可能通过稀释污水以满足浓度达标要求，这种做法实际上加重了环境污染，并浪费了水资源。稀释并不是解决污染问题的根本措施，反而可能导致更严重的环境后果。

综上所述，污染物浓度指标管理是城市环境管理的重要组成部分，在实施过程中需注意指标的科学性和合理性，以确保在治理污染的同时，实现生态效益和经济效益的共赢。

7.1.2.2　污染物总量指标管理

污染物总量指标管理是对污染物的排放总量进行控制，涵盖地区、部门、行业和企业的总量控制等多个层次。总量指标的确定需要综合考虑区域环境承载能力、经济发展水平和社会需求等因素。

（1）污染物总量指标管理的内容

在实际工作中污染物总量控制管理包括以下内容：

① 排污申报登记。企业和单位需向环境管理部门申报其排放的污染物种类、数量、浓度、去向等信息。这一环节为后续的总量审核提供基础数据。排污申报的准确性直接影响到污染物总量控制的有效性。

② 总量审核。环境管理部门根据申报的污染物排放量进行审核，确定其是否符合总量控制的要求。审核过程中，管理部门需对企业的排污设施、监测数据和管理措施进行全面评估，以确保数据的准确性和合法性。

③ 颁发排污许可证和临时排污许可证。在总量审核通过后，环境管理部门向企业和单位颁发排污许可证或临时排污许可证，明确规定其排放的污染物种类、数量、浓度和排放去向等。这一制度旨在通过法律手段约束企业的排污行为，确保其在规定范围内进行排放。

（2）污染物总量控制的挑战

尽管污染物总量指标管理能够很好地缓解环境压力，但在实际操作中面临一些挑战：

① 数据不准确。企业在排污申报时可能存在数据造假、隐瞒等行为，导致环境管理部门无法准确掌握污染物的实际排放情况。

② 行业差异。不同行业的污染特征和排放标准存在差异，导致总量控制的标准制定和执行难度加大。

③ 监管力度不足。在一些地方，环境管理部门的监管力度不足，使得部分企业在排污方面存在侥幸心理，从而影响总量控制的效果。

7.1.2.3　城市环境综合整治

城市环境综合整治是指从最大限度地发挥城市整体功能的立场出发，运用综合的对策、措施来整治、保护和塑造城市环境，以协调经济建设、城乡建设和环境建设之间的关系。

（1）城市环境综合整治的内容

城市环境综合整治的实施通常包括以下主要工作内容：

① 确定综合整治目标。制定明确的环境综合整治目标是整治工作的第一步。目标应具体、可量化，确保整治工作方向和重点明确。例如可以设定减少特定污染物排放量的百分比目标，提升环境质量达标的等级目标或达标率，或者提高城市绿化覆盖率的目标等。

② 科学制定综合整治方案。根据确定的整治目标，制定科学合理的整治方案。这一方案应综合考虑多种因素，包括经济、社会和环境等，确保整治工作的有效性和可行性。方案中应明确各项措施的实施步骤、责任单位和时间节点，以便于后续的监督和评估。

③ 改革环境管理体制。为确保综合整治工作的顺利进行，需要对现有的环境管理体制进行改革。这可能包括建立跨部门协作机制、完善环境法律法规、加强公众参与等。通过改革，提升城市环境管理的整体效率和效果。

④ 公众参与和宣传教育。公众参与是环境综合整治的重要组成部分。通过加强环境宣传教育，提高公众的环保意识，鼓励市民参与到环境治理中来，形成全社会共同关注和参与环境保护的良好氛围。

（2）城市环境综合整治的实际案例举措

在中国的实际工作中，城市环境综合整治常见的具体形式包括定期的环境考核、创建国家级或省级生态城市、发展绿色城市以及实施各类环保专项行动等。这些活动不仅有助于提高社会公众的环保意识，还能在一定程度上促进地方经济的可持续发展。

例如，近年来中国政府在"十四五"规划中进一步强调生态文明建设的重要性，提出要加快推进绿色发展，提升城市环境质量。各地城市积极响应，通过制定和实施城市绿色发展行动计划，推动清洁能源的使用、加强城市绿化、改善空气和水质等。此外，许多城市还开展了"美丽乡村"建设，注重城乡一体化发展，推动生态环境的整体改善。与此同时，政府还通过政策引导和资金支持，鼓励企业和社会组织参与环境治理。例如，实施绿色信贷政策，支持环保企业和项目的发展，促进环保技术的研发和应用。这些措施不仅提升了城市的环境质量，也为地方经济注入了新的活力，推动了经济与环境的协调发展。通过这些综合整治措施，中国的城市环境治理正在逐步向着更加科学、系统和可持续的方向发展。

综上，城市环境管理是一个复杂而系统的工程，涉及多个领域和层面。通过污染物浓度指标管理、污染物总量指标管理和环境综合整治等基本途径和方法，城市可以有效改善环境质量，实现可持续发展目标。然而，在实施过程中仍需关注管理措施的科学性和合理性，确保在经济发展与环境保护之间取得平衡。随着科技的进步和社会的变化，城市环境管理的手段和方法也将不断创新和完善，为建设更美好的城市环境贡献力量。

7.2 农村环境管理

7.2.1 农村环境的概念和组成

农村环境是一个多维度且复杂的概念。在狭义上，它指的是乡村、田园、山林和荒野等自然环境；而在广义上，它则涵盖了小城镇及其周边的生态环境体系。

农村环境不仅展现出丰富的自然生态特征，还与人类的生产、生活密切相关，形成了人类与自然相互作用的独特空间。随着城镇化进程加快，农村环境正面临着前所未有的挑战和变化。这些变化不仅影响了自然资源的利用和生态系统稳定性，也对农村居民生活质量和社会结构产生了深远的影响。因此，全面理解农村环境的构成及其相互关系显得尤为重要。

农村环境主要由以下几个部分组成：

① 自然环境。包括地形、气候、水体和土壤等自然要素，这些要素共同构成了农村地区的基础生态环境，并影响着农业生产和生物多样性。

② 人文环境。人文环境涵盖了乡村的历史文化、地方习俗、社会结构和社区关系等。这些因素不仅塑造了农村的独特风貌，还影响了居民的生活方式和社会互动。

③ 经济环境。经济环境主要指农村的经济活动、产业结构以及这些活动对环境的影响。农业、农村工业和服务业的发展在推动经济增长的同时，也可能带来资源消耗和环境污染的挑战。

④ 生态环境。生态环境涵盖了生物多样性、生态系统的稳定性及其与人类活动之间的互动关系。健康的生态环境是农村可持续发展的基础，而人类活动的干预则可能对生态平衡造成威胁。

综上所述，农村环境是一个动态的系统，各组成部分相互联系、相互影响。理解这些关系对于制定有效的环境管理政策和促进农村可持续发展至关重要。

7.2.2 农业生产活动对农村环境的影响

农业是农村经济的基础，但农业生产活动对农村环境的影响也是复杂而深远的，主要体现在以下几个方面。

（1）水土流失

水土流失是指因降雨、风力等自然因素以及人类活动的破坏，导致土壤表层的颗粒被冲刷、剥蚀和搬运，从而引起土壤肥力下降和土地生产力减退的现象。根据中国农业农村部的统计，水土流失严重的地区主要集中在西北和西南地区，尤其是黄土高原和四川盆地等地，造成了严重的生态和经济损失。这种现象不仅影响了农业生产，还加剧了水资源的流失，对生态系统造成了长期的破坏。

应对措施：为应对水土流失问题，国家出台了"退耕还林还草"政策，旨在通过恢复植被覆盖和生态修复，防止土壤流失。此外，推广科学的耕作方法和水土保持技术，鼓励农民实施轮作和保护性耕作，以提高土壤的保持力和生态功能。

（2）沙漠化/荒漠化

沙漠化是指由气候变化和人类活动引起的土地逐渐失去植物覆盖，土壤结构遭到破坏，进而形成沙漠的过程。荒漠化则是指土地的不断退化，变得不适合农业生产。根据联合国环境规划署（UNEP）的数据，中国的沙漠化土地面积已超过170万平方公里，严重影响了农业生产和生态安全。沙漠化不仅减少了可耕地面积，还对当地的水资源和生物多样性造成了威胁。

应对措施：为了应对沙漠化问题，中国实施了"防沙治沙"工程，通过植树造林、草地恢复等措施，力求遏制沙漠化的进程。此外，推广适合干旱地区的农业技术和灌溉方法，增强土地的生态恢复能力，促进可持续发展。

（3）盐碱化

盐碱化是指地下水位上升导致土壤中的盐分随水分蒸发而积累在土壤表层，从而影响农作物生长的现象。盐碱化问题在北方干旱和半干旱地区尤为突出，严重影响了当地的农业生产。随着盐碱化的加剧，许多土地被迫闲置，农民的生计受到威胁。

应对措施：为减轻盐碱化的影响，国家鼓励种植抗盐碱作物，并推广科学灌溉技术，以降低地下水位。此外，实施土壤改良技术，通过施用有机肥和改良剂，改善土壤结构，增强其生产能力。

（4）农业面源污染

农业面源污染是指由于农药、化肥等农业投入品的使用以及农业废弃物的排放，导致土壤、水体和大气受到污染的现象。这种污染已成为农村环境问题的重要成因，尤其是在种植业发达的地区，化肥和农药的过量使用导致水体富营养化和土壤污染，严重影响了生态健康和人类健康。

应对措施：近年来，国家大力推广生态农业，鼓励使用有机肥料和生物农药，以减少化肥和农药的使用。同时，推动农民进行科学施肥和病虫害综合防治，通过技术培训和政策引导，提高农业生产的可持续性。

综上所述，农业生产活动对农村环境的影响是多方面的，涉及水土流失、沙漠化、盐碱化和面源污染等问题。为实现农村可持续发展，亟需采取综合措施，平衡农业生产与环境保护之间的关系，促进生态文明建设。通过科学管理和技术创新，可以有效减轻农业对环境的负面影响，推动农村经济的绿色转型。

7.2.3 乡镇企业污染对农村环境的影响

随着乡镇企业的快速发展，农村经济得到了显著提升，然而，随之而来的乡镇企业污染问题也日益突出，成为农村环境问题的重要源头。我国的乡镇企业数量众多、规模普遍较小、分布点散、行业类型复杂，正是这些特征使得农村环境问题愈加严重，亟需引起重视。

（1）废气污染

废气污染是乡镇企业对环境影响的重要方面，主要来源于土法炼硫、炼焦、窑业以及小型化工企业等。这些行业的乡镇企业通常缺乏先进的废气治理设施和技术，导致大量有害气体无序排放，严重影响了当地的空气质量。根据生态环境部的调查数据显示，约有30％的乡镇企业存在废气超标排放现象。这不仅降低了空气的清新度，还对居民的健康造成了潜在威胁，增加了呼吸系统疾病的发生率。

应对措施：为减少废气污染，乡镇企业应加大环保设施的投资，采用先进的废气处理技术。同时，政府应加强对乡镇企业的监管，制定相关政策，鼓励企业实施清洁生产。

（2）废水污染

乡镇企业的废水污染问题同样严峻，尤其是在造纸、印染、电镀、化工和食品加工业等领域。小型造纸厂的废水排放量占乡镇企业总废水排放量的约20％。这些废水中通常含有大量的有机物和重金属，直接排放到水体中，不仅严重污染了周边水域，还对农田灌溉和居民饮水安全构成了威胁。废水中的有害物质可能通过食物链进入人类体内，影响健康。

应对措施：为应对废水污染，乡镇企业应建立健全废水处理系统，确保废水达标排放。

此外，政府应加强对废水排放的监管，鼓励企业采用循环水利用和污水处理技术，降低废水的产生和排放。

（3）废渣污染

乡镇企业产生的废渣主要来自采掘业，尤其是矿产资源的开采。由于采掘技术落后，矿石、废石和尾矿大量产生，对土壤、水体及空气造成了污染。这些废渣常常被随意堆放，导致土壤中重金属含量上升，严重影响农作物的生长和农田的可持续利用。同时，废渣的堆放也可能成为滋生害虫和病原体的温床，进一步威胁到农村的生态安全。

应对措施：为了减少废渣污染，乡镇企业应采取科学的废渣管理措施，包括合理规划废渣的堆放场所和采用环保技术进行废渣的处理和再利用。政府应加强对废渣管理的立法和执法，确保企业履行环保责任。

综上所述，乡镇企业的发展虽然推动了农村经济的增长，但其所带来的污染问题却对农村环境造成了严峻挑战。为实现农村可持续发展，亟需采取有效措施，减少乡镇企业的环境污染，保护和改善农村生态环境。通过加强监管、推广清洁生产技术和提升企业环保意识，可以有效缓解乡镇企业对农村环境的负面影响，推动绿色经济的发展。

7.2.4　农村环境的改善途径与管理方法汇总

为了有效改善农村环境，提高生态质量，必须采取切实可行的管理措施。以下是几种主要的改善途径与管理方法。

（1）加强对乡镇企业的环境管理

针对乡镇企业的环境污染问题，首先需要建立健全的环境管理制度，并强化对企业的监管。具体措施包括：

① 分类管理。根据不同企业的污染特征和程度，制定相应的管理措施。对高污染企业实施重点监管，确保其遵守环境保护标准。

② 信息公开。加强环境信息的公开透明，鼓励公众参与监督，提升企业的社会责任感。定期发布环境监测结果，让公众了解企业的环保表现，增加社会的监督力度。

③ 法治保障。完善相关法律法规，确保对环境违法行为的严厉惩罚，增强企业的环保意识。通过严格执法，形成有力的威慑，促使企业自觉遵守环保法规。

（2）推广生态农业

生态农业是实现农村可持续发展的重要途径。推广生态农业的措施包括：

① 减少化肥和农药使用。通过推广有机肥料和生物农药，降低对化学药品的依赖，从而减少农业面源污染。鼓励农民学习和应用生态种植技术，提升土壤质量。

② 发展轮作和间作。通过多样化的种植模式，增强土壤的肥力与健康，减少病虫害的发生。这不仅有助于提高作物产量，还能改善土壤结构。

③ 推广水土保持技术。如覆盖种植、梯田建设等，减少水土流失，提高土地的可持续利用率。通过实施这些技术，保持土壤的水分和养分，保护农业生态环境。

（3）加强农村环境管理的机构建设

建立健全农村环境管理机构是改善农村环境的基础。具体措施包括：

① 设立专门的环境管理机构。在乡镇层面设立环保机构，负责监督和管理当地的环境

事务。这些机构应具有权威性和独立性，以有效实施环境监管。

② 培训专业人才。通过培训和引进专业人才，提高农村环境管理的科学性和有效性。组织定期的培训和学习活动，提升工作人员的专业素养和管理能力。

③ 增强基层组织的能力。鼓励村民自治组织参与环境管理，提高公众的环保意识和参与度。通过社区活动和宣传教育，增强村民对环境保护的认同感和行动力。

（4）制定农村及乡镇环境规划

科学制定农村和乡镇的环境规划是实现环境保护与经济发展相协调的关键。具体措施包括：

① 开展环境影响评估。在进行乡镇规划和项目建设前，进行环境影响评估，确保项目对环境的影响在可控范围内。通过科学评估，提前识别潜在的环境风险。

② 统筹经济与环境发展。在制定经济发展政策时，充分考虑对环境的影响，确保经济与环境的协调发展。鼓励绿色产业和可再生资源的开发，推动经济转型。

③ 建立长效管理机制。制定环境管理的长效机制，确保环境保护措施的持续性和有效性。通过定期评估和反馈，及时调整和优化环境管理策略。

综上，农村环境管理是实现可持续发展的重要组成部分。随着农村经济的快速发展，农村环境问题愈发突出，亟需采取有效的管理措施。通过加强对乡镇企业的环境管理、推广生态农业、完善农村环境管理机构以及制定科学的环境规划等，能够有效改善农村环境质量，实现经济与环境的和谐发展。

7.3 流域环境管理

流域是指以河流、湖泊、水库、海湾等水体为主体的陆域汇流区域，其范围包括水体及其周边的所有土地。流域不仅是水资源的集聚地，也是生态系统的重要组成部分，承载着自然生态功能与社会经济功能的双重作用。

7.3.1 流域环境问题的主要特点

流域环境问题的复杂性和多样性使其成为环境管理中的一大挑战。其主要特点如下。

7.3.1.1 流域水体功能的多样性

流域水体的功能可以分为自然生态功能和社会经济功能两大类。

（1）自然生态功能

水体在自然生态系统中发挥着重要作用，具体包括：

① 涵养湿地。湿地作为水体的重要组成部分，能够有效调节水文循环，提供栖息地，促进生物多样性。

② 调节气候。水体通过蒸发和蒸腾作用，调节周边气候，影响温度和湿度。

③ 补给地下水。流域水体通过渗漏和补给作用，维持地下水位，保障生态系统健康。

④ 输沙与鱼鸟栖息。水体为水生生物提供栖息环境，同时也为鸟类提供栖息和觅食的场所。

（2）社会经济功能

水体的社会经济功能包括：

① 运输。河流和湖泊作为运输通道，为沿岸地区的经济发展提供便利。

② 灌溉。流域的水资源是农业灌溉的重要来源，直接影响粮食生产。

③ 水产养殖。水体为水产养殖提供了良好的自然环境，促进了水产业的发展。

④ 发电。水库和河流的水能资源被广泛用于水电发电，提供可再生能源。

⑤ 饮用水供应。流域水体是城市和农村居民的主要饮用水源。

⑥ 观赏与休闲。水体为旅游和休闲活动提供了场所，促进了地方经济。

由于流域内的不同行政区域对水体功能的需求存在显著差异，这种差异往往会导致自然生态功能与社会经济功能之间的矛盾，甚至在不同类型的自然生态功能之间，或是不同类型的社会经济功能之间也都可能产生冲突。例如，上游地区通常更加重视水资源的开发与利用，倾向于通过水利工程、灌溉和水电开发等方式来最大化经济效益，而下游地区则更关注水质保护和生态修复，强调保持水体的生态健康与水资源的可持续利用，这就容易导致流域内不同行政区域对水体功能需求之间的矛盾。此外，不同类型的自然生态功能之间也可能产生冲突。例如，湿地的保护与水库的建设之间常常存在矛盾，湿地在调节水质、维持生物多样性方面具有重要作用，但其被开垦或填埋以建设水库或农田时，可能导致生态系统的破坏和物种的灭绝。同样，在社会经济功能方面，农业灌溉与水产养殖之间也可能产生竞争，过度抽取水资源用于灌溉可能会影响水域的生态平衡，从而对水产养殖产生负面影响。

上述这些矛盾不仅影响流域的整体生态平衡，还可能导致水资源分配不公，进而引发社会经济问题，进一步加剧不同区域、不同部门或不同利益相关方之间的利益冲突。因此，流域管理需要综合考虑各区域的需求，寻求平衡与协调，以实现生态保护与经济发展的双赢局面。

7.3.1.2 流域环境问题的两大表现

流域环境问题主要表现为水量问题和水质问题，这两者相互影响，形成了复杂的环境挑战。

（1）水量引起的问题

流域内水量的时空分布不当，可能引发一系列环境问题。包括：

① 洪涝灾害。在降雨量较大或上游水量过多的情况下，河流可能出现泛滥，导致洪涝灾害，影响生态环境和人类生活。

② 干旱。反之，若水量不足或分配不均，可能导致干旱现象，影响农业灌溉和居民用水。例如，黄河曾因上游水资源的过度开发，出现过连续多年的严重断流现象，直接影响下游的生态与经济。

（2）水质引起的问题

水质问题主要是水体污染，主要来源于以下两方面。

1）人类在水域上活动的影响

① 航运。船舶活动带来的油污和垃圾排放，严重影响水体的水质。

② 水产养殖。如网箱养殖等方式，可能导致水体富营养化，影响水生生态。

③ 围湖造田。围湖造田会改变水体的自然流动，同时增加农田生产污染，影响水质和

生态。

2）人类在水体周边陆域活动的影响

① 生活污水的排放。农村和城市的生活污水直接排放到水体中，造成水质恶化。

② 工业废水的排放。工业活动产生的废水若未经处理直接排放，可能导致重金属和有机污染物进入水体。

③ 农业面源污染。农药和化肥的使用，尤其在雨季容易随雨水流入水体，造成富营养化。

7.3.2 流域环境管理的主要内容

有效的流域环境管理需要综合考虑水资源的可持续利用与生态保护，具体包括以下方面。

（1）设立统一的有权威的环境管理机构

流域环境管理的首要步骤是建立一个统一、权威的环境管理机构。该机构需具备以下职能：

① 跨区域协调。流域往往跨越多个行政区域，统一的管理机构能够协调不同地区之间的利益冲突，确保水资源的合理分配。

② 政策制定与实施。负责制定流域管理的相关政策，并监督实施，确保各项措施落到实处。

③ 监测与评估。建立水质和水量监测系统，定期评估流域环境状况，及时发现和解决问题。

（2）坚持全流域环境规划优先

在流域管理中，必须坚持全流域环境规划优先的原则，以确保流域的整体保护与管理。具体措施包括：

① 科学评估流域环境现状。通过环境监测和调查，全面了解流域的水文、生态及社会经济状况。

② 制定综合性环境规划。根据评估结果，制定科学合理的流域环境规划，明确各项管理目标和措施。

③ 统筹各类资源。在规划中，统筹考虑水资源、土地资源和生态资源的合理利用，确保各类资源的协调发展。

（3）科学合理的资金政策、技术政策、经济政策

流域环境管理需要综合考虑资金、技术和经济政策的支持，以实现可持续发展。具体措施包括：

① 资金政策。设立专项资金支持流域环境治理项目，鼓励社会资本参与。政府可以通过财政补贴、税收优惠等方式，吸引企业和社会组织的投资。

② 技术政策。推广先进的水处理技术和生态治理技术，提高水资源的利用效率，减少污染物的排放。

③ 经济政策。通过经济杠杆手段，促进水资源的合理定价，鼓励节水和污染减排。

（4）法律法规体系的设计与审批程序

流域环境管理的有效实施离不开健全的法律法规体系。具体措施包括：

① 制定流域环境保护法。根据流域的特点，制定专门的环境保护法律法规，明确各方

的责任和义务。

②审批程序的规范。建立流域开发和建设项目的环境影响评估制度，确保项目对环境的影响在可控范围内。

③强化执法监督。建立流域环境执法机制，严厉打击环境违法行为，确保法律法规的有效实施。

7.3.3　流域环境管理的案例分析

7.3.3.1　黄河流域的管理经验

黄河，被誉为中国的母亲河，不仅承载着深厚的文化和历史意义，更是国家经济和生态安全的重要水源之一。然而，黄河流域的环境管理面临着诸多严峻挑战，包括水质污染、生态退化及水资源短缺等问题。近年来，国家和地方政府采取了一系列有效的管理措施，以改善黄河流域的环境质量，具体包括以下几个方面：

①建立黄河流域管理机构。为了加强对黄河流域的生态环境保护和水资源管理，国家成立了生态环境部黄河流域生态环境监督管理局。该机构的主要职责是协调各省市的水资源管理和环境保护工作，确保各项政策的落实与实施。此外，地方政府也设立了相应的环保机构，形成了多层次的管理体系。

②实施流域综合治理。针对水质污染和水量不足的问题，黄河流域开展了一系列综合治理项目。这些项目包括污水处理设施的建设和升级、湿地恢复、植树造林以及流域内生态修复工程等。通过这些措施，旨在全面改善流域的生态环境，提高水体质量。例如，实施"退耕还林"政策，恢复植被覆盖，增强水源涵养能力，从而有效减少水土流失。

③制定流域管理规划。近几十年来，国家出台了《黄河流域生态保护和高质量发展规划》等多项重要的流域管理规划。这些规划明确了流域发展与生态保护的协调目标，提出了可持续发展的具体路径和实施策略。例如，规划中强调了水资源的合理利用、生态环境的恢复与保护，以及经济发展的绿色转型等。

④公众参与与宣传教育。在流域管理过程中，政府鼓励公众参与环境保护，通过环保宣传活动提高居民的环保意识。通过建立志愿者团队、举办环保知识讲座等形式，增强公众的参与感和责任感，推动社会各界共同参与黄河流域的生态保护。

⑤科技支撑与监测体系。为了提高管理效率，黄河流域建立了完善的水质监测和信息发布系统，利用现代科技手段实时监测水质变化，及时发现和处理污染问题。这种科技支撑的管理模式，不仅提高了治理的精准性，还为决策提供了科学依据。

7.3.3.2　长江流域的管理经验

长江流域是中国最大的水系，同样是中华文明的母亲河之一，其流域面积广泛，涵盖多个省市，其环境管理同样面临众多挑战，如水污染、生态破坏和资源过度开发等。近几十年来，长江流域管理采取了一系列措施，以应对这些挑战，主要包括：

①长江经济带战略。国家制定了长江经济带发展战略，强调"生态优先、绿色发展"的理念。这一战略旨在推动经济与环境的协调发展，促进流域内各地区的可持续发展。通过整合资源与政策，推动长江经济带内的产业升级，促进绿色产业的发展。

②加强水质监测与治理。在长江流域设立了数百个水质监测站，实时监测水质变化，

确保及时采取治理措施以减少污染。这种系统化的监测与治理机制，有助于及时发现问题并采取相应的应对措施。同时，政府还加大了对污染企业的监管力度，严格执行水污染防治法律法规。

③ 生态补偿机制。建立生态补偿机制，对保护长江生态环境的地区给予经济补偿。通过这一机制，鼓励地方政府和社区加强环境保护，形成良好的生态保护激励机制。这不仅提高了地方政府的环保积极性，也促进了生态保护与经济发展的良性互动。

④ 推动区域合作与协调。长江流域的管理还注重区域间的合作与协调。通过建立跨区域的合作机制，各省市可以共享资源与信息，共同应对流域管理中的各类问题。这种合作模式不仅提高了管理效率，也促进了区域间的经济与生态协同发展。

⑤ 公众参与与环境教育。长江流域的管理还积极推动公众参与，通过多种形式的环境教育活动，提高公众的环境保护意识。政府与社会组织合作，开展清理河道、植树造林等志愿活动，增强公众的环保责任感，形成全社会共同参与的良好氛围。

通过黄河和长江流域的管理经验可以看出，流域环境管理的成功与否，离不开科学的管理机制、有效的政策实施以及公众的积极参与。

7.3.4 未来的流域环境管理展望

随着全球气候变化和人类活动的持续影响，流域环境管理面临新的挑战。未来的流域环境管理应关注以下几个方面：

① 强化生态文明建设。在流域环境管理中，应将生态文明建设作为核心目标，推动经济、社会与生态的协调发展。通过开展生态修复项目、实施绿色经济政策，提升流域生态环境质量，实现可持续发展。

② 推广智慧水务管理。借助现代科技，推广智慧水务管理系统，利用大数据、物联网和人工智能等技术，实现水资源的智能化管理。这种管理方式将提高资源管理的效率和准确性，降低资源浪费。

③ 加强公众参与与宣传教育。增强公众的环保意识，鼓励社会各界参与流域环境管理。通过宣传教育活动，提升公众对流域保护的重视程度，形成全社会共同参与的良好氛围，调动公众的积极性和创造性。

④ 国际合作与经验交流。加强与国际组织和其他国家的合作，借鉴先进的流域管理经验，推动流域管理的科学化和国际化进程。通过国际合作，共同应对全球水环境挑战，分享最佳实践和技术。

综上，流域环境管理是实现可持续发展的重要组成部分。面对复杂的流域环境问题，需要建立统一的管理机构，确保各项政策和措施的有效实施。同时，应坚持全流域规划优先，综合考虑多种政策与法律法规的支持。通过科学的管理措施和公众的积极参与，能够有效改善流域环境质量，促进经济与生态的和谐发展。

7.4 开发区环境管理

7.4.1 开发区环境问题的基本特征

开发区是国家或地方政府为了促进经济发展而设立的特定区域，其特点包括开发强度大、开发行为集中、开发速度快以及对自然环境影响显著。在我国几乎所有的大中城市都至少设有一个开发区，根据商务部的最新数据，截至 2024 年底，国家级经济技术开发区就有 233 家。其中国家级经济技术开发区就有 218 家。虽然各类开发区的迅速发展为当地社会经济带来了积极的促进作用，但也带来了一系列独特的环境问题。近几十年来，开发区的环境管理问题逐渐成为政府环境管理工作的重要内容，同时也是环境管理与规划科研领域的一个重要研究内容与热点。开发区环境问题的基本特征如下：

（1）生态环境受冲击严重

开发区的生态环境遭受到了显著的冲击，变化往往剧烈且难以恢复。以深圳为例，随着城市化进程的加速，原有的生态环境被大量建筑和基础设施所替代，原有的湿地、森林和农田被开发为工业用地和商业区。这种剧烈的变化导致了生物多样性的下降，生态系统服务功能的减弱。生态环境的改变和破坏往往是不可逆的，一旦生态系统受到严重破坏，恢复的成本和时间都极为昂贵。

（2）环境变化趋势的不确定性

开发区的环境变化趋势常常具有较强的不确定性，尤其是在"先建区后建项"的模式下，开发区的整体环境管理往往滞后于经济开发的实际进展。这种模式可能导致环境保护措施未能及时落实，环境问题的积累逐渐显现。例如，某些开发项目在未进行充分的环境影响评估的情况下便开始建设，导致后续的环境治理和修复工作难度加大，形成了"边开发边治理"的不良循环。

（3）环境污染物的复杂性

开发区内的环境污染物种类和来源复杂多样，污染源不仅包括传统的工业废水和废气，还涉及建筑施工、交通运输以及生活垃圾等多方面的污染。这些污染物的排放特征各异，治理难度也随之增加。不同类型的企业集中布局在开发区内，使得污染物的排放和治理变得更加复杂，尤其是在污染物的交互作用和叠加效应下，可能产生更为严重的环境影响。此外，若缺乏有效的污染物监测和管理机制，会使得污染问题的识别和处理更加困难。

（4）自然资源利用率下降

在开发区的快速建设过程中，自然资源的利用率往往出现下降，尤其是随着工业用地的扩展，大量耕地被占用，导致农业生产能力下降。这种资源的过度开发不仅会影响农业的可持续发展，也会对区域的生态平衡造成负面影响。

（5）缺乏针对性强的环境管理方法

许多开发区缺乏针对性强、明确可操作的环境管理和环境规划方法。许多开发区在环境管理上仍停留在传统的模式，缺乏科学的评估和动态监测机制，导致环境管理措施的实施效果不佳。环境管理往往依赖于政府的强制性规定，而缺乏灵活性和适应性，难以应对快速变化的环境问题。此外，缺乏有效的公众参与和社会监督机制，使得环境问题的治理缺乏透明度和公众支持，进一步降低了环境管理的有效性。

综上所述，开发区环境问题的基本特征反映了经济快速发展的背后，生态环境所承受的巨大压力。要实现可持续发展，必须重视开发区的环境管理，采取有效措施应对生态环境的挑战。这包括加强环境监测与评估，制定科学合理的环境管理政策，促进资源的高效利用，以及鼓励公众参与环境保护，共同推动开发区的绿色发展。

7.4.2 开发区环境管理的基本原则

为了有效应对开发区的环境问题，必须遵循一系列基本原则，以确保环境管理工作的科学性和有效性。

7.4.2.1 总原则

开发区环境管理的总原则可以沿用我国的环境保护"三十二字方针"：全面规划、合理布局、综合利用、化害为利、依靠群众、大家动手、保护环境、造福人民。这一方针强调在经济开发与环境保护之间寻求平衡，旨在通过科学的管理与合理的规划，实现经济的可持续发展与生态环境的和谐共生。

7.4.2.2 具体原则

① 环境规划先行。在开发区的建设过程中，必须坚持环境规划先行的原则。这意味着在任何开发活动开始之前，应首先进行全面的环境影响评估，确保社会经济建设与环境保护之间的统筹安排和合理布局。通过科学的环境规划，能够有效识别潜在的环境风险，制定相应的管理措施，从而减少开发活动对生态环境的负面影响。

② 科技与经济相结合。环境管理工作应与科技进步、经济结构调整及企业内部管理相结合。通过引入先进的环境管理技术和方法，例如推行清洁生产审计，将环境管理理念融入企业的日常生产活动中，以提高企业的环境责任感。此外，鼓励企业研发绿色技术和产品，促进资源的高效利用与循环利用，从而实现经济效益与环境效益的双赢。

③ 防治结合，以防为主。在引进项目时，既要关注经济收益，也要严格遵守污染物排放总量的限额。要防止污染严重且难以治理的项目进入开发区，同时要求区内企业推行清洁生产制度，关注土地利用率和人均绿地面积，预留足够的污染治理用地。通过实施严格的环境标准和审批程序，确保引进的项目不仅符合经济发展需求，更要在环境保护方面具备可持续性。

④ 公众参与与社会监督。在环境管理过程中，必须重视公众参与和社会监督。通过加强与社区居民和利益相关者的沟通，鼓励公众参与环境决策与管理，提升透明度和公众的环保意识。实施定期的环境信息公开和反馈机制，确保社会各界能够对开发区的环境管理情况进行监督，从而形成全社会共同参与环境保护的良好氛围。

⑤ 动态调整与持续改进。开发区的环境管理应具备动态调整的能力，随着经济发展和环境状况的变化，及时更新和完善环境管理措施。建立环境管理的评估与反馈机制，通过定期监测和评估，及时发现问题并进行纠正，确保开发区环境管理工作的有效性和持续性。

通过遵循以上基本原则，开发区的环境管理将能够更加科学、合理地进行，确保经济发展与环境保护的协调统一。

7.4.3 开发区环境规划的要点简述

7.4.3.1 开发区环境规划的特点

开发区环境规划是开发区环境管理的重要组成部分，其对象是特定时空区域内长时间处于动态的一种"社会经济-自然环境"系统。由于规划通常在高强度开发活动尚未进入之前制定，因此其特点和目标在于防范未来可能出现的环境问题，并辅助开发区设计出更具可持续性的经济发展模式。

由于开发区的经济发展活动受市场变化的影响，具有较大的随机性，这种随机性和防重于治的要求，构成了开发区环境规划与一般环境规划在方法论上的重大差异。为此，开发区环境规划常常需要采用随机规划方法、区间函数等新兴技术，确保规划的科学性和前瞻性。

7.4.3.2 编制开发区环境规划的具体原则

编制开发区环境规划时，必须遵循一系列具体操作原则，以确保规划的科学性和实施的有效性。以下是编制开发区环境规划的具体原则：

① 防治结合，以防为主。在开发区建设过程中，始终坚持防治结合，以防为主的原则。这意味着在规划和实施阶段，必须优先考虑环境保护，制定相应的预防措施，以减少潜在的环境风险和污染。通过前期的环境影响评估和风险评估，确保在决策时充分考虑环境因素，减少对生态环境的负面影响。

② 实施主体兼具行政与经济职能。环境规划实施主体应具备一定的行政职能与经济职能。这种双重职能的结合能够确保规划有效实施和管理，使得规划不仅具有政策导向，还能在经济层面上得到支持和落实。这样既可以确保环境管理的严格执行，又能够促进经济发展。

③ 污染物总量控制。始终坚持污染物总量控制的原则，以减轻开发活动对环境的负担。通过设定严格的污染物排放限额，控制各类污染物的排放总量，确保开发区内的环境质量不被超额排放所破坏。这一原则要求在环境规划中明确各类污染物的控制目标，并制定相应的监测和管理措施。

④ 优先发展高新技术项目。在开发区的经济发展中，应优先发展高新技术项目。推广清洁生产和绿色技术，确保经济发展与环境保护相协调。高新技术项目通常具有更低的资源消耗和更少的环境污染，因此应作为开发区发展的重点，推动经济的可持续增长。

⑤ 环境管理贯穿项目全过程。将环境管理手段融入项目管理的全过程，确保环境管理贯穿于项目的整个生命周期。这包括在项目规划、设计、建设和运营各个阶段，始终关注环境因素，并采取相应的管理措施。这种全生命周期的管理方式，有助于及时发现和解决环境问题，确保环境目标的实现。

7.4.3.3 开发区环境规划的主要内容

开发区环境规划是一项技术性很强的工作，其主要内容包括以下几个方面：

① 确定规划区范围和环境保护目标。明确规划区的地理范围及其环境保护的具体目标，为后续工作提供基础。这一环节需要对区域的自然资源、生态环境和社会经济状况进行全面调查分析，以制定切实可行的环境保护目标。

② 环境质量现状调查与评价。对规划区域内的环境质量进行现状调查与评价，划分环境功能区，确定不同区域的环境功能。通过科学的调查与分析，了解现有环境状况，为制定环境管理措施提供参考依据。

③ 确定主要污染物及其允许排放总量。明确开发区的主要污染物种类及其允许排放总量，为污染物控制提供依据。这需要结合区域的经济活动特点，识别主要污染源，并制定相应的排放标准。

④ 合理分配排污总量。根据环境功能区的划分，将排污总量按功能区合理分配，确保

各功能区的排污总量控制在合理范围内。通过科学的排污分配，确保各区域在满足经济发展的同时，能有效保护其环境质量。

⑤ 经济发展预测。对开发区的经济发展进行科学预测，确保环境规划与经济发展相协调。通过对未来经济发展的合理预测，制定相应的环境管理措施，确保两者之间的良性互动。

⑥ 区域环境承载力研究。进行区域环境承载力的研究，确定实施总量控制的技术和经济路线。通过科学评估区域环境的承载能力，制定相应的技术措施，以确保环境规划的可行性和有效性。

⑦ 提出环境规划投资概算和资金来源分析。对各方案进行比较分析，提出环境规划的投资概算和资金来源。这一环节需要详细评估不同环境管理措施的成本效益，以确保规划的实施有充足的资金支持。

⑧ 确保规划实施的政策与机制。提出确保环境规划有效实施的政策、制度、法律措施和运行机制。通过建立健全的政策框架和法律法规，保障环境规划的长期有效性，确保各项措施能够得到落实。

通过遵循以上具体原则和内容，开发区环境规划就能够更加科学、合理地进行，不仅能有效应对环境问题，还能促进经济的可持续发展。

7.4.4 开发区环境管理的现状与挑战

7.4.4.1 当前环境管理现状

近年来，中国的开发区环境管理取得了巨大进展，特别是在开发区环境规划方法、环境管理政策制定和环境监测技术应用等方面。然而，许多开发区的环境管理仍然面临诸多挑战，表现出一定局限性。首先，环境管理缺乏系统性和前瞻性，很多开发区在环境规划和管理措施上未能与经济发展相协调，导致环境问题积累与加剧。其次，环境监测和评估机制不够完善，缺乏有效的数据收集和分析手段，导致环境问题预警和应对能力不足。总的来看，虽然有不少地方在环境管理上取得了积极进展，但整体的管理水平和效果仍需进一步提升。

7.4.4.2 主要面临的挑战

① 政策法规体系仍不完善。尽管国家和地方政府出台了一系列有关开发区的环境保护政策和法规，但在具体实施过程中，往往存在缺乏可操作性的问题。这使得一些开发区的企业在执行环境管理措施时缺乏明确的指导，导致环境管理效果不理想。此外，政策的执行力度和监管机制的缺失，也使得部分企业能够逃避环境责任。

② 企业环境责任意识有待进一步提高。许多企业在追求经济利益的过程中，往往忽视了自身在环境保护方面的责任。这种短视行为容易导致环境污染事件频繁发生，给生态环境带来严重影响。如果企业管理层对环境保护的重视程度不够，缺乏相应的激励机制和约束措施，则会使得环境责任意识难以提高。

③ 技术手段不足。一些开发区在环境管理中仍然依赖传统的管理手段，缺乏新技术的应用和创新。这会使得环境监测和污染治理的效率低下，无法及时发现和解决环境问题。传统的管理方式无法适应快速变化的经济和环境形势，会导致环境管理效果不尽如人意。

④ 公众参与度不高。在许多开发区的环境管理中，公众参与度普遍较低，缺乏有效的沟通机制。这不仅会影响环境管理的透明度，也会降低公众对环境管理的信任度。公众的参

与若被忽视，则会导致环境问题的社会共治缺乏有效支持。

7.4.5　改进开发区环境管理的建议

① 完善政策法规体系。应加强对开发区环境管理的政策法规研究，制定更具可操作性的法律法规，明确各方责任，强化对企业环境行为的监管。通过建立严格的法律框架和实施细则，确保环境管理措施能够切实执行，提升整体环境管理水平。

② 提高企业环境责任意识。政府应通过宣传、培训等方式，提高企业的环境责任意识，鼓励企业积极参与环境保护，推行绿色生产和清洁生产。可以通过设立环境保护奖励机制，激励企业在生产过程中采取更为环保的措施，从而增强企业的社会责任感。

③ 引入先进技术手段。推广环境管理中的新技术应用，如物联网、大数据和人工智能等。这些技术能够提高环境监测和治理的效率，增强环境管理的科学性。通过实时数据采集与分析，能够及时识别环境问题并采取相应措施，从而提高环境管理的精准度。

④ 促进公众参与。建立公众参与机制，鼓励社区居民和社会组织参与开发区的环境管理工作。通过定期举行公众咨询会和环境保护宣传活动，提高环境管理的透明度和公众信任度。增强公众的环境保护意识，使其能够积极参与到环境管理中来，形成良好的社会监督机制。

⑤ 强化区域协同管理。在开发区的环境管理中，应加强区域之间的协同合作，形成跨区域的环境管理机制。各开发区之间可以通过信息共享和资源整合，共同应对区域性环境问题，提升环境管理的整体效能。

综上，开发区作为经济发展的重要引擎，其环境管理工作面临诸多挑战。通过完善环境规划、加强政策法规建设、提高企业责任意识和公众参与度，可以有效改善开发区的环境管理现状，实现经济发展与环境保护的双赢局面。未来，开发区环境管理将继续朝着科学化、系统化和可持续化的方向发展。只有通过综合治理和协同合作，才能确保开发区在快速发展的同时，保持良好的生态环境，实现社会、经济与环境的和谐共生。

拓展阅读

退耕还林还草政策简览

复习思考题（答案请扫封底二维码）

问题 1. 城市环境的主要特征是什么？

问题 2. 城市环境管理的基本途径和方法包括哪三个方面？

问题 3. 污染物浓度指标管理，其控制指标一般分哪三类？

问题 4. 污染物浓度指标管理中可能出现哪些问题？

问题 5. 流域环境问题的主要特点有哪些？

问题 6. 开发区环境问题的基本特征有哪些？

问题 7. 农业生产活动对农村环境的影响有哪几个方面？

问题 8. 流域环境管理的主要内容包括哪几个方面？

第8章 | 我国的环境法体系概述

8.1 法律体系概念

在深入探讨我国环境法的具体内容之前，我们需要首先理解法律体系的宏观背景、部门法的基本概念，以及大陆法系与海洋法系之间的区别与联系。这些基础知识不仅有助于我们把握法律的整体结构，更为深入理解环境法的独特性和适用性提供了必要的理论框架。

8.1.1 法律体系的定义

法律体系是现行所有法律规范的综合体，它由多个部门法构成，这些部门法相互联系，形成一个有机整体。在这一体系中，各法律规范之间相辅相成，共同构成国家法律的框架。法律体系的完整性和协调性对于法律的适用至关重要。各部门法不仅独立存在，还需在法律适用过程中相互配合。例如，在环境污染案件中，环境法所涉及的法律条款与民法中的侵权责任条款、经济法中的行政处罚法等都有密切关系。这种相互联系使得法律能够更全面地解决复杂的社会问题，确保法律适用的有效性和公正性。

8.1.2 部门法的定义与划分标准

部门法是调整同一类社会关系的法律规范的有机综合体。不同的部门法针对特定的社会关系和法律问题，形成了各自独立而又相互关联的法律体系。划分部门法的标准主要依据所调整的社会关系。通过分析法律所涉及的主体、客体及其关系，可以将法律规范有效地归类为不同的部门法，以便于更好地进行法律适用和执行。例如，民法体系通过调整民事关系，保护个人和企业的合法权益；经济法则调节经济活动中各主体的关系，确保市场的公平竞争。通过这样的分类，法律体系能够有效处理社会中的各种法律关系，维护社会秩序。

环境法作为一个独立的部门法，主要是因为其所调整的社会关系具有特殊性。环境法不仅涉及人与自然之间的关系，还涉及人与人之间因环境问题引发的法律关系，涉及的主体包括政府、企业及公众。环境法的独特性在于其涵盖了生态保护、资源利用、环境管理等多个方面，强调可持续发展和生态平衡的重要性。

8.1.3 大陆法系和海洋法系简介

在全球范围内，法律体系主要分为大陆法系和海洋法系。这两种法律体系在全球范围内具有重要影响，对各国的法律实践和立法过程产生了深远的影响。了解这两种法律体系的特点，可以帮助我们更好地理解我国环境法的立法背景和实践。

（1）大陆法系

大陆法系，又称为民法法系，是以成文法为基础的法律体系，强调法律条文的权威性。它主要在欧洲的一些国家以及中国等国实施。大陆法系的一个显著特征是法律的适用主要依赖于具体的法律条文。在这一体系下，法官的角色相对被动，主要是对法律条文的解释和适用，而不是创造新的法律规则。大陆法系强调法典化，法律规范通过立法机关的制定和颁布形成，具有较高的稳定性和可预见性。

在中国，环境法的立法和实施深受大陆法系的影响。我国的环境法律法规主要以成文法形式存在，如《中华人民共和国环境保护法》《中华人民共和国水污染防治法》等。这些法律条文为环境保护提供了明确的法律依据，并在实施过程中通过行政和司法的双重保障，确保法律的有效执行。

（2）海洋法系

与大陆法系相比，海洋法系主要在英美等国家实施，其特征是判例法的运用。海洋法系并非没有成文法，它同样具有法律条文，但在判决过程中，法官会参考以往的类似案例，形成判例法的指导原则。这种法律适用方式使得法律具有更大的灵活性和适应性，能够更好地应对社会变化带来的新问题。海洋法系的判例法特点使得法律的发展更加动态和灵活，法官在适用法律时能够根据具体案件的背景和社会需求进行判断，这在环境法的适用中也有所体现。例如，针对环境污染的案例，法官可能会依据先前类似案例的判决来指导自己的裁决，以确保法律适用的公正性和社会的可接受度。

尽管大陆法系与海洋法系在法律适用上存在差异，但二者并非完全对立。随着全球化的推进，法律的交融愈加明显，尤其是在国际环境法领域，不同国家的法律实践相互影响、借鉴，形成了更加丰富的法律适用体系。这种交融不仅体现在法律条文的制定上，也体现在法律思想和理念的相互借鉴上。

（3）社会媒体的影响

值得注意的是，社会新闻媒体在法律传播和法律意识提升方面发挥了重要作用。媒体的广泛传播使得法律案例和法律知识能够迅速传播，公众对法律的理解和认识也随之提高。在这种情况下，即使是在大陆法系中，法官在作出判决时也会考虑社会舆论和媒体报道，从而形成更为全面的法律判断。例如，在涉及环境污染的案件中，媒体的报道可能会影响公众对案件的关注度，进而影响法官的判决。这种现象在全球范围内都很普遍，体现了法律与社会舆论之间的互动关系，强调了法律不仅仅是规则的集合，也是社会动态的一部分。

通过这种互动，法律不仅能够更好地反映社会的需求和变化，还能促进公众对法律的理解与尊重，增强法律的权威性和有效性。法律与媒体的关系日益紧密，媒体在推动法律改革、提升法律意识方面的作用也愈加重要。这种现象在环境法领域尤为明显，因为环境问题往往涉及广泛的社会利益和公众关注，媒体的合理参与能够有效促使法律的完善和执行。

8.2 我国的环境保护法体系

8.2.1 环境法体系的定义

环境法体系是指由调整因保护和改善生活环境和生态环境、防治污染和其他公害的社会关系而产生的法律规范所形成的有机整体。该体系不仅包括国家层面的法律、行政法规和规章，也涵盖地方性法规、行业标准、政策文件及国际公约等多种形式的法律规范。这些法律规范共同构成了一个全面的法律框架，其核心目标是通过法律手段保障环境质量、维护生态平衡以及促进可持续发展。

环境法的核心在于通过法律手段来实现环境的保护与改善，调节人类与自然之间的关系。随着社会经济的发展和环境问题的日益严峻，例如空气污染、水体污染、土壤退化及生态破坏等，环境法体系的完善显得尤为重要。这一体系不仅要涵盖对污染源的管理和控制，还要包括对生态系统的保护和恢复，为法律实施提供全面的法律依据。此外，环境法还需适应技术进步和社会变化，及时更新和完善相关法律法规，以应对新出现的环境挑战。

8.2.2　环境法体系的独特性

环境法作为一个独立的法律部门，其独特性主要体现在以下几个方面：

① 社会关系的特殊性。环境法调整的社会关系往往涉及公众利益、生态保护和可持续发展等多个维度。这使得环境法在法律体系中具有独特的地位，因为它不仅关注个体的权利和义务，还强调社会整体的生态利益和可持续发展目标。

② 法律规范的多样性。环境法体系的法律规范形式多样，既包括成文法，还包括行政法规、地方性法规、行业标准等。这种多样性使得环境法能够在不同层面上进行有效的环境治理，适应不同地区和行业的具体需求。例如，各地方政府可以根据本地的环境特点和问题制定相应的地方性法规，从而增强环境治理的针对性和有效性。

③ 跨学科的特征。环境问题通常涉及多个学科的知识，如生态学、经济学、社会学等。因此，环境法的制定和实施需要综合考虑各学科的研究成果，以形成科学合理的法律规范。这种跨学科的特征使得环境法的制定不仅仅是法律专业人士的工作，还需要环境科学家、经济学家和社会学家的参与，以确保法律的科学性和有效性。

④ 国际法的影响。随着全球环境问题的加剧，国际环境法对我国环境法的发展产生了重要影响。我国在制定环境法律时，往往参考国际条约和协议，如《巴黎协定》《生物多样性公约》等。这些国际法的引入不仅增强了我国环境法的科学性和前瞻性，也使得我国在全球环境治理中具有更强的竞争力。同时，国际环境法的影响促使我国在环境保护方面与国际标准接轨，提升了法律的国际认同度和适用性。

8.2.3　我国现行环境法体系

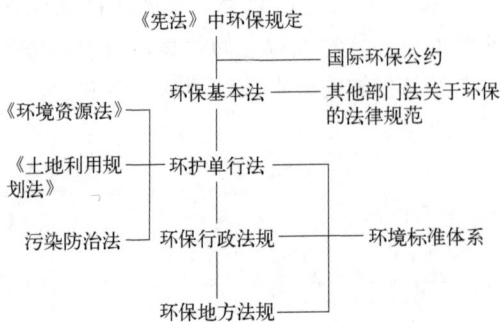

图 8-1　我国现行环境法体系框架示意图

我国现行环境法体系以《宪法》为基础，以《环境保护法》为主体，形成了一个多层次、多领域的法律框架。该体系的构成主要包括以下几个方面。

8.2.3.1　体系框架与层次结构

我国现行环境法体系的框架可以分为三个主要层次，每个层次都在环境保护的法律架构中发挥着重要作用，确保环境法的全面性和有效性（参见图 8-1）。

（1）最高层次：《宪法》

《宪法》是国家的根本法，其中关于环境保护的规定虽然简洁，却具有深远的意义。宪法不仅为国家的环境保护工作提供了总体性和原则性的要求，还确立了环境保护的基本方向和目标。具体而言，《宪法》明确了国家在经济发展与环境保护之间的平衡，强调了保护生态环境的责任和义务。这一层次的法律基础为后续的环境法律法规提供了根本遵循，确保各项环境保护措施符合国家的根本利益和发展战略。

（2）第二层次：国际环保公约与环境保护基本法

国际环保公约在我国环境法体系中占据重要地位，其法律效力高于国内法。这是因为国际公约是国家领导人以国家名义所作的公开承诺，涉及国家的信誉和形象。在制定具体的环境保护法律法规时，必须遵循国际公约的原则，以确保我国在国际环境治理中履行承诺，维护国家形象和利益。

《环境保护法》作为我国环境法体系的核心法律，具有综合性和原则性。该法明确规定了国家环境保护的方针、政策、原则、制度和措施，涵盖了环境保护的各个方面。它不仅为环境保护提供了基本框架和指导方针，还为其他环境法律法规的制定和实施奠定了基础。由于其在环境法体系中的重要地位和不可替代性，《环境保护法》的效力仅次于《宪法》和其他基本法律，为环境保护工作提供了法律保障。

（3）第三层次：专项环境保护单行法和行政法规

在《环境保护法》的框架下，制定了一系列专项环境保护单行法，如《水污染防治法》《大气污染防治法》《土地利用规划法》等。这些专项法律针对特定的环境问题和领域，提供了具体的法律依据和治理措施，确保环境保护工作能够细化和落实。这些法律的实施有助于针对性地解决不同类型的环境污染和生态破坏问题，进一步推动环境治理的深化。

此外，行政法规也是环境法体系的重要组成部分，由国务院及地方政府制定。这些行政法规具体化了环境保护的实施细则，涵盖了环境监测、污染物排放标准、环境影响评价等多个方面。这些法规为环境保护提供了操作性的法律依据，确保环境保护措施的有效执行。

通过这三个层次的法律框架，我国的环境法体系形成了一个相对完整的法律保障体系，涵盖了从宪法原则到具体法律法规的各个方面，为环境保护提供了多层次、多维度的法律支持。这一体系不仅能够应对当前的环境挑战，还为未来的可持续发展奠定了坚实的法律基础。

8.2.3.2　我国现行环境法体系的组成简介

更为具体的，我国现行环境法体系的组成包括以下8个方面：a.《宪法》中的环保法律规范，为环境法规、制度立法提供依据；b. 基本法，主要是《环境保护法》；c. 单行法，包括针对特定污染物和自然资源的法律；d. 行政法规，国务院及地方政府制定的法规与规章；e. 环境标准，涵盖环境质量标准、污染物排放标准等；f. 环保纠纷解决程序法律法规，包括行政诉讼法、民事诉讼法等；g. 其他部门法中的环境保护规范，如《刑法》《民法》《经济法》等；h. 国际环境保护公约，涉及我国参与的国际环境协议。接下来对上述8个方面的法律规范进行逐一介绍。

（1）《宪法》中的环保法律规范

在瑞士、波兰、中国等60多个国家的环境保护法律体系中，《宪法》中关于环境保护的法律规范构成了环境法体系的基础，成为制定环境法规和制度立法的重要依据。这种做法从法理角度来看，逻辑结构更加清晰，确保了环境保护的法律框架具备坚实的根基。

具体而言，世界各国《宪法》中有关环境保护的法律规范主要包括以下三类内容：

① 规定保护环境和维护生态平衡是国家的一项基本职责。例如，我国现行《宪法》第二十六条明确规定："国家保护和改善生活环境和生态环境，防治污染和其他公害。"这一条款确立了国家在环境保护中的基本职责，强调了国家应承担的环境保护义务和责任。这不仅为国家制定相关政策提供了法律依据，也为社会各界对环境保护的期望提供了明确的方向。

② 规定公民有在良好的生活环境中生活的权利和保护环境的义务。宪法中通常规定公民有权在良好的生活环境中生活并负有保护环境义务。例如，《波兰人民共和国宪法》第七十一条规定："公民有使用周围环境财富的权利，并负有保护它的义务。"这种权利的规定不仅增强了公民环境保护意识，也为公民参与环境保护提供法律依据。通过赋予公民环境权利与义务，宪法鼓励公众积极参与环境治理，推动形成全社会共同保护环境的良好氛围。

③ 规定环境保护的基本政策和原则。比如，我国《宪法》第九条第二款规定："国家保障自然资源的合理利用，保护珍贵的动物和植物。禁止任何组织或者个人用任何手段侵占或者破坏自然资源。"这一条款为国家在自然资源管理方面设定了基本原则。同时，第十条第五款要求"一切使用土地的组织和个人必须合理地利用土地。"第二十二条第二款强调"国家保护名胜古迹、珍贵文物和其他重要历史文化遗产"，体现了对文化遗产和自然遗产的双重保护。此外，第二十六条第二款提到："国家组织和鼓励植树造林、保护林木。"这些规定明确了国家在环境保护和资源管理中的责任，形成了系统的法律原则。

（2）环境保护基本法

为了落实宪法中有关环境保护的原则、精神和总体要求，我国制定了环境保护基本法，即《环境保护法》。该法的核心作用是为国家环境保护的方针、政策、原则、制度和措施提供基本规定。同时，与之同级的还有其他部门法（如《刑法》《民法》《经济法》等）中关于环境保护的法律规范。

环境保护基本法的特点主要体现在综合性与原则性两个方面。

① 综合性。环境保护基本法涵盖多个方面的环境保护内容，包括污染物排放、资源管理、生态保护等，形成了系统的法律框架。该法不仅规定了国家在环境保护方面的总体方针政策，还涉及各类环境问题的具体法律责任和管理措施，确保了环境保护的全面性和协调性。这种综合性使得法律能够全面应对各种环境挑战，从源头治理到末端处理，形成闭环管理。

② 原则性。《环境保护法》确立了环境保护的基本原则，如"预防为主""公众参与""综合治理"等。这些原则为环境保护的具体实施提供了指导方向，强调在制定和执行环境保护措施时应遵循的基本理念。原则性规定不仅为环境保护提供了法律框架，还为其他细节化的专项环保法律法规制定提供了基本依据。此外，这种原则性使法律具备灵活性，能够适应不断变化的环境保护需求，有利于引导各级政府和社会公众共同参与环境保护。

环境保护基本法的立法历程：《中华人民共和国环境保护法》由全国人民代表大会常务委员会制定，首次于1979年通过，经过1989年和2014年的修订，体现了我国环境保护法律制度的不断完善。特别是2014年的修订，进一步加强了环境保护的法律力度，明确了地方政府在环境保护中的责任，增强了法律可操作性与执行力。这一系列修订和完善，标志着我国在环境保护领域的法律制度逐步走向成熟，体现了国家对环境保护的高度重视和持续努力。

（3）环境保护单行法

环境保护单行法是指由全国人大常委会制定的针对特定环境问题的法律，这些法律旨在解决具体的环境挑战，并为相关管理提供法律依据。环境保护单行法主要可以分为两类：污染防治法和自然资源保护法。

1）污染防治法

污染防治法以防治特定污染物为主要内容，同时也包含与资源保护相关的规范，体现出以防止污染为主、资源保护为辅的立法模式。这些法律法规包括但不限于《水污染防治法》《大气污染防治法》《固体废物污染环境防治法》《噪声污染防治法》和《放射性污染防治法》等。以下是各类污染防治法的简要介绍：

①《水污染防治法》。作为我国为保护水环境而制定的重要法律，《水污染防治法》规定了水质标准、污染物排放标准和管理措施，强调源头控制和污染物排放许可制度。法律要求各级政府和企业承担水污染防治责任，同时鼓励公众参与水环境保护，以形成全社会共同关注水污染防治的良好氛围。

②《大气污染防治法》。此法旨在改善空气质量，防治大气污染，明确了大气污染防治的基本原则，包括预防为主、污染者负责等。法律规定了大气污染物的排放标准、监测和评估机制，要求企业采取有效措施减少污染物排放，并对违反规定的行为设定相应的处罚，以确保大气环境的安全和健康。

③《固体废物污染环境防治法》。该法主要针对工业废物、生活垃圾和危险废物的管理与处置，规定了固体废物的分类、收集、运输和处理等环节。法律要求建立健全固体废物管理制度，确保固体废物的安全处理和资源化利用，减少对环境的危害，从而推动固体废物的可持续管理。

④《噪声污染防治法》。旨在控制和减少噪声污染，保护公众的生活环境和身体健康。该法规定了噪声的排放标准和监测机制，要求建设项目在设计和施工中采取有效的噪声控制措施，并对噪声扰民的行为进行处罚，以维护社会的和谐与安宁。

⑤《放射性污染防治法》。主要针对放射性物质的使用和管理，该法规定了放射性物质的生产、运输、储存以及废弃物处理的严格管理要求，确保公众和环境的安全。法律的实施有助于防范放射性物质对生态环境和人类健康的潜在威胁。

除了上述主要法律外，我国还制定了多部与污染防治相关的法律法规，如《清洁生产促进法》《海洋环境保护法》和《环境影响评价法》等，这些法律法规共同构成了我国环境保护的法律框架，为各类污染的防治提供了法律依据和保障。

2）自然资源保护法

自然资源保护法将资源保护与资源管理合并在一个法律文件中，其立法目的在于保护和合理管理自然资源。中国的资源保护法律体系主要包括《矿产资源法》《水法》《森林法》《土地管理法》和《自然保护区条例》等。这些法律法规旨在合理利用和保护国家的自然资源，促进可持续发展。

①《矿产资源法》。该法规定了矿产资源的勘查、开发、利用和保护的基本原则，强调国家对矿产资源的所有权，并要求矿产资源的开发必须遵循可持续利用的原则，保护生态环境。法律的实施有助于确保矿产资源的合理开发与保护，防止资源的过度开采。

②《水法》。旨在规范水资源的管理与保护，强调水资源的合理利用与保护。该法规定

了水资源的开发、利用、节约和保护措施，确保水生态环境的良好状态，推动水资源的可持续管理。

③《森林法》。作为保护森林资源的重要法律，规定了森林的保护、利用和更新，强调森林生态系统的维护，鼓励植树造林，防止森林的破坏。通过法律的实施，旨在增强森林资源的可持续性和生态功能。

④《土地管理法》。该法规定了土地的使用、保护和管理，强调土地资源的合理利用，防止土地的浪费和污染，促进土地的可持续发展。法律的实施为土地资源的合理配置和保护提供了法律保障。

⑤《自然保护区条例》。旨在保护国家重要的自然生态系统和生物多样性，规定了自然保护区的设立、管理和监督机制。通过该条例以确保生态环境的完整性，促进生态保护与可持续利用的协调发展。

以上这些法律法规共同构成了我国资源保护的法律框架，为资源的合理利用与保护提供了制度保障，推动了经济的可持续发展。同时，它们也为环境保护工作提供了法律依据，确保自然资源的可持续利用与生态环境的和谐发展。

（4）环境保护行政法规

环境保护行政法规是指由国务院及县级以上地方人民政府的相关行政部门制定的法规和规章，旨在对单行法进行具体化和细化。这些法规为环境保护的实施提供了明确的操作框架和指导，通常以实施细则、条例、办法、规定等形式存在。它们的制定和实施是确保环境保护法律有效执行的重要环节。

1）实施细则

实施细则为法律的执行提供了详细操作性指导，确保法律条款能够在实际操作中落到实处。例如，《大气污染防治法实施细则》详细规定了各类污染源的监测方法、排放标准和举报机制，明确了地方政府和企业在大气污染防治中的职责和义务。这些细则的制定不仅有助于统一实施标准，还能提高环保工作透明度和公众参与度。类似地，《水污染防治法实施细则》涵盖了水质监测指标、污水处理设施的建设标准以及有关部门的检查与处罚措施。这些细则确保了污水处理设施按照国家标准建设和运营，从而有效减少水污染，保护水资源。

2）管理条例

管理条例是对特定领域环境管理的规范，旨在细化和明确环境保护的要求。例如，《建设项目环境保护管理条例》要求所有新建、改建和扩建项目在开工前必须进行环境影响评估（EIA），并根据评估结果制定相应的环境保护措施。这一规定确保了项目在规划和实施阶段即考虑环境影响，从源头上减少对环境的负面影响。另一个例子是《城市污水处理设施管理条例》，该条例规定了城市污水处理设施的建设、运营和管理要求。通过这些规定，确保污水处理达到国家标准，有效减少对水体的污染，保护生态环境。

3）规定与办法

这些规定和办法是针对特定环境问题的有效管理工具。例如，《危险废物转移管理办法》，该办法自2022年1月1日起施行［同时废止以前的《危险废物转移联单管理办法》（原国家环境保护总局令第5号）］，该办法确保危险废物在转移和处置过程中遵循严格的管理程序，明确规定了危险废物的识别、分类、运输和处理要求，相关单位必须使用联单记录转移全过程，以确保危险废物的安全处置，减少对环境和公众健康的威胁。此外，《固体废物污染环境防治法实施细则》规定了固体废物的分类、收集、运输和处理流程，确保固体废物得到妥善管理和资源化利用。这些规定的实施有助于提升固体废物管理的科学性和有效性。

总体而言，环境保护行政法规为我国环境保护的具体实施提供了重要的操作性指导，确保了法律的有效执行。同时，它们也为各级政府、企业和公众提供了明确的行为规范，促进了环境保护意识的提升和环保责任的落实。随着社会经济的发展和各界对环境保护的日益重视，这些法规的完善与实施将继续发挥关键作用，为实现可持续发展目标提供保障。

（5）环境标准

中国的环境标准体系是一个多层次、全面覆盖的管理框架，主要包括以下几类标准。

1）污染物排放标准

这些标准规定了各种污染物（如废水、废气、固体废物等）的最大允许排放浓度和总量。例如，《大气污染物综合排放标准》（GB 16297—1996）设定了工业企业废气中的二氧化硫、氮氧化物和颗粒物的排放限值；水污染物排放标准则规定了不同类型污水的排放标准，如生活污水和工业废水的处理要求。此外，还有许多专门为特定行业或领域制定的标准，针对行业内的环境管理和污染控制，以适应其特殊或高污染的特性。例如，《石油化学工业污染物排放标准》（GB 31571—2015）、《火电厂大气污染物排放标准》（GB 13223—2011）、《无机化学工业污染物排放标准》（GB 31573—2015）等。

2）环境质量标准

此类标准规定了环境各要素（如空气、水、土壤等）的质量要求。例如，《环境空气质量标准》（GB 3095—2012）设定了各类污染物在空气中的浓度限值，以保障空气质量；《地表水环境质量标准》（GB 3838—2002）则规定了水体的不同用途所需达到的水质标准。这些标准为环境保护提供了明确的目标，确保生态环境的健康和安全。

3）环境基础标准和方法标准

这些标准涉及环境监测、评估和分析的技术规范，确保监测数据的准确性和可比性。例如，《地表水环境质量监测技术规范》（HJ 91.2—2022）规定了地表水环境质量监测的布点与采样、监测项目与分析方法、监测数据处理、质量保证与质量控制等内容。《环境空气质量手工监测技术规范》（HJ 194—2017）则规定了环境空气质量手工监测的点位布设，采样时间和频率，样品的采集、运输和保存，监测分析方法，数据处理，质量保证和质量控制等技术要求。

从行政管理层次的角度来看，环境标准又可以分为两个层级：

① 国家标准。由国家级的环境保护部门制定，这些标准适用于全国范围内，涵盖环境保护的各个方面，具有法律效力，确保各地区在环境保护上有统一的要求。这些国家标准为地方政府和企业提供了基本的环境管理依据。

② 地方标准。各地方政府根据本地区的环境特点和实际情况制定的标准，允许地方在国家标准的基础上设定更严格的要求，以更好地适应地方的生态环境和经济发展需求。例如，北京市制定了更为严格的《大气污染物综合排放标准》（DB11/ 501—2017），针对机动车和工业排放提出了更低的限值；山东省则出台了《海水养殖尾水排放标准》（DB37/ 4676—2023），以规范当地的海水养殖尾水排放管理，促进水产养殖业的污染防治与绿色健康发展。

通过这些标准的实施，中国致力于提高环境保护的整体水平，推动可持续发展，确保公众健康与生态安全。上述各类标准的有效结合与执行，使得环境管理工作更加科学、系统，促进了社会经济与环境的协调发展。

（6）环保纠纷解决程序法律法规

环保纠纷解决程序法律法规是针对环境保护领域中行政、民事和刑事责任追究的程序性法律规范。这些法律法规的核心目标是确保所有环境保护法律法规的实施都遵循合法、公正的程序，从而有效维护环境权益和公众利益，促进社会的可持续发展。主要包括以下几个方面。

1）《行政诉讼法》

《行政诉讼法》为公民提起行政诉讼提供了法律依据，确保公民在面对行政机关的环境保护决策时，能够依法维护自己的环境权益。该法详细规定了行政诉讼的程序、条件以及诉讼的具体步骤，保障公民对行政行为的合法性提出异议。通过这一法律，公民可以对涉及环境保护的行政行为（如环境影响评价的批准、污染物排放许可等）提起诉讼，寻求法律救济，确保其合法权益不受侵害。这一机制不仅为公民提供了维权的渠道，也对行政机关的决策过程形成了有效的监督。

2）《民事诉讼法》

《民事诉讼法》确保因环境污染造成损害的受害者能够依法请求民事赔偿，维护其合法权益。受害者可以通过民事诉讼要求污染者赔偿因环境损害所造成的经济损失和精神损害。

《民事诉讼法》（2023）第五十八条规定："对污染环境、侵害众多消费者合法权益等损害社会公共利益的行为，法律规定的机关和有关组织可以向人民法院提起诉讼。"这一措施增强了环境责任的落实，促进了对环境侵权行为的法律威慑。此外，民事诉讼的程序相对简单，受害者可以通过简化的举证责任来降低维权成本，鼓励更多人参与到环境保护的行动中来。

3）《刑事诉讼法》

《刑事诉讼法》针对环境犯罪行为提供了刑事追责的程序框架，确保对严重环境违法行为施加法律制裁。这一法律框架明确了环境犯罪的界定，如非法排放污染物、破坏生态环境等，违法者可能面临罚款、监禁等刑事处罚。通过严格的刑事追责机制，维护社会公共利益和生态安全，增强社会对环境保护的重视。同时，刑事诉讼法的实施也有助于形成对企业和个人的震慑作用，促使其在生产和生活中更加重视环保合规。

4）《行政复议法》

《行政复议法》为对行政行为不服的公民提供了复议渠道，确保行政行为的合法性与公正性。公民可以通过行政复议请求对环境保护相关的行政决定进行重新审查，以保护自身的合法权益。此法为公民提供了一种非诉讼的救济方式，减少了因环境行政决策引发的法律纠纷，提高了行政决策的透明度和公众参与度。在许多情况下，行政复议能够快速有效地解决纠纷，避免了漫长的诉讼程序。

5）专门法规和实施细则

除了上述法律法规，还有一些专门针对环境行政的法规和实施细则。例如，《生态环境行政处罚办法》（2023年5月8日生态环境部令第30号公布，自2023年7月1日起施行）明确了生态环境行政处罚的具体程序和标准，增强了环保执法的透明度和公正性。这一办法规定了违法行为的认定、处罚的种类及其执行程序，为环保执法提供了明确的操作指引，确保执法过程的规范化。

此外，《生态环境领域行政许可事项实施规范》（生态环境部办公厅2023年2月6日印发）

为生态环境领域的行政许可程序提供了详细指导，确保许可审批的科学性和合规性。这些规范的实施有效提升了环境行政管理的效率和公信力，使得环境保护工作更加系统化和专业化。

通过这些法律法规的完善与实施，中国在环境保护领域的纠纷解决机制不断得到加强，为生态环境的保护和可持续发展提供了有力的法律支持。

（7）其他部门法中的环境保护规范

在我国法律体系中，多个部门法中均包含与环境保护相关的规范，这些法律条款共同构成了全面的环境保护法律框架。这些规范不仅涵盖了环境保护的基本原则，还确保了在各个法律领域内对生态环境的保护和可持续发展的重视。以下是几个主要法律领域中与环境保护相关的规定。

1）《民法典》

2020 年颁布的《民法典》，在第七章"环境污染和生态破坏责任"中，对违反国家保护环境防止污染的规定，污染环境造成他人损害所应当承担的民事责任进行了详细的法律界定。这些条款为环境受害者提供了明确的法律依据，确保其合法权益得到有效保护。通过这一法律，受害者可以要求污染者赔偿因环境污染造成的损失，如医疗费用、财产损失和精神损害等，促进了环境责任的落实。

2）经济法

经济法也涉及经济活动对环境的影响，强调在推动经济发展的同时，必须协调好经济增长与环境保护之间的关系。这一法律框架旨在促进可持续发展，确保经济活动不对生态环境造成不可逆转的损害。相关法律规定了企业在生产经营过程中的环保责任，鼓励企业采取清洁生产和节能减排措施，推动绿色经济的发展。

3）行政法

行政法明确了行政机关在环境管理中的职责，规定了环境监管、执法及相关程序，确保环境管理的有效性和公正性。行政法的实施使得行政机关能够更好地履行环境保护的职能，维护公共利益。通过建立透明的行政执法程序，公众可以更有效地监督环境管理的执行，确保政府在环境保护方面的责任得到履行。

4）《刑法》

《刑法》明确规定了破坏环境资源保护罪，近年来在《刑法修正案》中增加了多项与环境保护相关的犯罪行为。1997 年 3 月 14 日，中华人民共和国第八届全国人民代表大会第五次会议通过了《刑法修订草案》，修订后的《刑法》自 1997 年 10 月 1 日起正式施行。这次修订明确规定了破坏环境资源保护罪，标志着我国环境刑事立法的重大进展。有关环境犯罪的最重要和最新的修订版本是 2020 年 12 月 26 日通过的《中华人民共和国刑法修正案（十一）》，此次修正进一步强化了环境保护的法律规范（2023 年最新修订的《刑法修正案（十二）》修订的主要是社会经济领域事务的相关条款，仅在行贿罪中添加了一条有关生态环境的内容）。新《刑法》分则第六章第六节，设立了 9 个条文（第 338 至～第 346 条），涵盖了 14 种破坏环境资源保护的犯罪行为，这些规定为打击环境犯罪提供了法律依据，体现了国家对环境保护的重视。具体包括：a. 重大环境污染事故罪；b. 非法进境倾倒、堆放、处置固体废物罪；c. 擅自进口固体废物罪；d. 非法捕捞水产品罪；e. 非法猎捕、杀害珍贵、濒危野生动物罪；f. 非法收购、运输、出售珍贵、濒危野生动物及其制品罪；g. 非法狩猎罪；h. 非法占用耕地罪；i. 非法采矿罪；j. 破坏性采矿罪；k. 非法采伐、毁坏珍贵树木罪；l. 盗伐林木罪；m. 滥伐林木罪；n. 非法收购盗伐、滥伐的林木罪。

对于上述 14 种犯罪行为，《刑法》规定的惩罚措施包括管制、拘役、有期徒刑、罚金以及没收财产等。这些严格的法律规定不仅增强了对环境犯罪的威慑，也为环境保护提供了有力的法律保障。

此外，新刑法还涉及与破坏环境资源保护罪相关的一些其他犯罪，主要包括三个方面：

① 可能造成或者导致严重的环境污染和资源破坏的危害公共安全罪。如放火罪、决水罪、爆炸罪、投毒罪，以及以其他危险方法危害公共安全的犯罪、重大责任事故罪、危险物品肇事罪（第 136 条）。

② 可能导致环境污染的走私罪。例如走私固体废物罪。

③ 可能导致环境污染和资源破坏的渎职罪。包括滥用职权罪、玩忽职守罪、国家机关工作人员徇私舞弊罪、违法发放林木采伐许可证罪，以及环境监管失职罪（第 408 条）。

通过这些法律规范的完善与实施，我国在环境保护领域的责任追究机制得到了显著增强，为保护生态环境、维护公共安全提供了坚实的法律基础。这些法律条款的实施不仅有助于打击环境犯罪，还促进了公众对环境保护的关注和参与，形成了全社会共同维护生态环境的良好氛围。

（8）国际环境保护公约

国际环境保护公约是我国环境法体系的重要组成部分，涵盖了多项国际条约中的环境保护规范。这些公约不仅为我国的环境保护提供了国际法律依据，也推动了国内法律法规的完善和实施。

1）分类

国际环境保护公约可以分为如下两大类。

① 一般性国际条约中的环境保护规范。我国参加并批准了多个国际环境公约，这些公约在环境保护领域发挥了重要作用，对我国的环境法律法规产生了深远的影响。例如，《联合国海洋法公约》确立了海洋资源的可持续利用原则，强调了各国在保护海洋环境方面的责任和义务。这一公约为我国在国际海洋环境保护和资源管理方面提供了法律依据，推动了相关法律法规的制定与完善，促进了我国海洋生态环境的保护。另一个重要的例子是《联合国气候变化框架公约》。该公约促使我国加强对温室气体排放的控制，推动可再生能源的开发与利用，从而促进国家的可持续发展战略。随着全球气候变化问题的日益严重，我国在这一框架下积极参与国际合作，努力履行减排承诺，推动低碳经济的发展。

② 专门性国际环境保护条约中的环境保护规范。这类条约专注于特定的环境问题，包括但不限于：a.《维也纳公约》及其《蒙特利尔议定书》，旨在保护臭氧层，限制和逐步淘汰对臭氧层有害的物质的使用；b.《巴塞尔公约》，规范危险废物的跨境转移与处置，以防止危险废物对环境造成的危害；c.《生物多样性公约》，强调保护生物多样性、可持续利用生物资源和公平分享利益的原则；d.《湿地公约》（拉姆萨尔公约），旨在保护重要湿地及其生态系统，促进可持续利用。

这些国际公约的参与和实施，不仅促进了我国环境立法的国际化进程，还为我国在全球环境治理中发挥更大作用提供了法律支持。同时，国际条约所倡导的原则和标准，帮助我国在环境保护方面与国际接轨，提高了环保工作的科学性和有效性，推动了环境治理的法治化进程，增强了社会各界对环保问题的关注与参与。

2）国际公约的效力

国际环境保护公约的效力通常优先于国内法（声明保留条款除外），这意味着在法律适用上，国际公约应当被优先考虑。然而，由于国际公约内容相对不够细化，以及属地管理的原则性要求，在具体的执法和司法过程中，往往不宜直接简单地引用国际条约作为解决纠纷的依据。

国际公约为我国环境法的制定和实施提供了重要的国际标准和参考框架，但在具体执行时，仍须结合我国的国情以及现行法律体系进行适度的调整和完善。这样，才能确保国际标准与国内实际相结合，提高环境保护工作的有效性与可操作性。

综上所述，我国环境保护法体系是一个多层次、多领域的法律框架，涵盖了《宪法》、基本法、单行法、行政法规、环境标准、环保纠纷解决程序法律法规、其他部门法规的环境保护规范以及国际环境保护公约等多个方面。随着环境问题的不断演化和社会经济的持续发展，环境法体系也在不断完善与发展。未来，我国需要进一步加强环境法体系的建设，确保法律的有效实施与执行，促进环境保护与经济发展的协调，实现可持续发展目标。通过构建完善的环境法体系，推动生态文明建设，为实现人与自然和谐共生的目标奠定坚实的法律基础。

8.3　2014年的新版《环境保护法》简介

2015年1月1日起我国实施了新版《环境保护法》（以下简称《环保法》），这部法被广泛称为"带牙齿的《环保法》"。与旧版《环保法》相比，新法在多个方面进行了显著的修订和完善，其核心变化体现在以下几方面：增加了许多重要内容，新增了明确的政府责任、企业责任和责任人责任等多方责任，大幅提高了对环境违法行为的处罚力度。这一系列的变化，不仅推动了我国生态环境保护工作和环保产业的发展，也极大地增强了政府、企业和公众对环保的重视程度。此外，新法的实施也为环保及相关专业人才的就业创造了更大的市场需求，使得环保专业人才在实业界的重视程度和职业地位得到了显著提升。为何会如此，从新旧《环保法》的对比就可以看出端倪。

新版《环保法》在条款数量和内容深度方面都有显著增加。以下是对新旧《环保法》的详细对比分析。

（1）第一章（总则）

新版《环保法》在总则部分进行了重要的修订。首先，在第一条中明确提出"推进生态文明建设"，这一表述在旧版中并未涉及，代表着国家对生态文明建设的重视和承诺。新版总则第四条将环境保护纳入我国的基本国策，使环境保护的地位在国家层面得到了显著提升。同时，新版保留了旧版第四条中关于国家环境保护规划必须纳入国民经济社会发展规划的相关条款，并对其进行了更详细的说明，确保了环境保护与经济社会发展之间的协调，也进一步提升了生态环境保护资金投入的保障。

新版第七条明确了环境保护信息化建设的具体要求，这在旧版中并未提及。信息化手段在日常的环境管理和监督中发挥着基础性作用，能够提高环境监管的效率和透明度。新法第六条明确规定，地方各级人民政府应对本行政区域的环境质量负责。这一规定不仅强调了环保部门的责任，也将环境保护的责任扩展到了地方政府，促进了公权力部门乃至全社会对环境保护的重视。新《环保法》第八条和第九条同样具有重要意义。第八条中规定，各级人民政府应当加大保护和改善环境、防治污染和其他公害的财政投入。第九条中规定，应当加强环境保护宣传和普及工作，教育行政部门、学校应当将环境保护知识纳入学校教育内容，同时，媒体在环境保护中的舆论监督作用也得到了强调。最后，新版第十二条新增规定每年 6 月 5 日为"环境日"，旨在提升公众的环保意识，促进全民参与环境保护活动。

（2）第二章（监督管理）

新版《环保法》在监督管理方面也进行了细化和强化。新版第十三条对环境保护规划的要求更加明确，不仅要求在国民经济社会发展规划中包含环保内容，还要求专门编制国家和地方的环境保护规划，并规定了明确的组织程序和内容要求，包括生态保护和污染防治的目标、任务及保障措施，并且要与城市的主体功能区规划、土地利用总体规划、城乡规划等相衔接。

新法第十四条强调在制定经济和技术政策时，必须充分考虑对环境的影响，这体现了对环境问题进行系统分析的思想，强调环境与经济之间的关系。新法第十五条和第十六条是对老《环保法》的拓展，扩展了地方政府在污染物排放标准和环境质量标准制定方面的权限，允许地方政府制定严于国家标准的地方环境质量标准，增强了地方在环境保护中的主动性和灵活性。在老《环保法》中（主要是第十条），关于污染物的排放标准，规定地方可以制定严于国家的标准，而在新《环保法》中，不仅仅是污染排放标准，环境质量标准上同样可以由省、自治区、直辖市人民政府来制定严于国家标准的地方环境质量标准。

新版《环保法》第十七条提出建立监测数据共享机制，确保监测数据的透明和可用性，提升环境监测的效率和公信力。同时，监测机构及其负责人员需对监测数据的真实性和准确性负责，进一步提升了环境监测的权威性。新版《环保法》第十九条与环境影响评价相关，强调对国民经济、国土及自然资源等方面的开发利用规划进行环境影响评价，未依法进行环境影响评价的项目不得组织实施或开工建设。新版《环保法》第二十四条赋予县级以上环境保护主管部门对排污单位进行现场检查的权利，被检查单位需如实反映情况并提供必要资料。同时，实施检查的单位应为被检查者保守商业秘密。

新版《环保法》第二十条主要针对一些跨行政区域的环境污染、生态破坏问题，新、旧《环保法》中都提出协商解决，或由上级人民政府协调解决的办法，而新版中补充提出，对一些重点区域、流域的上述问题，由国家建立联合防治协调机制，实行统一的规划、统一标准、统一监测、统一的防治措施。新版《环保法》第二十一至第二十三条主要涉及日常行政管理，要求在财政、税收和价格等方面对环境保护活动给予支持和鼓励。

第二十五条是新版《环保法》"带牙齿"特征的体现，对于那些违反相关法律法规排放污染物、造成或可能造成严重污染的企事业单位或经营者，环保主管部门等可以对造成污染排放的设施、设备进行查封、扣押。新版《环保法》第二十六条明确实施环境保护目标责任制和考核评价制度，考核结果应向社会公开。这个制度属于我国的环境保护八项制度之一，早在 1998 年全国第三次环境保护工作会议上就已提出并开始推行，直到新版《环保法》才被明确写入环境基本法。新版《环保法》第二十七条规定县级以上人民政府需向本级人民代表大会或人大常委会报告环境状况及环境保护目标完成情况，并及时向后者报告重大环境事件发生情况。

（3）第三章（保护和改善环境）

新《环保法》第二十八条相比于老《环保法》的第十六条，也更加完善，除了明确责任主体外，还规定，对于没有达到国家环境质量标准的重点区域、流域的有关地方人民政府，应当制定限期达标规划，并采取措施按期达标。新法第二十九条提出划定生态保护红线，类似于农田保护红线，划定后应严格保护。这一措施旨在保护生态敏感区域，维护生态平衡。

第三十条强调保护生物多样性，要求建立健全生态保护制度。这一要求与当前全球生物多样性保护的趋势相契合，反映了我国对生态保护的重视。第三十一条提出建立健全生态保护补偿制度，确保生态保护工作得到有效支持。退耕还林还草等项目的实施便是这一制度的具体体现。这个制度早在此次立法之前就开始实施，已执行多年的退耕还林还草就是一个大规模的典型范例。但正式进入环保基本法则是直到 2014 年的新《环保法》中才被明确提出。

新法第三十二至第三十六条与旧法相比变化不大，主要是对生态环境保护的基本要求进行重申。新版《环保法》第三十七条和第三十八条明确提出垃圾分类和回收的要求，体现了当前社会对垃圾减量和资源回收的重视，推动形成绿色生活方式。

（4）第四章（防治污染和其他公害）

新版《环保法》第四十条提出国家促进清洁生产和资源循环利用，这一条也是已有的环保制度在最高层次的环保基本法中的第一次提出，起到再次重申并与其他现有法律制度互相呼应的作用。新《环保法》的第四十二条相比旧《环保法》增加了不少内容，包括要求排放污染物的企事业单位建立环境保护责任制度，明确单位负责人和相关人员的责任；排污单位应该按照国家有关规定和监测规范，安装使用监测设备，并保证这些设备正常运行，保存原始的监测记录；严禁通过暗管、渗井、渗坑、灌注或者篡改、伪造监测数据，或不正常运行防治污染设施等逃避监管的方式违法排放污染物。新《环保法》第四十三条对排污收费制度进行了修改，明确征收环境保护税的地区不再征收排污费，简化了收费机制。

新《环保法》第四十四条提出实行重点污染物排放总量控制制度，强调对超过总量控制指标的地区，暂停审批新增重点污染物排放总量的建设项目环境影响评价文件。事实上，在以前的环保单行法中，污染物排放总量控制制度已经被确立，是在《大气污染防治法》和《水污染防治法》中分别提出的。此次新《环保法》则是第一次在最高层次的环保基本法中统一作出这一制度性的规定。第四十五条正式提出推行排污许可管理制度，确保排污单位在法律框架内合法排污。

第四十六条则从环境管理、环境保护角度，对于工农业生产技术提出了要求。对于严重污染环境的工艺设备产品实行淘汰制度，禁止引进不符合我国环境保护规定的技术设备、材料和产品。例如，前些年媒体报道多的"洋垃圾"，在新《环保法》实施后，就不再允许进入我国。第四十七条中，县级以上人民政府应当建立环境污染公共监测预警机制，而企业则需按照相关规定制定突发环境事件应急预案，从而更好地保障环境安全。第四十九条和第五十条分别对农业生产中的施肥、灌溉等环节及农村生活废弃物处置提出要求，强调农业生产和农村环境保护的重要性。第五十二条鼓励投保环境污染责任保险，增强企业对环境责任的重视。

（5）第五章（信息公开和公众参与）

旧版《环保法》中没有这一章，该部分主要是新《环保法》新增内容。该章主要包括国家相关部门或排污单位等的信息公开制度建设要求，以及公众有权获取相关信息并参与环境保护，监督环境保护的实施。新《环保法》第五十八条规定，对污染环境、破坏生态，损害社会公共利益的行为，符合下列条件的社会组织可以向人民法院提起诉讼：a. 依法在设区的市级以上人民政府民政部门登记；b. 专门从事环境保护公益活动连续五年以上且无违法记录。这一规定放开了社会组织的诉讼权，使得符合诉讼资格的公益诉讼主体已经从最初方案的一两家，扩大至超过 300 余家。此举被舆论评论为"环保新法为公益诉讼注入'强心剂'"。

（6）第六章（法律责任）

第六章是新版《环保法》的重要变化之一，体现了新法的"牙齿"。

首先，新版《环保法》第五十九条中规定，因违法排放污染物受到罚款处罚，被责令改正，拒不改正的，次日起可按照原处罚数额按日连续处罚。这一制度的实施大大提高了违法成本，遏制了环境违法行为的发生，逐步杜绝了"守法成本高，违法成本低"的现象。

新版《环保法》第六十条规定，环境保护主管部门可对涉及生态环境破坏的违法行为采取限制生产、停产整顿等措施，情节严重的可报请有批准权限的人民政府责令停业、关闭。

新版《环保法》第六十一条扩大了环保主管部门的权力，在当事方违反环评要求的情况下，环境保护主管部门可以责令其停止建设，处以罚款，并可责令恢复原状。

新版《环保法》第六十二条对信息不公开或不如实公开的重点排污单位，环保主管部门具有相应管理和处罚权。

新版《环保法》第六十三条则对一些违法但不构成犯罪的行为所受处罚进行补充说明，主要包括四种情况：a. 违反法律规定，未取得排污许可证排放污染物，被责令停止排污，拒不执行的；b. 建设项目未依法进行环境影响评价，被责令停止建设，拒不执行的；c. 通过暗管、渗井等方式或篡改、伪造监测数据，或不正常运行防治污染设施逃避监管的方式违法排放污染物的；d. 生产、使用国家明令禁止生产、使用的农药，被责令改正，拒不改正的。对于以上行为，除按照有关法律法规规定进行处罚外，县级以上环境保护主管部门有权将案件移送公安机关，按情节轻重，对其处以十日以上十五日以下拘留，或五日以上十日以下拘留。

新版《环保法》第六十四条的修订也是一个比较重大的进展，是对公众环境保护诉讼权利的重要保障。受到污染损害或者生态破坏受到损害的，可以直接按照《民法典》要求对方承担侵权责任。

第六十五至第六十八条对连带责任、诉讼期限、环保部门的自我监管和处罚方面进行了详细规定，确保环保法的有效实施。

第六十九条明确规定，违反本法规定，构成犯罪的，依法追究刑事责任。这一条款的实施为环境保护提供了更为严厉的法律后盾。

综上所述，2014年的新版《环保法》之所以被称为"带牙齿的环保法"，是因为其在内容的详细程度和处罚力度上都有了显著提高，成为中国历史上最为严格的一部《环保法》。通过对新旧《环保法》的对比，我们可以看到，新法不仅在法律条款上进行了全面的提升，更在执行力度和社会参与方面作出了重要的创新。

自2015年新版《环保法》实施以来，我国的环境保护工作取得了显著进展，体现了新法的严格程度和有效性。此外，第六十九条中提到的刑事责任的判定依据，是最高人民法院和最高人民检察院出台的《关于办理环境污染刑事案件适用法律问题的若干解释》，这一解释详细列出了各类具体情形及其相应的刑事惩罚，为环境保护提供了更为坚实的法律保障。这些变化不仅促进了我国生态环境的保护与改善，也为实现可持续发展目标奠定了坚实的法律基础。

📚 拓展阅读

有关复杂管理工程问题应对的讨论题

复习思考题（答案请扫封底二维码）

问题 1. 我国的排污收费制度被废止了吗？

问题 2. 我国现行环境法体系的组成包括哪几个方面？

问题 3. 大陆法系和海洋法系有何区别？

问题 4. 国际环境保护公约包括哪两类？

问题 5. 简述世界环境公约对我国环境治理进程的机遇与挑战。

问题 6. 如果你在企业的环境保护工作中遇到这样一个局面：在排污未达到国家标准的情况下，企业经理或老总要求你配合产品生产而故意偷排污染物，你将如何处理？

问题 7. 为什么说 2014 年的新版《环保法》是"带牙齿的环保法"？

第9章 | 环境规划与管理的理论基础

环境规划与管理在应对全球环境问题及促进可持续发展方面扮演着至关重要的角色。随着经济的快速增长和城市化进程的加速，环境问题愈加显著，诸如气候变化、资源枯竭、生物多样性丧失以及各类污染等现象频繁发生。这些问题不仅对生态环境的健康构成威胁，还给人类的生存与发展带来了严峻的挑战。因此，建立科学的环境规划与管理理论基础显得尤为迫切和重要。

在介绍环境规划与管理的理论基础时，各类教材和文献的写作风格和内容各有不同。本教材在介绍环境规划与管理的理论基础时，主要从纯学理的角度出发，系统地梳理和概括了几种广泛应用于学术界和环境专业领域的基础理论。

具体来说，环境规划与管理的理论基础涵盖了多个学科领域，主要包括系统工程学理论、生态学理论、环境经济学理论以及环境伦理学等。这些理论为环境规划与管理提供了不同的视角和方法论，使得在进行环境规划与管理时能够综合考虑经济、社会和环境三个维度的相互影响。通过这种多维度的理论框架，决策者能够制定出更加科学合理的政策和措施，从而实现更为有效的环境规划与管理效果，推动可持续发展的目标。

9.1 系统工程学理论

9.1.1 系统工程学理论概述

系统工程学（systems engineering）是一种跨学科的方法论，旨在通过综合考虑系统的各个组成部分及其相互关系，以设计、分析和管理复杂系统。其核心思想在于将系统视作一个整体，而不仅仅是简单地将各个部分相加。这一方法特别关注如何有效地将各个组成部分整合为一个功能全面、性能卓越的系统，以满足特定的需求和目标。

系统工程学的核心思想和关键环节包括以下几个方面：

① 系统思维。系统思维是系统工程学的基础，强调从整体的角度理解和管理系统，而不仅仅是关注系统的个别部分。系统工程分析方法强调需要深入了解系统的整体结构、功能以及系统内各个组成部分之间的相互关系，从而确保各部分能够有效协同工作。

② 生命周期管理。这一环节关注系统从概念阶段到最终报废的整个生命周期，涵盖需求定义、设计、实施、测试、运行和维护等各个阶段。有效的生命周期管理能够确保系统在其整个运行周期内保持最佳性能和效益。

③ 集成与协调。系统工程学强调将不同的技术和工程学科有效集成，以实现系统的整体目标。这一过程涉及对各个子系统的协调与优化，确保它们能够无缝连接并共同发挥作用。

④ 需求分析与建模。需求分析与建模是系统工程的重要技术环节，包括识别系统需求、制定系统规格、建立系统模型，并通过仿真和优化来评估不同设计方案的效果。这一过程有助于确保设计方案能够满足用户（或利益相关方）的实际需求，并在实施前进行有效的验证。

⑤ 风险管理。风险管理是系统工程学中不可或缺的一部分，涉及识别、分析和应对系统开发与运营过程中可能出现的各种风险。通过有效的风险管理措施，可以确保系统的可靠性和有效性，从而降低潜在的损失和故障发生的可能性。

简言之，系统工程学的上述核心思路和方法，可以为环境规划与管理提供重要的理论支持和实践指导，通过其系统化的方法论，能够帮助决策者更好地应对复杂的环境挑战，实现可持续发展目标。

9.1.2　系统工程学理论在环境规划与环境管理中的应用

系统工程学理论为环境规划与环境管理提供了一套系统化的工具和方法，帮助有效应对环境问题的复杂性。以下是系统工程学理论在环境规划与环境管理中的具体应用方法。

（1）系统工程学理论在环境规划中的应用

环境问题通常涉及生态、经济、社会等多个方面，系统工程学能够帮助规划者从整体上理解这些相互关联的因素，从而制定出综合性的环境规划方案，确保各方面的协调发展。

① 问题定义与需求分析。在环境规划的初期，系统工程学的方法可以帮助明确环境问题和需求。例如，在城市扩展规划中，运用系统工程的需求分析思路，可以有效识别出关键环境问题，如空气质量、水环境质量、水资源利用和生物多样性保护等。这一过程不仅有助于厘清问题的根源，还能为后续的规划提供明确的方向。

② 系统建模与仿真。系统建模和仿真技术可以用于预测不同环境规划方案的影响。例如，生态模型、水质模型、大气质量模型和交通流量模型等可以模拟不同规划方案下的环境效果。这些模拟结果能够为决策者提供数据支持，使他们能够选择最优方案，最大程度地减少环境负担和经济代价。

③ 多目标优化。环境规划通常涉及多个目标，例如经济发展和环境保护的平衡，以及不同生态环境子目标之间的平衡等。系统工程学中的多目标优化技术可以帮助在多个目标之间找到最佳平衡点，确保环境保护与经济效益的双重实现。通过优化算法，规划者能够评估不同策略的综合效果，选择出最符合可持续发展目标的方案。

④ 利益相关者参与。环境规划和环境管理的过程中，往往会涉及多个利益相关者。系统工程学能够通过建立多方协作机制，促进各方的沟通与合作，确保规划方案的可接受性与可行性。这一机制不仅增强了透明度，还能提高决策的科学性和有效性。

⑤ 风险管理。系统工程学中的风险管理方法可以用于评估和应对环境规划中的不确定性。例如，在考虑气候变化对城市规划的影响时，可以利用风险管理技术识别潜在风险，制定相应的应对措施，从而确保规划的稳健性和适应性。

（2）系统工程学理论在环境管理中的应用

环境管理与环境规划有所不同，前者是一个持续的、日常性的过程，相比之下，环境规划通常是在较长时间内（比如五年）一次性制定的。应用系统工程学理论的角度和方式在这两者之间既有共通之处，也存在不同的侧重点。系统工程学理论在环境管理中的应用，主要包括以下几个方面：

① 系统监测与控制。环境管理需要对环境质量进行持续的监测。基于系统工程学思想的监测与控制技术可用于建立实时监测系统，并根据监测数据调整管理措施。例如，建立空气质量监测网络，实时跟踪污染物水平，并在必要时采取减排措施和工程治理方法，以保障环境质量。

② 反馈机制与改进。系统工程学强调反馈机制，即通过监测和评估管理效果，及时调整策略。环境管理可以通过建立反馈机制，定期审查管理效果，发现问题并进行改进，从而不断提高管理水平。这种动态调整的能力使得环境管理能够灵活应对变化和挑战。

③ 生命周期评估。生命周期评估（LCA）是系统工程学中的一个重要工具，用于评估产品或项目在其整个生命周期内的环境影响。在环境管理中，已经在广泛使用LCA方法评估不同产品或项目的环境足迹，指导资源的合理使用和污染的减少，从而促进可持续的生产和消费模式。

④ 集成与协调。环境管理涉及多个部门和组织的协调与合作。系统工程学中的集成方法可以帮助实现不同部门和组织之间的有效协调，确保各方朝着共同的环境管理目标努力。例如，在水资源管理中，系统工程分析方法可以帮助整合水环境保护、水资源管理、农业、工业和城市用水的需求和政策，形成合力，以更好地应对水资源的挑战。

综上所述，系统工程学理论在环境规划与管理中的应用，不仅增强了决策的科学性和系统性，还为可持续发展提供了坚实的理论基础与实践指导。

9.1.3 案例介绍

系统工程学理论在环境规划与管理中的应用实例能够帮助我们更深入地理解其实际价值。以下是两个简化的案例，展示了系统工程学在城市水资源管理和生态修复项目中的有效应用。

（1）案例1：城市水资源管理

背景：在许多城市中，水资源管理面临着供需不平衡、污染以及气候变化等多重挑战。系统工程学可以为城市制定更有效的水资源管理策略提供科学依据和方法支持。

应用过程如下：

① 需求分析。通过数据收集和分析，全面评估城市的水需求，涵盖家庭用水、工业用水和农业灌溉等多个方面。这一分析帮助城市了解不同用户的用水模式和需求量，从而为后续决策提供基础。

② 系统建模。建立一个综合性的水资源管理数学模型，考虑水源（如河流、湖泊和地下水）、供水基础设施（如水管网和泵站）以及用水需求之间的相互关系。该模型能够反映出水资源的流动与分配，为优化管理提供依据。

③ 仿真与优化。运用计算机模拟工具测试不同的水资源管理方案，例如雨水收集、废水回用和供水管网优化。通过模拟不同情境下的方案效果，决策者能够识别出最佳方案，以满足未来的水需求，确保水资源的高效利用。

④ 风险管理。识别潜在的风险因素，如自然灾害（洪水、干旱）、基础设施故障等。制定相应的应对措施，以降低这些风险对供水系统的影响，确保供水的稳定性和可靠性。

⑤ 利益相关者参与。邀请政府部门、居民和企业等各类利益相关者参与规划过程，确保方案的可接受性和可行性。通过多方协作，增强方案的实施效果和社会认可度。

结果：通过系统工程学的方法，该城市能够实现更高效的水资源管理，显著减少水资源的浪费，提高供水的可靠性，同时增强应对气候变化的能力。

（2）案例 2：生态修复项目

背景：在某些地区，生态系统遭受了严重的破坏，如湿地退化或森林砍伐。系统工程学可以帮助设计有效的生态恢复项目，以恢复生态功能和生物多样性。

应用过程如下：

① 系统评估。对受影响区域进行全面的生态评估，识别关键的生态组成部分（如植物、动物和土壤）及其相互关系。这一评估为后续的恢复工作提供了科学依据。

② 目标设定。根据生态评估结果，设定明确的恢复目标，例如恢复特定物种的栖息地、改善水质或增加生物多样性。这些目标为后续的实施提供了具体方向。

③ 设计恢复方案。设计一个综合的生态恢复方案，包括植被恢复、湿地重建和水资源管理等措施。确保各项措施相互协调，形成一个整体的恢复系统，以实现最佳的恢复效果。

④ 实施与监测。在实施恢复方案的同时，建立监测系统，持续跟踪生态恢复的进展，评估各项措施的效果。通过定期的监测，确保恢复工作的有效性。

⑤ 反馈与调整。根据监测结果，及时调整恢复方案，以应对实际情况中的变化，确保生态恢复的成功。通过灵活的管理策略，提高项目的适应性和有效性。

结果：通过系统工程学的应用，该地区的生态修复项目有效改善了生态环境，恢复了生物多样性，提高了生态系统的服务功能，如水源涵养、土壤保持和气候调节。

上述两个简要的案例展示了系统工程学理论在环境规划与管理中的实际应用方法和过程。通过这种系统化的思维和方法论，能够有效应对复杂的环境问题，实现可持续发展的目标。无论是城市水资源管理还是生态恢复项目，系统工程学都能够提供科学的决策支持和方法指导，帮助决策者制定更有效的管理策略。

综上，系统工程学理论为环境规划和环境管理提供了一套系统化的方法和工具。通过系统思维、建模与仿真、优化技术、风险管理等方法，系统工程学能够帮助我们更全面、科学地应对环境问题，实现环境保护与可持续发展的目标。应用这些理论和方法时，需要结合具体的环境问题和实际情况，灵活调整和应用，以确保最佳的管理效果。

9.2　生态学理论

生态学理论是一门研究生物与其环境之间相互关系的科学，涵盖了从个体到生态系统的多个层次。从个体到种群，再到群落和生态系统，生态学理论试图揭示生物如何适应环境变化、如何相互作用，以及这些相互作用如何影响整体生态系统的结构、功能和稳定性。以下将介绍生态学理论的一些关键概念、原理，以及它们在环境规划与管理中的应用方法。

9.2.1　生态学理论概述

从个体层面、种群层面、群落层面和生态系统 4 个层面简要介绍相关的生态学理论。

（1）个体层面

生态适应性理论（ecological adaptation theory）：生态适应性是指生物在环境生态因子变化的情况下，改变自身的形态、结构和生理生化特性，以适应环境的过程。生态适应性理论是研究生物如何通过适应其环境而生存和繁衍的一种理论框架，包括个体如何适应环境中的各种压力，如温度、食物供应、捕食压力等。适应性可以表现为行为上的调整（如觅食习惯的改变）、形态上的变化（如体型或颜色的适应）或生理上的调整（如代谢率的变化）。

（2）种群层面

种群生态学：种群生态学研究的是同种生物在特定时间和空间内的数量变化及其与环境的关系，包括种群的空间分布、种间关系（如竞争、捕食和共生）以及种群对环境变化的响应。种群生态学关注生物的生长、死亡、繁殖和迁移等动态过程，强调生物因素（如出生率和死亡率）与非生物因素（如资源供应）之间的相互作用。这一层面的研究有助于理解种群的动态变化及其对生态系统的影响。

（3）群落层面

群落生态学：群落生态学研究不同物种之间的相互作用，如竞争、捕食和共生等，以及这些相互作用如何影响群落的结构和动态。群落中的物种通过不同的生态位相互作用，共同维持生态平衡。

① 生态位理论：生态位理论认为每个物种在其生态系统中占据一个特定的生态位，生态位是指物种在生态系统中的"角色"，包括其食物资源利用、栖息地选择、生存策略及与其他物种的相互作用关系。这一理论解释了物种如何在有限资源中共存，强调不同物种之间的生态位分化对于维持生物多样性的重要性。

② 群落结构：群落结构研究物种组成及其相对丰度如何影响群落的稳定性和功能，包括物种多样性、丰度分布及其变化对群落的影响，用以揭示物种间的相互依赖关系及其对生态系统服务的贡献。

（4）生态系统层面

生态系统是由生物群落及其非生物环境相互作用而形成的一个动态系统。在生态系统中，能量通过不同的营养级（trophic levels）进行传递。生态系统包括生物成分（如植物、动物和微生物）和非生物成分（如空气、水和土壤），并可根据其特征分为陆地生态系统、水生生态系统和人工生态系统等不同类型。

① 生物多样性理论：生物多样性是指地球上不同生物物种、基因和生态系统的多样性，这种多样性直接影响生态系统的功能和服务。生物多样性的保护被认为是维持生态平衡和生态系统健康的关键。

② 生态平衡与稳定性理论：生态平衡是指生态系统中生物群落与环境因素之间的动态平衡。生态系统的稳定性则是指其抵御外部扰动的能力，稳定的生态系统能够有效地应对环境变化和人为干扰。

③ 生态系统功能：生态系统功能包括生态系统提供的各种服务，如水质净化、土壤形成、气候调节等。这些功能不仅对维持生态平衡至关重要，也为人类社会的可持续发展提供了基础支持。

综上，通过对以上这四个层面的生态学理论的了解和灵活运用，有助于更好地认识生物与环境之间的复杂关系，为环境规划与管理提供科学依据。

9.2.2　生态学理论在环境规划与环境管理中的应用

生态学理论为环境规划和管理提供了强有力的工具和方法，帮助制定和实施有效的环境政策和项目。以下是生态学理论在环境规划与管理中的具体应用方法。

（1）生态系统服务评估

生态学理论能够有效识别和评估生态系统提供的多种服务，如水源保护、土壤保持、碳储存和生物多样性维护等。通过系统化的评估，这些服务的价值被量化并纳入决策过程，从而为环境规划提供科学依据。这种评估有助于决策者在制定政策时充分考虑环境因素，确保资源的合理利用与保护。

（2）生物多样性保护

应用种群和群落生态学理论，可以制定针对特定物种和栖息地的保护策略。这包括识别优先保护区域，以确保生物多样性并维护生态系统的稳定性。通过监测特定物种的种群动态和栖息地状况，相关机构可以制定有效的管理措施，防止物种灭绝和生态系统退化。

（3）可持续土地利用规划

生态学理论可以为土地利用规划提供指导，帮助实现农业、城市发展与生态保护之间的平衡。通过分析生态系统的承载力，决策者能够制定可持续的土地利用政策，减少对生态系统的负面影响。这种规划方法强调在满足人类需求的同时，保护和恢复自然环境，促进生态系统的健康发展。

（4）生态修复

当生态系统受到破坏时，生态学理论为生态恢复提供必要的指导。通过深入了解群落动态和生态位，研究者可以设计适当的修复方案，促进生态系统的自我恢复和修复过程。这一过程不仅涉及物种的再引入，还包括对土壤、水源和植被的综合管理，以恢复生态功能和生物多样性。

（5）环境影响评估（EIA）

在开发项目之前，利用生态学模型预测项目对生态系统的潜在影响至关重要。通过识别关键生态要素，制定相应的缓解措施，可以确保开发活动的环境可持续性。环境影响评估不仅有助于识别潜在的负面影响，还能为决策者提供改进项目设计的建议，以减少对环境的损害。

（6）社区参与与公众教育

将生态学知识传播给公众，提升他们对生态保护的认识，是实现有效环境管理的重要一环。通过教育和社区参与，能够增强公众对生态保护的责任感，促进其在环境管理中的主动参与。这种参与不仅提高了政策的接受度，还能增强实施效果，形成全社会共同保护生态环境的合力。

（7）适应性管理

生态学理论支持适应性管理，即在管理过程中不断学习和调整策略。通过监测生态系统的变化，及时调整管理措施，以应对环境的变化和不确定性。这种灵活的管理方式使得决策者能够应对复杂的生态挑战，确保管理措施的有效性和前瞻性。

总之，生态学理论为理解生物与环境之间的相互关系提供了基础框架，并在环境规划与管理中发挥着重要作用。通过应用这些理论，我们能够更有效地进行生态系统服务评估、生物多样性保护、可持续发展规划和生态恢复等工作，从而在实现经济发展的同时，保护生态环境，促进可持续发展。这些应用不仅有助于改善生态状况，也为未来的环境政策制定提供了科学依据和实践指导。

9.2.3　生态学方法在社会经济及企业规划管理中的应用

在社会经济规划管理和企业规划管理中，生态学的方法原理同样具有重要应用价值。将一个社会经济体系、工业园区或大型企业视作一个生态系统进行规划管理，能够帮助我们更全面地理解和优化其内部的相互关系、资源利用和可持续性。这种思路强调系统内部各要素之间的相互作用及其与外部环境的关系，能够有效促进资源的高效利用、减少环境影响，并增强系统的整体韧性。具体应用方法包括以下几个方面。

（1）系统思维

系统思维强调将社会经济体系或企业视为一个整体，关注其内部各要素之间的相互作用和反馈机制。具体应用方法示例：在城市规划中，必须考虑交通、住房、商业和公共服务之间的相互关系。这种综合性思维能够实现资源的合理配置，促进可持续发展，确保不同领域的协调发展和资源的高效利用。

（2）生态位分析

生态位分析有助于识别不同经济活动或企业在市场中的位置及其竞争优势。具体应用方法示例：在工业园区的规划中，通过分析各企业的生态位（如资源利用、市场定位等），可以优化企业间的合作与竞争关系。这种分析能够促进园区内企业的协调发展，实现资源的共享与互补。

（3）资源循环利用

生态学强调自然界中的物质循环和能量流动，企业和社会经济体系可以借鉴这一原理，实现资源的循环利用。具体应用方法示例：在大型企业中，实施"零废弃"政策，通过资源回收、再利用和再制造，减少废物产生和资源消耗。例如，一些制造业企业通过建立"工业共生"网络，将一个企业的废物转化为另一个企业的原料，从而实现资源的高效利用，降低环境负担。

（4）生态系统服务评估

生态系统服务评估可以帮助理解社会经济活动对环境的影响及生态系统的价值。具体应用方法示例：在城市发展规划中，评估城市绿地、湿地等生态系统提供的服务（如空气净化、降温、洪水调节等），以指导土地利用和基础设施建设。这种评估有助于确保生态环境的保护，并提升城市居民的生活质量。

（5）适应性管理

适应性管理强调在管理过程中不断学习和调整策略，以应对复杂和变化的环境。具体应用方法示例：在企业战略规划中，定期监测市场变化和技术发展，及时调整产品线和市场策略，以保持竞争优势并应对不确定性。这种灵活的管理模式使企业能够快速适应外部环境的变化，确保长期的可持续发展。

（6）利益相关者参与

生态学强调生物多样性和生态系统的健康，社会经济规划中也应考虑不同利益相关者的需求和意见。具体应用方法示例：在大型基础设施项目的规划中，广泛征求社区、企业和政府的意见，确保各方利益的平衡和项目的可接受性。通过这种参与，能够提高政策的透明度和社会认可度，增强项目实施的有效性。

9.2.4　简要示例

（1）工业园区的生态规划

在某工业园区的规划过程中，管理者运用了生态学原理深入分析园区内企业的资源流动，从而制定了"工业共生"模式。这一模式强调了园区内各个企业之间的协作与资源共享，旨在实现资源的高效利用和环境的可持续发展。例如，园区内的化工企业在生产过程中产生的废热被有效利用，直接供给相邻的农业企业用于温室加热。这不仅降低了农业企业的能源成本，还提升了作物的生长效率。与此同时，农业企业在生产过程中产生的有机废物被转化为有机肥料，供给园区内的其他企业使用。这种循环利用的模式有效减少了废物的产生，降低了对外部资源的依赖，减少了环境污染，促进了资源的高效利用。通过这种生态规划，园区内的资源利用效率显著提高，企业之间的合作关系也日益紧密，形成了一个良性的生态循环，推动了经济的可持续发展。

（2）城市可持续发展

在一个城市的可持续发展规划中，市政府应用生态系统服务评估方法，全面评估城市公园、河流和湿地等自然资源对城市气候调节、洪水控制以及生物多样性保护的贡献。研究结果显示，城市绿地和水体不仅对改善空气质量起到了积极作用，还在调节城市气温和减少城市洪水风险方面发挥了重要的作用。

基于评估结果，政府决定增加城市绿地面积，并采取措施保护和恢复自然水体。这一决策包括建设新的城市公园，恢复被破坏的湿地和河流，并在城市规划中优先考虑生态功能。通过提升城市的生态服务功能，政府不仅改善了居民的生活质量和幸福感，还增强了城市的抗风险能力，使其在面临气候变化和环境压力时更具韧性。

此外，市政府还通过公众参与和教育活动，鼓励居民参与城市绿化和生态保护，提升社区对可持续发展的认识和参与度。这种综合性的方法确保了政策的透明度和社会的广泛支持，促进了城市的可持续发展。

（3）企业的环境管理体系

一家大型制造企业在其环境管理体系中引入了生态学方法，实施了生命周期评估（LCA）。这一评估方法对产品从原材料获取到生产、使用和废弃的整个过程进行全面分析，以评估其对环境的影响。通过识别产品生命周期中的关键环节，企业能够了解各个阶段的资源消耗、能量使用和废物排放情况。

在实施LCA之后，该企业发现某些生产环节的资源利用效率较低，导致了不必要的资源浪费和环境负担。为此，该企业优化了生产流程，采用了更环保的材料和技术，减少了资源消耗和废物排放。此外，该企业还推出了一系列更环保的产品，例如使用可再生材料的产品，这不仅符合市场对可持续产品的需求，也提升了企业的市场竞争力。

该企业还通过建立一个动态的环境管理体系，定期监测和评估其环境绩效，不断调整和改进其生产和管理策略，以适应日益严格的环境法规和市场需求。这种以生态学为基础的管理体系，帮助企业在实现经济利益的同时，积极履行社会责任，为可持续发展贡献力量。

综上，生态学理论不仅为理解自然界提供了框架，还为环境规划和管理提供了科学依据和方法，帮助实现可持续发展和环境保护的目标。将生态学原理应用于社会经济规划管理和企业规划管理，可以更全面地理解和优化系统内部的相互关系和资源利用。这种方法不仅能够提高资源效率，减少环境影响，还能增强系统的适应能力和韧性，促进可持续发展。通过具体的案例和实践，可以看到生态学方法在实际应用中的有效性和重要性，为未来的环境管理和可持续发展提供了宝贵的经验和启示。

9.3 环境经济学理论

环境经济学理论是一个跨学科的领域，它运用经济学的理论和方法来研究环境保护和资源利用问题。环境经济学认为，环境问题的产生很大程度上是由于市场失灵和政府失灵。因此，它致力于设计有效的经济激励和政策工具来纠正这些失灵，以实现环境保护和经济发展的双赢。环境经济学涉及的核心理论包括外部性理论、环境资源价值理论、公共物品理论、环境的边际代价理论以及绿色国民经济核算理论等。

以下将详细介绍这些理论，并探讨它们在环境规划与环境管理中的应用。

9.3.1 外部性理论

（1）理论概述

外部性理论是环境经济学中的一项重要基础理论，主要探讨市场交易中某一方的行为如何影响未参与交易的其他方，而这种影响又未通过市场机制得到合理反映。外部性可以分为正向和负向两种类型。正向外部性指的是某一行为对他人或社会带来的积极影响，例如生态恢复带来的美化效益和生态系统服务的提升；而负向外部性则是指某一行为对他人或社会造成的负面影响，如污染造成的健康问题和生态破坏。

在环境问题的背景下，外部性通常表现为负向外部性，例如生态破坏、环境污染和资源的过度耗竭等现象。外部性的产生源于市场机制未能充分考虑某些经济活动对社会整体的影响。在传统市场中，参与交易的双方的成本和收益被重点考虑，而环境成本往往被忽视。例如，工厂排放的废气对周边居民健康造成的损害并未体现在工厂的生产成本中，这种未内部化的社会成本使得环境资源面临过度使用和污染加剧的风险。

（2）解决方法

为了解决外部性问题，环境经济学提出了几种主要的方法，这些方法旨在将外部性内部化，从而使市场机制能够更有效地反映社会的真实成本和收益：

① 环境税。对产生污染的活动征税，税收的水平应等于污染的社会成本。通过这种方式，污染者将承担其行为带来的社会成本，从而激励其减少污染。例如，碳税旨在通过对二氧化碳排放征税来内化其环境成本，促使企业和个人采取更环保的行动。

② 补贴。对采用环保技术或进行环境保护的活动提供财政补贴，以鼓励企业和个人减少对环境的负面影响（负向外部性）。比如，政府可以对使用清洁能源的企业或个人提供税收减免，激励更多的绿色投资和可再生能源的使用。

③ 排放权交易。通过设定总量控制的排放配额，并允许在市场上交易这些配额，激励污染者寻找成本最低的减排方法。这种市场机制促进了排放权的有效配置，使得总减排成本趋于最小化，同时保持了环境质量的提升。

④ 法规和标准。通过制定各类环境保护法规和标准，直接限制污染物的排放量。这种

方法最为直接且有力，但可能缺乏灵活性和成本效益。例如，某些行业可能面临严格的排放限制，而其他行业则可能受到较少的监管，这可能导致资源配置的不均衡。

上述几种方法共同构成了社会与环境治理相关的环境规制体系，体现了在应对外部性问题时的多元化策略。值得指出的是，任何经济体系，即使是在完全自由市场的环境中，环境规制对于解决环境外部性问题也起到了关键性的作用。环境规制不仅是解决外部性问题的基石，也是实现可持续发展的重要保障。

9.3.2　环境资源价值理论

（1）理论概述

环境资源价值理论旨在探讨如何准确估算自然环境和资源的经济价值。这些价值可以细分为直接使用价值、间接使用价值、选择价值和存在价值四种主要类型。

① 直接使用价值。指人们直接利用环境资源所获得的经济收益，例如捕鱼、狩猎、采集和旅游等活动所带来的经济利益。这些活动不仅为个人和家庭带来收入，也为地方经济发展作出了贡献。

② 间接使用价值。指环境资源提供的间接服务的经济价值，例如湿地对水质的净化作用、森林对气候的调节功能以及生态系统对生物多样性的维护等。这些服务虽然不直接产生经济收益，但却对人类生活质量和生态平衡至关重要。

③ 选择价值。指人们为了未来可能使用环境资源而愿意支付的金额。例如，保护濒危物种和栖息地的价值体现了人们希望未来能够享受到这些资源带来的利益和体验。

④ 存在价值。即使人们不直接使用某个环境资源，他们仍然愿意为其存在支付的金额。这种价值通常体现在对自然遗产、珍稀动物及植物物种和生物多样性保护的支持上，反映了人类对自然的尊重和保护意识。

（2）估算方法

环境资源的价值估算主要包括以下几种方法，每种方法各有其适用范围和局限性：

① 市场价格法。通过市场交易获得直接使用价值的估算。这种方法适用于那些有明确市场价格的资源，但对于间接使用价值和存在价值的估算并不适用，因为这些价值往往不在市场上体现。

② 替代品法（替代市场法）。通过分析类似市场活动的价格来估算环境资源的间接使用价值。例如，可以利用植被覆盖率对洪水防护作用的市场化估算，借此间接反映湿地等生态系统的经济价值。

③ 旅行成本法。通过估算人们为访问某个环境景点而支付的旅行费用来估算该景点的经济价值。这种方法通过考量游客的支出，反映了人们对自然景观和生态旅游的重视。

④ 条件估计法（包括支付意愿法）。通过问卷调查等方式，估算人们对环境资源的选择价值和存在价值。这种方法通常用于评估公共物品的非市场价值，能够揭示公众对环境保护的态度和愿望。

通过上述这些方法，环境资源价值理论为我们提供了一个理解和评估自然环境及其资源经济价值的框架。这不仅有助于更好地进行资源管理和环境保护决策，也为政策制定者提供了可参考的经济依据，以实现可持续发展的目标。

9.3.3 公共物品理论

（1）理论概述

公共物品是指具有非排他性和非竞争性特征的商品和服务，这类物品的典型例子包括空气、水和国家公园等自然资源。具体而言，非排他性意味着一种产品的使用不会排除其他人使用。例如，改善空气质量的措施使得所有人都能受益，而不管他们是否为此付费。非竞争性则指一种产品的消费不会减少其他人对该产品的享用，例如，国家公园的开放使得每个人都可以享受其自然景观，而不会减少其他人的享用。

由于公共物品的这些特性，市场往往无法有效提供此类物品。缺乏直接的市场激励使得企业和个人通常不愿意为公共物品支付费用，导致了所谓的"搭便车"问题。这种现象使得一些人可以在不支付也不作出任何其他付出与自我约束的情况下享受公共物品的好处，从而容易造成公共物品的不足或过度使用。因此，环境经济学探讨了如何通过政府干预、市场机制或社会合作来提供这些公共物品，以确保环境资源的可持续管理。

（2）解决方法

为了解决公共物品不足的问题，政府和社会通常采取以下措施：

① 政府提供。政府通过税收筹集资金，以提供公共物品服务。包括公共卫生、公共教育和环境保护等领域，政府的介入确保了这些基本服务的可及性和公平性。例如，政府通过征收税款，资助空气质量监测和改善项目，以确保所有公民都能享受到良好的环境。

② 共同筹资。通过公共筹款或私人捐赠等方式，为公共物品的提供筹集资金。这种方法可以激励社区和个人共同参与公共物品的维护和改善，例如，非营利组织或社区团体可以通过组织活动来筹集资金，用于保护当地的生态环境。

③ 市场机制。一些市场机制如绿色证书、环境税等可以间接激励企业和个人支持公共物品的提供。通过设立环境税，企业在排放污染物时需要支付额外费用，从而激励它们减少排放，支持环境保护项目。

公共物品理论在实际应用中非常广泛，涵盖了许多社会和环境管理领域。例如，国家公园的管理和维护通常由政府负责，资金来源包括门票收入和政府拨款。此外，空气质量监测和监管也是公共部门的职责，因为这些都是典型的公共物品，涉及所有公民的健康和福祉。

通过构建有效的政策和管理措施，公共物品理论不仅为理解公共资源的管理提供了理论基础，也为政府和社会在提供和保护环境资源方面提供了切实可行的解决方案。这些措施有助于实现社会的可持续发展，确保未来世代能够享有良好的环境质量和丰富的自然资源。

9.3.4 环境的边际代价理论

（1）理论概述

环境的边际代价理论探讨的是在不同程度的环境破坏下所产生的额外社会成本。边际代价是指在增加一个单位的环境破坏时，所产生的额外社会成本或额外的社会损失。该理论认为，随着环境破坏程度的增加，其带来的损失和修复成本也会相应增加，并且这种增加的速度可能并非线性关系。最初阶段的环境破坏可能仅导致较低的边际成本和边际损失，但随着破坏的加剧，这些成本和损失将显著上升。

例如，过度捕捞的初期阶段，捕捞量可能不会对鱼类资源造成非常显著的影响，边际成本相对较低。然而，当捕捞量超过可持续水平时，边际成本将急剧增加，因为此时恢复和管理鱼类资源的成本变得更加昂贵。这种现象强调了对环境破坏的及时干预的重要性，以防止损失的加速累积和防治从量变到质变现象的发生。

此外，在达到了一定的环境治理水平之后，环境保护投入的边际成本递增现象同样值得关注。这指的是：为了减轻环境破坏，通常需要采取一定的环境保护措施，而这些措施的成本也会随着保护力度的增加而上升。这一现象提醒我们，在实际的环境保护中必须充分考虑环保投入成本与风险损失之间的平衡关系。无论处于何种经济水平层次的社会体系，决策者都需要既坚守保障基础性环境健康安全的底线，同时也要考虑经济体的实际承受能力和技术水平，以实现全方位的可持续发展与社会福祉的同步提升。

（2）应用方法

① 成本效益分析。通过分析不同环境保护措施的边际成本与预期效益，帮助决策者选择成本效益最优的保护方案。这种分析能够为政策制定提供科学依据，确保资源的有效利用，以达到最佳的环境保护效果。

② 优化资源配置。在资源有限的情况下，通过计算环境破坏的边际成本，优化资源配置，以平衡经济发展与环境保护的需求。这种方法能够确保在追求经济增长的同时，减少对环境的负面影响，实现可持续的经济模式。

③ 环境税和激励。根据边际代价设定环境税或激励措施，以促使污染者减少排放，并使资源使用更为合理。通过这种方式，政府能够有效引导市场行为，鼓励企业和个人采取更环保的生产和消费方式，从而实现环境与经济的双重利益。

总之，环境的边际代价理论为我们提供了一个重要的框架，以理解和评估环境破坏和保护的成本与收益。这一理论的应用不仅有助于政策制定者在环境管理中作出更为明智的决策，也为实现经济与环境的协调发展提供了理论支持。通过合理的成本控制和资源配置，才能够在保护环境的同时，促进经济的可持续增长。

9.3.5 绿色国民经济核算理论

（1）理论概述

绿色国民经济核算理论旨在将环境资源及其污染成本纳入国民经济核算体系，以提供更全面的经济与环境信息。这一理论的核心在于认识到传统经济核算方法未能充分反映经济活动对环境造成的影响，因此需要引入绿色 GDP 和自然资源核算等新概念。

① 绿色 GDP。绿色 GDP 是在传统 GDP 的基础上，扣除因环境污染和资源消耗带来的经济损失后的 GDP。这种核算方法通过考虑环境成本，能够更真实地反映经济活动对环境的影响，从而为政策制定提供更为可靠的数据支持。例如，绿色 GDP 能够揭示某些经济活动在创造财富的同时，可能对生态环境造成的损害，促使决策者采取更可持续的经济发展策略。

② 自然资源核算。自然资源核算则专注于评估自然资源的存量及其变化，包括资源的开采、消耗及其对经济的贡献。这一核算方法有助于了解资源的长期可持续性以及经济发展的环境基础，从而为资源管理和环境保护提供科学依据。通过自然资源核算，政府和企业能够更清晰地认识到在资源利用过程中的环境代价，进而推动更为合理的资源开发与利用。

（2）实施方法

1）环境调整核算

在 GDP 核算中引入环境成本，如污染治理成本、生态修复成本和资源耗竭成本等，以计算绿色 GDP。这一方法能够更好地反映经济活动的实际效益，促使政策制定者关注经济增长与环境保护之间的关系，从而推动可持续发展。

2）资源和环境资产负债表

建立自然资源和环境资产的资产负债表，记录自然资源的存量及环境资产的变化。这种资产负债表不仅可以帮助政府和企业作出科学的资源管理和环境保护决策，还能提供透明的信息，增强公众对环境保护的关注和参与。

近年来，许多国家和组织已经开始尝试实施绿色国民经济核算。例如，中国和印度正在积极探索绿色 GDP 核算，以更全面地反映经济发展对环境的影响，推动可持续发展战略的制定。同时，国际组织如联合国环境规划署也在全球范围内推动自然资源核算的工作，旨在提高国家和地区在经济与环境管理方面的能力。

通过实施绿色国民经济核算理论，国家和地区能够更好地理解经济活动与环境之间的相互关系，进而制定出更加科学合理的政策，以实现经济的可持续发展和环境的有效保护。这一理论为全球应对环境挑战、实现可持续发展目标提供了重要的理论基础和实践指导。

9.3.6 环境经济学理论在环境规划与管理中的应用

环境经济学理论在环境规划与管理中具有广泛的应用价值，为政策制定与评估、资源管理与保护、环境影响评价等多个方面提供了科学的理论支持和实践指导。

（1）政策制定与评估

外部性理论为政府在制定环境政策时提供了重要的指导框架。这一理论促使决策者深入考虑污染所带来的社会成本，确保政策不仅关注经济增长，还兼顾环境保护。通过征收污染税或设立排放权交易系统，企业将受到激励以减少排放，实现外部性的内化。这种机制的实施，不仅能够使污染者承担其行为所造成的社会成本，还能促进更清洁的生产方式和技术革新。此外，成本效益分析作为一种评估工具，能够帮助决策者对不同政策选项的经济有效性进行比较，确保所采取的措施在环境保护与经济发展之间实现合理的平衡，从而推动可持续的社会经济发展。

（2）资源管理与保护

环境资源价值理论在自然资源的经济价值评估中发挥着关键作用，为决策者在资源开发与保护之间找到最佳平衡点提供了科学依据。例如，在森林管理中，通过估算森林的生态服务价值（如碳储存、水源涵养和生物多样性保护），决策者能够制定出支持可持续森林管理的政策。这种方法不仅有助于保护生态环境，维持生态平衡，还能确保资源的合理利用，促进经济的可持续发展。这种评估方式强化了对自然资本的认识，使得在资源开发决策中能够更好地考虑环境保护的长期利益。

（3）环境影响评价（EIA）

在项目规划阶段，环境破坏的边际代价理论为评估项目对环境的潜在影响提供了有力的工具。通过计算项目实施可能造成的边际成本，决策者能够确定合理的环境标准和控制措施，以最小化对生态系统的破坏。在环境影响评价（EIA）过程中，边际成本的计算为决策者提供了清晰的环境影响信息，使其能够在项目批准和实施过程中作出明智的选择。这种系统化的评估方法不仅提高了项目的环境合规性，还可增强公众对项目的信任与支持。

（4）绿色国民经济核算

绿色国民经济核算理论在国家经济政策的制定中发挥着重要作用，确保经济增长与环境资源的可持续性相结合。通过将环境因素纳入经济核算，决策者能够全面评估国家的经济健康与环境状况。这种核算方法不仅有助于识别经济活动对环境的影响，还能促进资源的合理配置，推动可持续发展目标的实现。绿色国民经济核算的实施能够为政府提供更为全面的数据支持，帮助其在经济政策决策中更加注重环境的可持续性。

（5）公众参与和环保教育

在环境管理中，公共物品理论强调公众参与的重要性，认为公众的广泛参与能够显著增强环境政策的有效性和公众的责任感。提高公众对环境问题的认识和参与度，可以促进政策的落实和可持续发展的实现。例如，通过社区参与环境决策过程，不仅能够反映居民的需求和意见，还能增强公众对环境保护的投入和支持，从而形成良好的社会共识。这种参与机制不仅提高了政策的透明度和公众的信任感，还有助于培养公众的环保意识，推动社会整体向可持续发展转型。

综上，环境经济学理论为理解和解决环境问题提供了系统的框架和工具。这些理论的应用不仅提高了环境规划和管理的科学性和有效性，还为实现可持续发展和资源的合理利用奠定了基础。外部性理论帮助识别和纠正市场失灵，环境资源价值理论为资源定价和保护提供了基础，公共物品理论解释了公共环境资源的提供和管理，边际代理理论指导资源管理和政策制定，而绿色国民经济核算理论则为全面评估经济与环境关系提供了方法。通过这些理论的综合应用，决策者能够更有效地应对环境挑战，实现人与自然的和谐共生。

9.4 环境伦理学

环境伦理学是研究人类与自然环境之间道德关系的学科，旨在探讨人类在利用和管理自然资源时应遵循的伦理原则和价值观。自工业革命以来，随着全球环境问题的日益严重（如气候变化、生物多样性丧失、资源枯竭和污染等）环境伦理学的重要性也愈发凸显。本节将对环境伦理学进行简要介绍，包括其起源、主要理论、基本概念、应用领域、面临的挑战以及未来的发展方向。

9.4.1 环境伦理学的起源

环境伦理学作为一门独立的学科，主要起源于 20 世纪 60～70 年代。它的形成与发展是多种因素相互作用的结果，可以归纳为以下几个关键方面。

（1）环境运动的兴起

20 世纪 60 年代，全球范围内的环境运动开始蓬勃发展，公众对环境问题的关注达到了前所未有的高度。这一转变的重要契机之一是蕾切尔·卡逊（Rachel Carson）于 1962 年出版的《寂静的春天》（Silent Spring）。这本书深刻揭示了农药，尤其是 DDT 等化学物质对生态系统的破坏性影响，引发了广泛的讨论和警觉，推动了人们对环境保护的重视。

《寂静的春天》的出版不仅在美国引发了强烈反响，还在全球范围内激发了对环境问题的关注。卡逊的研究促使公众质疑化学物质的使用，尤其是在农业和工业生产中的应用。她的警示引导人们重新思考人类活动对自然环境的长期影响，强调了生态系统的脆弱性和人类对其的责任。随着《寂静的春天》的影响力不断扩大，现代环境保护运动在不同国家和地区相继兴起。在美国，环境运动催生了一系列重要的环境立法和政策，例如 1963 年的《清洁空气法》和 1972 年的《清洁水法》。这些法律为环境保护提供了法律框架和保障，标志着政府开始正式承认并承担对环境保护的责任。

与此同时，全球范围内的环境运动也在不断发展。1972 年，联合国在斯德哥尔摩召开了第一届人类环境会议，成为国际社会关注环境问题的重要里程碑。会议强调了环境与发展之间的关系，促进了各国在环境保护方面的合作与对话。

在这一背景下，许多民间环保协会和非政府组织（NGO）在环境保护运动中发挥了重要作用。绿色和平组织（Green Peace）作为全球知名的环保组织之一，自 1971 年成立以来，积极参与各种环境保护活动，通过直接行动、公众教育和政策倡导等方式，推动全球范围内的环保意识。绿色和平组织以其激进的行动和独特的宣传策略，成功引起了公众对核能、海洋保护、气候变化和生物多样性等问题的关注。此外，许多地方性和国家级的环保组织也在推动环境运动方面发挥了积极作用。这些组织通过社区活动、公众参与和政策倡导，促进了环境保护意识的普及。例如，世界自然基金会（WWF）在全球范围内推动保护濒危物种和生态系统的工作，通过倡导可持续发展和生态友好的生活方式，提升了公众的环保意识。

环境运动的兴起不仅推动了政策的变革，也促使社会各界重新审视人与自然的关系。科学家、环保组织、政策制定者和普通公众等各方力量共同参与，形成了一种新的环境意识，强调生态保护与可持续发展的必要性。这一运动促使人们认识到，保护自然环境不仅是道德责任，也是实现社会经济可持续发展的必然要求。因此，环境运动的兴起不仅是对特定环境危机的反应，更是全球范围内对生态保护和可持续发展理念的全面觉醒。

（2）科学发现

科学界对生态系统的深入研究揭示了人类活动，特别是社会经济发展和人口增长，对自然环境的深远影响。随着工业化的推进和全球化的加速，科学家们通过实证研究发现，经济增长往往伴随着资源的过度开发和环境的持续恶化。尤其是在 20 世纪中叶，许多国家经历了快速的工业化和城市化，这一进程虽然推动了经济的快速发展，却也导致了严重的环境污染和生态破坏。人口的迅速增长加剧了这一现象，特别是在发展中国家，快速增加的人口对资源的需求不断上升，导致了水、空气和土地等自然资源的过度消耗。科学研究表明，城市化进程中的污水排放、工业废物和农业化肥的广泛使用，直接导致了水体污染、土壤退化和生物多样性的丧失。这些环境问题的发生不仅影响了生态系统的健康，也对人类的生活质量和社会的可持续发展构成了威胁。

在这一背景下，科学家们逐渐认识到环境问题的复杂性和相互关联性，尤其是经济活动与环境污染之间的紧密联系。这些发现促使社会各界重新审视经济增长的模式，开始反思在追求经济利益的过程中，人类对自然环境的道德责任。这一反思为环境伦理学的形成奠定了基础，推动了人们对经济发展与生态保护之间平衡的探讨。

科学界的研究成果不仅为政策制定提供了理论支持，还促使公众意识到，环境问题不仅是科学问题，更是社会伦理问题。人们开始关注环境污染对弱势群体和未来世代的影响，认识到环境正义的重要性。科学家们的研究促使各国政府和国际组织采取行动，推动可持续发展政策的制定，强调在经济发展中必须考虑环境保护和资源的合理利用。因此，科学发现不仅揭示了社会经济发展与环境污染之间的密切关系，也为环境伦理学的诞生提供了重要的背景。在面对日益严峻的环境挑战时，科学研究的成果将继续引导人们在伦理层面上进行深刻反思，推动社会在实现经济增长的同时，积极寻求与自然环境和谐共生的道路。

（3）哲学思潮的影响

20 世纪的哲学思潮，如存在主义、后现代主义和生态哲学等，深刻影响了环境伦理学的发展，促使人们重新审视人与自然的关系。存在主义强调个体的存在意义和选择自由，促使人们反思自己在自然界中的角色与责任。通过强调个体的自由和选择，存在主义使人们意识到，作为具有意识和道德能力的生物，人类应对其行为及其对环境的影响承担责任。后现代主义则对传统的人类中心主义观点提出了挑战，质疑人类在自然界中的支配地位。后现代思想强调多样性和复杂性的价值，认为自然界并非单一的、可被征服的对象，而是一个由多种生命形式和生态系统构成的复杂网络。这一视角促使人们认识到，尊重和理解自然的多样性是可持续发展的关键。

在这一背景下，学者们开始探索更为包容的伦理框架，倡导尊重自然、保护生态平衡的价值观。这种转变推动了生态中心主义和深生态学等生态哲学理论的发展，生态哲学理论强调人类与自然之间的相互依存关系，主张人类应当作为生态系统的一部分，而非其主宰。通过这些哲学思潮的影响，环境伦理学逐渐形成了一个多元化的理论体系，鼓励人们在追求经济发展的同时，积极关注生态保护和可持续发展。这种思潮的转变不仅促进了学术界的讨论，也为政策制定和公众意识的提升提供了重要的理论支持，推动了全球范围内对生态保护的重视与实践。

总之，环境伦理学的起源是一个复杂的过程，受到了环境运动的推动、科学发现的启发以及哲学思潮等方面的影响。通过这几个方面的共同作用，环境伦理学逐渐形成并发展成为一个重要的学科，为人类与自然的关系提供了新的道德视角和伦理框架。

9.4.2 环境伦理学的主要理论

环境伦理学作为一门新兴的跨学科领域，涵盖了多种伦理理论，包括人类中心主义、生态中心主义、深生态学、生物伦理学和可持续发展伦理等。

9.4.2.1 人类中心主义

人类中心主义（anthropocentrism）是一种将人类置于自然界中心的伦理观念，主张其他生物和自然环境的价值主要体现在对人类的效用上。这种观点在现代工业社会中占据主导地位，强调经济发展和技术进步。人类中心主义的根源可以追溯到西方哲学传统，尤其是在文艺复兴和启蒙时代的影响下，强调人类理性和能力的优越性。

（1）人类中心主义的特征

主要包括以下几个方面：

① 实用主义。认为自然资源的价值在于其对人类的直接或间接贡献，强调经济效益。

② 技术乐观主义。相信科学技术能够解决环境问题，推动人类的持续发展。

③ 人类优越性。认为人类具有支配自然的权利，其他生物和生态系统的存在主要是为

了服务于人类。

（2）人类中心主义的影响

尽管人类中心主义在推动科学技术进步和经济发展的过程中发挥了重要作用，但它往往忽视了生态系统的整体性和生物多样性的保护。这种观点导致了资源的过度开发和环境的严重污染。

（3）批评与反思

人类中心主义的局限性逐渐受到批评。批评者指出，这种观点使人类与自然的关系变得对立，忽视了生态系统的复杂性与脆弱性。现代环境伦理学者提倡一种更为包容的伦理框架，强调人类应当承担对自然的责任。

9.4.2.2　生态中心主义

生态中心主义（ecocentrism）是与人类中心主义相对的一种伦理观念，强调自然界本身的内在价值。生态中心主义主张，所有生物和生态系统都应受到尊重和保护，认为人类应当与自然和谐共处，而非主宰者。

（1）生态中心主义的特征

生态中心主义的特征主要包括：

① 自然的内在价值。认为自然界的价值并不依赖于人类的利用，所有生命形式和生态系统都具有固有的价值。

② 生态整体性。强调生态系统的相互联系与整体性，认为人类的行为应考虑其对生态平衡的影响。

③ 尊重生命。倡导尊重所有生命形式的权利，认为人类有责任保护生态环境。

（2）生态中心主义的影响

生态中心主义的兴起反映了对生态系统整体性的重视，推动了环境保护运动的发展。例如，国际自然保护联盟（IUCN）和世界野生动物基金会（WWF）等组织的倡导，强调了保护生物多样性和生态系统的必要性。生态中心主义的理念在多个环境保护实践中得到了体现，例如《生物多样性公约》的制定，强调了各国在保护全球生物多样性方面的责任。这一理论的推广促进了生态保护政策的制定与实施。

9.4.2.3　深生态学

深生态学（deep ecology）是由阿恩·纳斯（Arne Naess）、奥尔多·奥波德（Aldo Leopold）等人提出的一种伦理学说。深生态学认为，人类应超越自我中心的视角，承认自然界的内在价值，主张对生态系统的整体保护。

（1）深生态学的核心理念

深生态学的核心理念包括：

① 尊重生命。认为每一个生物都有其存在的价值和权利，主张保护所有生命形式。

② 生态系统的自我调节能力。强调生态系统的自我调节和自我恢复能力，认为人类应尊重这一自然法则。

③ 人类与自然的相互依存。认为人类是生态系统的一部分，必须与自然和谐共处。

（2）影响与批评

深生态学的理念在环境保护和可持续发展实践中发挥了重要作用。例如，利奥波德的《沙乡年鉴》[29] 一书强调了对自然的尊重与责任，影响了后来的生态学和环境伦理学发展。1973 年，纳斯发表了《浅层和深层、远程生态学运动》[30]，文中详细说明了浅生态学和深生态学运动的根本区别。深生态学主张人类应当作为生态系统的一部分，而非其主宰。深生态学强调，保护生态环境不仅是为了人类的生存和福祉，更是为了维护所有生物的生存权。

尽管深生态学提供了一种更加全面的环境伦理视角，但也受到了一些批评。批评者认为，深生态学在某些方面可能过于理想化，忽视了人类社会的复杂性和现实问题。这促使学者们在深生态学的基础上发展出更为灵活和实用的伦理框架。

9.4.2.4 生物伦理学

生物伦理学（bioethics）是关注生物体及其生态系统权利的伦理学分支，主张保护生物多样性和生态平衡，强调对所有生命形式的尊重。

（1）生物伦理学的主要议题

生物伦理学关注的主要议题包括：

① 基因工程。探讨基因编辑技术对生态系统和生物多样性的潜在影响。

② 动物实验。讨论动物实验的伦理性，强调对动物权益的保护。

③ 环境污染。分析环境污染对生态系统和人类健康的影响，为道德决策提供框架。

（2）生物伦理学的应用

生物伦理学在医学、农业和环境保护等领域都有广泛的应用，为这些领域的道德决策提供了框架。例如，在医学研究中，生物伦理学为临床试验提供了伦理指导，确保研究过程中对参与者的尊重与保护。在农业方面，生物伦理学的理念推动了有机农业和可持续农业的发展。

（3）影响与前景

生物伦理学的兴起促进了公众对环境问题的关注，使得道德考量在科学研究与技术应用中扮演了重要角色。未来，生物伦理学将继续在应对新兴科技挑战和环境保护方面发挥重要作用。

9.4.2.5 可持续发展伦理

可持续发展伦理（sustainable development ethics）强调在满足当代人需求的同时，不损害后代人满足其需求的能力。该理论倡导在经济发展与环境保护之间寻求平衡，强调资源的合理利用和保护。

（1）可持续发展伦理的核心原则

可持续发展伦理的核心原则包括：

① 代际公平。强调对未来世代的责任，确保资源的可持续利用。

② 社会公正（即代内公平）。关注社会公平，确保资源分配的公正性，尤其是对弱势群体的保护。

③ 生态平衡。倡导在经济活动中考虑生态系统的长期健康与稳定。

（2）可持续发展伦理的实践

可持续发展伦理在国际政策和地方治理中得到了广泛应用。可持续发展伦理为政策制定提供了道德基础，强调经济、社会和环境的协调发展。例如，联合国可持续发展目标（SDGs）的提出，明确了全球在经济、社会和环境三方面协调发展的目标，为各国政策制定提供了道德基础。在可持续发展伦理的框架下，许多国家和地区实施了可持续发展计划，强调绿色建筑、清洁能源和生态交通等理念。这些实践不仅推动了经济发展，也为环境保护提供了有效的解决方案。

综上，环境伦理学作为一个多元化的领域，涵盖了人类中心主义、生态中心主义、深生态学、生物伦理学和可持续发展伦理等多种理论。这些理论各有其独特的视角和重点，共同构成了对人类与自然关系的深入探讨。随着全球环境问题的日益严峻，环境伦理学的理论框架和实践理念将继续指导我们在追求经济发展的同时，积极寻求与自然和谐共处的道路。

9.4.3 环境伦理学的通用基本概念

环境伦理学的通用基本概念构成了其理论框架，为我们理解人类与自然之间的关系提供了重要的理论依据。下文将对环境伦理学中的几个通用核心概念进行详细阐述。

（1）内在价值

内在价值是指自然界的存在本身具有固有的价值，这种价值不应仅仅从人类的利益出发来评估。在这种视角下，自然生态系统、动植物及其栖息环境被视为具有固有的价值，值得我们去保护与尊重。这一观点挑战了传统的人类中心主义，强调无论是生物还是非生物的自然元素，都有其自身存在的意义和价值。内在价值的概念促使我们在环境保护中不仅关注人类的需求，还要承认和尊重其他生物的生存权利。

（2）生态平等

生态平等主张所有生物都有其生存的权利，人类不应优越于其他生物。在环境决策过程中，必须考虑到生态系统的整体利益，强调生物多样性的重要性。这一概念反映了对生态系统中各个成分相互依存关系的深刻理解，认为每一种生物都有其独特的角色和功能，所有生物之间的关系都是平等的。生态平等的理念促使我们在面对环境问题时，采取更加综合和包容的态度，关注生态系统的整体健康与稳定。

（3）可持续性

可持续性强调资源的利用应考虑到生态承载能力，避免过度开发和资源枯竭。可持续性不仅包括环境保护的目标，还涵盖社会和经济的可持续发展，强调三者之间的协调与平衡。这一概念提醒我们，在追求经济增长的同时，必须关注环境保护和社会公平，确保未来世代也能享有良好的生态环境和资源。可持续性的原则要求我们在制定政策和实施项目时，要从长远来看考虑其对环境和社会的深远影响。

（4）责任意识

责任意识提倡对未来世代的责任，认为当代人有义务保护环境，以便为后代传承一个良好的生态环境。这一概念强调了人类对自然的道德责任，倡导在资源利用和环境管理中要考虑长远影响。责任意识促使我们反思当前的行为对未来的影响，鼓励采取更加负责任的生活方式和消费习惯，推动可持续发展目标的实现。

（5）伦理审视

伦理审视是通过伦理分析和道德反思，对环境问题进行深刻剖析，识别其中的道德冲突和伦理责任。这一过程有助于在复杂的环境决策中厘清利益关系，推动更为公正和可持续的选择。伦理审视促使我们不仅关注实用性和经济性，还要考虑道德和伦理的维度，以确保在环境管理中实现公平正义。这一过程强调对不同利益相关者的尊重和对生态系统的全面考量，推动更加负责任的决策。

总之，环境伦理学的基本概念为我们理解人类与自然之间的关系提供了重要的理论框架。内在价值、生态平等、可持续性、责任意识和伦理审视等概念相互关联，共同塑造了我们对环境问题的认识和应对策略。在面对全球环境挑战时，深入理解和应用这些基本概念，不仅有助于推动环境保护和可持续发展，也为实现人与自然的和谐共生提供了理论支持。这些概念的整合与应用将引导我们在未来的环境治理中，采取更加全面和协调的方式，促进生态文明的建设。

9.4.4 环境伦理学的应用领域

环境伦理学的理论和原则在当今社会的多个领域中发挥着重要作用。这些理论为我们提供了道德框架，帮助我们在环境保护、资源管理和可持续发展等方面作出更为合理的决策。以下是环境伦理学的几个主要应用领域。

（1）环境政策与法规

在环境政策和法规的制定过程中，环境伦理学可以提供重要的道德基础，确保政策的公正性和可持续性。例如，在进行环境影响评估（EIA）时，决策者可以结合伦理审视，以评估项目对生态系统的潜在影响。这不仅有助于识别可能的环境风险，还能确保决策过程的透明性和公正性。许多国家和地区在制定环境政策时，已经开始将环境伦理学的原则纳入政策框架。例如，许多国家在环境影响评估中都要求有公众参与环节，以听取不同利益相关者的意见，从而确保政策制定的过程更加民主和透明。

随着环境问题的发展以及社会各界对环境问题的日益重视，未来的环境政策需要更加重视伦理考量，确保在经济发展与生态保护之间找到平衡。环境伦理学的应用将为政策制定提供更为坚实的道德基础。

（2）自然资源管理

在自然资源管理方面，环境伦理学的原则能够帮助决策者更好地考虑生态平衡和生物多样性，避免资源的过度开发和浪费。通过制定科学合理的资源利用标准，确保资源的可持续性，维护生态系统的健康。

应用环境伦理学的原则，决策者可以制定出符合生态承载能力的资源开发计划，确保在满足当前需求的同时，不损害未来世代的利益。例如，在渔业管理中，采用可持续捕捞的做法，确保鱼类资源的再生能力。一些国家和地区已经成功实施了以环境伦理为基础的资源管理策略。例如，包括中国在内的许多国家推行的森林可持续管理政策，不仅考虑了经济利益，还强调了生态保护和社区参与，取得了良好的效果。

（3）教育与宣传

环境伦理学在环境教育和公众宣传中也发挥着重要作用，有助于提升公众的环境意识，培养环保责任感。通过环境伦理观教育，可以增强人们对生态保护的理解，鼓励个体采取积极行动，参与环境保护。

环境伦理教育应涵盖生态学、环境科学和伦理学等多学科知识，培养学生的批判性思维能力，使他们能够在复杂的环境问题中作出道德判断。此外，教育还应强调个体与自然的相互依赖关系，增强人们对自然环境的尊重和责任感。在公众宣传方面，利用多种传播媒介（如社交媒体、社区活动、公共讲座等）可以有效传播环境伦理的理念，激发公众的参与热情。通过举办环保活动、志愿服务等形式，可以极大地鼓励公众参与环境保护行动。

（4）企业社会责任

在现代商业环境中，企业在追求经济利益的同时，应当遵循环境伦理学的原则，承担社会责任，促进可持续发展。企业通过实施环保政策和可持续发展战略，不仅能够提升自身形象，还能为社会和环境作出积极贡献。许多企业已经开始将环境伦理融入其经营战略中，例如，采用清洁生产技术、减少废物排放和资源消耗等措施。这些实践不仅有助于企业降低运营成本，还能增强消费者的信任和支持。

然而，企业在实施环境伦理时仍面临一些挑战，如何平衡短期经济利益与长期可持续发展目标。未来，企业需要更加注重透明度和社会责任，确保其商业活动与环境保护相辅相成。

（5）国际关系

在全球化背景下，环境伦理学为国际环境合作提供了道德基础，促进各国在应对气候变化和保护生态环境方面的合作。通过建立国际环境治理机制，推动全球共同应对环境挑战，实现可持续发展目标。例如，《巴黎协定》体现了各国在应对气候变化方面的共同承诺，该协定强调了各国应根据自身国情采取适当的减排措施。这一国际合作框架为全球环境治理提供了重要支持。随着全球环境问题的复杂性加剧，未来国际合作需要更加重视伦理考量，特别是在资源分配、技术转让和能力建设等方面。环境伦理学将为各国提供道德指导，促进更加公正和有效的国际环境治理。

总的来说，通过在环境政策、自然资源管理、教育宣传、企业社会责任和国际关系等方面的应用，环境伦理学可以帮助我们更好地应对当今社会面临的环境挑战，推动人类与自然的和谐共生。随着环境问题的不断演变，环境伦理学的应用将继续发挥关键作用，促进全球范围内的可持续发展。

9.4.5　环境伦理学面临的挑战

尽管环境伦理学在理论和实践中取得了一定的进展，但仍然面临一系列挑战，这些挑战影响了其有效性和广泛应用。

（1）利益冲突

在环境决策中，经济利益与环境保护之间的冲突往往难以调和。各利益相关者之间的对立，使得环境伦理原则在实践中的落实经常受到阻碍。例如，企业可能更关注短期利润，而忽视环境保护的长期利益。这种利益冲突容易导致道德考量在决策过程中的边缘化，最终可能造成对生态环境的不可逆转的损害。因此，如何有效地在经济发展与环境保护之间找到平衡，成为环境伦理学面临的一大挑战。

（2）文化差异

不同文化背景下对环境的理解和价值观存在显著差异，可能导致环境伦理学原则在实际应用中的冲突。在全球化的背景下，各国在环境治理中对环境的看法和价值观的差异，可能影响国际合作的顺利进行。例如，一些文化可能将自然视为神圣不可侵犯，而另一些文化则可能将其视为资源开发的对象。这种文化差异不仅会影响国内政策的制定，也会使得国际的环境协定和合作变得复杂和困难。

（3）科学不确定性

环境问题的复杂性及其科学研究的局限性，可能导致对环境伦理决策的科学依据不足，从而影响决策的有效性。科学的不确定性使得决策者在面对环境问题时，难以作出明确的伦理判断。例如，关于气候变化的机理及其影响、生态系统的恢复能力、生态系统的健康尺度等，科学界仍存在争议和不确定性。这种情况下，伦理决策可能受到科学数据不足和科学成果共识性不足等方面的制约，导致环境政策的实施效果不尽如人意。

（4）公众参与不足

在环境决策过程中，公众参与往往不足，导致社会对环境问题的关注和责任意识不够。缺乏公众参与的决策，可能导致政策执行的困难，削弱政策的有效性。公众的冷漠或缺乏了解，往往使得政策制定者在考虑社会需求时缺乏准确的信息，从而影响政策的合理性和可接受性。加强公众参与不仅可以增强政策的合法性，还能提升社会对环境保护的共同责任感。

9.4.6 未来的发展方向

作为一个不断发展的学科，环境伦理学未来需要在以下几个方面继续努力，以应对当前面临的挑战。

（1）理论创新

环境伦理学需要不断完善与创新理论，以适应日益复杂的环境问题。新的伦理框架和理论模型应考虑到全球化、科技进步和社会变迁带来的挑战，为环境决策提供更为全面的道德指导。这包括发展适应新技术（如人工智能和生物技术）带来的伦理问题的理论，确保伦理学能够跟上社会发展的步伐。

（2）跨学科合作

环境问题通常是复杂的，涉及多个学科的知识。环境伦理学应加强与生态学、社会学、经济学等学科的合作，形成综合解决方案，推动可持续发展。通过跨学科的合作，可以更全面地理解环境问题的多维性，并为政策制定提供更为丰富的视角和解决方案。

（3）提升公众意识

通过教育、宣传和社区参与，提升公众对环境问题的关注和责任感。公众的参与不仅能增强政策的合法性，还能推动社会对环境保护的共同努力。有效的公众教育和参与机制能够提高社会对环境问题的敏感性，并激发人们积极参与到环境保护行动中。

（4）强化国际合作

在全球化背景下，环境问题的解决需要各国的合作。环境伦理学应为国际环境治理提供道德基础，促进各国在应对气候变化和保护生态环境方面的协作。通过建立国际合作机制，推动共享最佳实践和经验,增强全球对环境问题的共同应对能力。

综上,环境伦理学作为一个独立的学科,为我们提供了一个重要的框架,以理解和解决当今面临的环境问题。通过深入探讨人类与自然之间的道德关系,环境伦理学不仅能够指导环境政策的制定,还能促进公众参与和跨学科合作。在未来的发展中,环境伦理学仍需不断探索和完善,以应对日益严峻的环境挑战,推动实现人与自然的和谐共生。

拓展阅读

绿色国民经济核算探讨

复习思考题（答案请扫封底二维码）

问题 1. 简述系统工程学理论在环境管理中的应用。

问题 2. 生态学理论分几个层面?

问题 3. 简述生态学理论在环境规划与环境管理中的应用。

问题 4. 生态系统服务评估有哪几类?

问题 5. 简述生态学理论在城市可持续发展中的作用。

问题 6. 环境资源价值理论分为几类?

问题 7. 简述环境经济学理论在环境规划与管理中的应用。

问题 8. 环境伦理学的主要理论有哪些?

问题 9. 人类中心主义与生态中心主义各有哪些优缺点?

第10章 | 环境规划概述

环境管理与规划决策作为一个重要的学科领域，涉及自然环境与人类社会经济系统之间的复杂关系及其应对与处理。为了更深入地理解这一领域，本教材按照内容结构可分为两部分。前9章主要聚焦与日常的政府环境管理和企业环境管理密切相关的内容，包括环境管理和环境法等方面的知识；后6章则专注于环境规划决策及其相关理论基础。这一编排的原因有两个方面：一是它突出了环境实务的应用，强调理论与实践的结合；二是环境规划与决策本质上也是一种环境管理，只是这是一种更高层次的环境管理，它不仅为日常的环境管理提供战略指导，还为日常环境管理的蓝图设计奠定基础。

环境规划不仅关乎自然资源的合理利用和保护，更是对人类活动的有效引导与调控。随着全球环境问题的日益加剧，例如气候变化、资源枯竭和生物多样性丧失等，环境规划的重要性愈发凸显。它不仅涉及环境工程治理方案的规划与设计，还涵盖了生态环境政策、法规的制定与实施，确保各项措施的有效落实。在环境规划的过程中，既需要运用人文社会科学知识，理解人类行为与环境之间的复杂关系，评估政策对社会的影响，也要结合自然科学的原理，分析生态系统的动态变化。此外，环境规划还涉及数学模型的优化，以精准预测环境变化、评估治理方案的效果，进而选择最优的环境工程技术与治理方案。这一跨学科的整合，使得环境规划不仅能够解决当前的环境问题，还能为未来的可持续发展奠定坚实的基础。

因此，环境规划不仅是一个技术性和政策性的领域，更是一个综合性的决策过程，要求决策者在科学数据与社会需求之间找到平衡，以实现经济、环境与社会的协调发展。

（1）环境规划与其他领域环境类规划的异同

在众多重大规划中，存在多个与环境密切相关的专业领域，如资源规划、生态规划、园林规划和景观规划等。从环境的视角来看，这些领域可以被视作广义环境规划，但在实质内容上，与本教材所介绍的专门环境规划存在显著差异。具体而言，环境规划与资源规划、生态规划、园林规划和景观规划之间在关注重点上有所不同。尽管这些领域都高度关注环境质量和环境污染问题，但它们的侧重点和方法各具特色。

① 环境规划。主要侧重于综合考虑自然环境与人类活动之间的关系，以实现可持续发展。环境规划强调系统性和综合性，通过制定中长期的生态环境战略目标和具体实施方案，以协调各种利益关系，确保环境、经济和社会的协调发展。

② 资源规划。更关注资源的合理开发与利用，尤其是在资源有限的情况下，如何实现资源的可持续利用。资源规划通常涉及水资源、土地资源和矿产资源等具体领域，强调对资源的有效管理与保护。

③ 生态规划。主要聚焦于生态系统的保护与恢复，强调生态功能的维持和生物多样性的保护。生态规划常常涉及生态敏感区域的划定与管理，以增强生态系统的韧性和稳定性。

④ 园林与景观规划。则更侧重于人类活动对自然景观的影响，关注绿地和公共空间的设计与管理，强调美学、文化和社会功能的结合。园林与景观规划不仅考虑生态环境的保护，还需兼顾人类活动的需求，以创造宜居的生活环境。

通过以上对比可以看出，虽然各个领域各有侧重，但在实际应用中，它们往往是相互交织、相辅相成的。在环境规划过程中，综合考虑这些领域的因素，有助于制定出更为科学合理的环境治理方案，推动可持续发展目标的实现。

（2）环境规划与环境管理的关系

环境规划与环境管理之间存在着密切而复杂的联系。环境规划为环境管理提供了战略指导和框架，确保日常环境管理活动的科学性和有效性，从而为实现可持续发展目标奠定基础。

1）环境规划的角色

环境规划是一种战略性和整体性的思考方式，旨在制定长远的环境保护目标和实施方案。通过对当前环境状况的深入分析、未来发展趋势的预测以及不同利益相关者需求的评估，环境规划为环境管理提供了明确的方向和系统的框架。它不仅关注环境问题的识别和评估，还强调资源的合理配置和可持续利用，以确保环境保护与经济发展的协调统一。

2）环境管理的角色

环境管理则是将环境规划付诸实践的具体执行过程，它负责将规划目标转化为日常的实际行动。环境管理的内容广泛，包括政策的实施、法规的执行、资源的优化配置、环境监测和监管等各个方面。通过这些具体措施，环境管理确保环境规划所设定的目标得以实现，并对环境状况进行动态调整和优化。

例如，某地区的环境规划可能设定了"到2030年实现城市空气质量达标"的长远目标。在这一框架下，环境管理则会通过具体的减排政策、污染控制工程规划的实施、健全的环境监测体系以及公众参与机制等多种手段，来推动这一目标的实现。这种从规划到管理的良性互动，不仅提高了环境治理的效率，也增强了公众对环境管理的信任和参与度。

综上所述，环境规划与环境管理之间的协同作用是实现可持续发展的关键所在。有效的环境规划为环境管理提供了科学依据，而高效的环境管理则确保了环境规划目标的顺利达成，二者相辅相成，共同推动着环境保护事业的不断进步。

（3）环境规划——复杂性边缘科学

环境规划被视为复杂性边缘科学，主要因为它涉及自然环境与人类社会经济活动之间的复杂相互作用，并需要整合来自多个学科的知识与方法。环境规划的基础建立在环境科学、地理科学、系统科学和社会学等多个学科的相互交叉之上，这些学科共同为环境规划提供了理论支持和实践指导。

1）环境科学

环境科学，特别是自然科学领域的环境科学，是研究环境及其相互作用的综合性学科，涵盖生态学、气候学、水文学、土壤学等多个领域。环境规划依赖环境科学提供的基础数据和理论支持，以评估人类活动对自然环境的影响。例如，环境规划需要深入了解特定区域的生态特征，以识别生态敏感区域和关键生态系统，从而制定相应的保护和管理措施。此外，环境科学的研究成果，如生态模型和环境监测技术，为环境规划提供了科学依据，帮助规划者预测不同政策和措施的环境影响。

2）地理科学

地理科学关注地球表面的空间分布及人类活动的地理特征。在环境规划中，地理科学提供了空间分析工具和地理信息系统（GIS），使规划者能够直观地理解环境问题的空间维度。通过对空间数据的分析，环境规划能够识别资源的分布、污染源、生态廊道和人类活动的影响范围，从而优化土地使用，制定环境保护区域和实施区域协调发展策略。地理科学的视角使环境规划能够更有效地考虑空间因素，提高规划的科学性和有效性。

3）系统科学

系统科学强调复杂系统的整体性和相互关系，适用于研究环境规划中的多层次、多因素相互作用。环境规划涉及多个子系统，如自然生态系统、经济系统和社会系统。通过系统科学的方法，规划者能够识别和分析这些子系统之间的相互作用及其对环境的影响。例如，利用系统动力学模型，环境规划可以模拟不同政策和行为对生态环境的长期影响，帮助决策者在复杂的环境与社会背景下作出科学决策。系统科学的框架为环境规划提供了一种全局视角，使得规划者能够考虑到更广泛的因素和潜在的反馈机制。

4）社会学

社会学研究人类社会的行为、结构和文化，关注社会与环境的关系。在环境规划中，社会学的视角强调公众参与、社会公平和文化价值的重要性。环境规划不仅是技术和科学问题，也涉及人类的社会行为和文化认同。通过社会学研究，规划者能够更好地理解社区的需求和期望，促进公众参与的有效性。例如，在制定城市绿地规划时，通过社会学的调研方法，可以深入了解居民对绿地的使用习惯和需求，从而设计出更符合公众期望的环境规划方案。总体而言，社会学视角有助于提高环境规划的社会接受度，增强其实施效果。

更为系统地来说，环境规划的复杂性源于以下几个方面：

① 多元利益相关者。环境规划涉及政府、企业、公众、非政府组织等多个利益相关者，各方的需求和利益往往存在冲突，如何协调这些利益关系是环境规划的一大挑战。

② 跨学科知识整合。环境规划需要整合不同学科的知识，包括生态学、经济学、社会学和政策科学等，以形成全面的环境治理方案。

③ 动态变化的环境。自然环境和社会经济系统是动态变化的，环境规划需要不断调整和优化，以应对新的挑战和变化。

④ 不确定性与风险管理。环境规划中常常面临不确定性，例如气候变化的影响、经济发展的不确定性、技术进步的不确定性等，因此需要建立有效的风险管理机制，以降低潜在的环境风险。

在这种复杂的背景下，环境规划的研究与实践仍处于不断探索和完善阶段。未来，随着科学技术的进步和社会需求的变化，环境规划将持续发展，成为实现可持续发展的重要工具。

（4）小结

环境规划作为复杂性边缘科学，体现了多学科交叉的特点，它不仅是对自然环境的管理，更是对人类社会经济活动的引导。在实际应用中，环境规划不仅需要科学数据和技术工具的支持，还需要从社会、经济、生态等多个维度进行综合考量。通过整合环境科学、地理科学、系统科学和社会学等学科的知识，环境规划能够在复杂的环境与社会背景中制定出科学合理、可持续的管理和保护策略，为实现可持续发展目标提供坚实的支持。

10.1 概述

10.1.1 环境规划的定义与内涵

（1）环境规划的定义

环境规划是指在"社会-经济-环境"复合生态系统的框架下，依据社会经济规律、生态规律和地学原理，对人类活动和环境进行时间与空间的合理安排，以实现环境与社会经济的协调发展。

环境规划的核心目的是实现环境与社会经济的协调发展，以确保在满足当代需求的同时，保护未来世代的利益。环境规划不仅关注环境的保护与治理，更强调人类活动与自然环境之间的和谐共生。

（2）环境规划的内涵

环境规划的内涵可以概括为以下几个核心要素：

① 可持续发展。可持续发展是环境规划的核心目标，强调在满足当前需求的同时，保护未来世代的利益，确保经济、社会与环境之间的协调发展。这一理念要求在制定政策和实施措施时，充分考虑资源的有限性和生态系统的承载能力，以实现长远的生态平衡。

② 环境权与义务。保障人们享有环境权和合理使用环境资源的义务是环境规划的基本出发点。这一原则旨在确保社会公平与正义，强调每个人都应当拥有良好的生活环境，同时也应承担相应的环境保护责任，以促进环境资源的合理利用。

③ 行为规范与协调。环境规划需要规范人类行为，确保人们遵守保护环境的义务，避免对他人环境权益的侵害。通过合理安排环境保护与建设的时间和空间，环境规划能够有效协调各方利益，促进人与自然的和谐共生。

④ 复合生态系统。环境规划关注"社会-经济-环境"复合生态系统的协调发展，强调维护系统良性循环，以实现各组成部分之间的平衡与互动，促进社会与自然相互依赖与支持。

⑤ 多学科理论依据。环境规划依托社会经济、生态、地学、系统理论及可持续发展理论等多学科的理论基础，为制定有效的环境治理策略提供科学依据。这种跨学科的整合不仅丰富了环境规划的理论内涵，也增强了其实践的有效性。

⑥ 合理安排与优化。环境规划旨在合理安排人类活动与环境的关系，确保活动的可持续性。这一过程不仅包括对现有资源的合理利用，还涉及在当前的特定条件下进行优化，以适应当前的技术与经济的发展水平与发展态势，确保资源能够在未来持续供应。

10.1.2 环境规划的作用

环境规划在促进经济、社会与环境的可持续发展中发挥着至关重要的作用，其主要功能体现在以下几个方面。

（1）促进环境与经济、社会的可持续发展

环境规划通过综合考虑经济增长、社会发展与生态保护之间的关系，确保在追求经济发展的同时不损害环境。这种综合性规划为各级政府和社会各界提供了实现可持续发展的科学依据，促进了经济、社会与环境的协调发展。通过科学的政策设计、工程方案设计和实施，环境规划能够引导资源的合理配置，确保经济活动在环境承载能力范围内进行，从而实现长远的可持续发展目标。

（2）保障环境保护活动纳入国民经济和社会发展计划

随着国家对生态文明建设的重视，环境保护已成为国民经济和社会发展规划的重要组成部分。依法编制的环境规划能够确保环境保护措施与经济和社会发展目标相结合，形成未来发展蓝图框架。这一框架不仅明确了环境保护的具体目标和实施路径，还保障了各项环境保护活动的规划方案能够获得充分、合法且具有刚性的经济和财政支持。通过将环境保护纳入国民经济和社会发展计划，政府能够为环境保护活动提供必要的资源和资金保障，从而增强实施效果。这种整合有助于在实现经济增长的同时，确保生态环境的可持续性，为全面推进生态文明建设提供有力支持和保障。

（3）合理分配排污削减量、约束排污者的行为

环境规划通过科学的方法合理分配各类排污单位的排污削减量，确保排污者遵循法规进行生产经营。通过制定排污标准和实施排污许可制度，环境规划有效约束了排污者的行为，促进了污染物的减排和环境质量的改善。这种机制不仅提高了企业的环保意识，还推动了技术创新，促进了清洁生产的实施。

（4）以最小的投资获取最佳的环境效益

环境规划强调资源的高效利用和投资的合理配置，旨在以最小的经济成本实现最佳的环境保护效果。通过引入绿色技术和最优化的环保管理措施，环境规划能够帮助社会各界在环境治理中实现经济与环境效益的双赢。通过科学的规划与评估，环境规划确保资源的最优配置，使得每一项环保投资都能产生最大的环境效益，从而推动可持续发展的实现。

（5）实行环境管理目标的基本依据

环境规划为环境管理目标的设定和实施提供了基础依据。通过明确的目标和指标，环境规划引导各级政府和企业在环境保护方面的决策与行动，确保环保政策的有效落实。这种系统化的管理框架，不仅增强了环境管理的科学性和透明度，也提升了社会各界对环境保护的参与度和责任感。

10.1.3　规划误区：是工作还是科研？

在实际操作中，环境规划经常面临"是工作还是科研"的误区。这一误区主要体现在两种情形。

（1）将环境规划视为普通工作

在这种情况下，环境规划被简单地视为日常行政工作，往往由政府官员进行规划设计和决策。这种做法不仅忽视了环境规划的科学性和学术价值，还容易导致规划缺乏深度和系统性。决策者可能在没有充分的数据支持和科学依据的情况下做出决策，从而影响环境保护的有效性和可持续性。这种片面的认识可能导致环境问题加剧，甚至在某些情况下，造成资源浪费和生态系统的破坏。环境规划本应是一个系统化的过程，涉及对环境现状的全面分析、对未来发展的科学预测以及对各利益相关者需求的充分考虑。

（2）将环境规划视为纯粹的科学研究

另一个常见的误区是将环境规划视为一种纯粹的科研活动。这种观点往往导致过度理论化和理想化，完全脱离社会经济的实际情况。在这种情况下，环境规划可能会过于关注理论模型和实验数据，而忽视了实际应用的可行性和社会需求。决策者在制定政策时，可能过于依赖于理论分析，而未能充分考虑政策实施的具体环境和条件。这种脱离现实的环境规划，虽然在学术上可能具有一定的价值，但在实际操作中却可能导致政策的失效和资源的浪费，无法有效解决实际环境问题。

有效的环境规划需要在科学理论与实际工作之间找到平衡。它不仅应建立在扎实的科学依据之上，还要与经济与社会发展的实际情况紧密结合。只有这样，环境规划才能在政策和项目实施中发挥实质性作用，确保其既具科学性又具可操作性，从而推动可持续发展目标的实现。因此，决策者应重视环境规划的双重属性，既要关注其科学研究的价值，也要确保其在实际工作中的有效应用。这种双重视角能够促进环境规划的全面性和有效性，从而更好地应对复杂的环境挑战，实现经济、社会与环境的协调发展。

10.1.4 环境规划与其他社会经济类规划的关系

环境规划与国民经济和社会发展规划、经济区划、国土规划以及城市总体规划等多个领域密切相关。作为这些规划体系的重要组成部分，环境规划确保了环境保护与经济社会发展之间的良性互动，促进了可持续发展的实现。下文将概要式地介绍一下环境规划与其他社会经济类规划之间的相互关系。

（1）环境规划与国民经济和社会发展规划

国民经济和社会发展规划是国家或区域在较长历史时期内对经济与社会发展的总体安排。环境规划作为其重要组成部分，涉及多层次、多时段的环境专项规划。环境规划与国民经济和社会发展规划的关系主要体现在以下几个方面：

① 人口与经济。环境规划需充分考虑人口增长与经济增长对资源和环境的影响，确保经济发展的可持续性。随着人口的增加和经济的增长，对资源的需求和环境的压力也会相应加大，因此，环境规划必须在制定经济和社会发展目标时充分评估人口变化和经济增长对环境的未来影响。

② 生产力布局与产业结构。产业结构的调整直接影响环境质量，合理的生产力布局有助于减少环境压力。环境规划应与经济发展规划相结合，推动绿色产业和可持续生产方式的实施，以减轻对生态环境的负担。

③ 污染控制。经济发展带来的污染，尤其是工业污染，一直是环境保护的主要控制目标。环境规划需有效应对这些挑战，通过制定严格的污染物排放标准和监测机制，合理布局污染治理设施，以保障环境质量的改善。

④ 资金支持。国民经济的运行能够为环境保护提供必要的资金，这是实现环境保护目标的重要保障。环境规划应与财政政策相结合，确保环境保护措施获得足够的资金支持，以实现其目标。

（2）环境规划与经济区划

经济区划，是按照地域经济的相似性和差异性，对全国各地进行战略划分和战略布局，构成具有不同地域范围、不同内容、不同层次、各具特色的经济区。

　　通过不同层次的经济区划，有助于明确各地区在全国或大的地域范围内的地位和作用、它和相邻地区的分工和协作关系、该地区经济与社会合理发展的长远方向。所以，经济区划工作既为编制地区经济与社会发展长期规划提供重要的科学依据；同时，也为开展区域环境规划打下良好基础。经济区划与环境规划并非单向的传递关系，而是双向互动的。环境规划在经济区划的大背景下起到专业性的铺垫作用，为经济区划提供生态环境方面的科学依据，确保各地区在经济发展中遵循环境保护原则，进而为区域环境规划的实施奠定基础。

　　（3）环境规划与国土规划

　　国土规划是对国土资源的开发、利用、治理和保护进行的全面规划。它的内容包括：包括土、水、矿产、生物等自然资源的开发利用；工业、农业、交通运输业的布局和地区组合与发展；环境保护以及影响地区经济发展的要害问题的解决等。环境规划为国土资源的合理开发与利用提供了生态环境保护的科学依据。通过环境规划，政府可以合理划定生态保护红线和土地使用规划，确保资源的可持续性，促进经济与环境的双重利益。环境规划的实施有助于优化国土资源的配置，减少资源浪费，维护生态平衡。

　　（4）环境规划与城市总体规划

　　城市总体规划是为了明确城市的性质、规模和发展方向而进行的系统性设计。其核心目标是通过合理利用城市土地，协调城市空间布局和各项建设，最终实现经济与社会的可持续发展。而城市环境规划则更加聚焦于保护人类健康和生态环境，确保在城市发展过程中不损害自然资源和居民的生活质量。两者之间的相互关联主要体现在以下几个方面：

　　① 城市人口与经济。合理的人口与经济布局是提升城市可持续发展能力的关键因素。环境规划必须充分考虑城市的人口承载能力和经济发展潜力，以制定科学合理的城市发展策略。例如，在规划过程中，需评估现有基础设施和公共服务是否能够满足未来人口增长的需求，以及如何通过优化土地使用来提升资源利用效率。通过合理配置人居环境和经济活动，能够有效减少资源浪费，降低环境压力，确保城市在经济增长与生态平衡之间找到最佳结合点。

　　② 城市生产力的布局。合理的生产力布局不仅有助于减少环境负担，还能显著提高城市的整体竞争力。环境规划应积极促进绿色产业的发展，推动循环经济的实施，以降低城市的资源消耗和污染排放。通过引导企业采用环保技术和可持续生产方式，环境规划能够在促进经济发展的同时，保护生态环境。此外，合理的生产力布局还可以提高城市的就业机会和经济活力，进而增强城市的吸引力与综合竞争力。

　　③ 城市基础设施建设。城市基础设施的合理规划与环境保护的紧密结合，对于提升城市的环境质量和居民的生活质量具有重要意义。高效且合理的基础设施不仅是城市功能正常运转的基础，更是环境治理工程成功实施的关键因素。通过科学的规划设计，基础设施可以有效地支持环境保护措施，减少对生态环境的负面影响。在基础设施建设中，环境规划应充分融入生态设计理念。这意味着在规划和实施过程中，需考虑自然生态系统的特点和需求，确保基础设施项目的可持续性。例如，在交通系统的设计中，优先考虑公共交通、非机动交通和步行路线的布局，以减少汽车排放和交通拥堵，提升空气质量。此外，雨水管理系统的设计应考虑自然渗透和雨水收集，以降低城市内涝风险，并保护水资源。合理的基础设施建设还应关注绿色空间的创建与维护，如公园、绿道和城市森林等。这些绿色空间不仅为居民提供了休闲和娱乐的场所，还能改善城市微气候、增强生物多样性，并为生态系统提供服

务。因此，在基础设施规划中，必须将生态功能与人类需求相结合，确保基础设施不仅服务于经济发展，同时也促进环境保护和居民福祉。

综上所述，环境规划在促进可持续发展方面发挥着重要作用，并与其他规划领域密切相关。通过有效的环境规划，可以实现经济、社会与环境的协调发展，为建设美丽中国和实现生态文明目标提供坚实的基础。这种互动关系不仅提高了各类规划的科学性和有效性，也为实现全面可持续发展奠定了良好的基础。

10.2 环境规划的基本特征和原则

10.2.1 环境规划的基本特征

（1）整体性

环境规划具有的整体性反映在环境的要素和各个组成部分之间构成一个有机整体，虽然各要素之间也有一定的联系，但各要素自身的环境问题特征和规律则十分突出，有其相对确定的分布结构和相互作用关系，从而各自形成独立的、整体性强、关联度高的体系。

（2）综合性

环境规划的综合性反映在它涉及的领域广泛，影响因素众多，对策措施综合、部门协调复杂，随着人类对环境保护认识的提高和实践经验的积累，环境规划的综合性及集成性越来越有显著的加强。

（3）区域性

环境问题的地域性特征主要体现在针对不同地域，其环境及其污染控制系统的结构不同，主要污染物的特征不同，社会经济发展方向和发展速度不同，控制方案评价指标体系的构成及指标权重不同，各地的技术条件和基础数据条件不同。

（4）动态性

环境规划具有较强的时效性。它的影响因素在不断变化，无论是环境问题还是社会经济条件都在随时间发生着难以预料的变动，基于一定条件制订的环境规划，随着社会经济发展方向、发展政策、发展速度以及实际环境状况的变化，势必要求环境规划工作具有快速响应和更新的能力。

（5）信息密集

在环境规划的全过程中，自始至终需要收集、消化、吸收、参考和处理各类相关的综合信息。规划的成功与否在很大程度上取决于搜集的信息是否较为完全；取决于能否识别、提取准确可靠的信息；取决于是否能够有效地组织这些信息；也取决于能否很好地利用这些信息。客观上需要一种基于电脑的信息集中储存、处理的环境来支持和帮助规划人员完成这一工作，基于地理信息系统（GIS）的计算机辅助环境规划系统将对环境规划有较大的促进和改善作用。

（6）政策性强

政策性强是环境规划的一个显著特点。从环境规划的立题阶段、课题总体设计，到最终的决策分析和实施计划的制定，每一个技术环节都常常需要在多种可能性中进行选择。这一过程不仅复杂且具有挑战性，成功的选择依赖于当前国家和地方的环境政策、法规、制度、条例和标准。这些政策构成了环境规划的基本框架和指导原则，确保规划过程中的每一步都符合相关法律法规的要求，并能够有效应对环境问题。与此同时，在环境规划中，政策性不仅体现在对现有法规的遵循上，还可以基于长期的环境管理实践，提出新的有效环境政策。这种创新性政策的提出，往往源于对历史数据和案例的深入分析，以及对当前环境状况的全面评估。通过总结以往的成功经验和教训，环境规划能够为政策制定者提供切实可行的建议，从而优化环境管理和保护措施。

10.2.2 环境规划的原则

① 同步发展原则。经济建设、城乡建设与环境建设应同步推进。环境规划应与经济社会发展紧密结合，确保各方利益的平衡。

② 遵循规律原则。遵循经济和生态规律，合理利用环境资源。环境规划应尊重自然规律，避免对生态环境造成不可逆转的损害。

③ 预防为主原则。强调污染防治的结合，采取预防措施。环境规划应优先考虑预防，减少污染源的产生，降低环境风险。

④ 系统原则。整体考虑环境问题，采取综合防治措施。环境规划应从系统的角度出发，综合考虑各类环境因素及其相互关系。

⑤ 科技推动原则。依靠科技进步推动环境规划与管理的实施。环境规划应充分利用现代科技手段，提高生态环境保护的科学性和有效性。

⑥ 强化环境管理原则。利用好每次制定和更新环境规划的契机与平台，不断提升环境管理在国家治理体系中的作用发挥。

10.3 环境规划的基本任务、基本过程与规划类型

10.3.1 环境规划的基本任务

环境规划的基本任务是多方面的，主要包括以下几个方面。

（1）全面掌握地区经济和社会发展的基础资料

在进行环境规划之前，必须全面了解该地区的经济、社会及环境现状。这包括：

① 经济数据。包括地区的 GDP、主要产业结构、就业情况、投资水平、资源禀赋等。

② 社会数据。包括人口分布、社区发展、居民生活水平、教育水平等。

③ 环境数据。包括各行业排污状况、资源耗用情况、空气质量、水体质量、土壤污染状况、生态系统健康状况等。

通过全面的数据收集与分析，为环境规划与决策提供坚实的基础。

（2）合理布局工农业生产力

环境规划需要合理配置工农业生产力，以实现经济效益与环境保护的双赢。具体措施包括：

① 工业布局。根据环境承载能力，合理安排工业区的位置和规模，避免对环境造成过大压力。

② 农业发展。推动生态农业、循环农业，减少农业生产对环境的负面影响。

（3）提高资源利用率

资源的高效利用是环境规划的重要目标。为此，应采取以下措施：

① 资源管理。建立资源管理体系，确保资源的可持续利用。

② 技术创新。鼓励企业采用先进技术，提高资源利用效率，降低资源消耗。

（4）建立区域生态系统的良性循环

环境规划应注重生态系统的整体性，建立良性循环机制，包括：

① 污染治理。以环境容量和环境承载力的时空分布为约束条件，制定科学合理的污染治理方案。

② 生态恢复。对受损生态系统进行恢复与重建，提升生态服务功能。

③ 生态补偿。建立生态补偿机制，保护生态环境与促进经济发展的平衡。

（5）制定环境保护技术政策

环境规划需要制定相应的技术政策，以确保规划的有效实施。这包括：

① 技术标准方面。制定环境保护的技术标准，确保企业在生产过程中遵循环保要求。

② 技术推广方面。支持环保技术的研发与应用，推动绿色技术的普及。

10.3.2　环境规划的基本过程

环境规划分多种层次和类型，不论是何种层次和类型的环境规划，从方法论的角度来说，所有类型的环境规划通常都包括以下几个通用的基本过程。

① 现状分析。在环境规划的初始阶段，首先需要对规划区域的环境现状进行全面分析。这包括对自然环境（如水、土壤、大气等）的质量评估，以及对社会经济活动对环境影响的调查。通过数据收集与分析，了解区域内的环境问题和资源状况，为后续规划奠定基础。

② 目标设定。在现状分析的基础上，明确环境规划的目标。目标设定应遵循可持续发展原则，考虑经济、社会和环境的协调发展。目标可以分为短期目标和长期目标，确保规划的科学性和可操作性。

③ 策略与措施制定。根据设定的目标，制定相应的策略与措施。这包括污染源的控制、资源的合理利用、生态环境的保护和恢复等。措施的制定应充分考虑技术可行性、经济合理性和社会接受度。

④ 方案设计。在策略与措施的基础上，进行具体的方案设计。这涉及空间布局、项目建设、资金投入等方面的详细规划。方案设计应具备可操作性和灵活性，以便在实施过程中进行调整。

⑤ 实施与监测。环境规划的实施需要各方的协同合作，包括政府、企业和公众。实施过程中，应建立健全监测机制，及时评估环境规划的执行效果，确保目标的实现。

⑥ 评估与反馈。对环境规划的实施效果进行评估，分析其对环境质量和社会经济发展的影响。根据评估结果，及时进行反馈和调整，确保环境规划的动态适应性。

10.3.3　环境规划的分类

根据不同的角度，环境规划可以分为多种类型，主要包括以下几种。

（1）按规划期分类

① 长期环境规划。通常为 5 年以上，关注区域的可持续发展目标，制定战略性政策。

② 中期环境规划。一般为 3～5 年，关注具体的环境保护措施和项目实施。

③ 年度环境计划。每年制定，关注短期环境目标的实现和年度工作计划。

（2）按环境与经济的关系分类

① 经济制约型。环境规划受到经济发展的制约，主要关注如何在经济发展中减少对环境的影响。

② 协调型。环境保护与经济发展相辅相成，强调二者的协调发展。

③ 环境制约型。经济发展受到环境保护的制约，强调在环境保护的前提下进行经济活动。

（3）按环境要素分类

① 大气污染控制规划。针对大气污染问题，制定相应的控制措施和标准。

② 水污染控制规划。关注水体污染，制定水质标准与污染物排放控制措施。

③ 固体废物管理规划。针对固体废物的产生、处理与回收制定相应的管理措施。

④ 噪声污染控制规划。制定噪声控制标准与管理措施，减少噪声对环境的影响。

（4）按照行政区划和管理层次分类

① 国家级环境规划。涉及全国范围的环境保护战略与政策。

② 省级环境规划。针对省域内的环境问题，制定相应的区域性规划。

③ 市级和县级环境规划。关注地方的环境管理与保护，制定具体的实施方案。

④ 自然保护区和重点流域环境规划。针对特定区域的环境保护，进行专项规划。

（5）按性质分类

① 生态规划。侧重于生态系统的保护与恢复，确保生态平衡。

② 污染综合防治规划。综合考虑各类污染源，制定全面的防治措施。

③ 自然保护规划。保护自然资源和生物多样性，维护生态系统的完整性。

④ 环境科学技术与产业发展规划。结合环境科技与产业发展，推动绿色经济的发展。

10.4　环境规划的发展概况和趋势

10.4.1　国外环境规划的发展概况

（1）美国环境规划

美国的环境规划历程悠久，经历了多个发展阶段，逐步形成了系统而全面的环境管理体系。其主要特点包括：

① 立法保障。美国通过一系列重要的环境立法，如《清洁空气法》（1970 年）、《联邦水污染控制法》（1948 年，1972 年修订后为《清洁水法案》）和《国家环境政策法》（1969 年），明确了环境保护的法律目标和标准。这些法律不仅为环境规划提供了法律依据，还设立了专门的监管机构，如环境保护署（EPA），确保法律的实施和执行。通过这些法规，政府可以有效地监测和管理环境问题，确保公众的健康和安全。

② 环境预测。在环境规划过程中,美国特别强调对环境变化的预测。政策制定者利用先进的模型和数据分析技术,评估不同规划方案对环境的潜在影响。这种科学的预测能力帮助政府制定政策时考虑长期环境影响,促进可持续发展,并为应对气候变化等全球性挑战提供支持。

③ 能源与环境关系。美国在能源开发与环境保护之间寻求平衡,重视两者的相互关系。在进行能源规划时,充分考虑能源开发对水、空气和土地的影响,推动可再生能源的使用与清洁技术的研发,以减少对环境的负担。美国还积极探索能源效率和节能技术,以减轻能源消耗对环境的影响。

(2) 英国环境规划

英国的环境规划强调与经济发展相结合,追求环境保护与经济增长的协调。其主要特点包括:

① 综合性规划。在城市与区域规划中,环境规划被视为重要组成部分。通过综合考虑环境因素,确保在发展经济的同时,保护生态环境,促进绿色空间的创建与维护。英国的环境政策鼓励在城市设计中融入自然元素,提升居民的生活质量。

② 新市镇规划。英国的新市镇规划注重环境因素,特别关注生态环境的保护与改善。在新市镇的设计与建设中,强调可持续发展理念,打造低碳社区。通过使用环保材料和技术,提高建筑的能源效率,促进自然资源的合理利用。

③ 公众参与。英国在环境规划过程中鼓励公众参与,通过咨询与听证会等形式,确保居民的意见和需求被纳入规划决策。这种做法不仅增强了规划的透明度,也提高了社会对环境政策的认可度,促进了社区的共同参与。

(3) 日本环境规划

日本的环境规划以保护公众健康和生态系统为核心,主要特点包括:

① 防治重点突出。在环境规划中,日本强调对污染源的控制与治理,制定严格的排放标准与监测机制,优先保护居民的健康和生活环境。特别是在工业发展与城市化进程中,注重防止环境污染对社会的危害,确保生态系统的稳定。

② 标准化管理。日本通过制定环境标准和排放标准,确保环境质量达标。这些标准涵盖空气、水质、土壤等多个方面,形成了系统的环境管理框架。这种标准化管理促进了各行业的环保责任落实,推动了企业的绿色转型。

③ 科技应用。日本在环境规划中广泛应用科技手段,如环境监测技术和清洁生产技术,以提高环境管理的效率和效果。科技驱动的规划模式使日本在环境保护方面取得显著成效,推动了可持续发展的进程。

(4) 俄罗斯环境规划

俄罗斯的环境规划关注资源的综合利用,主要特点包括:

① 目标纲要规划。俄罗斯通过制定环境目标纲要,系统考虑资源、科技、经济、社会和环境保护的综合关系。该纲要为各级政府在资源开发与环境保护之间的平衡提供了指导,促进了可持续发展的实现。

② 资源管理与保护。在环境规划中,俄罗斯强调对自然资源的可持续利用,保护重要生态区域,防止资源的过度开发和环境退化。通过制定相应的政策和法律,确保资源的合理利用与生态环境的保护,推动生态文明建设。

③ 国际合作。俄罗斯在环境规划中重视国际合作,尤其在跨界水资源管理和生物多样

性保护方面，积极参与国际环保协议和合作项目，推动区域环境治理的协同发展。

综上，国外环境规划的发展展现了不同国家在应对环境问题时的多样性和创新性。通过立法保障、科学预测、公众参与和国际合作等手段，各国在环境规划中努力实现经济发展与生态保护的双重目标，为全球可持续发展贡献了重要经验与教训。

10.4.2　我国环境规划的发展历程

我国的环境规划发展历程与全国环境保护工作会议的召开密切相关，主要经历了以下 5 个阶段。

（1）孕育阶段（1973—1980 年）

这一阶段以 1973 年召开第一次全国环境保护工作会议为标志，标志着我国开始高度重视环境保护。这次会议确立了"全面规划，合理布局，综合利用，化害为利，依靠群众，大家动手，保护环境，造福人民"的 32 字环境保护工作方针。尽管当时环境规划尚未形成系统，但这次会议为后续的环境保护工作奠定了基础，开启了对环境问题的持续关注。

（2）尝试阶段（1981—1989 年）

1983 年，第二次全国环境保护工作会议召开，提出了具体的环境保护目标和任务，将环境保护确立为基本国策。会议制定了"经济建设、城乡建设和环境建设同步规划、同步实施、同步发展"的指导方针，强调实现经济效益、社会效益和环境效益的统一。在这一阶段，我国制定了"六五"（1981—1985 年）和"七五"（1986—1990 年）期间的环境保护计划，开始探索环境规划的发展路径。这一时期的努力为环境保护的规范化奠定了基础，推动了环境法规的初步建立。

（3）发展阶段（1990—2000 年）

1990—2000 年，第三次和第四次全国环境保护工作会议的召开标志着环境保护工作的进一步规范化和系统化。在这一阶段，国家出台了一系列环境管理规制和法律法规。第三次全国环境保护会议（1989 年）提出要加强制度建设，深化环境监管，向环境污染宣战，促进经济与环境协调发展。第四次全国环境保护会议（1996 年）强调保护环境的实质就是保护生产力，提出要坚持污染防治和生态保护并举，全面推进环保工作。在这一阶段，国家自上而下的环保局系统迅速建立，环境保护的法律法规和规章制度逐步完善，环境规划的制定与实施得到了加强，形成了较为完整的环境管理体系。

（4）完善提高阶段（2001—2005 年）

这一阶段的关键事件是 2002 年 1 月 8 日，国务院召开第五次全国环境保护会议，明确提出环境保护是政府的一项重要职能，需按照社会主义市场经济的要求，动员全社会力量共同做好环保工作。会议强调了环境保护的社会责任，推动了环境规划的进一步发展。此外，国家在这一阶段加强了对污染源的监控与管理，为后续的环境规划深入发展奠定了基础。环境规划的理念逐步向可持续发展转变。

（5）转变约束阶段（2006 年至今）

自 2006 年起，中国的环境规划进入了一个新的发展阶段，第六次、第七次、第八次全国环境保护大会的连续召开，标志着国家对经济与环境关系的根本性调整，开启了生态文明建设的新篇章。这一阶段的核心标志之一是 2006 年的第六次全国环境保护大会，大会提出了三个转变，即"从重经济增长轻环境保护转变为保护环境与经济增长并重；从环境保护滞后于经济发展转变为环境保护和经济发展同步；从主要用行政办法保护环境转变为综合运用法律、经济、技术和必要的行政办法解决环境问题。"三个转变强调了环境保护的科学规律性，旨在实现可持续发展。

与此同时，"十一五"规划（2006—2010年）也是环境规划领域的一个标志性进展，此次规划明确提出以环境容量为约束条件，强调环境质量的考核和监测，这一举措标志着环境规划方向的重大转变。通过将环境容量纳入经济发展考量，国家希望能够在确保经济增长的同时，有效保护和改善环境质量。在"十一五"环境规划的制定中，国家环境保护部建立了严格的技术审核机制，以确保环境规划的科学性和有效性。这一机制的规范化不仅提高了环境规划的专业性，还为环境政策的实施提供了坚实的技术支持。此外，在这一阶段，国家还出台了新修订的环境保护法（2015），进一步明确了环境规划的法律地位和实施要求。

综上，通过这五个阶段的发展，我国的环境规划逐步建立起了系统化、规范化的管理模式。随着经济的快速发展和环境问题的日益严重，环境规划在国家发展战略中的重要性不断提升，逐渐成为实现可持续发展的重要工具。未来，我国将继续加强环境规划的科学性、系统性和前瞻性，以应对日益复杂的环境挑战，推动生态文明建设和绿色发展。

10.4.3 我国环境规划的现状分析

近几十年来，我国环境规划工作取得了显著进展，环境规划逐步纳入国民经济和社会发展规划中，形成了与经济社会发展相协调的环境保护体系。新《环境保护法》的实施明确了环境保护作为基本国策的重要性，推动了各级政府对环境保护的重视和责任落实。同时，国家在环境治理方面不断加大投入，推动绿色技术的应用和环境治理能力的提升，形成了较为完备的法律法规体系。

尽管取得了巨大的成就，我国的环境规划仍面临一些挑战：

① 新开发区环境规划方法的完善。在快速城市化过程中，新开发区环境规划方法尚未完全成熟，需要进一步提高系统性和前瞻性。新开发区往往面临着环境资源过度开发和生态破坏风险，因此亟需建立科学合理的环境规划体系，以确保在城市发展的同时保护生态环境。

② 法律效力保障不足。部分地方在执行环境规划时缺乏必要的法律保障，导致实施效果不佳，环境污染问题依然突出。地方政府在执行环境政策时，常常受到经济利益的影响，导致环境保护措施的落实不到位，这需要通过加强法律监督和责任追究来改善。

③ 专业人才短缺。环境规划领域专业人才的短缺制约了规划的科学性和有效性。当前，环境科学和环境管理与规划专业的教育体系尚未完全跟上市场需求，亟需进一步加强相关专业知识教育和培训，以培养更多具备专业知识和实践能力的人才。

④ 决策支持系统不足。环境规划的决策支持系统和评估、监督反馈机制仍需进一步完善。现有决策支持系统的决策过程不够透明和高效。因此，有必要建立更为高效的决策支持系统，以提高环境规划的科学性和可操作性。

10.4.4 我国环境规划的发展趋势与展望

① 法律效力保障。未来需要进一步提高环境规划的法律效力，完善相关法律法规，以确保环境保护措施的有效实施，增强公众和社会的法律意识。这包括加强对地方政府和企业

的法律约束，确保环境规划的执行不受经济利益的干扰。

②区域集中管理。环境经济协调规划将成为重要趋势，强调污染控制的区域集中管理。这种方法能够有效整合资源，推动城市生态规划的发展，以更好地应对区域性环境问题。通过区域合作，各地可以共同制定和实施环境保护措施，形成合力。

③总量控制。以污染物排污许可证制度为代表的总量控制方式正逐步得到广泛推广。这种方式能够促进环境保护的系统性和科学性，确保对污染物排放的有效监控和管理，同时有助于进一步鼓励企业采用清洁生产技术，减少污染物的产生。

④决策支持系统。建立高效的决策支持系统，利用现代科技手段，如大数据和人工智能，来提升环境规划的科学性和可操作性。通过数据分析和模型预测，决策者能够更好地评估不同规划方案的环境影响，确保决策过程的透明和高效。

⑤健全机制。建立健全环境规划的评估、监督、反馈和行政问责机制。这将促进环境管理的透明度和公众参与度，增强社会对环境保护的认同感和参与感。通过公众参与，环境规划将更符合社会需求，提升政策的有效性。

总之，我国环境规划的发展历程展现了国家对环境保护重视程度的逐步提升，从初步探索到逐步规范，再到强调约束性和可持续发展以及生态文明建设，体现了环境治理理念的不断深化。随着环境规划的不断完善和法律地位的提高，未来将为实现绿色发展和可持续发展目标提供更加坚实的支撑。

环境规划是一项复杂而系统的工作，涉及多个领域和利益相关者。对于任何国家和现代化经济体系而言，环境规划都是实现可持续发展的重要手段。通过科学合理的规划与管理，可以有效促进环境保护与经济社会的协调发展。未来，随着技术的进步与政策的完善，环境规划将继续发挥其重要作用，为人类创造一个更加美好的生存环境。

📚 拓展阅读

《大运河生态环境保护修复规划》解读

📝 复习思考题（答案请扫封底二维码）

问题 1. 环境规划的基本特征包括哪 6 个方面？

问题 2. 环境规划的综合性表现在哪些方面？

问题 3. 环境规划的动态性表现在哪些方面？

问题 4. 环境规划的区域性表现在哪些方面？

问题 5. 环境规划的信息密集性表现在哪些方面？

问题 6. 按照行政区划和管理层次来进行划分，环境规划可以分成哪些类别？

问题 7. 环境规划的作用包括哪些方面？

问题 8. 环境规划的多目标特征具体表现在哪些方面？

问题 9. 环境规划的原则有哪些？

问题 10. 环境规划是工作还是科研？

第11章 | 环境规划与管理的技术方法：调查、预测与决策

在日常的环境规划与管理事务中，所采用的技术方法主要可以分为三个关键步骤和层次。

第一步是对所规划和管理的对象进行全面而系统的调查。这一阶段的目标是收集与环境相关的各类数据和信息，包括现有资源的状况、生态系统的健康程度以及人类活动对环境的影响等。通过全面的调查，能够为后续的分析奠定坚实的基础。

第二步是在信息调查的基础上，对所规划和管理对象的未来发展趋势进行科学的预测。这一过程涉及对历史数据的分析、当前趋势的评估，以及对未来可能出现的变化进行合理的推测。通过应用统计模型和预测工具，规划者能够识别潜在的风险和机遇，从而为环境的可持续发展提供指导。

第三步是根据调查结果和预测结果中所呈现出的问题，提出拟采取的规划管理对策，并进行方案选择和决策。这一阶段需要对不同的规划管理策略进行评估，考虑其可行性、成本效益及其对环境的影响。通过综合分析，决策者能够选择出最优的方案，以实现环境的有效管理和保护。

当然，在环境规划与管理的过程中，环境影响评价、环境监测等方面的信息和数据支持也是必不可少的。然而，这些技术支持通常归属于其他学科领域，比如环境影响评价学科或环境监测学科，因此在本教材中将不作详细介绍。本章将重点围绕上述三个方面进行详细的介绍与讲解，即环境规划与管理的调查方法、预测方法以及决策分析，以帮助读者全面理解环境规划与管理的关键技术和方法。

11.1 环境规划与管理的调查方法

环境规划与管理的调查方法是整个环境规划与管理过程的基础，旨在通过系统性的数据收集、现状评估和问题识别，为后续的预测和决策提供坚实的基础。有效的调查方法能够帮助规划者全面了解环境状况、识别潜在问题并制定相应的规划管理措施。以下将详细介绍环境规划与管理的调查方法，包括数据收集、现状评价和问题识别等方面的具体技术细节，并分析每种方法的优缺点。

11.1.1 数据收集方法

数据收集是环境规划与管理调查的第一步，主要包括文献研究法、实地调查法、问卷调查法和专家访谈法等。每种方法都有其独特的优势和适用场景。

11.1.1.1 文献研究法

文献研究法是通过查阅已有的研究文献、政策文件、技术报告和统计年鉴等资料，获取

有关环境状况、污染源、生态系统等方面的信息。这种方法的优点在于可以快速获取大量的信息，为后续的调查提供背景资料。技术步骤如下：

① 确定研究主题与目标。明确调查的主题，例如某一地区的水质状况、空气污染源或生态系统的变化等。

② 文献检索。利用学术数据库（如 CNKI、Web of Science、Google Scholar 等），检索与研究主题相关的文献。使用关键词和主题词进行精确检索，以确保获取的信息全面且相关。

③ 资料筛选与整理。对检索到的文献进行筛选，优先选择最近的、权威的和同行评审的文献。将相关信息进行分类整理，包括环境指标、污染物浓度、相关政策文件、前期规划、环境统计年鉴等历史数据等。

④ 信息分析与总结。对收集到的信息进行分析，提炼出关键数据和结论，为后续的实地调查和现状评估提供参考。

文献研究法的优点：a. 信息广泛，可以获取大量的历史数据和研究成果；b. 成本低，相较于实地调查，文献研究的成本较低，节省时间和资源；c. 背景知识丰富，可帮助研究者了解当前研究的前沿和发展动态。

文献研究法的缺点：a. 时效性差，文献可能过时或不再适用，尤其在快速变化的环境条件下；b. 可能存在可得性问题，某些重要数据可能在公开文献中缺乏，难以获得；c. 主观性较强，不同文献的质量和准确性可能存在差异，需谨慎筛选，文献调查的结果受文献检索者自身的学识能力和观念的影响较大。

11.1.1.2　实地调查法

实地调查法是一种针对规划管理对象进行现场考察的研究方法，旨在通过对水体、土壤、大气等环境要素的采样和监测，全面了解实际环境状况。此外，该方法还应关注生态系统、地质地理环境和人文环境等方面，以获取更为全面的第一手原始数据。这些数据对于评估和管理环境问题至关重要。技术步骤如下。

（1）制定调查计划

根据调查目标，制定详尽的实地调查计划。计划应包括调查地点、时间安排、采样点选择以及样本数量等内容，以确保调查的系统性和科学性。

（2）选择采样点

根据环境特征和污染源的空间分布，选择具有代表性的采样点。采样点的选择应考虑到环境的异质性、地形变化和潜在污染源的影响，以确保数据的代表性和可靠性。

（3）采样与监测

① 水体采样。使用水样采集器在不同水深和多个位置进行水样采集。样本应储存在无污染的容器中，并标记采样的时间、地点及水温等信息，以便后续分析。

② 土壤采样。使用土壤采样器在不同深度和位置进行土壤样本采集。应注意采样过程中避免交叉污染，样本应分装在干燥、洁净的容器中，并记录采样的时间、位置和深度。

③ 空气监测。安装空气质量监测仪器（如气体分析仪、颗粒物监测仪等），在不同地点和时间段进行连续监测，获取空气污染物浓度数据。

④ 生态系统调查。评估区域内的生物多样性、栖息地类型和生态功能。采用样方调查

法、线性调查法等手段，记录植物种类、数量及动物种群，以全面了解生态系统的健康状况。

⑤ 地质地理环境调查。对地质特征进行详细调查，包括土壤类型、岩石分布、地形特征（如坡度、海拔）等。使用地质取样和地形测量工具，记录地质剖面和土壤剖面，以分析地质条件对环境的影响。

⑥ 人文环境调查。调查人文活动对环境的影响，包括土地利用、城市化程度、人口分布和社会经济活动等。通过问卷调查、访谈和实地观察，收集居民和利益相关者的意见，评估人文活动对自然环境的影响。

（4）数据记录与分析

对采集到的数据进行记录和整理，确保数据的准确性和完整性。使用统计软件对数据进行分析，识别环境问题和趋势，为后续的决策提供科学依据。

实地调查法的优点：a. 数据准确性高，实地调查提供的原始数据通常较为准确，能够反映真实的环境状况；b. 现场观察直观，调查人员可以直接观察生态系统的状态和人文环境的影响，获得直观的信息；c. 灵活性强，调查可以根据现场情况进行调整，灵活应对突发情况，确保调查的有效性。

实地调查法的缺点：a. 成本较高，实地调查往往需要较高的资金投入和人力资源，尤其是在广泛采样的情况下；b. 时间消耗大，调查可能需要较长时间，尤其是在需要进行多点、多次采样时；c. 环境条件（如天气、季节变化）可能影响调查的效果和数据的可比性，导致数据的可靠性受到影响。

通过合理运用实地调查法，可以有效地获取环境数据，为环境规划和管理决策提供坚实的基础。

11.1.1.3 问卷调查法

问卷调查法是一种通过设计问卷向相关利益方（如居民、企业、政府部门等）进行调查的研究方法，旨在获取他们对环境问题的看法和意见。这种方法能够有效反映公众及相关利益方对环境问题的关注程度，为后续的管理措施提供重要参考。技术步骤如下。

（1）设计问卷

根据调查目标，设计结构合理、问题清晰的问卷。问卷可采用封闭式（选择题）和开放式（自由回答）相结合的形式，以便获取定量和定性数据。具体方法如下。

1）明确调查目标

在问卷设计之前，首先要明确调查的具体目标，例如是要了解公众对某一环境政策的态度，还是要评估公众对某地区的环境质量感知等。

2）定问卷结构

问卷的结构应合理，通常包括引言、主体问题和结尾部分。引言部分简要说明调查目的和重要性，主体问题则根据调查目标设计。

3）问题类型选择

① 封闭式问题。设计选择题，提供多个选项供参与者选择，如"您认为当前空气质量如何？"选项可包括"很好""一般""差"等。封闭式问题便于量化分析。

② 开放式问题。设计自由回答的问题，允许参与者表达自己的观点，例如"您认为应

采取哪些措施改善空气质量？"这类问题有助于获取定性信息和深入见解。

4）问题清晰性

确保每个问题简洁明了，避免使用专业术语和模糊表达，以减少参与者的理解困难。

5）预调查

在正式实施前进行小规模的预调查，以测试问卷的有效性和可理解性，根据反馈进行必要的修改。

（2）确定样本对象

根据研究对象的特征，确定问卷的目标人群。样本应具有代表性，以确保调查结果的有效性。具体内容如下。

1）定义目标人群

根据研究对象的特征，明确问卷的目标人群，例如特定区域的居民、特定行业的企业或相关政府部门。

2）样本选择方法

① 随机抽样，从目标人群中随机选择样本，以提高结果的代表性；

② 分层抽样，根据不同特征（如年龄、性别、职业等）对目标人群进行分层，确保各层次的观点都能得到反映。

3）样本量确定

根据调查目的和所需的统计精度，确定合适的样本量。样本量应足够大，以保证结果的可信度和可推广性。

（3）实施问卷调查

选择合适的调查方式（如面对面访谈、在线调查、电话调查等），向目标人群发放问卷。确保调查过程的保密性和匿名性，以提高回答的真实度。具体内容如下。

1）选择调查方式

① 面对面访谈，适用于需要深入了解的情况，调查人员可以与参与者进行直接交流；

② 在线调查，使用网络平台（如自建网站、微博、公众号，或是 Survey Monkey、Google Forms 等）进行问卷发布，便于快速收集数据，适合大规模样本；

③ 电话调查，通过电话与参与者沟通，适合无法面对面接触的情况。

2）确保保密性与匿名性

在调查过程中，强调参与者的回答将得到保密处理，确保匿名性，以提高回答的真实度和参与意愿。

3）调查时间安排

合理安排调查时间，避免在不恰当的时间段或特殊事件期间进行，以提高参与率。

（4）数据收集与分析

对收集到的问卷数据进行整理和分析，使用统计软件（如 SPSS、Excel 等）进行数据处理，识别公众对环境问题的认知和态度。具体包括：

① 数据整理。对收集到的问卷数据进行分类整理，确保数据的完整性和一致性。

② 数据编码。将开放式问题的回答进行分类或编码，以便于后续的统计分析。

③ 使用统计软件分析。利用统计软件（如 SPSS、Excel 等）进行数据处理，进行描述性统计、相关性分析和差异性分析等，以识别公众对环境问题的认知和态度。

④ 结果解读与报告。分析结果后，撰写调查报告，总结主要发现、结论和建议，向相关利益方提供反馈。

问卷调查法的优点：a. 广泛覆盖，能够快速收集大量样本数据，涵盖不同利益相关者的观点，确保调查结果的多样性；b. 定量与定性结合，通过选择题和开放式问题的结合，既能获取定量数据，也能深入了解参与者的态度和看法；c. 成本相对低，相比于实地调查，问卷调查的实施成本较低，适合在资源有限的情况下进行。

问卷调查法的缺点：a. 样本偏差，样本选择不当可能导致结果不具代表性，影响调查的有效性和可靠性；b. 回答真实性问题，参与者的回答可能受到社会期望或其他因素的影响，导致真实度降低；c. 设计复杂性较高，问卷设计需要专业知识，确保问题的清晰性和有效性，否则可能导致参与者的误解和数据的无效。

通过科学合理的问卷调查法，可以有效获取相关利益方对环境问题的看法，为环境规划和管理决策提供重要依据。

11.1.1.4　专家访谈法

专家访谈法是邀请环境领域的专家进行访谈，获取他们对环境规划和管理的专业意见和建议。专家的经验和知识能够为调查提供深刻的洞察。技术步骤如下：

① 确定专家名单。根据研究主题，确定相关领域的专家，名单应包括学者、政府官员、企业专家和社会组织代表等。

② 设计访谈提纲。根据调查目标，设计访谈提纲，包括核心问题和相关主题。提纲应简明扼要，便于专家理解和回答。

③ 实施访谈。与专家进行面对面的访谈或电话访谈，确保访谈过程的顺畅和有效。记录专家的观点和建议，必要时可进行录像或录音以便后续整理。

④ 分析与总结。对访谈记录进行分析，提炼出专家的主要观点和建议，为后续的决策提供参考。

专家访谈法的优点：a. 专业性高，专家通常具备丰富的知识和经验，能够提供深刻的见解和建议；b. 灵活性，访谈可以根据专家的回答进行深入探讨，获取更多信息；c. 定性分析，能够收集到丰富的定性数据，有助于理解复杂的环境问题。

专家访谈法的缺点：a. 主观性，专家的观点可能受到个人经验和偏见的影响，结果可能不够客观；b. 时间消耗，专家访谈可能需要较长时间安排和进行，影响整体进度；c. 样本数量限制，通常访谈的专家数量有限，可能不够全面。

11.1.2　现状评价

现状评价是对收集到的数据进行深入分析和总结的过程，主要包括数据整理与分析、环境质量评价和生态系统评价等关键步骤。通过现状评价，可以全面了解当前环境状况，为后续的环境预测和决策提供科学依据。

（1）数据整理与分析

数据整理与分析是现状评价的第一步，确保数据的准确性和有效性，主要包括以下几个方面：

① 数据预处理。确认收集到的数据的完整性和一致性，剔除明显的异常值（如超出合

理范围的数值）和缺失值（如未记录的数据），以确保数据集的质量。

② 数据分类与整理。根据环境要素（如水、土壤、空气等）对数据进行系统分类。建立数据库，采用统一的数据格式和命名规则，以便于后续的分析和检索。

③ 数据统计分析。使用统计软件（如 SPSS、R、Excel、Python 等）对数据进行描述性统计分析。计算关键指标，如均值、标准差、最大值和最小值，以识别数据的分布特征和基本趋势。

④ 趋势分析。对历史数据进行时间序列分析，识别环境质量的变化趋势和潜在问题。例如，通过对水质数据的长期监测，分析水体污染的变化趋势，并预测未来可能出现的环境问题。

（2）环境质量评价

环境质量评价是对特定区域环境状况进行系统性评估的过程，旨在全面了解环境的健康与安全状况。这一过程主要包括以下几个关键步骤：

① 确定评价指标。根据国家或地方现行的环境质量标准，制定一套科学合理的评价指标体系。这一体系通常涵盖水质指标（如 pH 值、化学需氧量 COD、氨氮、重金属等）、空气质量指标（如 $PM_{2.5}$、二氧化硫 SO_2、氮氧化物 NO_x 等）和土壤质量指标（如重金属含量、污染物浓度等）。通过明确的指标体系，可以确保评价的科学性和规范性，为后续分析提供基础。

② 数据比较与分析。在收集到的环境数据基础上，将其与相关环境质量标准进行系统比较。这一过程不仅评估环境质量是否符合规定要求，还能够识别出不达标的指标。例如，通过对某地区空气质量监测数据与国家标准的比较，可以判断该地区的空气质量状况，并识别出需要改进的具体指标。

③ 环境质量等级评价。根据前期的评价结果，对环境质量进行等级划分。通常可以将环境质量划分为“优”“良”“一般”“差”等不同等级。这一等级划分为后续的环境管理措施制定提供了重要依据，使决策者能够针对不同等级采取相应的管理策略。

④ 环境质量报告编写。最后，将评估结果整理成一份详细的环境质量报告。报告的内容应包括评价方法与评价依据、数据分析、结果讨论及改进建议等。这些信息为环境管理和政策制定提供了重要的参考依据，帮助相关部门制定更为有效的环境保护措施。

（3）生态系统评价

生态系统评价是对规划区域内生态系统进行综合评价的过程，旨在全面了解生态系统的健康状况和功能。该过程主要包括以下几个步骤：

① 生态系统特征分析。首先，对目标区域的生态系统特征进行深入分析。这包括生物多样性、生态功能和栖息地类型等方面的评估。例如，在评估某湿地的生态系统特征时，需要分析其植被种类、动物栖息情况以及水文特征，以全面了解该湿地的生态价值和功能。

② 生态服务功能评价。接下来，评估生态系统所提供的生态服务功能。这些功能可能包括水资源调节、碳储存、生物多样性保护等。可以通过应用生态服务评估模型，对不同生态服务的价值进行量化，从而帮助决策者理解生态系统对人类社会的贡献。

③ 生态风险评价。识别和评估可能对生态系统造成威胁的因素也是生态系统评价的重要组成部分。这些威胁因素包括人为活动（如城市化、工业化等）和自然因素（如气候变化、自然灾害等）。通过使用生态风险评估模型，可以量化生态风险的程度，并识别出需要

优先关注的风险因素。

④ 生态系统健康评价。最后，根据生态系统的健康指标（如生物多样性指数、生态完整性指数等）对整个生态系统进行综合评估，以判断其健康状况。例如，通过监测物种丰富度和栖息地完整性，可以有效评估某一生态系统的健康水平，并据此提出相应的保护和恢复建议。这些评估结果将为生态保护和管理提供科学依据，促进生态系统的可持续发展。

11.1.3 问题识别

问题识别是现状评价的衍生结果，旨在明确当前环境中需要重点关注的各种问题，主要包括污染源识别、环境风险评估和利益相关者分析等方面。通过有效的问题识别，可以为后续的环境预测和决策提供坚实的依据。

(1) 污染源识别

污染源识别是确定主要污染源及其对环境的影响程度的过程，主要包括以下几个步骤：

① 污染源调查。通过实地调查、问卷、访谈和文献研究，系统识别与环境污染相关的主要污染源。这些污染源可能包括工业排放、农业污水、城市污水和固体废物等，确保全面覆盖潜在污染源。

② 污染物排放量估算。根据收集的调查数据和相关环境标准，估算主要污染源的污染物排放量。例如，通过分析某工业区的生产数据与排放标准，计算其废气、废水及固体废物的排放量，以量化其对环境的影响。

③ 污染源分布图绘制。根据识别的污染源及其排放量数据，绘制污染源分布图。这种图示化的方式能够直观展示污染源的空间分布及其影响范围，为后续的管理和控制措施提供参考。

④ 污染源影响评价。评估主要污染源对环境和人类健康的影响程度，识别需重点关注的污染源。例如，通过对水体污染源的影响评价，确定哪些污染源对水质造成了最显著的影响，并提出相应的治理措施。

(2) 环境风险评估

环境风险评估是评估环境问题对人类健康和生态系统的潜在风险的过程，主要包括以下几个步骤：

① 风险识别。识别可能对人类健康和生态系统造成风险的环境问题，如空气污染、水污染和土壤污染等，确保涵盖所有相关的环境因素。

② 风险分析。对识别出的风险因素进行详细分析，包括风险的性质、程度和影响范围。例如，通过分析某地区的空气质量数据，评估 $PM_{2.5}$ 对居民健康的潜在影响，明确其危害程度。

③ 风险评价。根据风险分析结果，对不同风险因素进行定量或定性评估，确定其对人类健康和生态系统的影响程度。采用风险评价模型，综合考虑暴露途径、暴露时间和个体敏感性等因素，以得出科学的评估结果。

④ 风险管理建议。根据风险评估结果，提出相应的风险管理建议。这些建议可能包括污染源控制、环境监测、公众健康保护措施和政策调整等，以降低潜在风险。

(3) 利益相关者分析

利益相关者分析是识别与环境问题相关的利益方，包括政府、企业、居民等，了解他们的利益诉求和关注点的过程。具体步骤如下：

① 识别利益相关者。确定与环境问题相关的主要利益方，包括政府部门、企业、非政府组织、社区居民和学术机构等，确保所有相关利益者都被纳入分析范围。

② 利益诉求分析。分析不同利益相关者的利益诉求和关注点，例如，企业可能更关注经济效益和成本控制，而居民则更关注环境质量和健康安全等问题。

③ 利益冲突识别。识别不同利益相关者之间可能存在的利益冲突，例如，企业的经济利益与环保要求之间的矛盾。分析这些冲突的根源，为后续的协调提供依据。

④ 利益相关者参与。在环境规划与管理过程中，积极邀请利益相关者参与决策，确保各方观点得到充分表达和考虑。通过利益相关者参与和公众参与，可以提高方案的可行性和社会接受度，同时增强决策的透明度和公信力。

综上，环境规划与管理的调查方法是一个系统性的过程，通过数据收集、现状评估和问题识别，为后续的预测和决策提供坚实的基础。有效的调查方法能够帮助规划者全面了解环境状况、识别潜在问题并制定相应的管理措施。未来，随着技术的不断进步和数据分析能力的提升，环境规划与管理的调查方法将更加多样化和精准化，为应对复杂的环境挑战提供更为有力的支持。通过科学合理的调查方法，能够为可持续发展目标的实现奠定坚实的基础。

11.2 环境规划中的预测方法

11.2.1 环境预测概述

环境预测是一个重要的科学领域，旨在通过系统分析和建模，评估未来环境状况及其变化趋势。以下将详细探讨环境预测的定义、主要内容、遵循的基本原则以及预测方法的选择与结果分析。

11.2.1.1 定义

环境预测是在对环境调查和现状评价（包括经济社会调查评价）的基础上，结合经济发展规划或预测，通过综合分析和一定的数学模拟手段，推测未来的环境状况。

环境预测的目标是为决策者提供有效的信息，以便在经济发展与环境保护之间找到平衡。环境预测不仅关注环境质量的变化，还涵盖了社会经济发展对环境的影响，强调了科学、合理的决策过程。环境预测的核心在于理解环境与社会经济之间的相互作用，这种相互作用是复杂的，涉及多个因素，包括人口增长、经济发展、技术进步和政策变化等。

11.2.1.2 主要内容

环境预测的主要内容可以具体划分为以下几个方面。

（1）环境质量与污染预测

环境质量与污染预测是环境预测的核心，主要任务是评估和预测环境中各类污染物的浓度变化及其对生态系统和人类健康的影响。生态环境污染防治是环境规划最重要的组成部分，因此这方面的预测活动构成了环境预测的主要内容。

① 主要污染物的预测和识别。在进行环境质量预测时，首先需要预测和识别主要污染

物，包括：a. 大气污染物，如二氧化硫（SO_2）、氮氧化物（NO_x）、颗粒物（PM）和挥发性有机物（VOCs）等；b. 水体污染物，如化学需氧量（COD）、生化需氧量（BOD）、氨氮、磷、重金属等；c. 土壤污染物，如农药残留、重金属等。

② 预测方法与工具。环境质量与污染预测通常采用以下方法和工具：a. 物质平衡模型，用于分析污染物的输入、转化和输出，评估其在环境中的浓度变化；b. 统计回归模型，通过历史数据分析，建立模型预测未来污染物浓度；c. 遥感技术，利用卫星和无人机等技术，监测环境变化，获取空间数据。

（2）其他内容的预测

除了环境质量与污染预测，环境预测还包括其他重要内容，这些内容应根据规划对象的具体情况和目标进行选定。

① 重大工程建设的环境影响评估。在进行重大工程建设时，需对其对环境的潜在影响进行评估，包括对生态系统、空气和水质的影响等。这种评估通常采用环境影响评价（EIA）的方法，确保在项目实施前充分考虑环境因素。

② 土地利用与自然保护。土地利用变化对环境的影响显著，因此在进行环境预测时，需分析未来的土地利用规划及其对生态环境的影响。此外，自然保护区的规划和管理也应纳入环境预测的范畴，以维护生物多样性和生态平衡。

③ 科技进步及环保效益的预测。科技进步在环境保护中起着重要作用。通过分析新技术的应用，如清洁生产技术、可再生能源技术等，预测其对环境质量改善的潜在影响。同时，评估环保措施的实施效果也是环境预测的重要内容之一。

11.2.1.3 遵循的基本原则

在进行环境预测时，应遵循以下基本原则，以确保预测的科学性和有效性。

① 经济社会发展是环境预测的基本依据。经济和社会发展水平是环境变化的根本驱动力，因此在进行环境预测时，必须充分考虑经济社会发展的趋势和特点。经济增长、人口增加和消费模式变化等因素都会对环境产生直接影响。

② 科技进步的作用。科技进步能够显著提高资源利用效率和污染治理能力，因此在环境预测中应充分考虑科技发展的影响。新技术的应用可以改善环境质量、降低污染物排放，并促进可再生能源的使用。

③ 突出重点。在进行环境预测时，应关注对环境影响最显著的因素，避免信息的冗余和分析的复杂性。重点关注主要的污染源和影响因素，以便更有效地制定管理措施。

④ 具体问题具体分析。不同地区、不同时间段的环境问题应结合实际情况进行分析，避免一刀切的预测方法。在进行预测时，应根据特定的环境问题和区域特点，采用相应的分析方法。

⑤ 宏观与中观预测的结合。环境预测可以分为宏观预测和中观预测。宏观预测从整体上评估规划区域（或城市）的经济、社会发展对环境的影响，而中观预测则关注局部范围（如功能区或水源地）内的环境变化。两者相辅相成，为环境规划与决策提供全面的支持。

11.2.1.4 预测方法选择与结果分析

（1）基本思路

在前文所给出的环境预测的定义中，已经表达出了环境预测的基本思路，具体而言环境预测的基本思路与技术关键在于：

① 把握影响环境的主要社会经济因素并获取充足的信息，确保对影响因素的全面理解；

② 寻求合适的表征环境变化规律的数学模式和（或）了解预测对象的专家系统；

③ 对预测结果进行科学分析，得出正确的结论。这一点取决于规划人员的素质和综合问题的能力与水平。

（2）预测方法选择

环境预测的方法可以分为定性和定量两大类。

1）定性预测技术

定性预测技术主要用于对环境变化的初步评估和理解，通常在数据不足或现有资料难以量化的情况下采用。定性方法的优势在于其灵活性和适应性，能够快速提供关于环境问题的洞察。具体包括：

① 专家调查法。通过对专家的访谈和问卷调查，收集对未来环境变化的看法。专家可以基于他们的经验和知识，对特定环境问题提供定性判断。例如，在研究某地区的水资源管理时，相关领域的专家可以提供对水资源可持续利用的建议和预测。

② 历史回顾法。通过分析历史数据和事件，识别趋势和模式。这种方法能够揭示过去的环境变化情况，并为未来的预测提供背景信息。例如，通过分析过去十年某城市的空气质量数据，可以发现其污染物浓度的季节性变化，从而预测未来的污染趋势。

③ 情景分析法。通过构建不同的情境，分析在不同假设条件下的环境变化。这种方法能够帮助决策者理解不同政策或社会经济发展路径对环境的潜在影响。比如，评估在不同经济增长率下，城市化进程对水资源的影响。

④ SWOT 分析。评估环境管理中的优势、劣势、机会和威胁，以便为未来的决策提供参考。例如，在制定某一地区的环境保护政策时，SWOT 分析可以帮助识别现有政策的优缺点，并提出改进建议。

当然，上述几种方法并非完全只是定性的，也经常会含有定量的成分，只是相比较而言，定性的成分更多而已。

2）定量预测技术

定量预测技术通过数学模型和统计分析，提供更为精确的环境预测。它们能够处理大量数据，并揭示变量之间的关系。

① 外推法。基于历史数据的延续性，使用线性或非线性外推模型预测未来的环境变化。这种方法适用于趋势明显且变化规律相对稳定的情况。例如，某城市的历史年均温度数据可以用于外推未来几年的气温变化趋势。

② 回归分析法。通过建立回归模型，分析自变量与因变量之间的关系，预测未来的结果。常用的回归方法包括简单线性回归和多元回归。例如，可以使用回归分析来研究经济增长对水污染程度的影响，从而建立经济发展与水质之间的关系模型。

③ 环境系统的数学模型。利用系统动力学、生态模型和数值模拟等方法，定量分析经济、社会与环境之间的复杂关系。常见的模型包括气候模型、水质模型、大气污染扩散模型、生态模型和环境经济数学模型等。例如，使用生态模型预测某湿地生态系统在不同气候条件下的物种多样性变化，水质模型可以用来预测不同排污情形下的河流湖泊的水质变化情况等。

④ 人工智能与机器学习。随着技术的发展，机器学习和人工智能在环境预测中的应用

日益增多。这些技术能够处理复杂的非线性关系，并在大数据环境下寻找潜在的模式。例如，利用机器学习算法分析气象数据和污染源数据，可以预测特定区域的空气质量变化。

（3）预测结果的综合分析

预测结果的分析应包括以下几个方面。

1）资源态势与经济发展趋势分析

分析规划区的经济发展趋势与资源供求矛盾，识别经济发展的主要制约因素，为制定发展战略和确定规划方案提供依据。

2）环境污染发展趋势分析

主要包括以下几个方面：

① 常规污染预测。这是环境预测的核心，主要关注主要污染物的浓度变化及其对生态和人类健康的影响。通过历史数据和模型分析，预测未来某一地区或特定时间段内的空气、水体和土壤污染物浓度。例如，使用物质平衡模型分析某工业区的废气排放，预测未来几年内大气中 $PM_{2.5}$ 的变化趋势。

② 重大的环境问题预测。除了常规的污染预测，一些重大的环境问题，如全球气候变化、臭氧层破坏等，也需进行深入分析。这类问题通常具有广泛的影响和较长的时间跨度，需结合全球及区域性数据进行建模。例如，利用气候模型预测未来几十年内全球温度上升对海平面和极地冰盖的影响。

③ 偶然或意外事件的预测。这类预测主要关注可能对环境造成突发性影响的事件，如化学品泄漏、工业事故等。这些事件虽然发生的概率较低，但一旦发生，其后果可能是灾难性的。因此，需要建立应急响应机制和预测模型，以评估这些事件对环境的潜在影响。例如，针对某化工厂的泄漏风险，进行事故模拟和影响评估，以制定应急预案。

3）其他重要问题分析

对规划区域中某些重要问题进行分析，如特别需要的保护对象、重大工程的环境影响或效益等。这些分析应结合具体情况，确保提出的管理和保护措施具有针对性和有效性。

综上，环境预测不仅是科学研究的需求，更是政策制定和资源环境管理的必要工具。通过对未来环境状况的评估，我们可以更好地理解人类活动对环境的影响，从而制定出科学的管理策略，促进可持续发展。随着科技的进步和数据分析能力的提升，环境预测的方法和工具将不断演进，为应对复杂的环境挑战提供更为精准的支持。

11.2.2 常用的社会与经济发展预测方法

在环境规划的过程中，对规划区域社会经济发展状况的预测，虽然不属于直接的环境预测，但却是环境预测的基础，因为社会经济发展的态势决定着未来的环境发展态势，是其内生的原动力。

社会经济发展预测又包括以下几个方面：

① 有关未来社会发展的预测，其中主要是人口的预测，当然也包括一些其他的与环境有关的社会因素的确定，例如人口的具体分布、人口的密度以及人群的环境观念等社会环保意识的变化等。

② 有关经济发展的预测，主要包括国内生产总值（GDP）预测、工业生产总值预测等。

③ 有关资源耗用量的预测，包括能耗预测、水资源耗用量预测等。

11.2.2.1 人口预测

人口的增长会增加对水、能源和土地等自然资源的需求，从而对环境造成压力，影响生态平衡。因此，人口预测对于制定合理的环境规划和资源配置政策很重要。

人口预测是评估未来人口变化的重要方法，主要受出生率、死亡率和迁移率等因素的影响。从严格意义上来说，人口的变化不仅受到出生率、死亡率和迁移率等因素的影响，还与环境资源的承载能力、生态系统的健康状况等密切相关。但从中长期的环境规划的角度来说，相对宏观且粗略的人口预测往往是足够用的。具体方法如下。

（1）人口预测的基本模型

我国人口预测常用的经验模型基本形式为：

$$N_t = N_{t_0} e^{k(t-t_0)} \tag{11-1}$$

式中，N_t 为 t 年的人口总数；N_{t_0} 为 $t=t_0$ 年时，即预测起始年时的人口基数；k 为人口增长系数或人口自然增长率；e 为自然对数的底（e≈2.718）。

上述公式是来自人口的一级反应动力学公式的积分结果，其微分形式为：

$$\frac{\mathrm{d}N}{\mathrm{d}t} = kN \tag{11-2}$$

式中，N 为人口数量；t 为时间；k 为人口增长系数或人口自然增长率。

这个微分方程表达的含义是，人口的变化率 $\frac{\mathrm{d}N}{\mathrm{d}t}$ 与当前的人口数量 N 成正比，比例常数为 k。通过对这个方程进行积分，即可得到上述的人口随时间变化的公式。这一模型假设人口在没有外部限制的情况下，以指数形式增长，适用于短期内的人口预测。

1）人口自然增长率的计算

在假定迁移率为零的条件下，人口自然增长率（k）是出生率与死亡率之差，常表示为每年净增的人口比例。其计算公式为：

$$k = \frac{B-D}{N_{t_0}} \tag{11-3}$$

式中，B 为出生人数；D 为死亡人数；N_{t_0} 为预测起始年的人口基数。

2）人口增长的简化公式

根据人口增长率的物理含义，我们还可以直接采用类似计算利息的方式来预测未来年的人口：

$$N_t = N_{t_0}(1+k)^{(t-t_0)} \tag{11-4}$$

此公式为简单的离散时间模型，适用于短期人口预测。当 k 值比较小时，此公式的计算结果与式（11-1）基本相等。需要指出的是，人口的自然增长率对应的是人口的一级反应动力学公式的系数，而年增长率 k 对应的是人口年增长速率（增长比例）。

（2）算例

假设某地区在 2010 年的人口为 500000 人，预计该地区的出生率为 1.2%，死亡率为 0.8%，计算该地区在 2020 年的人口总数。

计算步骤如下：

① 计算人口增长率。

$$k=1.2\%-0.8\%=0.004$$

② 应用人口预测模型。

$$N_{2020}=500000\times e^{0.004\times(2020-2010)}=500000\times e^{0.04}\approx500000\times1.0408=520400（人）$$

因此，预计到 2020 年，该地区的人口总数约为 520400 人。

11.2.2.2 国内生产总值（GDP）预测

国内生产总值（GDP）和国民生产总值（GNP）是衡量一个国家经济活动的重要指标，但它们的计算方式和所关注的范围有所不同（参见"拓展阅读"）。中国常用的经济统计指标是 GDP，下文将简介 GDP 的预测方法。

（1）GDP 预测的基本模型

我国国内生产总值预测的常用经验模型为：

$$GDP_t=GDP_0(1+a)^{(t-t_0)} \tag{11-5}$$

式中，GDP_t 为 t 年 GDP 数值；GDP_0 为 $t=0$ 年即预测起始年的 GDP 数值；a 为 GDP 年增长速率，%。

GDP 年增长速率可以通过历史数据计算得出，通常以百分比形式表示。其计算公式为：

$$a=\frac{GDP_t-GDP_{t-1}}{GDP_{t-1}}\times100\% \tag{11-6}$$

（2）算例

假设某国在 2015 年的 GDP 为 1000000 万元，预计年增长率为 5%，计算该国在 2020 年的 GDP。

应用 GDP 预测模型：

$$GDP_{2020}=1000000\times(1+0.05)^{(2020-2015)}\approx1000000\times1.2763=1276300（万元）$$

因此，预计到 2020 年，该国的 GDP 将达到约 1276300 万元。

> **拓展阅读**
>
> GDP 与 GNP 的区别

11.2.2.3 能耗预测

能耗发展趋势与大气污染的发展趋势和温室气体排放趋势等紧密相关，因此，在环境规划中通常都要进行能耗的预测。能耗预测是评估未来能源需求和使用的重要工具，涉及多个指标和方法。

（1）能耗指标

能耗预测的关键指标包括：

① 产品综合能耗。单位产品的能耗量（如单位钢铁产量的能耗）。

② 能源利用率。有效利用的能量与供给的能量之比。

③ 能源消费弹性系数。能源消耗量增长速度与经济增长速度的比较关系。

$$能源消费弹性系数 = \frac{能源消耗量增长速度}{经济增长速度}$$

（2）能耗预测方法

能耗预测的主要方法包括：

① 人均能量消费法。根据人均生活用能需求估算总能耗。

② 能源消费弹性系数法。根据经济增长速度和能源消费弹性系数预测能耗增长速度。则能耗预测的计算公式为：

$$E_t = E_0(1+\beta)^{(t-t_0)} \tag{11-7}$$
$$\beta = e\alpha \tag{11-8}$$

式中，E_t 为规划期 t 年的能耗量；E_0 为规划期起始年 t_0 的能耗量；β 为能耗增长速度；e 为能源消费弹性系数；α 为工业产值增长速度。

（3）算例

假设某地区 2009 年的能源消费总量为 126 万吨标准煤，预计未来 10 年内该工业区的工业产值年增长速度为 11%，能源消费弹性系数为 0.87，计算到 2017 年该地区的能源消费总量。

计算步骤：

① 计算能耗增长速度。

$$能耗增长速度 = 11\% \times 0.87 = 9.57\%$$

② 应用能耗预测模型。

$$E_{2017} = 126 \times (1+0.0957)^{(2017-2009)} = 126 \times 1.0957^8 \approx 126 \times 2.077 \approx 261.70（万吨）$$

因此，预计到 2017 年，该地区的能源消费总量将达到约 261.70 万吨标准煤。

11.2.2.4　水资源耗用量预测

未来的水资源耗用同样与环境规划密切相关。通过预测水资源的需求和使用趋势，规划者可以合理配置水资源，确保其可持续利用。这有助于评估不同发展方案对水环境的影响，制定有效的水管理政策，防止水资源短缺和污染。此外，预测结果还可以指导基础设施建设和生态保护，促进水资源的高效利用与环境保护，实现经济与生态的协调发展。

水资源的预测可以基于以下几个方法：a. 经济规模相关法，根据经济增长和发展水平预测水资源需求；b. 历史用水量法，基于历史用水数据预测未来用水需求；c. 分项预测法，分别预测工业用水、生活用水和农业用水。

（1）经济规模相关法

经济规模相关法通过分析经济活动与水资源需求之间的关系，以预测未来的水资源需求。其基本公式为：

$$W_t = \beta \cdot GDP_t \tag{11-9}$$

式中，W_t 为第 t 年水资源需求；β 为单位 GDP 水资源需求系数；GDP_t 为第 t 年国内生产总值。

注：如果预测时间较长的话，则需要考虑单位 GDP 水资源需求系数 β 随时间的变化问题。更为精细的预测则需要分行业进行预测最后再汇总。

（2）分项预测法

分项预测法可以细分为以下几个部分。

1）工业用水预测

工业用水预测通常基于工业产值和用水强度进行估算，其基本公式为：

$$W_{i,t}=W_{i,0}(1+r_i)^{(t-t_0)} \tag{11-10}$$

式中，$W_{i,t}$ 为第 t 年工业行业的用水量；$W_{i,0}$ 为起始年工业行业用水量；r_i 为工业行业用水年增长率。

2）生活用水预测

生活用水预测通常基于人均用水量和人口数量进行估算，其基本公式为：

$$W_{1,t}=P_t U_1 \tag{11-11}$$

式中，$W_{1,t}$ 为第 t 年生活用水量；P_t 为第 t 年人口；U_1 为人均生活用水量（常称为用水定额）。

3）农业用水预测

农业用水预测通常基于农作物种植面积和单位面积用水量进行估算，其基本公式为：

$$W_{a,t}=A_{a,t} U_a \tag{11-12}$$

式中，$W_{a,t}$ 为第 t 年农作物用水量；$A_{a,t}$ 为第 t 年农作物种植面积；U_a 为农作物单位面积用水量。

4）算例

某地区 2009 年的水资源用量为 4500 万立方米，其中，工业用水量为 2000 万立方米，生活用水量为 1500 万立方米，农业用水量为 1000 万立方米。预计该地区 GDP 年增长率为 5%，预计 2019 年的人均生活用水量为 150L/（人·d），2019 年人口预计为 600000 人，农作物种植面积在 2019 年预计为 6000ha，预计 2019 年的农作物单位面积用水量为 5000m³/ha，工业用水年增长率为 4%。计算到 2019 年该地区的水资源用量。

计算步骤如下。

① 工业用水预测。

$$W_{i,2019}=2000\times(1+0.04)^{(2019-2009)}\approx 2000\times 1.4802=2960.4（万立方米）$$

② 生活用水预测。

$$W_{1,2019}=\frac{600000\times 150\times 365}{1000\times 10000}=3285（万立方米）$$

③ 农业用水预测。

$$W_{a,2019}=\frac{6000\times 5000}{10000}=3000（万立方米）$$

④ 总水资源用量预测。

$$W_{total,2019}=W_{i,2019}+W_{1,2019}+W_{a,2019}=2960.4+3285+3000=9245.4（万立方米）$$

因此，预计到 2019 年，该地区的水资源用量将达到约 9245.4 万立方米。

注：在真正的环境规划中，可以采集到的信息数据往往很庞杂，有些方面的数据可能会欠缺，但也有些方面的数据可能会出现富余，因此需要恰当地选用合适的信息数据进行环境规划。在本例题中，有些信息就并没有用上，这也是对信息选用能力的一种考察和锻炼。

11.2.3　复杂的社会与经济发展预测方法简介

在环境规划中，虽然传统的预测方法如上节所提到的有关人口预测、国内生产总值（GDP）预测、能耗预测及水资源预测等方法比较常用且简便，但在某些特殊要求的规划中，可能需要更复杂和精细的预测方法。这些方法通常考虑更多的变量和影响因素，能够更准确地反映复杂的环境和经济体系。以下将简要地介绍几种复杂的预测方法，包括系统动力学模型、灰色预测模型、回归分析、时间序列分析、多目标决策分析，以及一般均衡模型和投入产出分析等。

11.2.3.1　系统动力学模型

系统动力学是一种用于理解和分析复杂系统动态行为的方法。它通过构建反馈环和时滞来模拟系统的变化，尤其适用于处理相互关联的社会、经济和环境因素。这种方法能够帮助决策者识别系统中的关键变量及其相互作用，从而制定更有效的管理策略。

（1）系统动力学模型的构建

建立系统动力学模型通常包括以下几个步骤：

① 问题定义。首先，需要明确需要解决的具体问题。这一步骤确保模型的方向性和目的性，使得后续的构建工作有的放矢。

② 构建因果关系图。在这一阶段，识别系统中各变量之间的因果关系至关重要。因果关系图能够直观地展示变量之间的相互影响，通常使用箭头表示因果关系，并通过正负符号指示影响的方向和性质。

③ 建立库存-流量模型。定义系统中的库存（stocks）和流量（flows），并建立相应的数学关系。库存代表系统中存储的量，而流量则是库存变化的速率。通过建立这些关系，可以更好地理解系统的动态变化。

④ 模型仿真。最后，使用计算机软件（如 Vensim、Stella 等）进行模拟和分析。通过仿真，能够观察系统在不同情景下的行为，进而评估政策或管理措施的潜在影响。

（2）一个简要的假想算例

假设一个城市的水资源管理系统需要考虑人口增长、用水需求和水源补给的互动关系。为了构建模型，我们可以定义以下变量：a. 人口（P），影响用水需求的关键因素；b. 用水需求（D），与人口和人均用水量相关；c. 水源补给（S），与降水量和水库蓄水量有关。模型构建过程如下。

① 因果关系梳理：a. 人口增加导致用水需求增加；b. 用水需求增加会导致水源补给的消耗；c. 水源补给不足会影响未来的人口增长。

② 建立方程。

用水需求公式：$D=PU$（人均用水量 U 为常数）

水源补给公式：$S=S_0+R-D$（R 为降水量）

③ 模型仿真。使用仿真软件进行数值模拟，观察在不同情景下的水资源变化。

以上仅仅是一个概念型的案例，概述了系统动力学的核心逻辑结构思想，通过这一假想算例，我们可以直观地看到系统动力学模型如何帮助我们理解复杂的水资源管理问题，评估不同因素的影响，并为政策制定提供科学依据。真正的详细案例需要很大的篇幅才能讲完，请参见相关的专业书籍和文献。

11.2.3.2 灰色预测模型

灰色预测模型适用于处理小样本、不完全信息和不确定性的问题。它通过建立灰色系统理论，能够在缺乏足够数据的情况下进行预测。

灰色预测模型通常采用 GM（1，1）模型，其基本步骤如下：

① 数据预处理。对原始数据进行累加生成序列（AGO）。

② 建立模型。利用累加序列建立一阶微分方程。

③ 求解模型。通过最小二乘法求解模型参数。

④ 预测。利用模型进行未来数据的预测。

详细内容需要很大的篇幅才能讲完，具体细节请参见相关的专业书籍和文献。

11.2.3.3 回归分析

回归分析是一种统计方法，用于研究变量之间的关系。通过建立数学模型，可以对未来的趋势进行预测。回归分析的步骤如下：

① 选择变量。确定因变量（被预测的变量）和自变量（影响因变量的变量）。

② 建立模型。使用最小二乘法拟合回归方程。

③ 模型检验。通过 R^2 值、F 检验等评估模型的有效性。

④ 预测。利用回归方程进行预测。

详细内容需要较大的篇幅才能讲完，具体细节请参见相关的专业书籍和文献。

11.2.3.4 时间序列分析

时间序列分析是对时间序列数据进行分析和建模的方法，适用于处理具有时间顺序的数据。时间序列分析的步骤如下：

① 数据收集。收集与时间相关的历史数据。

② 数据平稳性检验。对数据进行平稳性检验，如 ADF 检验。

③ 建模。选择适当的时间序列模型（如 ARIMA 模型）进行建模。

④ 预测。使用模型进行未来数据的预测。

具体细节参见相关的专业书籍和文献。

11.2.3.5 多目标决策分析

多目标决策分析用于评估和选择在多个相互冲突的目标之间进行权衡的方案，适用于复杂的环境规划和资源管理。多目标决策分析的步骤如下：

① 目标设定。明确需要优化的多个目标。

② 方案生成。生成可供选择的方案。

③ 评估指标。确定评估各方案的指标。

④ 权重分配。对各目标进行权重分配。

⑤ 综合评价。使用方法如 TOPSIS、AHP 等进行综合评价和排序。

具体细节参见相关的专业书籍和文献。

11.2.3.6 一般均衡模型

一般均衡模型是一种宏观经济模型，用于分析经济中不同市场之间的相互作用和资源配置。它考虑了消费者、生产者及政府等多个经济主体的行为，能够全面反映经济系统的动态变化。一般均衡模型通常包括以下几个步骤：

① 模型设定。定义经济中的各个市场、经济主体及其相互关系。

② 方程建立。建立描述各市场供需平衡的方程。

③ 求解模型。使用数值方法求解模型，得到各变量的均衡值。

④ 政策分析。通过模拟不同政策情景，分析其对经济的影响。

具体细节参见相关的专业书籍和文献。

11.2.3.7 投入产出分析

投入产出分析是一种经济分析方法，用于研究不同经济部门之间的相互关系。通过构建投入产出表，可以分析各部门的生产和消费活动如何相互影响。在环境规划中，可以把投入产出分析扩展到环境资源消耗和污染排放等指标领域，这种技术手段可以使得投入产出分析成为评估经济活动对环境影响的重要工具。投入产出模型通常包括以下几个步骤：

① 数据收集。收集各部门的投入产出数据，形成投入产出表。

② 模型建立。建立描述各部门之间相互关系的方程，考虑经济变量和资源环境指标，比如每万元产出所需的资源（如水、能源等）、每万元产出所产生的污染物（如各类空气污染物、二氧化碳、废水排放量等）。

③ 求解模型。使用矩阵运算求解模型，得到各部门的产出和投入水平，以及相应的资源消耗和污染排放水平。

④ 政策模拟。分析不同政策对部门间关系的影响。

具体细节参见相关的专业书籍和文献。

综上，在环境规划中，传统的预测方法虽然简单易行，但在面对复杂的社会、经济和环境问题时，复杂的预测方法也很重要。这些方法不仅能够考虑更多的变量和影响因素，还能更好地反映系统的动态变化。通过合理选择和应用这些复杂的预测方法，包括一般均衡模型和投入产出分析，可以为环境规划和管理决策提供更加科学和有效的支持。

随着数据科学和计算能力的进步，未来的社会与经济发展预测方法将越来越依赖于大数据分析、机器学习和人工智能等新兴技术。这些技术能够处理更大规模的数据集，识别复杂的模式和趋势，从而进一步提高预测的准确性和时效性。同时，跨学科的合作将成为常态，经济学、环境科学、社会学等多个领域的结合，将推动更加全面和深入的研究，为可持续发展目标的实现提供坚实的基础。

11.2.4 水环境污染预测

水环境污染预测是评估和管理水资源的重要手段，涉及对水体污染源、污染物排放量及其对水质的影响进行系统分析。本节将详细介绍水环境污染预测的各个方面，包括污染源预测和水环境质量预测，并结合具体的计算公式和实例进行说明。

11.2.4.1　污染源预测

污染源预测是水环境污染预测的基础，本节讲解的内容主要包括工业废水排放量预测、工业污染物排放量预测和生活污水量预测等。了解这些污染源的排放情况，是制定合理的水环境规划管理策略的前提条件。农业面源污染当然也是水环境污染的一个重要来源，但由于农业面源污染的复杂性和多样性，其预测方法需要综合考虑多种因素，不仅需要预测农林牧渔业的未来经济发展，还可能需要将水文模型和土壤侵蚀模型等综合考虑进来，因此其技术细节比较复杂，详细内容请参见相关的专业书籍和文献，本节不做详细介绍。

（1）工业废水排放量预测

工业废水排放量的预测通常可以通过以下公式进行计算：

$$W_t = W_0(1+r_w)^t \tag{11-13}$$

式中，W_t 为预测年份的工业废水排放量，$10^4 m^3$；W_0 为基准年工业废水排放量，$10^4 m^3$；r_w 为工业废水排放量的年平均增长率；t 为基准年至某一目标年份的时间间隔，年。

在上式中，获取工业废水排放量的年平均增长率 r_w 是预测过程中的一个重要步骤，通常可以通过以下几种方法来确定：

① 历史数据分析。收集过去几年的工业废水排放量数据，计算年增长率。可使用以下公式来计算年增长率：

$$r_w = \frac{W_n - W_{n-1}}{W_{n-1}} \times 100\% \tag{11-14}$$

式中，W_n 为最近一年的工业废水排放量；W_{n-1} 为前一年的排放量。

通过计算多个年份的增长率，可以求得年平均增长率。

② 行业统计数据。利用政府或行业协会发布的统计数据，了解特定行业或地区的工业废水排放趋势。这些数据通常包含各行业的平均增长率，能够为 r_w 的确定提供参考。

③ 专家咨询。邀请行业专家或环境科学家进行咨询，获取对未来排放趋势的预测和建议。专家的经验和知识可以帮助更准确地确定 r_w 值。

④ 经济和政策因素分析。考虑经济发展、政策法规、技术进步等因素对工业废水排放的影响。例如，新的环保法规可能会导致排放量的下降，而经济增长可能会导致排放量的上升。根据这些因素，进行定性和定量分析，以预测未来的增长率。

通过以上方法进行相互比较和综合分析，可以较为准确地获得工业废水排放量的年平均增长率 r_w，为后续的排放量预测提供基础数据。

（2）工业污染物排放量预测

通过对工业废水的排放量和污染物排放浓度的分析，可以有效预测特定污染物的排放情况。常用的公式如下：

$$W_i = \frac{q_i C_0}{1000} \tag{11-15}$$

式中，W_i 为预测年份某污染物的排放量，kg；q_i 为预测年份工业废水排放量，m^3；C_0 为含某污染物的废水工业排放标准，mg/L。

根据相关法规和标准，确定预测年份内特定污染物的工业排放标准 C_0。这需要查阅国家标准（如《污水综合排放标准》）或行业规范等，以确保使用的数值是最新和最相关的。

（3）生活污水量预测

通过对人口和人均污水排放量的分析，可以有效估算未来的生活污水量。具体的预测公式如下：

$$L = 0.365PR \qquad (11\text{-}16)$$

式中，L 为预测年份的生活污水量，$10^4 \mathrm{m}^3/\mathrm{a}$；$P$ 为预测年份的人口总数，万人，预测方法参见上一章节的相关内容；R 为人均生活污水排放量，L/（人·d），此值表示每位居民在日常生活中产生的污水量，通常基于历史数据和生活习惯的调查结果进行预测；0.365 为单位换算系数，用于将单位从 L/d 转换为 $10^4 \mathrm{m}^3/\mathrm{a}$，以便于更直观地表示污水总量。

11.2.4.2　水环境质量预测

水环境质量预测是评估水体健康状况及其对生态系统影响的重要手段。通过科学的预测方法，尤其是通过建立基于环境流体力学分析的数学模型，能够对水质进行定量化计算，从而有助于制定出切实可行的水质保护措施。在进行水环境质量预测时，需要关注以下要点，以确保预测的准确性和有效性。

（1）水环境质量预测要点

1）确定预测目标

明确水质预测的目的至关重要。不同的预测目标可能涉及不同的分析方法和数据需求。常见的预测目标包括但不限于：

① 建设工程影响评价。在新建或扩建工程项目时，评估其对周边水体的潜在影响，以便采取相应的减缓措施。

② 流域治理。针对特定流域的水质状况，制定治理方案，减少污染物排放，改善水体质量。

③ 水质管理规划。为水资源的可持续利用提供科学依据，制定长期的水质管理策略和政策。

④ 生态恢复评估。评估水体生态系统的恢复效果，确定恢复措施的有效性。

2）信息收集与分析

信息的质量直接影响预测结果的准确性。因此，在进行水环境质量预测时，必须系统地收集和分析相关数据。关键数据包括：

① 水质数据。包括主要污染物的浓度、pH 值、溶解氧、氨氮等指标，能够反映水体的污染程度和生态健康状况。

② 水文数据。流量、水位、流速等水文特征数据，帮助理解水体的动态变化及其对水质的影响。对于精细的水质预测来说，还需要掌握水体的物理形态方面的信息，比如河流的形态（包括河宽、河长、河道横截面形态、坡度、流态等）、湖泊或海湾的几何形体和下垫面形态等。

③ 气象数据。降水量、蒸发量、温度、水文周期等气象因素，影响水体的水文循环及污染物的扩散。

④ 污染源信息。包括点源和非点源污染的类型、位置和排放量，帮助分析污染物的来源及其对水质的影响。

确保所收集数据的真实性和准确性是关键步骤。在实际的工作中，可以通过定期监测、遥感技术，以及与相关部门合作进行数据共享来提高数据的可靠性。

3）建立水质预测模型

选择合适的水质预测模型是实现水环境质量预测的核心步骤。模型的选择中应考虑以下因素：在模型类型方面，可选择物理模型、化学模型或生态模型，根据研究的目标和数据的可用性进行选择。常见的模型包括水质模拟模型（如 QUAL2K、SWAT 等）和生态模型（如 WET 等）。其次，在使用模型进行预测之前，需对模型进行校准和验证，以确保其能够有效反映对象水体的实际水质状况。校准过程通常需要利用历史数据进行调整，以提高模型的准确性。

（2）常用水质预测方法与模型

水质预测往往都需要通过各类基于环境流体力学分析的数学模型进行定量化计算，常用的水质模型包括河流模型、湖泊模型等。近年来，随着数据技术的进步和计算软件的普及，水质模型的应用也变得更加广泛和高效。本节将详细介绍水质预测的方法，包括模型的建立步骤、常见的水质模型及其实际应用，并结合相关计算软件的功能进行分析。

1）模型建立的方法与步骤

在进行水质预测时，须遵循一定的方法步骤来建立有效的模型。这些方法步骤包括：

① 划分预测单元。首先，需要将研究水域划分为若干个预测单元。每个单元应具有相似的水文特征、污染源和水质条件。这种划分有助于简化模型的复杂性，使得每个单元的水质变化能够更为准确地进行预测。例如，在城市流域管理中，通常会将流域划分为不同的子流域，以便更好地分析各个部分的水质变化。

② 模型选择与模型参数推求。在完成对预测单元的划分后，接下来需要利用实测资料进行模型选择和参数推求。这一过程至关重要，因为不同的模型适用于不同的水体特征，因此必须根据所分析水体的具体情况进行合理的模型选择。例如，对于湖泊、河流和水库等不同类型的水体，其流动特性、污染物分布和生态环境均有所不同，这决定了所需模型的类型和复杂程度（包括是用一维模型、二维模型还是三维模型，是用完全混合的单箱模型还是分层的多箱模型等）。

模型的参数确定是另一个关键环节，通常可以通过多种方式获得，包括现场监测、历史数据分析和实验室测试等。常见的模型参数包括流量、水温、污染物浓度、自净系数、复氧系数等，这些参数对于模拟水体的动态变化及其对外部影响的反应至关重要。通过对这些参数的准确测量，可以提高模型的预测性能和可靠性。

近年来，随着环境监测技术和传感器技术的不断进步，数据采集的效率和精准度显著提升。现代远程监测技术（如遥感技术和水质传感器）能够在短时间内收集大量的水质数据，为模型参数的推求提供了可靠的依据。这些技术不仅能够实时反映水质的变化，还能够监测水体的动态特征，帮助研究人员及时发现潜在的环境问题。例如，利用水质传感器可以连续监测水中的污染物浓度、温度和 pH 值等重要指标，并将数据实时传输至数据处理中心。通过对这些实时数据的分析，研究人员可以更好地理解水体的变化趋势，并据此调整模型参数，提高模型的适应性和准确性。这种高效的数据采集和分析能力，使得环境规划管理和水资源保护工作变得更加科学和精准。

③ 模型验证。最后，使用另一套实测资料对模型进行验证，以确保模型的预测结果在允许的误差范围内。模型验证的过程通常包括对比模型预测值与实际观测值，并计算误差指

标，如均方根误差、相对误差等，以评估模型的可靠性。在实际应用中，常用的软件如 MATLAB、R 语言和 Python 等，提供了强大的数据分析和可视化工具，能够帮助研究人员进行模型验证和结果分析。

2）常用的水质模型

水质模型预测方法多种多样，以下是几种常见的模型及其公式。

从模型所考虑的空间维数来进行划分，可以将常见的水质模型分为以下几类：湖泊水库水质模型、一维水质模型、二维水质模型、三维水质模型。

① 湖泊水库水质模型。湖泊水库往往具有流速小、水交换周期长、属静水环境等特征，因此经常可以近似为完全混合模型进行分析计算，常用的完全混合模型包括以下几种。

a. 沃伦威德尔模型。沃伦威德尔模型是一种用于评估湖泊和水库中氮和磷等营养物质的动态变化的水质模型。该模型主要关注的是水体的富营养化过程，适用于研究水体中营养物质的输入、输出和循环情况。

沃伦威德尔模型基于质量守恒原理，考虑了水体的水量平衡与营养物质的输入输出。模型通过描述水体中氮和磷的来源、转化及其与水体生物的相互作用，来预测水体的营养状态及其变化趋势。

沃伦威德尔模型适用于稳定状态的湖泊与水库，其数学形式如下：

$$V\frac{dC}{dt}=I_c-sCV-QC$$
$$\frac{dC}{dt}=\frac{I_c}{V}-sC-rC \tag{11-17}$$

式中，V 为湖泊或水库容积，m^3；C 为某种营养物质的浓度，g/m^3；I_c 为某种营养物质的输入总负荷，g/a；s 为该营养物质在湖泊或水库中的沉降速度常数，a^{-1}；Q 为湖泊出流流量，m^3/a；r 为冲刷速度常数，$r=Q/V$。

令 $t=0$ 时 $C=C_0$，解析解为：

$$C=\frac{I_c}{V(s+r)}+\frac{V(s+r)C_0-I_c}{V(s+r)}\exp[-(s+r)t] \tag{11-18}$$

$t\to\infty$，水中营养物平衡浓度为：

$$C_p=\frac{I_c}{(s+r)V} \tag{11-19}$$

令 $t_w=\frac{1}{r}=\frac{V}{Q}$，$V=A_Sh$，则：

$$C_p=\frac{L_c}{sh+h/t_w} \tag{11-20}$$

式中，t_w 为湖泊水库的水力停留时间，a；A_S 为湖泊水库的水面面积，m^2；h 为湖泊水库的平均水深，m；L_c 为湖泊水库的单位面积营养负荷，$g/(m^2\cdot a)$。

$$L_c=\frac{I_c}{A_s} \tag{11-21}$$

沃伦威德尔模型的优点在于易于理解和应用，适合进行初步的水质评估，能够在较粗精度上有效评估水体中营养物质的动态变化，为湖泊管理提供科学依据。缺点在于模型相对简单，可能无法捕捉复杂的生态过程，同时，对输入数据的准确性要求较高，数据不完整或不准确可能影响预测结果。

b. 吉柯奈尔-狄龙模型。吉柯奈尔-狄龙模型同样是一种用于评估湖泊和水体中氮、磷等营养物质浓度变化的水质模型。在模型的基本原理上该与沃伦威德尔模型相似，同样基于质量守恒原理，考虑了水体中营养物质的输入、输出及其在水体中的转化过程，但有所不同的是吉柯奈尔-狄龙模型更关注不同源头对水体营养物质输入的综合分析，强调滞留系数的作用。其具体数学形式如下：

$$\frac{dC}{dt} = \frac{I_c(1-R_c)}{V} - rC \tag{11-22}$$

式中，R_c 为某种营养物在湖泊水库中的滞留系数；V 为湖泊或水库容积，m^3；C 为某种营养物质的浓度，g/m^3；I_c 为某种营养物质的输入总负荷，g/a；r 为冲刷速度常数，$r = Q/V$。

令 $t=0$，$C=C_0$，解析解为：

$$C = \frac{I_c(1-R_c)}{rV} + \left[C_0 - \frac{I_c(1-R_c)}{rV} \right] \exp(-rt) \tag{11-23}$$

$t \to \infty$，水中营养物平衡浓度为：

$$C_p = \frac{I_c(1-R_c)}{rV} = \frac{L_c(1-R_c)}{rh} \tag{11-24}$$

根据湖泊水库的入流、出流近似计算粗滞留系数：

$$R_c = 1 - \frac{\sum\limits_{j=1}^{m} q_{0j} C_{0j}}{\sum\limits_{k=1}^{n} q_{ik} C_{ik}} \tag{11-25}$$

式中，q_{0j} 为第 j 条支流的出流量，m^3/a；C_{0j} 为第 j 条支流出流中的营养物浓度，mg/L；q_{ik} 为第 k 条支流的入流量，m^3/a；C_{ik} 为第 k 条支流入流中的营养物浓度，mg/L；m 为入流支流数；n 为出流支流数。

吉柯奈尔-狄龙模型通过引入滞留系数 R_c（通常来说，R_c 只需考察现状下的湖库相关营养物质的输入输出即可计算出来），避免了沃伦威德尔模型中测沉降速度常数 s 的困难。当然在不考虑沉积速度（即近似为零）的情况下，沃伦威德尔的模型要更加简便实用，但这样会导致分析计算的结果不够精确。总的来说，吉柯奈尔-狄龙模型与沃伦威德尔模型各有优劣，选择使用哪种模型应根据具体的研究目的、数据可用性和水体特性等因素来综合决定。

在环境规划或日常的城市污水处理和流域管理等实际应用中，还可以通过使用 GIS（地理信息系统）软件，将完全混合模型与地理数据结合，直观地展示污染物在水体中的分布情况和演化趋势，从而为水环境质量预测和流域治理提供科学依据。

此外，在湖泊水库模型中，还有一类更加精细的模型，即分层箱式模型。该类模型将水体分为多个垂直层或箱体，每个层或箱体代表特定的水深区域，该箱体内是完全混合的，模型通过设定输入、输出、沉降和生物过程等参数，描述各层之间的物质交换和浓度变化。这种模型能有效捕捉水体的垂直分布特征，适用于评估水质动态、富营养化过程以及不同水层的生态状况，具有较强的实用性和灵活性。

模拟湖泊水质变化的常用软件包括：CE-QUAL-W2、ELCOM、WASP 等。

② 一维水质模型。一维水质模型又称一维河流水质模型，被广泛应用于描述河流中污染物的浓度分布和变化情况。许多环境专业软件（如 HEC-RAS 和 SWMM 等）均提供了此类模型的实现，能够模拟不同条件下的污染物扩散情况。一维河流水质模型的核心思想是将河流简化为一维形态，根据河流水体中污染物的扩散、输送和降解过程，建立数学模型来模拟污染物的浓度变化。

根据污染物的降解性质，一维河流水质模型又可以分为以下两类：a. 可降解污染物模型，考虑了污染物在水体中随着时间的推移而发生生物降解的过程；b. 不可降解污染物模型，假设污染物在水体中不会发生降解，其浓度变化主要受扩散和流动的影响。

模型推导如下：

a. 一维河流水质模型的基本假设。

i. 河流流动是均匀的一维流动。

ii. 进入环境的污染物能够与环境介质相互融合，污染物质点与介质质点具有相同的流体力学特征。

iii. 污染物进入环境后能够均匀分散，不产生凝聚、沉淀和挥发，可以将污染物质点当作介质质点进行研究。

b. 一维水质模型的推导与求解。

首先，考虑河流中的污染物输送和扩散过程。对于一维情况，连续性方程描述了污染物在水流中的质量守恒：

$$\frac{\partial C}{\partial t} = D_x \frac{\partial^2 C}{\partial x^2} - u_x \frac{\partial C}{\partial x} - kC \tag{11-26}$$

式中，C 为河流中污染物的浓度，mg/L；u_x 为河流的平均流速，m/s；D_x 为污染物的弥散系数，m^2/s；k 为污染物的降解系数，$mg/(L \cdot s)$，对不可降解污染物即为 0。

解析解的获取通常需要对方程进行适当的简化和假设。以下是一些常见的解析解形式。

i. 可降解污染物稳态模型的解析解。对于可降解污染物，一维水质模型在稳态条件下（即 $\frac{\partial C}{\partial t} = 0$）可以得到解析解。假设河流的流速和弥散系数为常量，稳态方程为：

$$u_x \frac{\partial C}{\partial x} = D_x \frac{\partial^2 C}{\partial x^2} - kC \tag{11-27}$$

使用特征值法或拉普拉斯变换，可以得到稳态解的解析形式：

$$C = C_0 \exp\left[\frac{u_x x}{2D_x}\left(1 - \sqrt{1 + \frac{4kD_x}{u_x^2}}\right)\right] \tag{11-28}$$

式中，C_0 为起点的浓度，即 $x=0$ 时的浓度，mg/L。

若 $D_x = 0$，即忽略纵向弥散作用，则上式变为：

$$C = C_0 \exp\left(-\frac{kx}{u_x}\right) \tag{11-29}$$

ii. 不可降解污染物稳态模型的解析解。不可降解污染物的稳态解则极为简单，由于 k=0，因此有 $C=C_0$。

上述两类方程的解析解依赖于边界条件的界定，如果沿途有污染物排入或是有支流汇入，则要首先在汇入点处设置计算断点，并进行断点处的物质守恒计算，然后再进行分段计算即可。

除了上述基础模型公式以外，在实践中还有一些更为精细化的一维水质模型，比如以 Streeter-Phelps 模型为代表的 BOD-DO 耦合模型，这类模型可用于描述水体中生化需氧量（BOD）与溶解氧（DO）之间的动态关系。具体细节可参见其他专业教材文献，比如专业的环境数学模型类教材、环境系统分析类教材等。

除了一维模型，还有更加精细的二维模型和三维模型，这类模型的数据要求更高，预测精度也更高，其应用的场景往往也更加专业化，具体细节同样可参见其他专业教材文献。

总的来说，水质预测是一个复杂而重要的过程，涉及多个学科的知识和技术。通过科学的模型构建和数据分析，能够有效评估水体的健康状况及其未来变化。随着数据获取技术的发展和模型算法的进步，水质预测将变得更加精确和可靠，为实现水资源的可持续管理和生态保护提供强有力的支持。

11.2.5 大气污染预测方法

11.2.5.1 概念及类型

大气污染是指燃料的燃烧、汽车尾气的排放及某些工厂排放的有害气体导致空气质量下降的现象。

大气污染预测是对未来一段时间内大气污染情况的预估，主要包括两个方面：一是大气污染源的源强预测，即对污染物排放量的预测；二是大气环境质量变化预测，即对污染物所造成的环境影响的预测。

根据污染物的排放方式，大气污染源可分为以下几类：

① 点源。如工厂烟囱等，排放位置固定，通常分为高架点源和非高架点源。高架点源通过排气筒排放，通常属于有组织排放；非高架点源则是通过其他方式或较低高度排放，属于无组织排放。

② 线源。如公路、铁路等交通运输途径，主要由移动的车辆所造成的污染。

③ 面源。如城市区域、农田等，污染物从广泛区域内的多个点源同时释放。

11.2.5.2 大气污染源源强预测方法

（1）源强预测的一般模型

源强是研究大气污染的重要基础数据，其定义为单位时间内污染物的排放速率。源强的概念可以分为两种情况：对于瞬时点源，源强指的是点源一次性排放的总量；而对于连续点源，源强则是单位时间内的排放量。源强的准确预测对于制定环境政策、控制污染物排放和改善空气质量至关重要。

源强预测的一般模型可以表示为：

$$Q_i = K_i W_i (1 - \eta_i) \tag{11-30}$$

式中，Q_i 为源强，kg 或 t（对于瞬时排放源），kg/h 或 t/d（对于连续稳定排放源）；W_i 为一次性的燃料消耗量或一个单位时间内的燃料消耗量，kg 或 t（对于固体燃料），L（对于液体燃料），m^3（对于气体燃料）；η_i 为净化设备对污染物的去除效率，反映了设备在实际运行中能够去除的污染物比例；K_i 为某种污染物的排放因子，表示每单位燃料消耗所产生的污染物排放量，通常通过实验测定或文献查找获得；i 为污染物的编号，可以用于区分不同类型的污染物。

举例：某工业锅炉使用煤作为燃料，其燃料消耗量为 1000kg/h，煤的排放因子（对于二氧化硫）为 0.5kg/t，且净化设备的去除效率为 80%。则二氧化硫的源强可以计算为：

$$Q_{SO_2} = \frac{0.5 \times 1000}{1000} \times (1 - 80\%) = 0.1(kg/h)$$

这意味着该锅炉每小时将排放 0.1kg 的二氧化硫。

（2）耗煤量预测

1）工业耗煤量预测

在工业领域，准确预测耗煤量对企业的资源管理和生产优化至关重要，这不仅有助于降低生产成本，还有助于有效控制污染物的排放。工业耗煤量的预测可以通过多种方法实现，包括弹性系数法、回归分析法和灰色预测法等。在这里，我们重点介绍弹性系数法。

弹性系数法通过分析工业总产值的增长与耗煤量之间的关系，利用经济增长速度和耗煤弹性系数来预测耗煤量。假设工业耗煤量的弹性系数为 ϵ，工业总产值的平均增长率为 β，则可以用以下公式进行预测：

$$E = E_0 \times (1 + \epsilon\beta)^{(t-t_0)} \tag{11-31}$$

式中，E 为预测年工业耗煤量，$10^4 t/a$；E_0 为基准年工业耗煤量，$10^4 t/a$；ϵ 为耗煤弹性系数，表示工业总产值每增加 1% 所导致的耗煤量变化的百分比（即耗煤量增长速度与工业总产值增长速度的比值）；β 为工业总产值的年平均增长率（以小数形式表示）；t 为预测年；t_0 为基准年。

举例：某工业区在基准年（2023 年）的耗煤量为 $500 \times 10^4 t/a$，耗煤弹性系数为 0.6，工业总产值的年平均增长率为 6%（即 $\beta = 0.06$）。要计算该工业区到 2033 年的预测耗煤量。

求解：直接利用弹性系数法计算 2033 年工业耗煤量的预测值。

耗煤量增长速度 $= \epsilon\beta = 0.6 \times 0.06 = 0.036$

$$E = 500 \times 10^4 \times (1 + 0.036)^{(2033-2023)} = 500 \times 10^4 \times (1.036)^{(10)}$$
$$\approx 500 \times 1.424 = 712 \times 10^4 \ (t/a)$$

通过上述计算，得出 2033 年该工业区的预测耗煤量约为 $712 \times 10^4 t/a$。

2）取暖耗煤量预测

在许多地方，尤其是中国的北方地区，取暖耗煤量的预测对于冬季能源管理以及冬季大气污染控制很重要。其预测公式为：

$$E_s = A_s S \tag{11-32}$$

式中，E_s 为预测年取暖耗煤量，t/a；S 为预测年取暖面积，m^2；A_s 为取暖耗煤系数，t/m^2，反映单位面积取暖所需的煤量。

（3）污染物排放量预测

1）二氧化硫排放量预测

二氧化硫的排放量预测对于控制酸雨和空气污染至关重要。设燃烧量为 W（t/a），煤中的全硫分含量为 S，根据化学反应方程式，二氧化硫的排放量可用以下公式计算：

$$G_{SO_2} = 2WS \tag{11-33}$$

式中，G_{SO_2} 为二氧化硫排放量，t/a；W 为燃煤量，t/a；S 为煤中全硫分含量，%。

举例：假设某工厂每年燃烧煤量为 2000t，煤中全硫分含量为 1.5%。则二氧化硫的排放量为：

$$G_{SO_2} = 2 \times 2000 \times 0.015 = 60(t/a)$$

2）烟尘排放量预测

烟尘排放量的预测有助于评估大气颗粒物污染。烟尘的排放量预测公式为：

$$G_尘 = WAB(1-\eta) \tag{11-34}$$

式中，$G_尘$ 为烟尘排放量，t/a；A 为煤的灰分，%；B 为烟气中烟尘占灰分的百分数，%；W 为燃煤量，t/a；η 为除尘效率，%。

若安装二级除尘器，η 可表示为：

$$\eta = 1 - (1-\eta_1)(1-\eta_2) \tag{11-35}$$

式中，η_1 为第一级除尘效率；η_2 为第二级除尘效率。

举例：假设某工厂每年燃烧煤量为 1500t，煤的灰分含量为 20%，烟气中烟尘占灰分的比例为 30%。若一级除尘效率为 90%，二级除尘效率为 95%，则烟尘排放量为：

$$G_尘 = 1500 \times 20\% \times 30\% \times (1-90\%)(1-95\%) = 0.45(t/a)$$

最终计算得到，烟尘排放量为 0.45t/a。

3）氮氧化物与一氧化碳排放量预测

氮氧化物（NO_x）和一氧化碳（CO）的排放量通常根据锅炉类型及用途，通过排放系数进行预测。排放系数是通过试验或文献研究获得的，具体公式为：

$$G_{NO_x} = K_{NO_x}W \tag{11-36}$$

$$G_{CO} = K_{CO}W \tag{11-37}$$

式中，G_{NO_x} 和 G_{CO} 分别为 NO_x 和 CO 的排放量，t/a；K_{NO_x} 和 K_{CO} 分别为：NO_x 和 CO 的排放系数，t/t；W 为燃煤量，t/a。

通过上述各类或简单或复杂的预测方法，能够系统地评估大气污染源的源强和污染物的排放量。这些预测不仅为环境管理和政策制定提供了重要的数据支持，也为改善空气质量、减少污染物排放提供了科学依据。未来的研究与实践可以结合新技术和大数据分析，进一步提高预测的准确性和实时性。

11.2.5.3 大气环境质量预测方法

在成功预测大气污染物源强的基础上，我们可以进一步进行大气环境质量的预测。科学且准确地预测大气污染物的浓度和分布，对于保护环境和维护公共健康具有重要的现实意义。本节将详细介绍几种常用且主要的大气环境质量预测模型，这些模型包括箱式模型、高斯扩散模型、多源扩散模型、线源扩散模型、面源扩散模型、总悬浮颗粒扩散模型以及灰色预测模型 GM（1,1）等。这些模型的构建基于深入的数学分析，并经过长期的实践检验，确保其在实际应用中的有效性和可靠性。每种模型都有其特定的适用范围和优缺点，选择合适的模型对于获得准确的预测结果至关重要。本节将重点概括这些模型的核心内容、思路和方法，而模型的详细推导过程和数学原理可参考相关的专业书籍和文献。

（1）箱式模型

箱式模型是一种简化的数学模型，主要用于分析计算以面源形式排放为主的地区的污染物的排放量与大气环境质量之间的关系。该模型尤其适用于城市家庭炉灶和低矮烟囱分布不均匀的复杂面源情形。箱式模型将城市划分为若干个小区，并将每个小区视为一个"箱子"，通过各箱的输入输出关系来预测大气中污染物的浓度。

箱式模型的基本公式为：

$$C = \frac{Q}{uLH} + C_0 \tag{11-38}$$

式中，C 为大气污染物浓度预测值，mg/m^3；Q 为面源源强，mg/s；u 为进入箱内的平均风速，m/s；L 为箱的边长（指宽度），m；H 为箱高，即大气混合层高度（m）；C_0 为预测区大气环境背景浓度值（mg/m^3）。

箱式模型中的混合层高度通常通过以下几种方法确定：

① 气象观测。通过气象站的气象数据，如温度、湿度和风速等，利用探空仪或激光雷达（LIDAR）等设备直接测量大气的垂直结构。

② 经验公式。根据气象条件和地理特征，使用经验公式或统计学方法估算混合层高度。例如，常用的经验公式基于地面温度和气象条件来估算。

③ 数值模型。使用大气数值预报模型（如 WRF 模型）进行模拟，获取特定区域的混合层高度。

④ 气象学理论。根据大气稳定性理论，分析温度剖面，判断混合层的高度。通常在对流条件下，混合层高度较高，而在稳定条件下，混合层高度较低。

以上这些方法可以结合使用，以提高混合层高度的准确性。

箱式模型的优点在于其结构简单，易于理解和实施，适合用于初步评估特定区域的空气质量。然而，由于其简化的假设，可能无法准确反映复杂地形和气象条件下的污染物扩散特征，因此在实际应用中需要结合环境规划的任务要求进行选用，还可能需要结合其他模型进行综合分析。

（2）高斯扩散模型

高斯扩散模型是大气污染物扩散研究中最常用的模型之一。该模型基于以下三个基本假设：

① 在湍流扩散场中，平均风速不随地点和时间变化，流场是定常的。

② 污染源为连续的、均匀排放。

③ 在扩散过程中，污染物是保守的，即不发生沉降、分解和化合。

在上述假设的基础上，通过建立污染物扩散的微分方程，并对其进行求解，可以得出高斯扩散模型的解析解。该解析解表明，满足上述假定特征的大气污染物在扩散时，烟流中心轴附近的污染物浓度高于外侧，且其浓度分布呈高斯分布。

根据上述假设导出的高斯扩散模型具体形式为：

$$C(x,y,z,H_e) = \frac{Q}{2\pi u_x \sigma_y \sigma_z}\left\{\exp\left[-\frac{1}{2}\left(\frac{y^2}{\sigma_y^2}+\frac{(z-H_e)^2}{\sigma_z^2}\right)\right] + \exp\left[-\frac{1}{2}\left(\frac{y^2}{\sigma_y^2}+\frac{(z+H_e)^2}{\sigma_z^2}\right)\right]\right\}$$

$$\tag{11-39}$$

式中，Q 为污染物排放源强，g/s；C 为某种污染物在大气中的预测浓度，mg/m^3；u_x 为平均风速（以主导风向为 x 轴方向），m/s；H_e 为烟流中心线距地面的高度，m；σ_y 和 σ_z 分别为 y 轴和 z 轴上的污染物分布的标准差，m，与各自坐标方向的扩散系数 E_y 和 E_z 有关，$\sigma_y^2 = 2E_y t$，$\sigma_z^2 = 2E_z t$，$t = x/u_x$。

高架源往往都是一些大型或超大型排放源，对于大气质量的影响非常显著，因此，分析计算高架源的排放规律对实践的指导意义非常大，在计算分析的内容上也就更为精细。以下是高架源的地面浓度公式、地面轴线浓度公式、地面轴线最大浓度公式。

1）高架连续点源的地面浓度公式

令 $z=0$ 即可得高架连续点源地面污染物浓度模型：

$$C(x,y,0,H_e)=\frac{Q}{\pi u_x \sigma_y \sigma_z}\exp\left(-\frac{y^2}{2\sigma_y^2}-\frac{H_e^2}{2\sigma_z^2}\right) \tag{11-40}$$

2）高架连续点源的地面轴线浓度公式

继续令 $y=0$ 可得地面轴线浓度模型：

$$C(x,0,0,H_e)=\frac{Q}{\pi u_x \sigma_y \sigma_z}\exp\left(-\frac{H_e^2}{2\sigma_z^2}\right) \tag{11-41}$$

3）高架连续点源最大落地浓度公式

推导过程如下：

首先将各项参数的原始表达式完整地代入到上式，即为：

$$C(x,0,0,H_e)=\frac{Q}{\pi u_x \sigma_y \sigma_z}\exp\left(-\frac{H_e^2}{2\sigma_z^2}\right)=\frac{Q}{2\pi x \sqrt{E_y E_z}}\exp\left(-\frac{u_x H_e^2}{4E_z x}\right) \tag{11-42}$$

$$\sigma_y^2=\frac{2E_y x}{u_x},\ \sigma_z^2=\frac{2E_z x}{u_x}$$

接下来对上式求导，可得：

$$\frac{dC}{dx}=\frac{Q}{2\pi x^2 \sqrt{E_y E_z}}\exp\left(-\frac{u_x H_e^2}{4E_z x}\right)+\frac{Q}{2\pi x \sqrt{E_y E_z}}\exp\left(-\frac{u_x H_e^2}{4E_z x}\right)\cdot\left(-\frac{u_x H_e^2}{4E_z x^2}\right)=0 \tag{11-43}$$

$$x^*=\frac{u_x H_e^2}{4E_z}$$

当 $x=x^*$ 时，可得高架连续点源污染物的最大落地浓度：

$$C(x,0,0,H_e)_{max}=C(x^*,0,0,H_e)=\frac{2Q\sqrt{E_z}}{\pi e u_x H_e^2 \sqrt{E_y}}=\frac{2Q\sigma_z}{\pi e u_x H_e^2 \sigma_y} \tag{11-44}$$

该公式给出了在轴线上的最大浓度，它对于评估高架源对周围环境的影响非常重要。

高斯扩散模型在环境规划管理和环境工程设计中具有重要的应用价值。它能够帮助决策者评估不同排放源对大气环境的影响，制定相应的控制措施，从而改善空气质量。此外，该模型也可以用于高架源的选址设计、空气质量监测网络的选址设计等。

（3）多源扩散模型

在一个接受点的污染物来源于多个排放源时，可以通过叠加计算来预测该点的污染物浓度。公式为：

$$C(x,y,z)=\sum_{i=1}^{m}C_i(x,y,z) \tag{11-45}$$

式中，C_i 为第 i 个排放源造成的浓度。

通过这种方法，可以将不同源头的污染物浓度进行叠加，从而得到某一特定地点的总污染浓度。

（4）线源扩散模型

线源扩散模型主要用于预测机动车辆在行驶过程中对环境造成的污染。该模型考虑了线性源的连续性，适用于道路交通等线性污染源的浓度预测。

1）风向与线源垂直

设 x 轴与风向一致，线源平行于 y 轴，视线源由无穷多个点源排列而成，则对高斯模型从 $-\infty$ 到 $+\infty$ 积分，可得下风向上任一点 $(x,0,z)$ 的浓度：

$$C_{\perp}(x,0,z,H_e)=\frac{Q_L\exp(-kx/u_x)}{\sqrt{2\pi}\,u_x\sigma_z}\left[\exp\left(-\frac{(z+H_e)^2}{2\sigma_z^2}\right)+\exp\left(-\frac{(z-H_e)^2}{2\sigma_z^2}\right)\right]$$

(11-46)

若 $z=0$，则得地面点 $(x,0,z)$ 的浓度：

$$C_{\perp}(x,0,0,H_e)=\frac{2Q_L\exp(-kx/u_x)}{\sqrt{2\pi}\,u_x\sigma_z}\exp\left(-\frac{H_e^2}{2\sigma_z^2}\right)$$

(11-47)

式中，Q_L 为线源的源强，mg/（m·s）。

2）风向与线源平行

设 x 轴与风向一致，线源平行于 x 轴，将高斯模型对 x 积分可得地面任一点 $(x,y,0)$ 的浓度。

时间 T 或 x 较小时，设 $\sigma_y=\gamma_1 T$，且 $\frac{\sigma_z}{\sigma_y}=b$，则

$$C_{\parallel}(x,y,0)=\frac{Q_L\exp(-kx/u_x)}{\sqrt{2\pi}\,u_x\sigma_z(\gamma_1)}$$

(11-48)

$$\gamma_1=\sqrt{y^2+\frac{H_e^2}{b^2}}$$

(11-49)

（5）面源扩散模型

面源污染物浓度的预测常用两种方法：箱式模型法和虚拟点源的面源扩散模型法。虚拟点源法将一个面源单元简化为一个"等效点源"，假设整个单元的污染物排放集中到面源单元的中心。此时，在下风方向所造成的浓度可用一个虚拟点源在下风方向造成同样浓度所代表。

均匀源强面源模型（点源积分模型）为：

$$C(x,y,z,H_e)=\frac{Q\exp(-kx/u_x)}{\pi u_x\sigma_y\sigma_z}\exp\left[-\frac{y^2}{2\sigma_y^2}-\frac{(z+H_e)^2}{2\sigma_z^2}\right]$$

(11-50)

$$C(x,y,0,H_e)=\frac{Q\exp(-kx/u_x)}{\pi u_x\sigma_y\sigma_z}\exp\left(-\frac{y^2}{2\sigma_y^2}-\frac{H^2}{2\sigma_z^2}\right)$$

(11-51)

式中，Q 为面源源强，mg/（m²·s）。

（6）总悬浮颗粒扩散模型（烟羽倾斜模型）

当颗粒物的粒径大于 $10\mu m$ 时，在空气中的沉降速度在 $100cm/s$ 左右，颗粒物除了随流场运动以外，还由于重力下沉的作用，使扩散羽的中心轴线逐渐向地面倾斜，在不考虑地面反射的情况下，由高斯模型可以导出可沉降颗粒物的分布模型：

$$C(x,y,z,H_e)=\frac{\alpha Q}{2\pi u_x\sigma_y\sigma_z}\exp\left\{-\frac{1}{2}\left\{\frac{y^2}{\sigma_y^2}+\frac{[z-(H_e-V_gx/u_x)]^2}{\sigma_z^2}\right\}\right\} \qquad (11\text{-}52)$$

式中，α 为可沉降颗粒物在总悬浮颗粒物中所占比重的系数，$0\leqslant\alpha\leqslant1$；$u_x$ 为 x 轴向平均风速；V_g 为颗粒物沉降速度。

V_g 可由斯托克斯公式计算：

$$V_g=\frac{\rho g d^2}{18\mu} \qquad (11\text{-}53)$$

式中，ρ 为颗粒的密度，g/cm^3；g 为重力加速度，$980cm/s^2$；d 为颗粒直径，cm；μ 为空气黏滞系数，可取 $1.8\times10^2 g/(m\cdot s)$。

（7）灰色预测模型 GM(1,1)

灰色预测模型是一种基于灰色系统理论的模型，特别适用于样本数据较少的情况下。GM(1,1) 模型是最常用的一阶单变量预测模型。它主要利用历史数据进行预测，而不考虑其他影响因素。但近年来随着环境监测系统的不断完善和环境监测数据的不断丰富，各类专业化的预测技术手段也得到了巨大的发展，因此灰色预测模型应用逐渐变少，在此就不再做详细介绍。具体步骤方法参见上一节中的相关介绍。

11.2.6 固体废物污染预测

固体废物的产生和管理是现代社会面临的重要环境问题。随着经济的快速发展和城市化进程的加速，固体废物的产生量不断增加，给环境保护和资源管理带来了巨大的压力。因此，准确预测固体废物的产生量及其对环境的影响是制定有效的规划管理策略的关键。本节将详细介绍固体废物污染预测的主要方法，包括工业固体废物产生量预测方法、城市垃圾产生量预测方法以及固体废物的环境影响预测，并结合发达国家在这些领域的应用情况进行分析。

11.2.6.1 工业固体废物产生量预测方法

工业固体废物是指在工业生产过程中产生的固体废弃物，包括废渣、废料、废品等。准确预测工业固体废物的产生量，有助于制定合理的废物管理计划和环境保护措施。

（1）排放系数预测法

排放系数预测法是根据产品的排放系数和预计的生产量来估算固体废物的产生量。

计算公式：

$$W=KP \qquad (11\text{-}54)$$

式中，W 为预测年固体废物排放量，$10^4 t/a$；K 为固体废物排放系数，t/t 产品；P 为预测的年产品产量，$10^4 t/a$。

上述方法简单易行，适用于对单一产品或生产线的固体废物产生量进行初步估算。例如，对于钢铁行业，可以根据每吨钢铁生产产生的废渣量进行估算。

在有些国家，如美国和德国，许多工业部门已经建立了详细的排放系数数据库，这些数据库为企业提供了准确的排放系数，帮助其进行固体废物的产生量预测。这些国家的环保机构和行业协会通常会定期更新和发布这些数据，以确保其准确性和适用性。

（2）回归分析法

回归分析法是建立固体废物产生量与产品产量或工业产值之间的关系的模型，通过历史数据进行预测。

① 常用的一元回归模型如下：

$$y = a + bx \tag{11-55}$$

式中，y 为固体废物产生量；x 为产品产量或工业产值；a 和 b 为回归系数。

② 多元回归模型。当固体废物产生量受多种因素影响时，可以建立多元回归模型：

$$y = a + b_1 x_1 + b_2 x_2 + \cdots + b_n x_n \tag{11-56}$$

式中，x_1，x_2，$\cdots$，x_n 为多个影响因素；其余参数含义与一元回归类似。

多元回归模型适用于工业体系复杂、影响因素较多的情况。

总的来说，回归分析法被广泛应用于固体废物管理中。通过对历史数据的分析，结合经济、社会和环境因素，决策者能够较为准确地预测未来的废物产生量，并据此制定相应的政策和措施。

（3）灰色预测法

灰色预测法是一种基于历史数据序列的预测方法，适用于信息不完整或数据不充分的情况。灰色预测模型通常基于 GM(1,1) 模型，建立在时间序列数据上，通过对历史数据进行累加和差分处理，建立预测模型。灰色预测法适用于固体废物产生量变化较大的行业。通过历史数据的积累，可以较好地反映未来的趋势。

11.2.6.2　城市垃圾产生量预测方法

城市垃圾是指城市居民和单位在日常生活和生产过程中产生的固体废弃物。随着城市化进程的加快，城市垃圾的产生量逐年上升，预测城市垃圾产生量对城市管理和环境保护至关重要。

（1）基于人口的预测法

城市垃圾产生量通常与城市人口密切相关。预测公式为：

$$W_\text{生} = 0.365 f_\text{生} N \tag{11-57}$$

式中，$W_\text{生}$ 为预测年城市垃圾产生总量，10^4t/a；$f_\text{生}$ 为排放系数，kg/（人·d）；N 为预测年人口总数，万人。

此方法简单易行，适用于快速评估城市垃圾产生情况。适合用于中小城市或缺乏详细数据的场合。

排放系数的确定：在缺乏第一手资料的情况下，可以利用经验数据进行估算。对于中小城市，排放系数可以取值为 $1\sim3\text{kg/（人·d）}$，粪便的排放系数约为 1kg/（人·d）（湿）。

在有些国家，尤其是北欧国家，如瑞典和芬兰，城市垃圾产生量的预测通常结合全面的人口统计数据和生活方式调查。这些国家通过定期更新的统计数据，能够较准确地估算未来的垃圾产生量，并据此进行资源管理和政策制定。

（2）经济发展相关预测法

城市垃圾产生量与经济发展水平密切相关。通过建立经济指标（如人均 GDP、消费水平等）与垃圾产生量之间的关系，可以进行更为精准的预测。模型如下：

$$Y_{生} = a + b\text{GDP}_{\text{percapita}} + c\text{Consumption} \tag{11-58}$$

式中，$Y_{生}$ 为预测年人均城市垃圾产生量；$\text{GDP}_{\text{percapita}}$ 为人均 GDP；Consumption 为人均消费水平；a，b，c 为回归系数。

经济发展相关预测法适用于经济发展快速的城市，通过经济指标能够较好地反映垃圾产生的趋势。

在美国和英国，经济发展相关预测法被普遍应用于垃圾管理政策中。通过分析经济增长与垃圾产生之间的关系，城市管理者能够制定更为合理的资源配置和垃圾处理方案。

11.2.6.3 固体废物的环境影响预测

固体废物对环境的影响是多方面的，包括水污染、土壤污染、空气污染等。因此，对固体废物的环境影响进行预测是制定规划管理措施的重要依据。

（1）固体废物环境影响因素分析

固体废物的环境影响主要体现在以下几个方面：

① 水污染。固体废物在降雨或融雪时可能释放有害物质，造成水体污染。

② 土壤污染。固体废物的堆放和处理不当可能导致重金属和有机污染物渗入土壤，影响土壤质量。

③ 空气污染。固体废物的焚烧或腐烂过程可能释放有害气体和颗粒物，影响空气质量。

（2）模拟试验与模型建立

为了准确预测固体废物对环境的影响，通常采用模拟试验的方法。通过实验数据建立相应的预测模型。

1）水污染预测模型

通过监测固体废物浸出液中的污染物浓度，结合水体的流动和稀释特性，建立水污染预测模型。模型公式如下：

$$C_t = \frac{C_0 V_0}{V_t + V_0} \tag{11-59}$$

式中，C_t 为目标水体中的污染物浓度；C_0 为固体废物浸出液中的污染物浓度；V_0 为浸出液体积；V_t 为目标水体体积。

2）土壤污染预测模型

通过对固体废物中重金属和有机污染物的释放特性进行深入分析，并结合土壤的物理化学特性，可以建立有效的土壤污染预测模型。该模型可以量化和预测固体废物中污染物对土壤环境的影响，从而为环境保护和污染治理提供科学依据。

① 污染物释放特性分析。固体废物中的重金属和有机污染物的释放特性受到多种因素的影响，包括温度、湿度、土壤酸碱度（pH）、有机质含量等。通过实验研究和数据收集，可以建立污染物释放的数学模型，例如：

$$C(t) = C_0 e^{-kt} \tag{11-60}$$

式中，$C(t)$ 为时间 t 时刻的污染物浓度；C_0 为初始浓度；k 为释放速率常数。

这一公式表明，污染物浓度随时间的推移而指数衰减。

② 土壤物理化学特性分析。土壤的物理化学特性对污染物的迁移和转化过程具有重要影响。关键因素包括土壤的颗粒大小、孔隙度、含水量、土壤有机质含量以及土壤的电导率

等。可以通过以下公式来描述土壤对污染物的吸附特性：

$$S = K_d C_e \tag{11-61}$$

式中，S 为土壤中污染物的吸附量；K_d 为分配系数；C_e 为溶液中污染物的浓度。

这一公式表明，土壤对污染物的吸附能力与污染物浓度成正比。

③ 建立土壤污染预测模型。综合固体废物中污染物的释放特性和土壤的物理化学特性，可以建立土壤污染预测模型。该模型可以采用多元回归分析或机器学习方法，以建立污染物浓度与土壤特性之间的关系。假设我们有多个影响因素，可以用以下线性模型表示：

$$P = \beta_0 + \beta_1 X_1 + \beta_2 X_2 + \cdots + \beta_n X_n + \varepsilon \tag{11-62}$$

式中，P 为预测的土壤污染物浓度；β_0 为模型的截距；β_0，β_1，$\cdots$，β_n 为各个影响因素（如土壤特性、温度、湿度等）的回归系数；X_1，X_2，$\cdots$，X_n 为各个自变量，ε 为误差项。

通过以上步骤，可以建立起综合考虑固体废物中重金属和有机污染物释放特性及土壤物理化学特性的土壤污染预测模型。

11.2.7　噪声预测方法

噪声污染是现代城市环境中不可忽视的问题，交通噪声和环境噪声对居民的生活质量有着直接影响。准确预测噪声水平，有助于采取相应的减噪措施。

11.2.7.1　交通噪声预测方法

交通噪声是由车辆行驶产生的噪声，常用的预测方法包括多元回归预测法和灰色预测法。

（1）多元回归预测法

通过建立车辆流量、道路宽度、本底噪声值与交通噪声等效声级之间的关系，构建多元回归模型。模型如下：

$$L_{eq} = a + b_1 Q + b_2 W + b_3 L_0 \tag{11-63}$$

式中，L_{eq} 为交通噪声等效声级；Q 为车辆流量；W 为道路宽度；L_0 为本底噪声值；a，b_1，b_2，b_3 为回归系数。

（2）灰色预测法

通过对历年噪声等效声级值进行分析，建立灰色预测模型。该方法适用于数据不充分的情况。此方法虽然在西方国家的应用相对较少，但在一些特定场合，例如新兴城市或数据收集困难的地区，灰色预测法依然可以发挥作用。

11.2.7.2　环境噪声预测方法

环境噪声是指除交通噪声外的其他噪声源产生的噪声，如工业噪声、施工噪声等。环境噪声的预测方法与交通噪声相似，主要采用多元回归预测法、点声源模型法和灰色预测法等。

（1）多元回归预测法

环境噪声的多元回归预测模型可与交通噪声模型类似，考虑固定噪声源（如工厂、建筑工地等）、本底噪声等因素对环境噪声的影响。模型可以表示为：

$$L_{eq}=a+b_1N_f+b_2L_0+b_3T+\epsilon \tag{11-64}$$

式中，N_f 为固定噪声源的数量或强度；T 为施工活动的强度或时间；ϵ 为误差项，表示模型未能解释的部分。

通过收集环境噪声监测数据以及与之相关的因素数据，可以建立有效的回归模型，帮助预测特定区域的环境噪声水平。

（2）点声源模型法

点声源模型用于描述点声源产生的噪声传播。点声源模型的基本公式为：

$$L_p=L_{ref}+10\lg\left(\frac{Q}{4\pi r^2}\right)-A \tag{11-65}$$

式中，L_p 为接收点的噪声水平，dB；L_{ref} 为参考声级，dB；Q 为声源的声功率，W；r 为接收点与声源之间的距离，m；A 为环境衰减，dB，考虑了地形、建筑物和气象条件等因素的影响。

交通噪声和环境噪声的预测方法为改善城市环境提供了科学依据。未来，随着信息技术的发展，结合大数据和人工智能技术，噪声污染的预测将更加精准。

11.3 环境规划的决策分析

11.3.1 决策过程及其特征

在环境规划中，决策过程是一个至关重要的环节，它涉及在复杂的环境、经济和社会背景下作出合理选择的方式。这一过程不仅影响环境治理的效果，还关系到社会经济的可持续发展。

11.3.1.1 决策过程

（1）决策的定义及组成

"决策"是指为了解决特定矛盾问题而对拟采取的行动进行选择的过程。

有效的决策不仅依赖于信息的充分性，还取决于决策者的价值观、经验和分析能力。一个合理的决策问题构成中，首先需要明确决策的目标，即决策者所希望达到的结果状态。

一个完整的决策过程通常由以下三种活动组成：

① 设计备选方案。设计备选方案是决策的基础，涉及对不同方案的构思与设计。备选方案的多样性和合理性直接影响到后续的选择过程。例如，在城市水资源管理中，决策者可能需要设计多个备选方案，如建设雨水收集系统、增加地下水位保护措施和改善水体净化设施。每个方案都有不同的经济、环境和社会影响，因此需要全面评估。

② 选择行动方案。这一环节通过信息加工过程对备选方案进行评估，以确定最优方案。方案的选择通常需要进行定量和定性的分析。例如，在评估城市绿化项目时，决策者可能会比较不同绿化方案的生态效益、成本和社会接受度。方案 A 可能涉及种植更多树木，而方案 B 则侧重于屋顶绿化。通过成本效益分析，决策者能够清晰地看到每个方案的优劣，从而作出明智的选择。

③ 实施行动方案。实施方案需要大量资源，其成功与否基本取决于前两项活动的质量。

在实施过程中，需要对资源进行有效配置，并进行动态监控。例如，在实施城市清洁空气行动计划时，决策者需协调各方资源，包括财政资金、技术支持和公众参与，以确保计划的有效执行。同时，监测空气质量的变化也是必不可少的环节，以便及时调整措施。

（2）决策过程的框架

规划决策过程可视为一个系统化的流程，通常包括以下几个步骤：

① 问题识别与功能需求分析。明确当前面临的环境问题及相关利益相关者的需求。例如，在城市规划中，识别出空气污染问题以及居民对清新空气的需求。

② 确定目标。根据问题识别的结果，设定明确的决策目标，如提高空气质量、减少温室气体排放等。这些目标应具有可量化性，以便后续评估其实现程度。

③ 拟订方案。设计不同的备选方案以满足设定的目标，例如引入清洁能源、推广公共交通等。这一阶段应考虑技术可行性、经济成本和社会接受度等因素。

④ 系统评价与方案选择。通过评价指标对备选方案进行综合比较，进行价值权衡。例如，利用环境影响评估（EIA）来分析各方案的潜在影响，帮助决策者选择最佳方案。

⑤ 系统实施。对最终选择的方案进行执行、监督和监测，以确保实施效果达到预期目标。在这一阶段，需要定期评估实施进展，并根据反馈及时调整策略。

⑥ 实施反馈与修订。根据实施过程中获得的反馈信息，必要时修订目标和方案。例如，根据监测数据调整污染控制措施，以应对实际情况的变化。

上述框架步骤为决策者提供了清晰的思考路径，确保在复杂的环境规划过程中不偏离目标。通过系统化的决策过程，能够更有效地应对环境挑战，实现可持续发展。

11.3.1.2　环境规划决策的特征

环境规划决策具有一些独有的特征，这些特征使得决策过程更加复杂且富有挑战性。

（1）非结构化特征

非结构化决策，也称为非程序化决策。这类问题涉及的信息具有高度的模糊性和不确定性，问题的性质无法用简单明了的精确逻辑结构来描述。在环境规划中，决策者面临的挑战往往源于环境问题的复杂性和多变性。例如，环境污染的影响因素众多且变化无常，缺乏固定的决策规则，导致决策过程的各个方面难以识别。决策者的行为和判断对决策活动的效果具有显著影响。

具体案例：考虑一个城市面临臭氧污染加剧的情况。决策者需要考虑多种因素，如气象条件（温度、湿度、风速）、交通流量（汽车数量、交通拥堵情况）和工业排放（工厂的排放标准和实际排放量）等。这些因素不仅相互影响，而且会随着时间和环境条件的变化而变化。比如，夏季高温天气可能导致臭氧水平上升，决策者需要在此时采取措施减少汽车排放或限制工业生产。然而，如何平衡这些措施的实施与公众的出行需求和经济发展之间的关系，便是一个复杂的非结构化决策问题，无法用简单明了的精确逻辑结构来描述。在这种情况下，决策者必须依赖专业知识、历史数据和经验来作出合理判断，而不是简单遵循固定的程序或规则。

（2）多目标特征

许多社会经济活动的决策问题往往涉及多个目标，这些目标之间可能存在冲突性或矛盾性。在环境规划中，提升经济效益与保护生态环境之间常常相互影响，某一目标的改善可能导致其他目标的妥协。此外，目标间的不可公度性使得多个目标没有统一的度量标准，增加了决策的复杂性。

具体案例：在一个城市的水资源管理规划中，决策者可能面临建设新的水库以满足日益增长的用水需求与保护当地生态系统之间的冲突。修建水库可以有效储存雨水和河水，确保城市在干旱季节有足够的水源。然而，水库的建设可能会淹没周边的湿地，影响当地生物多样性，并改变原有的生态平衡。例如，当水库蓄水时，可能导致周边湿地的水位下降，从而影响栖息在湿地中的鸟类和其他生物的生存。决策者需要在经济效益（如水资源的稳定供应）与生态保护（如湿地的生态功能）之间找到平衡，这就要求他们在制定决策时充分考虑各方利益和目标的相互影响。

（3）基于价值观念的特征

价值观念是指规划主体对评价对象所具有的作用和意义的认识。在环境规划中，由于不同利益相关者的立场、观点和利益各异，导致对同一决策的价值认识和估计存在较大差异。这种主观性使得决策过程中的价值评价变得复杂且具有挑战性。

具体案例：在一项关于城市再开发的决策中，开发商可能关注的是经济回报，即通过建设新的商业区和住宅区来获得最大利润。而居民则可能更关心社区环境和生活质量，例如绿地的保留、交通的便利性和噪声的降低。开发商希望通过高密度的开发来增加租金收入，而居民则可能希望减缓开发速度，以保护周围的自然环境和社区氛围。在这种情况下，决策者需要在满足经济利益与维护居民生活质量之间进行权衡。这不仅涉及对经济效益的评估，还需要考虑社会影响和环境保护，确保方案的公平性和可接受性。

总的来说，环境规划决策的非结构化特征、多目标特征和基于价值观念的特征使得决策过程复杂且充满挑战。决策者必须在多变的环境和利益冲突中找到合适的解决方案，这需要深厚的专业知识、良好的沟通能力和灵活的应变能力。通过有效的决策过程，才能够更好地促进社会、经济和环境的协调发展。

11.3.1.3 决策过程中的关键环节

在环境规划的决策过程中，有以下三个关键环节需要特别关注，以提高决策的科学性和有效性。

（1）数据收集与分析

决策的基础是数据，准确和全面的数据可以为决策者提供必要的信息支持。在环境规划中，数据收集的范围包括环境质量监测、社会经济状况、公众意见等。

（2）利益相关者参与

环境规划的决策往往涉及多个利益相关者，主动引入他们的意见和建议，可以提高决策的透明度和公众接受度。通过多方协商、公众听证会等形式，确保各利益相关者的声音得到充分表达和考虑。例如，在进行市民广场建设或森林公园规划时，决策者可以邀请居民、景观设计专家和环境专家参与讨论，共同制定出更合理的建设方案。

（3）风险评估与管理

在环境规划中，决策者需要对可能的风险进行评估。风险评估不仅包括环境风险，还应考虑经济、社会和技术风险。通过建立风险评估模型，可以量化不同方案的潜在风险，并制定相应的风险管理措施，以降低不确定性带来的影响。例如，在建设新工业园区时，决策者应评估对当地水资源和空气质量的潜在影响，并采取相应的缓解措施。

环境规划中的决策过程是一个复杂而动态的系统，涉及多种因素的综合考虑。通过明确决策的目标、合理设计备选方案、有效选择行动方案以及科学实施和反馈，决策者能够在复杂的环境背景下作出科学合理的选择。理解和掌握决策过程的特征及关键环节，将为有效应对未来环境挑战奠定基础。随着科技的进步和社会的发展，环境规划的决策方法也将不断演进，决策者需保持敏锐的洞察力与适应能力，以应对日益复杂的环境问题。

11.3.2　环境规划的决策分析技术方法

在当今快速发展的社会中，环境问题日益凸显，如何在经济发展与环境保护之间找到平衡成为各国政府、企业和社会各界关注的焦点。环境规划的决策分析技术方法为这一复杂问题提供了系统的解决方案。这些方法不仅有助于评估环境政策和项目的可行性，还能够在多种利益相关者之间进行有效的沟通与协调。

具体而言，环境费用效益分析为决策者提供了量化环境影响的经济决策基础；数学规划方法则通过优化模型为资源配置提供科学依据；而环境规划的多目标决策分析方法则考虑了各种目标之间的复杂关系，帮助决策者在多重目标中寻求最佳解决方案。通过综合运用这些技术方法，环境规划才能够更加科学、合理地指导可持续发展实践。

11.3.2.1　环境费用效益分析

环境费用效益分析（cost-benefit analysis）是一种用于评估环境项目和政策的有效工具，其目的是量化环境决策的经济影响，帮助决策者选择最佳方案。通过将环境影响转化为经济指标，环境费用效益分析能够为环境管理和政策制定提供科学依据。

（1）环境费用效益分析的基本程序

环境费用效益分析的基本程序包括以下几个关键步骤。

1）明确问题

明确问题是环境费用效益分析的首要工作。决策者需要清晰地定义所面临的环境问题，包括污染源、影响范围和受影响人群。这一阶段的目标是识别出需要解决的环境问题及其重要性。

2）环境质量与受纳体影响关系确定

为了评估环境政策对环境质量的影响，首先要明确各项环境资源的功能。接下来，需识别环境质量变化与受纳体（如人类、生态系统等）之间的剂量-反应关系。这一过程是环境费用效益分析的关键，主要包括以下几个步骤：

① 估计环境质量变化的时空分布。通过环境监测和模型预测，确定污染物浓度的变化。

② 估计受纳体在环境质量变化中的暴露程度。确定人群或生态系统如何接触到污染物，包括暴露的时间和强度。

③ 估计暴露对受纳体产生的物理、化学和生物效应。评估环境质量变化对受纳体造成的具体影响，如健康损失、生态破坏等。

3）备选方案环境影响分析

不同的规划方案对应着不同的环境效果或环境损失。因此，需要针对不同规划方案进行环境质量改善的定量化影响估计。此过程应包括：

① 环境效益的定量化。对每种备选方案的环境效益进行量化，例如通过减少污染物排放量来计算改善空气质量的效益。

② 环境损失的定量化。评估因环境劣化而造成的损失，如生物多样性的减少或生态服务的丧失。

4）备选方案的费用/效益计算

为了使规划方案的环境影响效果具有可比性，费用效益分析方法将规划方案的定量化损失/效益统一为货币形式的表达方式。最后通过适当的评价准则进行不同方案的比较，以完成最佳方案的筛选。评价准则包括净效益最大和费效比等。

（2）费用效益分析的评价准则

1）净效益最大

净效益是指总效益现值减去总费用现值的差额，计算公式为：

$$NPV = \sum_{t=1}^{n} \frac{B_t}{(1+r)^t} - \sum_{t=1}^{n} \frac{C_t}{(1+r)^t} \tag{11-66}$$

如果 $NPV \geqslant 0$，则表明规划方案的收益大于成本，方案可以接受；否则，方案不可取。若有多个满足净效益大于零的备选方案，则应按净效益最大的准则进行方案筛选。

2）费效比最小

费效比是总费用现值与总效益现值之比，记作 k：

$$k = \frac{\sum_{t=1}^{n} \frac{C_t}{(1+r)^t}}{\sum_{t=1}^{n} \frac{B_t}{(1+r)^t}} \tag{11-67}$$

如果 $k < 1$，则方案的社会费用支出小于其所获得的效益，方案可以接受；如果 $k \geqslant 1$ 时，方案费用支出大于社会效益，方案应予拒绝。此外，还可以通过内部收益率（IRR）进行规划方案评价，即净现值为零时的社会贴现率。

（3）环境效益评价的货币化技术方法

环境效益的货币化技术方法旨在将环境效益转化为可量化的经济价值，以便更好地进行政策制定和资源配置。这些方法帮助决策者理解环境变化对经济的影响，进而推动可持续发展。常用的货币化技术方法可以分为三大类：市场法、替代市场法和调查法。

1）市场法

市场法通过直接观察市场价格来评估环境质量变化的经济效益。这种方法通常适用于那些可以在市场上直接交易的环境资源。市场法的主要具体方法包括：

① 市场价格法。市场价格法是直接根据商品或服务的市场价格，利用因环境质量变化引起的产量和利润的变化来计量经济效益或损失。例如，假设某地区由于污染导致农作物减产，每亩作物的市场价格为 2000 元，而因污染导致的减产为 250 公斤（每公斤价格为 8元），则损失可以计算为：

$$损失 = 减产量 \times 单价 = 250 公斤 \times 8 元/公斤 = 2000 元$$

② 人力资本法。人力资本法将劳动者视为生产要素，评估环境质量恶化对人力资本的影响。这一方法量化因环境质量恶化导致的健康损失（如早逝、疾病等）所造成的经济损失，通常通过医疗费用、收入损失等进行评估。比如，假设某城市因空气污染导致的健康损

失使得居民的平均寿命减少了 5 年，平均每年收入为 60000 元，则失去的总收入为：

损失＝减少年数×年收入＝5 年×60000 元/年＝300000 元

此外，还需考虑因医疗费用增加带来的经济损失。

③ 机会成本法。机会成本法指的是在使用资源时所放弃的其他最佳选择的收益。在环境效益评价中，这通常指评估因环境变化而放弃的其他经济活动的收益。此方法在土地利用变化、环境污染导致的环境退化等方面的分析中应用广泛。例如，在某地区，由于环境污染导致一块土地的农业生产能力下降，决策者只好放弃了在该土地上进行高收益作物种植的机会。如果高收益作物的年收益为 50000 元，而当前的农业产值仅为 20000 元，则机会成本为：

机会成本＝高收益－当前收益＝50000 元－20000 元＝30000 元

④ 资产价值法。资产价值法通过环境质量变化导致资产价值的变化来评估经济损失。例如，假设某地区的房地产因附近的工业污染而贬值，原本的市场价值为 300 万元，污染后贬值至 250 万元，则贬值损失为：

贬值损失＝原值－现值＝300 万元－250 万元＝50 万元

⑤ 工资差额法。工资差额法利用不同环境质量条件下的工资差异，估算环境质量变化对经济的影响。若在一个环境较好的地区，某一工作类型工人的平均工资为 8000 元，而在污染严重的地区同样工作类型的工人的平均工资为 6000 元，工资差额为：

工资差额＝8000 元－6000 元＝2000 元

这一差额可以用来评估环境质量对劳动市场的影响。

2）替代市场法

替代市场法通过使用与环境资源或服务相关的替代市场价格来估计环境效益。这种方法适用于缺乏直接市场价格的环境资源或服务。替代市场法的主要具体方法包括：

① 影子工程法。影子工程法是一种评估环境资源遭到破坏后，为替代原有环境功能而需要人工建造工程所需费用的方法。这些费用能够为评估环境资源破坏的经济损失提供重要参考。

例如，湿地被填埋会导致其生态功能的丧失，进而影响生物多样性和水质净化等关键生态服务。在这种情况下，可能需要建设人工湿地来替代原有湿地的功能。假设建设人工湿地的费用为 100 万元，这 100 万元就可以作为湿地破坏所带来的经济损失的参考。

另一个例子是挖矿活动对地下水资源的影响。在某些地区，矿业开采导致了地下水位的显著下降，甚至出现了地下水消失的现象。这种情况直接影响了当地居民的生活，因为他们依赖地下水作为主要的取水来源。居民们面临取水困难，可能需要建设深井或引入新的水源来满足日常用水需求。假设为了满足居民的用水需求，地方政府决定（或法院判决矿业公司）建设新的供水系统，包括深水井和供水管网，预计建设费用为 200 万元。这 200 万元不仅是居民取水困难的直接经济损失的体现，也反映了因挖矿活动造成的地下水资源破坏的间接经济损失。因此，影子工程法在此案例中同样适用，可以帮助决策者量化因环境破坏所带来的经济影响，以便更好地进行环境管理和政策制定。

② 旅游费用法。旅游费用法通过游客为访问自然景区所支付的费用来评估自然资源的经济价值。这一方法不仅考虑了直接消费，还考虑了间接消费和旅游相关的就业机会，能够全面反映自然资源的经济贡献。比如，假设某自然保护区每年吸引 10 万游客，每位游客的平均消费为 300 元，旅游费用法可以估算该自然资源的经济贡献为：

$$总经济贡献＝游客数量×平均消费＝100000 人×300 元/人＝30000000 元$$

③ 防护费用法。防护费用法评估为了保护环境资源而不得不支出的费用。例如，为了减少噪声对居民的影响，建设噪声隔离墙的费用为 50 万元，这一费用可以作为评估噪声影响的经济损失。

④ 恢复费用法。恢复费用法评估恢复环境资源所需的费用，以此作为对环境损失的最低估计。该方法在环境修复和恢复计划的制定中发挥着重要作用。如果一片草原由于附近石油公司生产过程中的石油泄漏而受损，恢复该草原的费用预计为 200 万元，则这一费用可作为草原生态系统损失的最低估计。

3）调查法

调查法是通过问卷调查、访谈等方法，直接询问人们愿意为某种环境改善支付的金额，或愿意接受的补偿金额。这种方法适用于量化非市场环境效益。调查法的主要具体方法包括：

① 支付意愿法。支付意愿法询问受访者愿意为环境改善支付的金额，以此评估环境效益。例如，假设在一项调查中，100 名受访者中有 70 人表示愿意为改善空气质量支付每人每年 500 元，那么该地区空气质量改善的总支付意愿为：

$$总支付意愿＝70 人×500 元/人＝35000 元$$

这一方法的有效性往往依赖于问卷设计和样本选择。近年来，使用实验经济学的方法来设计更为科学的问卷，能够提升数据的可靠性。

② 补偿要求法。补偿要求法询问受访者愿意接受的补偿金额，以此评估因环境质量下降所造成的损失。假设调查显示，受访者愿意接受的平均补偿为每人 300 元，如果有 200 人参与调查，则总补偿要求为：

$$总补偿要求＝200 人×300 元/人＝60000 元$$

通过对补偿要求的分析，可以更好地理解公众对环境政策的反应。

③ 专家调查法。专家调查法通过咨询环境经济学、生态学等领域的专家来评估环境质量变化的经济影响。专家的意见和分析可以帮助决策者更好地理解复杂的经济影响，尤其是在缺乏数据或模型的情况下。

4）各类货币化技术方法的优缺点和适用场景

在前面的内容中，简要介绍了市场法、替代市场法和调查法的基本概念，下面将进一步详细说明每种方法的优缺点、适用场景。

① 市场法的优缺点。

优点：a. 直接性，市场法通过实际市场价格来评估环境效益，数据来源直接、易于获取；b. 客观性，基于市场交易，能够较为准确地反映经济价值；c. 易于理解，对决策者和公众来说，市场价格是一个直观的指标。

缺点：a. 市场失灵，在某些情况下，市场无法完全反映环境资源的真实价值，如公共品、外部性等；b. 信息不对称，消费者可能缺乏关于环境质量变化的信息，导致市场价格无法真实反映环境效益；c. 短期性，市场法往往关注短期经济利益，而忽略了长期环境效益。

适用场景：适用于那些在市场上有明确交易价格的环境资源，如农产品、林产品等。

② 替代市场法的优缺点。

优点：a. 灵活性，替代市场法可以应用于多种环境资源，适用范围广泛；b. 长远性，能够考虑到资源使用的机会成本，反映出更全面的经济损失。

缺点：a. 估计困难，在实际操作中，确定机会成本和替代品的市场价值可能较为复杂；b. 数据依赖性，需要大量可靠的数据支持，数据获取难度较大。

适用场景：适用于评估不可直接交易的环境资源，如生态系统服务、空气质量等。

③ 调查法的优缺点。

优点：a. 人性化，调查法能够直接反映公众对环境质量变化的态度和支付意愿，具有较强的社会适应性；b. 综合性，能够综合考虑社会、经济和环境多方面的因素。

缺点：a. 主观性，调查结果可能受到受访者个人主观因素的影响，存在一定的偏差；b. 成本高，进行大规模调查所需的时间和成本较高。

适用场景：适用于对公众偏好和支付意愿进行评估的场合，如新建公园、改善空气质量等。

（4）小结

环境费用效益分析是评估环境项目和政策的重要工具，通过系统化的程序和科学的评价方法，决策者能够有效地量化环境决策的经济影响。通过明确问题、定量化影响、计算费用和效益，以及应用合理的评价准则，决策者可以在复杂的环境背景下选择最佳方案，促进可持续发展。随着社会对环境保护的重视，环境费用效益分析将愈加重要，成为政策制定和项目评估的标准方法。

11.3.2.2　数学规划方法

数学规划方法是解决优化问题的重要工具，广泛应用于资源配置、生产计划、交通运输等多个领域。数学规划方法在环境规划中也发挥着关键作用。通过有效的数学规划，决策者能够在面对多重环境约束和社会经济目标时，制定最佳的环境政策和行动方案，实现资源的最优配置与环境效益的最大化。

常见的数学规划方法包括线性规划、非线性规划和动态规划。

（1）线性规划

1）线性规划的定义

线性规划是一种最基本也是最重要的最优化技术。其主要特征是目标函数和约束条件均为线性关系。

在环境规划中，线性规划主要用于处理那些能够用线性关系描述的环境问题，例如确定最优的水资源分配方案或最小化污染物排放的成本。

线性规划问题通常可以用以下数学模型来表示：

$$最大化或最小化 Z = c^{\mathrm{T}} x = c_1 x_1 + c_2 x_2 + \cdots + c_n x_n \tag{11-68}$$

约束条件：

$$Ax \leq b$$
$$x \geq 0$$

式中，x 为决策变量的向量，$x = (x_1, x_2, \cdots, x_n)^{\mathrm{T}}$；$c$ 为目标函数的系数向量，$c = (c_1, c_2, \cdots, c_n)^{\mathrm{T}}$；$A$ 为约束条件的系数矩阵，维度为 $m \times n$；b 为约束条件的常数向量，$b = (b_1, b_2, \cdots, b_m)^{\mathrm{T}}$。

2）线性规划的求解方法

线性规划的求解方法主要包括单纯形法和内点法。

① 单纯形法。单纯形法是解决线性规划问题的经典算法。其基本思路是从一个基本可行解出发，沿着边界移动到达目标函数的最优值。单纯形法的步骤为：a. 标准化问题，将约束转化为等式约束，并引入松弛变量；b. 构建初始单纯形表，根据标准化后的问题构建初始表格；c. 迭代过程，选择进入基变量和离开基变量，通过行变换更新表格，直到没有负的目标函数系数为止，此时得到最优解。

② 内点法。内点法是一种在可行域内进行迭代的算法，通过逐步逼近最优解。与单纯形法不同，内点法不沿着边界移动，而是在可行域内部进行搜索。

若线性规划中的部分或全部决策变量要求为整数，则称为整数规划。根据变量的限制，整数规划可分为：a. 纯整数规划，所有决策变量均为整数；b. 混合整数规划，部分决策变量为整数，部分为连续变量；c. 0-1 规划，决策变量仅取 0 或 1 的值。

求解整数规划的一些主要算法包括：a. 分支定界法，通过分裂可行域并逐步排除不可能的解来寻找最优解；b. 割平面法，通过添加线性约束来排除非整数解；c. 隐枚举法，专门针对 0-1 规划的求解算法，通过系统地枚举所有可能的解。

（2）非线性规划

1）非线性规划的定义

非线性规划问题的目标函数或约束条件中存在非线性关系，适用于更复杂的环境问题。其一般数学模型可以表示为：

$$\text{Minimize(or Maximize)} \quad f(x)$$

约束条件：

$$h_i(x)=0, \quad i=1,2,\cdots,m$$
$$g_j(x)\geqslant 0, \quad j=1,2,\cdots,p$$

式中，x 为决策变量的向量，$x=(x_1,x_2,\cdots,x_n)^{\mathrm{T}}$；$f(x)$ 为目标函数；$h_i(x)$、$g_j(x)$ 为约束条件。

与线性规划不同，非线性规划中的函数可能包含非线性关系。非线性规划问题的求解比线性规划更为复杂，主要原因是非线性函数可能存在多个局部最优解。

2）数值求解方法

① 逐步线性逼近法。该方法通过对非线性函数进行线性化，利用线性规划方法获得近似解。具体步骤如下：a. 线性化目标函数和约束条件，在当前可行解附近进行线性化；b. 求解线性规划，得到新的可行解；c. 迭代过程，不断更新可行解，直到收敛。

② 直接搜索法。直接搜索法通过探索可行解空间中的局部最优解进行优化，常用的算法包括：a. 牛顿法，利用一阶和二阶导数信息进行迭代；b. 梯度下降法，通过计算目标函数的梯度信息，沿着下降方向更新解；c. 遗传算法，通过模拟自然选择过程，寻找全局最优解。

（3）动态规划

1）动态规划的定义

动态规划是一种处理多阶段决策过程的优化方法，适用于由一系列相互联系的阶段活动构成的过程。其核心思想是将复杂问题分解为多个简单的子问题，通过解决子问题来获得整体问题的最优解。动态规划常用于资源分配、路径规划等领域。

在环境规划中，动态规划方法可以有效解决具有多阶段决策特征的环境问题，例如在不同时间阶段的土地利用规划或污染治理策略的优化选择等。

2）动态规划的基本原理

动态规划的基本原理可以用贝尔曼优化原理来概括：一个多阶段决策问题的最优决策序列，无论过去的状态和决策如何，若以任何决策导致的状态为起点，其后一系列决策必须构成最优决策序列。

3）数学模型及递推关系

设定一个多阶段活动过程，其状态变量和决策变量的递推关系可表示为：

$$V_k(x_k) = \max_{u_k} \left[d_k(x_k, u_k) + V_{k+1}(x_{k+1}) \right] \tag{11-69}$$

式中，$V_k(x_k)$ 为第 k 阶段的最优值；u_k 为第 k 阶段的决策变量；$d_k(x_k, u_k)$ 为第 k 阶段的阶段效果。

总之，数学规划方法是优化领域的重要工具，尤其在环境规划中具有显著的应用价值。在环境规划中，数学规划用于优化资源的配置、制定可持续发展策略、评估生态恢复方案等。其具体方法包括线性规划、非线性规划和动态规划等多种形式。通过深入理解和灵活应用这些技术方法，决策者能够在复杂的环境约束和多重目标之间找到最佳平衡，有效解决环境规划与管理中的实际问题，从而提高决策的科学性和合理性，确保生态保护与经济发展的协调。随着科技的不断进步，数学规划方法也在不断演化。新技术和理论的结合，如大数据分析、人工智能和机器学习，将为环境规划提供更强大的工具，推动各行业的进步与创新。

11.3.2.3　环境规划的多目标决策分析方法

在环境规划中，决策者面临着复杂的选择，这些选择不仅需要满足经济效益，还要兼顾环境保护和社会可持续性。因此，多目标决策分析（multi-objective decision making）成为一种重要的工具，通过综合考虑多个目标，帮助决策者在不同利益和约束条件下作出最佳选择。

多目标决策分析方法可以有效支持环境规划中的决策过程，确保在各种可能的方案中选择出最优的解决方案。以下将介绍多目标决策分析的一般概念、基本方法以及在环境规划中的实际应用。

（1）多目标决策分析的一般概念

1）决策问题的多层次多目标体系

在任何复杂的决策问题中决策目标通常是多层次的，形成一个多层次多目标的体系。这个体系的最高层是总体目标，它代表了决策者希望实现的最终状态或要求。总体目标通常是比较抽象的，涉及环境、经济和社会等多个方面。

总体目标可以进一步分解为下层的子目标，这些子目标则更为具体和可操作。通过逐层分解，决策者能够清晰地识别出每一个子目标的具体内涵和实现路径。这种分层结构不仅有助于理解问题的复杂性，也为后续的目标评价提供了明确的框架。

在多目标体系中，每个子目标的恰当选择是技术的关键所在。每个目标属性应满足以下两个基本性质：

① 可理解性。属性值应足够清晰，以便标定目标实现的程度。

② 可测性。需要能够通过某种方法对决策方案进行目标属性的量化赋值。

2）决策方案的多目标评价选择

在多目标决策分析中，任意两个方案 A_i 和 A_j 的比较会出现以下三种情况之一：

① 方案 A_i 优于方案 A_j，即方案 A_i 在所有目标上表现更好。

② 方案 A_i 劣于方案 A_j，即方案 A_i 在所有目标上表现更差。

③ 方案 A_i 与方案 A_j 难分优劣，即方案 A_i 在部分目标上优于方案 A_j，而在其他目标上则劣于方案 A_j。

在这里，我们将通过两两比较直接舍弃的方案称为"劣解"，而那些无法直接舍弃的方案称为"非劣解"。非劣解是决策者需要重点关注的对象。当无法找到最优解时，往往需要采取加权赋值或专家群决策等方法在非劣解中寻找最终决策方案。

3）多目标决策分析的目标

多目标决策分析的核心是运用数学和计算机技术，处理以下两个问题：

① 识别非劣解。根据所建立的多个目标，找出所有或部分非劣解。

② 选择满意解。设计程序以识别决策者对目标函数的偏好，从非劣解中选择"满意解"。

（2）多目标决策分析基本方法

多目标决策分析的基本方法主要包括矩阵法和层次分析法。以下将对这两种方法进行详细介绍。

1）矩阵法

矩阵法是一种常用的多目标决策分析工具，适用于对多个目标进行系统性评价和比较。该方法的基本步骤如下：

① 建立决策评价矩阵。设定决策问题中有 n 个目标（属性）x_1，x_2，…，x_n，以及 m 个可行方案 A_1，A_2，…，A_m。可以建立如下的决策评价矩阵：

$$
\begin{array}{c|cccc}
 & x_1 & x_2 & \cdots & x_n \\
\hline
A_1 & V_{11} & V_{12} & \cdots & V_{1n} \\
A_2 & V_{21} & V_{22} & \cdots & V_{2n} \\
\vdots & \vdots & \vdots & \ddots & \vdots \\
A_m & V_{m1} & V_{m2} & \cdots & V_{mn}
\end{array}
\tag{11-70}
$$

在这个矩阵中，V_{ij} 代表方案 A_i 在目标 x_j 下的实现程度。

② 确定方案的属性值。确定 V_{ij} 的过程可以通过两种方式进行：

a. 直接计算或估计。例如，通过相关统计年鉴或环境公报等获取相关信息指标，或是通过市场调研获取方案的投资成本、环境影响等数据。

b. 分级定性指标。例如，通过专家评估确定方案的公众接受度、技术可行性等。

③ 属性值的规范化。由于不同目标的属性值单位可能不同，因此需要对属性值进行规范化处理，以便于比较。常用的规范化方法包括：

a. 向量规范化（包括无量纲化和归一化）。将所有属性值无量纲化，并且统一变换到（0，1）范围内。

b. 正向化线性变换。根据目标类型（愈大愈好或愈小愈好）进行相应的变换。

例如，对于愈大愈好的目标，规范化公式为：

$$Z_{ij} = \frac{V_{ij}}{\max V_{ij}} \tag{11-71}$$

对于越小越好的目标，规范化公式为：

$$Z_{ij} = 1 - \frac{V_{ij}}{\max V_{ij}} \tag{11-72}$$

④ 确定权重系数。在多目标决策问题中，不同目标间的相对重要性一般通过权重系数来反映。权重系数的确定直接影响到规划方案的选择，通常可以采用以下两种方式：

a. 非交互式方法。在决策前，通过分析人员与决策者的协调对话，获得一组权重值分布。

b. 交互式方法。在决策分析过程中，通过决策分析人员与决策者的持续交流，逐步确定权重系数值。权重系数的确定可以通过专家法、德尔菲法等方式进行，这些方法通过调查统计获得权重信息。

⑤ 方案综合评价。线性加权法是常用的方案综合评价方法，其计算公式为：

$$V_i = \sum_{j=1}^{n} W_j Z_{ij} \tag{11-73}$$

式中，W_j 是目标 j 的权重系数；Z_{ij} 是方案 i 在目标 j 下的属性规范值。通过计算每个方案的综合评价值 V_i，决策者可以对方案进行排序，从而选择最优方案。

2）层次分析法（AHP）

层次分析法（analytic hierarchy process，AHP）是由美国学者 A. L. Saaty 于 20 世纪 70 年代提出的一种系统分析方法，适用于目标复杂、难以量化的决策问题。在环境规划中，AHP 被广泛应用于多目标决策分析。

① AHP 的基本步骤：a. 明确问题，建立目标、备选方案等要素构成的层次分析结构模型；b. 建立判断矩阵，对同一层次的要素进行两两比较，构建判断矩阵；c. 计算相对重要程度，根据判断矩阵，计算各要素的相对重要程度；d. 综合重要度排序，计算综合权重，确定方案的优先序，以提供决策支持。

② 建立层次分析结构模型。层次分析结构模型通常分为三层：a. 目标层，整体决策目标；b. 中间层，各个子目标；c. 方案层，具体的备选方案。

通过这种结构，决策者可以清晰地识别每个目标和方案之间的关系。

③ 建立判断矩阵。判断矩阵是根据层次结构模型中某一要素，由其隶属要素两两比较的结果构成的矩阵。对于任一层次的某个要素 C 及其隶属的几个要素 A_1，A_2，…，A_n，判断矩阵的形式如下：

$$
\begin{array}{c|cccc}
 & A_1 & A_2 & \cdots & A_n \\
\hline
A_1 & 1 & a_{12} & \cdots & a_{1n} \\
A_2 & \dfrac{1}{a_{12}} & 1 & \cdots & a_{2n} \\
\vdots & \vdots & \vdots & \ddots & \vdots \\
A_n & \dfrac{1}{a_{1n}} & \dfrac{1}{a_{2n}} & \cdots & 1 \\
\end{array} \tag{11-74}
$$

在判断矩阵中，元素 a_{ij} 表示要素 A_i 与 A_j 的相对重要程度。

④ 权重排序。通过判断矩阵，可以计算出每个要素的相对权重 W_i。常用的方法包括：

a. 特征向量法。通过求解判断矩阵的特征向量来获取权重。步骤如下：ⅰ. 构造判断矩阵，建立判断矩阵 A；ⅱ. 求特征值，计算判断矩阵的最大特征值 $\lambda_{\max}$；ⅲ. 计算特征向量，求出对应于最大特征值的特征向量 W；ⅳ. 归一化，将特征向量归一化，以获得每个要素的权重。

特征向量的归一化过程是将特征向量中的每个元素除以特征向量的总和：

$$W_i = \frac{w_i}{\sum_{j=1}^{n} w_j} \tag{11-75}$$

b. 方根法。通过对判断矩阵进行归一化处理，计算每个要素的权重。步骤如下：i. 构造判断矩阵，建立判断矩阵 A；ii. 计算权重，对于判断矩阵中的每一行，计算该行元素的几何平均值；iii. 归一化权重，将所有几何平均值进行归一化处理，得到每个要素的权重。

几何平均值的计算方式为：

$$W_i = \sqrt[n]{a_{i1} \cdot a_{i2} \cdots a_{in}} \tag{11-76}$$

归一化处理同样是将每个几何平均值除以它们的总和。

⑤ 综合权重排序。在获得各层次要素的权重后，需要进行综合权重排序。若已知某层要素为 C_1，C_2，⋯，C_m，各要素在其上层的综合权重为 a_1，a_2，⋯，a_m，则下层要素的综合权重可以通过加权求和得到。

最终，所有下层要素的综合权重可以进行排序，决策者可以根据这些综合权重来判断各个方案的优先级。权重越高的方案，意味着在满足各个目标的前提下，越具备优势。

⑥ 一致性检验。在 AHP 中，判断矩阵的构建需要保证一定的一致性。决策者在进行两两比较时，可能会出现不一致的情况，因此需要进行一致性检验。

一致性检验的步骤如下：

a. 计算一致性指标 CI。

$$CI = \frac{\lambda_{\max} - n}{n - 1} \tag{11-77}$$

式中，n 为判断矩阵的阶数；$\lambda_{\max}$ 为最大特征值。

b. 计算一致性比率 CR。

$$CR = \frac{CI}{RI} \tag{11-78}$$

式中，RI 为随机一致性指标，取决于判断矩阵的大小 n。

通常，若 $CR < 0.1$，则认为判断矩阵的一致性是可以接受的。

c. 调整判断矩阵。若一致性比率 CR 超过 0.1，决策者需要重新评估判断矩阵，以提高其一致性。

层次分析法（AHP）通过建立层次结构模型、构建判断矩阵、计算相对重要性和综合权重，帮助决策者在多目标决策中进行有效的比较与选择。在环境规划等复杂决策问题中，AHP 作为一种经典的系统化多目标分析方法一直被广泛使用。

总的来说，多目标决策分析方法在环境规划中具有重要的应用价值。通过对目标体系的构建、方案评价和权重确定，决策者可以在复杂的环境问题中找到最优解。在未来，随着数据分析技术的进步和决策支持系统的发展，多目标决策分析方法必将在环境规划中发挥更加重要的作用。

拓展阅读

闵行区生态环境保护规划的 SWOT 分析

复习思考题（答案请扫封底二维码）

问题 1. 在决策分析中，能否采用定量决策分析取决于哪些条件？

问题 2. 为什么要进行环境预测？有哪些方法？

问题 3. 污染源识别的步骤有哪些？

问题 4. 环境预测遵循的基本原则有哪几个。

问题 5. 环境预测中的定量预测方法有哪些？

问题 6. 完整的环境规划决策过程通常由哪三种活动组成？

问题 7. 环境决策中的风险评估管理作用是什么？

问题 8. 环境规划的决策分析技术方法是什么？

第12章 | 水环境规划

12.1 水环境规划概述

12.1.1 水环境规划的定义与主旨

（1）水环境规划的定义

水环境规划是对特定时期内水环境保护目标和措施的系统安排与设计，其核心目标是在促进经济发展的同时，切实保护水生态环境，合理开发和利用水资源，充分发挥水体的多功能性。

（2）水环境规划的主旨及演化

在不同的社会经济发展阶段，环境规划对于经济发展和生态环境保护的侧重点会有所不同，反映出其作为一个动态事物，是随着社会的发展而不断演变的。不论在任何社会经济发展阶段，水环境规划都不仅强调水生态环境的保护，也关注社会经济发展，倡导人与自然的和谐共生。通过科学的水环境规划，寻求最小的经济代价与最大的经济效益和环境效益，是水环境规划的核心理念。随着社会经济的不断增长和人们对生态环境保护的重视程度的不断增加，目前和未来的水环境规划将越来越强调生态环境的健康与稳定，致力于在社会经济发展与生态保护之间找到平衡，以确保水资源的可持续利用和水生态系统的长期繁荣。

12.1.2 水环境规划的基本步骤

从方法论的角度来说，开展任何类型的环境规划都需要有一套逻辑严密的方法体系，在不同类型的环境规划中，这种方法体系虽然在具体内容上会有所不同，但在核心思路和框架结构上是具有相通性的。对于水环境规划来说也同样如此，具体而言，水环境规划的基本步骤包括以下几个关键环节。

（1）明确问题

在对规划区域的水环境系统进行综合分析的基础上，找出主要问题，包括水量、水质、水资源利用、水生态系统等方面的问题，并查明问题的根源。明确问题不仅要界定规划的范围，还要指出水环境污染控制、水资源利用和水生态保护的方向与要求。为此，需要通过污染源的调查分析、水质监测以及水资源利用状况与水生态环境的调研，进行水环境污染现状评价和水资源利用评价。

（2）确定规划目标

根据国民经济和社会发展要求，同时考虑客观条件，从水质、水量、水生态三个方面拟定水环境规划目标。规划目标的提出需要与经济发展的战略部署相协调，并与当前的环境状况和经济实力相适应。目标的设定应经过多方案比较和反复论证，最终确定前需提出几种不同的目标方案，经过具体措施的论证后才能确定最终目标。

（3）选择规划方法

通常可以采用数学规划法和模拟比较法两类规划方法。数学规划法是一种最优化方法，包括线性规划法、非线性规划法和动态规划法，这些方法在满足水环境目标的前提下，寻求水环境最优的规划方案。模拟比较法则是一种多方案模拟比较的方法，例如系统动力学、层次分析法和组合方案比较法。组合方案比较法通常是运用最多的一种方法，而且不论是系统动力学还是层次分析法，往往都需要与组合方案法或是情景分析法进行联合运用。最终，都必须在经济技术可行的前提下，提出为达成水环境规划目标的各种控制措施（参见步骤 4），并将这些措施组合成若干个供选方案，通过模拟及费用效益分析比较，选出最佳方案供决策部门采纳。

（4）拟定规划措施

在制定水环境规划方案时，可考虑的措施主要分为经济管理措施（软科学举措）和工程技术措施（硬科学举措）两大类。这些举措的构思和遴选，需要运用环境经济大系统的思想方法，强调从尾端治理向生产全过程控制的转变。具体方法如下。

1）经济管理措施（软科学举措）

① 调整经济结构和工业布局。通过优化产业结构和布局，促进环境友好型产业的发展，确保新兴产业对水环境的影响最小化。

② 实施清洁生产工艺。鼓励企业采用节能、低耗、少污染的生产工艺，将环境因素融入生产全过程，优化生产管理，以提高能源和资源的利用效率。

③ 政策支持与激励。制定相应的政策和激励措施，鼓励企业和社会各界参与水环境保护，推动环境友好的技术和管理模式。

2）工程技术措施（硬科学举措）

① 提高水资源利用率。通过技术改造和优化管理，提高水的循环利用率，降低水资源的消耗。

② 充分利用水体的自净能力。合理利用自然水体的自净能力，减少对污水处理设施的依赖，从而降低污染治理费用。

③ 增加污水处理设施。针对水环境自净能力无法容纳的污染物，建设和完善污水处理设施，实施集中治理与分散治理相结合的方式，根据具体情况进行选择。

④ 无害化处理。对无法通过自然净化处理的污染物，采取无害化处理措施，以确保水环境的安全和健康。

通过综合运用以上经济管理措施和工程技术措施，可以大幅提高水环境规划方案的科学合理性和生态环境经济收益的最大化，有利于推动水环境规划在规划区的全面实施。

（5）提出供选方案与优选

在制定最终的水环境规划方案时，需将各类措施进行有效整合，以提出一系列可供选择的实施方案。为了确保这些方案的可行性和可操作性，必须进行系统的评估与比较。具体方法包括：

① 费用效益分析。通过对每个方案的经济成本和预期效益进行详细分析，评估其投资

回报率和长期经济可持续性。这一过程将帮助决策者理解不同方案在经济上的合理性与优势。

② 方案可行性分析。评估每个方案在技术、管理和社会层面的可行性。这包括对实施所需技术的成熟度、管理能力的适应性、资金投入的可靠性以及社会公众的接受度进行分析，确保所选方案在实际操作中能够顺利实施。

③ 水环境承载力分析。通过对区域水环境的承载能力进行评估，确定各方案对水体生态系统的影响程度。这一分析将帮助识别方案对水质、水量及生态平衡的潜在风险，从而为可持续发展提供科学依据。

④ 综合评价与决策支持。在上述分析的基础上，对所有可选方案进行综合评价，形成一个多维度的评估框架。通过对比各方案的优缺点，结合实际情况与发展目标，最终选择出最佳规划方案。

保证质量地实施上述步骤，才能够确保提出的实施方案既具备经济效益，又能有效保护水生态环境，实现可持续发展的目标。

（6）规划实施

水环境规划的实施是评估规划成功与否的重要标志，其实际执行结果将直接反映规划的价值和作用。无论规划方案采取何种形式实施，其效果都将显著影响水环境的改善和可持续发展。为确保规划的有效实施，需考虑以下几个关键方面：

① 明确实施责任。在规划实施过程中，需明确各参与方的责任与角色，包括政府部门、企业、科研机构及公众。通过建立清晰的责任体系，确保各方在实施过程中能够有效协作，共同推动水环境保护目标的实现。

② 制定详细的实施计划。在规划方案的基础上，制定具体的实施计划，包括时间表、预算、资源配置和技术路线。详细的计划将为实施过程提供指导，确保各项措施按时、按质推进。

③ 建立监测与评估机制。为了及时掌握实施效果，需建立一套科学的监测与评估机制。通过定期收集水质数据、评估生态变化和社会反馈，及时调整实施策略，以应对可能出现的问题和挑战。

④ 公众参与和宣传。增强公众对水环境保护的意识，鼓励其积极参与规划实施。通过开展宣传活动、公众咨询和参与式决策，提升社会各界对水环境保护的关注与支持，形成全社会共同参与的良好氛围。

⑤ 持续改进与反馈。在实施过程中，应保持灵活性，及时根据监测结果和社会反馈进行调整与改进。通过总结经验教训，不断优化实施方案，提高规划的适应性和有效性。

12.1.3　水环境规划要注意的关键性问题

在进行水环境规划时，需要特别注意以下几个关键性问题：

① 保护区划分。根据水体的用途，严格划分保护区，确保饮用水源的水量和水质。保护区的划分是水环境规划的重要基础。

② 流域用地与人口增长。充分考虑流域的用地与人口增长对水量、水质的改变，以及对水环境污染的影响。流域的综合管理应纳入水环境规划的核心内容。

③ 生态系统视角。将流域及其水环境作为一个生态系统来考虑，强调水环境治理与生

态保护的协同发展，促进生态健康与水环境质量的双重提升。

④ 洪水灾害防范。特别注意减免洪水灾害的问题，建立健全的洪水预警和应急响应机制，以降低水环境治理中的风险。

⑤ 污染源管理。在治理中避免采取污染搬家的做法，妥善处理干支流、上下游、左右岸及各种水环境的相互关系，确保污染治理的系统性与有效性。

⑥ 政策与方针。明确水环境保护的方针和政策，确保规划实施的法律法规与政策支持，为水环境治理提供坚实的政策基础。

12.1.4　水环境规划的类型与层次

水环境规划根据研究对象的不同，主要分为水资源系统规划和水污染控制系统规划两大类。这两类规划不仅关注水资源的合理利用和水污染的控制，还兼顾生态环境的保护，确保水资源的可持续利用与水环境的整体健康。

12.1.4.1　水资源系统规划

水资源系统规划是指运用系统分析方法，针对特定区域内水资源的开发利用和水灾防治制定的总体措施和计划。水资源系统规划不仅涉及水资源的有效管理，还包括与经济发展、环境保护和社会需求等多方面的协调。水资源系统规划可分为几个层次，具体如下。

（1）流域水资源规划

流域水资源规划关注于整个江河流域，涉及国民经济发展、地区开发、自然环境保护与生态系统的可持续性等多个方面。其主要任务是统筹兼顾、合理安排，整体制定流域开发与治理的战略方案，以协调自然与社会之间的矛盾，并满足各部门的需求。通过全面分析流域内的水资源状况及生态环境，流域水资源规划不仅为流域管理提供科学依据，还能有效保护生态系统的完整性和生物多样性。

（2）地区水资源规划

地区水资源规划以行政区或经济区为对象，依据地区的特点和水资源开发治理的需求，重点关注防洪、灌溉、水供给及生态修复等方面。虽然该规划的基本内容与大江大河或中小河流域规划相似，但更加强调地方特色和实际情况（例如在航运、水力发电、水产养殖、旅游、水源地保护或自然保护区建设等方面的任务等）。通过地方性的数据分析和需求评估，地区水资源规划能够更精准地满足当地的实际需求，同时兼顾生态环境的保护与恢复。

（3）专业（或专项）水资源规划

专业（或专项）水资源规划专注于流域或地区内的某项专业任务，如防洪规划、水力发电规划和灌溉规划等。这种规划通常是在流域或地区规划的基础上进行的，作为相应更高层次的水资源规划的组成部分。专业（或专项）水资源规划不仅考虑特定任务的技术细节，还需兼顾与其他水资源管理措施的协调，以确保整体水资源的有效利用，并对生态环境产生积极影响。通过精细化的规划和实施，可以最大限度地发挥水资源的效益，推动经济和社会的全面发展。

12.1.4.2　水污染控制系统规划

水污染控制系统规划是基于国家法规和标准，结合环境保护的科学技术与地区经济发展规划，制定的水污染防治方案。水污染控制系统规划可分为以下 3 个层次。

（1）流域水污染控制规划

流域水污染控制规划的主要内容包括：首先要确立应达到或维持的水质标准，识别流域内的主要污染物和污染源；其次，依据使用功能要求和水环境质量标准，规划确定各段水体的环境容量；最终，通过对各种治理方案进行技术、经济和效益分析，提出最佳的水污染控制方案供决策者选择，以确保水体的生态安全和水质的持续改善，保护流域内的生态系统。

（2）城市（区域）水污染控制规划

城市水污染控制规划关注城市及其周边区域的水污染治理，主要内容包括：

① 确定城市及工业废水处理厂、下水道系统的建设清单。

② 识别与农业、矿业和建筑业相关的非点源污染，并提出相应的控制措施。

③ 制定处理后废水和污泥的处置方案，确保其对生态环境的影响降至最低。

④ 估算实现规划所需的费用，并制定实施规划的进度表。

⑤ 建立有效的管理系统，以确保规划的顺利执行，促进生态环境的健康。

（3）水污染控制设施规划

水污染控制设施规划是指具体的水污染控制系统（如污水处理厂及其下水道系统）的建设规划。该规划应在充分考虑经济、社会和环境因素的基础上，寻求投资少、效益大的建设方案。主要内容包括：

① 拟建设施的可行性报告，详细说明环境问题及其影响，特别是对生态系统的潜在影响。

② 拟建设施与现有设施的关系及现状分析。

③ 第一阶段工程的设计、费用估计和执行进度表。

④ 推荐方案及其他方案的费用效益分析，确保规划的经济合理性。

⑤ 环境影响评价，确保设施建设符合相关法规和标准，以保护水环境的健康和生态系统的完整性。

12.2 水环境规划的专业基础工作

每一种环境规划都有其独特的专业要求，在确定环境规划的目标、指标和方案的过程中，不同类型的环境规划采用的方法各不相同。对于水环境规划而言，规划目标、指标和方案的设定，尤其是区域内子环境目标、指标和方案的确立，需要依赖水环境容量的核定、水环境功能区划分以及水污染控制单元划分三项专业工作作为基础。这三项工作共同构成了水环境规划的基础，使得宏观环境规划目标能够细化成为区域内的子环境目标和指标，并落实到每一个具体的空间单元以及各个相关责任部门，包括地方政府机构和主要污染排放源（如企业或居民小区等）。

更为具体的：通过科学的水环境功能区划分，可以明确不同区域的水质要求和使用功能；水污染控制单元的划分则有助于针对性地制定分区和分部门的污染控制措施；而水环境容量的核定则为制定合理且准确的污染物消减方案和管理措施提供了定量化的科学依据。

本节将详细介绍水环境容量核定、水环境功能区划分以及水污染控制单元划分这三项在水环境规划中的专业基础工作，分析它们之间的相互关系以及对整体水环境管理的重要性。

12.2.1 水环境容量

12.2.1.1 水环境容量的定义

水环境容量是指在特定环境目标和水质标准下，某一水体能够承载的污染物的最大数量。这一概念在水环境规划和管理中具有重要意义，因为它直接关系到水体的生态健康和人类的用水安全。

水环境容量不仅是环境目标管理的基本依据，也是水环境规划中的主要环境约束条件。它为制定合理的排污标准和水资源管理策略提供了科学依据。此外，水环境容量是污染物总量控制的关键参数，通过合理设定污染物的排放上限，可以有效防止水体污染的加剧，从而保护水生态系统的健康和稳定。因此，全面理解和准确评估水环境容量，对于实现水资源的可持续利用和生态环境的保护至关重要。

然而，水环境容量并非一个如该名词的直观字面意义一样简单的事物，而是一个需要通过专业化的学习和深入理解来掌握的复杂知识领域。从理论角度来看，水环境容量主要由自然规律和水质目标共同决定。它不仅反映了污染物在水体中的迁移、扩散和转化规律，还体现了在特定功能条件下水环境对污染物的承受能力。例如，水体的流动性、温度、化学成分以及生物自净能力等自然因素，以及评估者为该水体所选择或设定的水生态系统功能目标都会影响水环境容量的评估。

值得重视的是，在实际应用中，水环境容量的开发利用不仅与水体的自然特征和污染物的迁移转化规律密切相关，还受到许多人为因素的影响。这些人为因素不仅包括前文已提及的水质目标的设定，还包括污染物的排放方式（如点源或非点源排放）以及排放的时空分布等。此外，水环境容量的评估还受到考核方法的影响，这些方法可能会根据不同地区和具体情况而有所不同。

12.2.1.2 决定水环境容量大小的因素

水环境容量的大小受到多个因素的影响，主要包括水体特征、水质目标、污染物特性。

（1）水体特征

水体特征是影响水环境容量的基础因素，主要包括几何参数、水文参数、水化学参数及水体自净能力等。

1）几何参数

几何参数包括水体的形状、大小和深度等特征。水体的水深较浅时，在相同的流量下，则其接触大气的表面积会更大，从而提高了氧气的复氧速度，这有利于提升可降解污染物的环境容量。此外，水体的形状也会影响流动和混合过程，流动性较好的水体能够更有效地分散和稀释污染物，同时还能加快大气复氧速度，从而提高其环境容量。

2）水文参数

水文参数包括流量、流速和水温等特征，这些因素对水环境容量的大小也起着关键作用。水流的速度和流量决定了污染物在水体中的运输和扩散速度。其中，流量直接决定着污染物在水体中的稀释容量。而较高的流速能够加速污染物的稀释和扩散，同时促进大气氧气的溶解，增加可降解或可同化污染物的反应速率，从而提升水环境容量。

水温的变化会对水体的生物活性和化学反应速率产生重要影响。通常情况下，较高的水温有助于提升水体的自净能力，但同时也可能导致溶解氧含量下降，从而对水生生物构成潜在威胁。因此，维持水温在适宜范围内对于保持水体的生态平衡和环境容量至关重要。

在北方地区，冬季温度的大幅降低会显著降低自然水体的自净能力和环境容量，这对污水处理和排放管理提出了更高的要求和挑战。为应对这一问题，往往需要采取一系列综合措施，包括：提高污水处理标准、调整处理工艺〔例如采用增强型活性污泥法、膜生物反应器（MBR）或低温厌氧处理等技术〕，以及进行污水调蓄或是关键工艺环节的增温保暖等。通过综合运用这些措施，可以较好地应对冬季低温对自然水体环境容量带来的不利影响。

3）水化学参数

水化学参数包括水体的 pH 值、离子含量和溶解氧等化学特征，这些因素对水环境容量有显著影响。不同 pH 值下，某些污染物的毒性和生物可利用性会有所变化，进而影响水环境容量。例如，在酸性环境中，某些重金属的溶解度可能增加，导致其在水体中的浓度达到危险水平，从而降低环境容量。此外，水体的离子含量会影响电导率和化学反应能力，过高的离子浓度可能导致水体的自净能力下降，进而影响其环境容量。

4）水体自净能力

水体的自净能力是指水体通过物理、化学和生物作用自然去除污染物的能力。这一能力受水体生物群落组成、底质特征以及水体流动性（包括上述有关水体的几何参数、水文参数、水化学参数）的综合影响。自净能力强的水体能够有效降低污染物浓度，从而提高环境容量。例如，富含微生物的水体通常具有较强的自净能力，能够快速分解水中的有机物，减少其对水质的影响。

（2）水质目标

水质目标是根据水体的使用功能和生态需求而设定的水质标准，这些标准直接影响水环境容量的大小。在中国，地面水水质标准根据用途分为五类：

① Ⅰ类水主要适用于源头水、国家自然保护区。要求水质极高，污染物浓度必须控制在极低水平，因此其环境容量非常有限。

② Ⅱ类水主要适用于集中式生活饮用水地表水源地一级保护区、珍稀水生生物栖息地、鱼虾类产卵场、养殖幼鱼的索饵场等。旨在保护水源及珍稀水生物，水质标准较高，要求严格控制污染物的排放。这些区域的环境容量相对较小，以保障生态安全和生物多样性。

③ Ⅲ类水主要适用于集中式生活饮用水地表水源地二级保护区、鱼虾类越冬场、洄游通道、水产养殖区等渔业水域及游泳区。允许一定程度的污染，但仍需保持较好的水质，以支持渔业和生态平衡。此类水体的环境容量适中，能够满足一定的经济和生态需求。

④ Ⅳ类水主要适用于一般工业用水区及人体非直接接触的娱乐用水区。水质标准相对宽松，但仍需符合安全使用的基本要求。此类水体的环境容量相对较高，但必须控制污染物的排放，以防止对环境造成过度负担。

⑤ Ⅴ类水主要适用于农业用水区及一般景观要求水域。水质要求较低，但仍需关注对环境和人类健康的潜在影响。这类水体的环境容量较大，但可能面临水体富营养化的风险，影响生态平衡。

每类水体的水质标准直接决定了其环境容量。由于我国各地区自然条件和经济技术条件的差异，地方政府在制定地方水质标准和进行当地的水环境功能区划时，可以根据实际情况进行调整，这也导致了水环境容量在不同地域之间的差异。例如，某些地区的水源地由于受到严格保护，其水质目标要求更高，相应的环境容量也更小，因此需要进行更加严格的规划管理。

（3）污染物特性

污染物的种类和特性也是决定水环境容量的关键因素。不同污染物对水生生物的毒性及对人体健康的影响程度各异，其降解特性也大相径庭，因此在水体中的允许量（即环境容量）存在显著差异。

① 耗氧有机物。这类物质可被水中生物通过氧化分解，通常具有较大的水环境容量。如果水体的自净能力和生物降解能力较强，其环境容量就会相应增大。耗氧有机物的存在虽然会消耗水中的溶解氧，但在适度的浓度下，水体仍能通过自然的生物过程和大气复氧过程进行自我修复，从而维持较好的生态平衡。

② 有毒有机物。这类污染物往往是人工合成的，毒性强且难以降解，因此其同化能力极小。例如，某些农药和工业化学品在水中可能对生物造成严重危害，且不易被自然过程降解。这类污染物的存在会显著降低水环境容量，增加水体受到污染的风险。有毒有机物本身的环境容量通常不允许开发利用和进行分配。

③ 重金属。重金属污染物如铅、汞、镉等虽然可以在水中被稀释，但由于其保守性，无法被生物降解，需严格控制其排放。这类物质在水体中的积累会对生态系统造成长期影响，危害生态系统健康。重金属的毒性和持久性使其在水体中容易形成"永久性污染"，因此重金属本身的环境容量通常也不允许开发利用和进行分配。

此外，污染物的排放方式和时空分布也会影响水环境容量。污染物的排放方式和时空分布会导致实际可以开发利用的环境容量出现较大差别，因为理想状态下的环境容量，尤其是可降解污染物质的环境容量，是指沿程可以不断增加的污染物量的总和（在沿程水量逐渐增加或可降解污染物逐渐被降解的条件下），但实际情况下排污不会是沿程连续排污的，而是集中在少数排放口进行排污的。因此导致可以实际被利用的环境容量，即实际可以被分配到每个排污口的环境容量要小于理想状态下沿程连续积分而得到的环境容量。

此外，还有一个值得重视的问题是，在实际的环境监管工作中，往往是以监测断面和监测点位的达标为基准进行考核和日常管理的，这又容易带来新的问题，即：如果仅仅以监测断面和监测点位达标（或某个水平的达标率或达标河长）为基准进行日常的环境管理和考核的话，会导致该水域实际真正水质达标的区域仅仅在监测点位，而在监测点位之外的区域可能会时不时出现大量超标的情况（尤其是对于可降解污染物的环境容量来说），这就要求在监测方法和考核方法方面作出更加详细和明确的规定。

综上所述，实际的环境管理工作中，可以开发利用的环境容量与理想的水环境容量之间也存在偏差，这二者并非完全精确对应，具体偏差方向（是更大还是更小）与考核的方式方法有关。因此，深入了解污染物的排放特征和规律，以及结合环境管理工作中监测与考核的实际可操作性，对于合理评估和开发利用水环境容量至关重要。

12.2.1.3 水环境容量分类

水环境容量可根据应用机制的不同进行分类，主要有以下几种分类方法。

（1）按水环境目标分类

① 自然水环境容量。自然水环境容量是指以污染物在水体中的基准值作为水质目标，

265

其允许纳污量被称为自然环境容量。该容量反映了水体在不受外部污染影响的情况下，自然状态下所能承受的污染物浓度。其概念模型为：

$$E = \int_V (C_{基} - C)\mathrm{d}V \qquad\qquad (12\text{-}1)$$

$$C = C_{基}\exp(-k_{自}\, t) \qquad\qquad (12\text{-}2)$$

式中，E 为水环境容量；$C_{基}$ 为污染物在水体中的基准值；C 为污染物在水体中的实际浓度；V 为水体的总体积；$k_{自}$ 为水体自净系数，代表水体自然净化能力的大小。

上述公式仅仅是一个概念计算模型，在实际的分析计算过程中，需要详细考虑河流或湖泊、海湾的分支结构关系，包括上下游承接关系，分界界面处的水量和水质衔接等方面的问题。

② 管理（或规划）环境容量。管理环境容量是指以污染物在水体中的监测断面标准值达标作为水质目标，其允许纳污量被称为管理环境容量。这一容量不仅考虑了水体的自净能力，还要结合实际的监测站点分布和考核要求。

管理环境容量的概念模型可用以下公式表示：

$$E_{管} = f(C_{监测},\alpha_{监测},C_{限},\beta,V) \qquad\qquad (12\text{-}3)$$

式中，$E_{管}$ 为管理环境容量；$C_{监测}$ 为监测断面污染物浓度；$\alpha_{监测}$ 为监测断面的空间位置；$C_{限}$ 为允许的标准污染物浓度；β 为要求的达标率或要求的达标河长（范围从 $0\sim100\%$）；V 为水体的总体积（包括其时空分布）。

上述计算模型同样是一个概念模型，在实际的应用中，需要把它表达成具有详细时空分布的数学模型，同时还要首先依据相关的法律法规和相关环境决策，确定与此有关的环境管理要求，比如达标率和达标河长等方面的具体要求。

综上所述，自然水环境容量与管理环境容量相辅相成，前者为水体在自然状态下的污染承受能力提供了理论依据，而后者则结合实际监测和管理需求，为水环境容量的合理利用和日常监管提供了方法指导。

（2）按污染物性质分类

① 耗氧有机物的水环境容量。可被水中生物氧化分解的污染物，具有较大的水环境容量。该容量即是通常所说的水环境容量。

② 有毒有机物的水环境容量。人工合成的毒性大、难降解的有机物。这类有机物的同化容量极小，一般只考虑水体的稀释作用。但是，有毒有机物主要应消除在污染源，而不宜开发利用水体的环境容量。

③ 重金属的水环境容量。重金属也可被水体稀释到阈值以下。从这个意义上讲，重金属有环境容量。但是，由于重金属是保守性污染物，它只发生赋存状态和空间位置的变化，而不能被分解。因此，重金属没有同化容量。对于重金属污染物的管理需特别严格，更要严格控制在污染源。

12.2.1.4 水环境容量计算的条件设置

正如前文所提到的，水环境容量的概念虽然直观，但其内涵极为复杂，涉及多种影响因素。因此，计算特定水体的环境容量是一项专业性强、技术要求高的任务。

具体来说，在进行水环境容量计算时，首先需要对计算条件进行合理设置，主要包括自然条件、排污条件、目标条件等约束条件。计算条件的设置方法可分为随机计算条件设置法和稳态计算条件设置法两种。以下将详细阐述这两种计算条件的具体内容和设置方法。

（1）计算条件的类型和具体内容

计算条件的设置是水环境容量计算的基础，主要包括以下 3 个方面。

1）自然条件设置

自然条件是指影响水体自净能力和污染物扩散的自然环境因素，主要包括以下几个方面。

① 水量。流域内的水量变化是水环境容量计算的重要基础，需考虑年均流量、季节性流量波动及最大流量等因素。通过水文监测和历史数据分析，可以获取相关信息。

② 水温。水温对水体中生物的代谢速率、化学反应速率及溶解氧含量等有重要影响，因此需要设定典型的水温值。水温的变化通常与季节、气候及水体的地理位置密切相关。

③ 流速。水体的流速直接决定了污染物的稀释和扩散速率，需通过水流测量和流速模型分析来确定流速的变化范围。流速的变化可能会影响水体的自净能力。

④ 上游水质监测断面及其水质浓度。了解上游水体的水质状况有助于评估污染物在流经区域的变化情况，确保计算的准确性。监测上游断面的水质数据是这一过程的重要组成部分。

⑤ 横向弥散系数和纵向弥散系数。这两个系数用于描述水体中的混合程度，影响污染物的分布和浓度。通常与水体宽度、流速、水体形态、水体深度和温度分层现象等相关。

2）排污条件设置

排污条件是指污染物的排放特征，主要包括以下几个方面。

① 排污流量。排放口的污水流量，通常需考虑高峰期和正常期的排放量，以确保计算的全面性。排污流量的监测应涵盖不同时间段的变化。

② 排污浓度。排放污水中污染物的浓度，需依据排放标准和实际监测数据设定。

③ 排放地点。确定污水的排放位置，影响污染物在水体中的初始分布。排放地点的选择应综合考虑水体流动方向和周围环境的影响。

④ 排放方式。如连续排放、间歇排放或不规律排放等，不同的排放方式对水体的影响各有不同。

⑤ 排放强度。单位时间内的污染物排放量。

3）目标条件设置

目标条件是指水质改善的目标，主要包括以下几个方面。

① 设定污染控制因子。如需控制的主要污染物种类及其浓度标准。应根据水体的实际情况和污染源特征设定控制因子。

② 控制区段与断面。确定需要进行水质监测和控制的具体河段和断面。控制区段的选择应基于流域特征和污染物扩散模型。

③ 水质标准及达标率。依据国家或地方水质标准，设置水质标准和设定达标率目标，以确保水体质量符合相关法规和标准。达标率的设定应考虑水体特征和生态需求。

（2）随机计算条件设置法

随机计算条件设置主要针对影响水环境容量的随机变量，如河流流量、河水浓度、污水排放量和污水浓度。通过对这些变量的概率分布进行分析，可以更准确地评估下游水体中污染物的浓度分布。具体的条件设置计算方法并不存在统一的标准方法，可以在现有的通用随机分析方法的基础上进行自行选择。

通过随机计算条件设置，可以更好地理解和掌握水体在不同流量和排污条件下的环境容量变化特征。

（3）稳态计算条件设置法

稳态计算条件设置法是建立在假设各变量长期处于稳定状态的基础上，忽略短期波动，取各设计变量的平均值进行分析。稳态计算条件的主要内容包括：

① 设定保证率。设定在特定条件下的水质保障水平，以确保水体在各种情况下都能维持良好的水质，通常以历史数据为依据。

② 设定计算流量。根据历史数据和预测模型，设定典型的计算流量值。

③ 设定流速。考虑水体的流动状态，设定一个代表性的流速值，通常基于流域的实际测量结果或通过历史数据进行插值选取。

④ 设定排污条件。依据稳态条件下的污水排放特征，确定排污流量和浓度的标准值。

⑤ 设定水温。设定水体的计算水温，以确保水温对水质的影响在可控范围内，通常依赖于区域气候资料和历史水温记录。

在水环境容量的计算中，条件设置是关键的一步，涉及自然条件、排污条件、目标条件等约束条件的综合考虑。通过合理的随机计算条件和稳态计算条件的设置，可以更全面、准确地评估水体的环境容量。

12.2.2 水环境功能区划分

水环境功能区是指根据水体的功能、用途和生态需求，对水域进行分类和管理的区域。通过水环境功能区的划分，可以明确不同水体的使用性质，确保其生态功能、经济价值和社会效益的协调发展。

12.2.2.1 水环境功能区划的背景与发展脉络

中国的水环境功能区划源于对水资源保护和水体功能管理的迫切需求。在 20 世纪末，随着经济的迅速发展和城市化进程的加快，水污染问题日益严重，水资源短缺和水质恶化成为制约社会经济可持续发展的重要因素。为应对这些挑战，国家和地方政府逐步认识到科学合理的水环境管理的重要性。在 20 世纪 90 年代，随着环境保护意识的增强，中国开始探索水环境功能区划分的理论与实践。2002 年修订的《中华人民共和国水法》明确提出了要进行各层级的江河、湖泊水功能区划的要求，为水环境功能区划分奠定了法律基础[31]。此后，国家环境保护总局和各地环保部门相继制定了相关政策和标准［包括《地表水环境质量标准》（GB 3838—2002）等］，推动了水环境功能区划分工作的开展。

在实践中，水环境功能区划分不仅有助于明确各类水体的使用性质和保护重点，还为水资源的合理配置与水环境管理提供了科学依据。通过划分不同功能区，可以有效控制水体污染，保障饮用水安全，促进生态修复和水资源的可持续利用。

12.2.2.2 水环境功能分区原则

水环境功能区划分应遵循以下原则，以确保水体功能的有效保护和合理利用：

① 优先保护饮用水源地。饮用水源是人类生活和生产的基础，确保饮用水源的水质安

全是首要任务。应优先对饮用水源地进行保护，避免污染源的进入，必要时设定保护区。

② 维护现状功能与规划未来需求。在划分过程中，必须确保不降低现有水体功能，同时考虑未来的功能需求，以实现水体使用功能的可持续性。这一原则要求在保护现有水体功能的基础上，积极规划未来的水体功能发展，以逐步实现持续改进。

③ 统筹考虑专业用水标准要求。不同用途的水质标准要求各不相同，划分时应根据这些标准要求进行合理划分，以保证水体能满足其特定的使用需求。专业用水标准的制定应依据相关法律法规和行业标准。

④ 上下游协调与区域间衔接。在划分功能区时，需考虑上下游水体之间的相互影响，合理配置水资源，以避免因区域划分无法互相衔接而引发水质问题。应充分利用现有流域管理机制的相关内容，确保上下游水体的协调发展。

⑤ 合理利用水体自净能力。在水环境功能区划分中，应充分考虑水体的自净能力，通过科学的管理策略来降低污染物浓度。划分时需评估水体的自净特性，确定其在不同功能区内的作用和潜力，以指导污染控制措施的制定和实施。

⑥ 工业布局与水环境保护结合。在进行水环境功能区划分时，必须考虑工业活动对水环境的潜在影响。应在划分方案中明确工业区与水体的距离和布局，避免污染源尤其是重点水污染源与水体的直接接触。通过合理的空间规划和政策措施，降低工业活动对水质的负面影响，并确保水环境功能区的可持续性。

⑦ 充分考虑对地下水的污染风险。在水环境功能区划分过程中，应重视地表水与地下水之间的相互作用，防止地表水污染对地下饮用水源的影响，确保地下水资源的安全和可持续利用。

⑧ 实用可行，便于管理。确保划分方案的可操作性和管理的便利性，以便于后续的监管和维护。划分方案应考虑管理人员的实际操作能力和资源配置的合理性。

12.2.2.3　水环境功能区划分的方法与步骤

水环境功能区划分的方法与步骤应系统化、科学化，以确保划分的有效性和可行性。具体方法和步骤如下。

（1）技术准备

① 数据收集与汇总。收集和整合现有的基础资料，包括水质监测数据、流量数据、水文数据和生态环境数据等，建立全面的信息数据库。此数据库应包含历史数据和近期监测数据，以便进行趋势分析。

② 工作方案的确定。制定详细的划分方案和实施计划，明确各阶段的目标、方法、时间节点、责任分工和资源配置，确保工作的有序进行。

（2）规划区域的系统分析

在进行水环境功能区的具体划分之前，需对规划区域进行系统分析，以提出可行的环境保护目标。系统分析过程包括：

① 建立排污量与环境质量标准的定量关系。在调研确定规划水体的水文特征基础上，通过统计分析和水质模型（如 HSPF、SWMM 等）模拟不同排污量对水体环境质量的影响，建立排污量与水质指标（如 COD、BOD、氨氮等）之间的关系。

② 评估污染源的影响。识别主要的污染源，包括点源和非点源，并评估其对水体的影

响程度。可利用地理信息系统（GIS）技术进行空间分析，以确定污染源的分布及其对水体的影响范围。

③ 制定总量控制策略。根据水体的自净能力和不同水质目标下的环境容量，制定合理的总量控制策略，以实现预期的水质标准。应结合水资源的可用性和生态需求，分析可行的分流、截污和净化等措施。

④ 分析现状功能的可达性。评估现有水体功能及其潜在功能的实现可能性，考虑水体的自然条件、社会经济发展状况以及政策法规的支持力度。

（3）定性判断

① 使用功能及影响因素分析。通过专家咨询、问卷调查和公众参与等方式，了解各类使用功能的需求和影响因素。应重视各类使用者的意见和建议，以增强划分方案的科学性和公正性。

② 初选方案的提出。根据分析结果，初步划分出不同的功能区，并提出多种方案供比较。对不同方案的优缺点进行评估，确保最终选出的方案具有合理性和可行性。

（4）定量计算

① 设计条件的确定。根据不同功能区的需求，设定水质、流量、温度等设计条件，以确保划分方案的科学性。

② 水质模型选择与计算。利用水质模型（如 HSPF、SWMM、QUAL2K、CE-QUAL-W2 等）进行尽可能精细化的水质模拟，评估不同方案下的水质变化，并考虑不同情景（如干旱、洪水等）对水质的影响。

③ 混合区范围计算。根据排污口位置和水流特性，计算混合区的范围，确保水质符合相关标准。此计算应综合考虑水流速、排污量和水体形态等因素。

④ 优化模拟。对不同方案进行优化模拟，找出最佳的功能区划分方案。可以采用优化算法或优化分析模型进行方案选择，以实现最优配置。

（5）综合决策阶段

① 综合评价与方案确定。通过对水环境功能区的综合评价，利用多指标决策分析法（如层次分析法 AHP、TOPSIS 等）对各方案进行综合评估，选择最优方案。在评估过程中，充分考虑经济效益、环境效益和社会效益等多方面因素。

② 实施方案的拟订。根据划分结果，制定分期实施方案，确保功能区划分的顺利推进。实施方案应详细列出时间安排、资源配置、责任分工及监测评估计划，以确保后续工作的有效实施。

水环境功能区划分是实现水资源可持续利用的重要手段，通过科学的划分原则和系统的方法步骤，能够有效保护水环境，促进水资源的合理配置与利用。随着信息技术的不断发展，水环境功能区划分的科学性和准确性将进一步提升，为水环境管理提供更加有力的支持。通过合理的功能区划分，可以实现水资源的高效利用，保障生态环境的健康，促进社会经济的可持续发展。

12.2.3 水污染控制单元

水污染控制单元是水生态环境管理的核心组成部分，主要包括污染源和水域两个方面。其主要目的在于建立水生态环境质量与陆地汇流区域之间的动态水陆响应关系，从而为水生态环境的管理提供定量分析和时空管理的依据。

12.2.3.1 水污染控制单元划分的思路与方法

水污染控制单元划分是进行水质管理的基础，划分的思路与方法具体包括以下几个方面：

① 水陆响应关系的建立。依据流域的汇流关系、水利工程的调度关系以及污水管网的输送关系等，建立各类水体及水污染物与陆地污染源之间的水陆响应关系。这一过程需要综合考虑水文特征、地形地貌和人类活动、基础设施建设现状等因素，以确保响应关系的准确性和科学性。

② 环境评价。每个控制单元应进行独立的环境评价，以识别其环境状况并为不同的水污染控制策略提供依据。环境评价通过分析水质、生态健康和社会经济因素，实施针对性的控制措施，以提高管理措施的有效性。

③ 多样性与灵活性。在同一区域内，针对不同的水质目标和污染物，可能会有多种水污染控制单元的划分方案。其根源在于不同的水污染物其来源和控制方法是有所不同的。这种多样性使得管理者必须灵活机动地应对各种环境问题，才能确保满足不同的生态保护和水质改善需求。

④ 监测资料的建立。在每个控制单元内，应建立完整的污染物排放清单，并确保水域控制断面具备常规监测资料。这些监测资料为后续的评估和管理提供必要的数据支持，确保管理措施的实施得以有效监控。

⑤ 相互影响的定量分析。各水污染控制单元之间存在相互影响的关系。这种影响关系应通过水量与水质的平衡关系进行定量表达，特别是在不同种类污染物的输入和输出方面更要进行精细化分析和表达。梳理清楚上述的这些相互影响对于制定综合管理策略至关重要，能够优化资源配置和水生态环境管理效果。

12.2.3.2 水污染控制单元的系统性梳理与评价

对水污染控制单元的系统性梳理与评价是实现有效水生态环境管理的重要步骤，主要包括以下内容：

① 水污染控制单元的划分。明确各控制单元的边界和功能是划分的第一步。此过程需要结合地理信息系统（GIS）等技术，以确保控制单元的划分科学合理，并符合实际环境条件。

② 功能分析。对各控制单元的主要功能进行分析，明确其在水质管理和生态保护中的作用。功能分析有助于识别单元的优势与不足，为后续的管理措施提供依据，以实现有针对性的改进。

③ 水质现状评估。评估各控制单元的水质现状及其控制断面，主要包括水体的物理、化学和生物指标。这一评估为制定管理目标和措施提供了基础数据，是实现有效管理的前提。

④ 排放情况分析。分析各控制单元的排放情况和主要污染源，识别主要的污染物及其来源（包括排放源位置、排放方式、排放量等）。通过这一分析，管理者能够优先处理最严重的污染问题，并制定相应的治理措施。

⑤ 预测模型的应用。对排污量与水质进行预测，使用水质模型（如 QUAL2K、CE-

QUAL-W2 等）模拟不同情景下的水质变化。这一预测可以帮助评估未来水质管理措施的有效性和可行性，为政策制定提供科学依据。

⑥ 问题诊断。诊断主要水环境问题，识别影响水质的关键因素。这一过程需要结合监测数据和模型预测结果，以全面理解水体的健康状况，从而为决策提供支持。

⑦ 控制路线的制定。为各控制单元制定相应的控制路线。这些控制路线应基于前期的评估和分析结果，确保针对性和有效性，以实现水质的持续改善。

⑧ 容许排放量的确定。确定各控制单元的容许排放量，以便在保证水质标准的前提下合理利用水资源。这一过程需要综合考虑生态需求、社会经济发展及法律法规的要求。

水污染控制单元的建立与管理是实现水资源可持续利用的关键环节。通过科学的划分、全面的分析和有效的管理策略，不仅可以改善水质，保护水生态环境，还能够实现人与自然的和谐共生。随着信息技术和数据分析技术的不断发展，未来的水污染控制单元将更加依赖于数据驱动的决策支持系统，以提高管理的科学性、有效性和前瞻性。

12.3 水环境规划的技术措施

在水环境规划中，规划的核心内容是由许多的具体技术措施所构成的组合方案，这些技术措施可以分为以下两个方面：工程技术类措施和管理技术类措施。

这两类技术措施相辅相成，通过科学的规划和有效的实施，能够有效保护和恢复水生态环境。

12.3.1 工程技术类措施

（1）水质监测与评估设施规划

① 在线监测系统规划。在主要水体、河流入河口及潜在污染源设置在线水质监测站，实时监测水质指标（如 pH 值、溶解氧、氨氮、总磷等）。例如，中国的长江水质监测系统在多个重要水域安装了在线监测设备，能够及时反馈水质变化。这一类的规划措施不仅为管理部门提供准确的水质数据，还能在水质波动时及时预警，支持快速决策，确保水体健康。

② 生物监测技术。建立水生生物监测体系，通过定期采样和分析水生生物（如鱼类、浮游生物和底栖生物），评估水体的生态健康状况。以美国的"生物监测计划"为例，该计划通过监测水生生物的多样性和丰度，能够识别水质变化的趋势，并为后续的治理和保护措施提供科学依据。

（2）污水处理与回用设施规划

① 污水处理厂。规划建设高效的污水处理设施，采用先进的处理工艺（如膜生物反应器、混合厌氧-好氧工艺等），以提升污水处理能力和出水水质。这不仅可以减少对水体的污染，还为水资源的再利用提供了可能性。例如，德国的一些污水处理厂采用了先进的膜技术，能够将出水水质提升至可用于工业冷却和灌溉的标准。

② 污水调节池。规划设置污水调节池，平衡污水流量和浓度，确保污水处理厂在高峰时段的有效运作。这一措施可以提高整体处理能力，降低对环境的瞬时负荷。例如，深圳市在其污水处理工程中引入了污水调节池[32]，显著提高了整体污水处理能力，降低了对水体的冲击负荷，确保了在雨季和用水高峰期的稳定处理。

③ 再生水利用系统。在城市和工业区推广再生水利用设施，尤其在园艺、建筑和工业冷却等领域，这类措施可以减少对新鲜水资源的需求，降低污水对水体的排放压力，促进水资源的循环利用。例如，新加坡的"新生水"计划通过先进的污水处理技术，将处理后的污水转换为高品质的再生水，广泛应用于城市绿化和工业生产，从而不仅有效降低了污水对环境的压力，还促进了水资源的充分利用。

（3）生态修复工程规划

① 人工湿地与氧化塘。规划建设人工湿地和氧化塘，利用植物和微生物的自然净化能力，提升水体自净能力，改善水质并增强生态多样性。比如，荷兰的许多城市已经成功实施了人工湿地项目，不仅改善了城市水体的水质，还恢复了周边的生态环境，吸引了多种水鸟栖息。

② 人工复氧系统。在水体中引入人工复氧设施，增加水中溶解氧含量，改善水体生态环境。这一措施特别适用于受到污染的水域，有助于恢复水生态系统的功能。例如，某些中国城市在受污染的河流中安装了人工复氧装置，显著提高了水中溶解氧水平，促进了水生生物的恢复。

（4）雨水管理设施规划

在城市建设规划中引入雨水收集系统，设计雨水收集池和渗透设施，将雨水用于灌溉、冲厕等非饮用水用途。这一类的系统不仅可以减轻地表径流对水体的污染压力，还提高了城市的水资源利用效率。例如，澳大利亚的墨尔本市通过雨水管理设施的推广，成功减少了城市洪水风险，并为绿地灌溉提供了可持续的水源。

（5）河流流量调控规划

在河流中规划建设流量调控设施，确保在枯水期和洪水期均能维持合理的水流量。这不仅有利于保护水生态系统的稳定性，还可防止水体污染和生态失衡。以中国的黄河流域为例，通过建设流量调节坝，确保了在极端天气情况下的水流稳定，保护了沿河生态环境并保障了下游用水需求。

上述这些工程技术类措施的实施，不仅能有效改善水环境质量，还能为实现水资源的可持续利用奠定坚实基础。

12.3.2　管理技术类措施

（1）水生态环境管理政策规划

① 综合的水资源管理。制定综合水资源管理方案，明确水资源的配置与使用优先级，特别是在生态用水方面，以确保水体生态功能的维护。建立水资源使用监测机制，定期评估水资源的使用效率与生态影响，确保水资源的可持续利用。例如，澳大利亚的"水资源管理计划"通过制定区域性水资源管理方案，有效平衡了农业用水、城市用水与生态用水的需求。

② 污染物总量控制法。实施污染物总量控制，设定各类污染源的排放总量指标，确保在水体保护和治理过程中，污染物排放量不超过环境承载能力。这一措施有助于从源头上减少污染，保护水生态环境。以中国的"河长制"政策为例，通过明确各级政府和企业的责任，设定污染物排放总量，推动了水体的综合治理和保护。

③ 浓度控制法。通过设定污染物的排放浓度标准，确保在水体入河口和主要水体的水质达标，减少对水生态环境的影响，保障水质安全。例如，欧盟的水框架指令（WFD）设

定了严格的水质标准，以确保所有水体的水质达到良好状态，并在各成员国之间建立了统一的监测和评估机制。

（2）清洁生产技术与循环经济政策

鼓励企业采用清洁生产工艺，减少生产过程中的废水和污染物产生，从源头降低对水环境的压力。同时，建立并实施具体的循环经济政策，推动资源的高效利用和废物的再利用。例如，瑞典的一些企业采用了闭环生产模式，使得生产过程中产生的废水和废物能够在生产流程中被再利用，显著降低了对自然资源的依赖。这些措施不仅可以提高资源利用效率，降低环境负担，还推动了经济的可持续发展，促进了绿色经济的实现。

（3）公众参与与环境教育

① 公众参与机制。规划建立水环境保护的公众参与平台，鼓励社区、企业和个人共同参与水环境治理与保护工作。通过举办公众咨询会和参与式规划活动，增强公众对水生态环境保护的认知与参与感。例如，在新加坡，政府通过"水资源管理论坛"邀请公众参与水资源管理的讨论，促进形成全社会共同参与的良好氛围。

② 环境教育与宣传。全面开展环境教育和宣传活动，提高公众对水环境保护的意识，尤其是在学校和社区中推广水资源节约和保护知识。例如，许多城市在学校开展水资源保护教育活动，通过互动方式让学生了解水资源的重要性，促进社会各界对水生态环境的关注和参与。

（4）生态补偿机制建设

制定生态补偿政策，对在水生态保护中作出贡献的地区或个人给予经济支持，激励更多的社会力量参与水环境保护。通过建立生态补偿基金等方式，支持地方生态修复和保护项目的实施。例如，中国的"生态补偿机制"（如退耕还林还草）在一些重点流域实施，通过对生态保护区的农民给予经济补偿，鼓励其参与水生态保护，形成良性循环。

（5）技术支持与决策管理规划

① 信息管理系统。建立水环境管理信息系统，整合水质监测数据、生态评估结果和管理决策信息，为决策提供科学依据。通过数据共享平台，实现不同部门间的协同管理，提高决策的科学性和有效性。例如，德国在全国范围内建立了水资源管理信息系统，通过整合各类数据，支持政策制定和实施。

② 规划与评估机制。在水环境规划中引入生态影响评估机制，确保所有项目在实施前进行环境影响评估，识别潜在的生态风险，制定相应的缓解措施，以降低对水生态系统的负面影响。例如，许多国家在大型基础设施项目中，要求进行环境影响评估，以确保项目的可持续性和生态友好性。

通过上述工程技术措施和管理技术措施的有效结合与实施，水生态环境保护规划能够全面提升水质、保护水资源，促进生态环境的恢复与可持续发展，为实现水生态文明奠定坚实基础。这些措施不仅在实践中发挥着重要作用，更为未来的水资源管理和生态保护提供了科学依据和技术支持。

12.4 水环境规划方案的可行性分析与综合决策

在水环境规划中，面对多样化的技术措施，形成多个待选的规划方案是常见的现象。为了从中选择最佳方案，需要对这些方案进行系统性的可行性分析与综合决策。以下将详细探讨在水环境规划中可采用的分析与决策方法，包括多指标决策分析法、费用效益分析、方案可行性分析、环境影响评价以及水环境承载力分析等。

12.4.1　多指标决策分析法（MCDM）

多指标决策分析法是针对具有多个评价指标的复杂决策问题的有效工具。MCDM 方法帮助决策者在多种方案中进行权衡和选择，主要包括以下几种方法。

（1）层次分析法（AHP）

层次分析法（analytic hierarchy process，AHP）通过构建层次结构模型，将复杂问题分解为多个层次。具体的方法和步骤参见本书的第 11 章"11.3.2.3 环境规划的多目标决策分析方法"。

（2）TOPSIS 法

TOPSIS 法通过计算各方案与理想解和负理想解的距离，评价各方案的优劣。具体步骤如下：
① 标准化决策矩阵。将各方案的指标值进行标准化处理。
② 计算理想解与负理想解。确定每个指标的最佳值 x_j^* 和最差值 x_j^-。
③ 计算距离。计算每个方案到理想解和负理想解的距离。
公式为：

$$D_i^- = \sqrt{\sum_{j=1}^{m}(x_{ij} - x_j^-)^2} \tag{12-4}$$

$$D_i^* = \sqrt{\sum_{j=1}^{m}(x_{ij} - x_j^*)^2} \tag{12-5}$$

④ 计算相对接近度 C_i。

$$C_i = \frac{D_i^-}{D_i^* + D_i^-} \tag{12-6}$$

最后，选择 C_i 值最大的方案作为最佳方案。

12.4.2　费用效益分析（CBA）

费用效益分析是一种经济学评价方法，通过比较方案实施的成本与预期收益，评估其经济可行性。这一类方法在本书的第 11 章"11.3.2.1 环境费用效益分析"已经有了详细介绍，在此不再重复，在水环境规划的具体应用中可酌情进行方法选用。

12.4.3　方案可行性分析

方案可行性分析主要涉及水环境目标的可达性以及生态环境治理投资的可行性等方面。具体分析内容如下。

（1）水环境目标的可达性分析

为了有效评估水环境治理方案是否能够实现预定的水环境目标，需利用已建立的水环境数学模型进行系统的分析和模拟。这一过程的核心在于通过科学的方法和技术手段，准确预测治理措施的效果，并为决策提供依据。具体步骤如下。

1) 建立水质模型

首先，根据区域的水文特征和水质特性，构建适合该区域的数学模型。这一模型应能够全面反映水体的流动特性、污染物的迁移与转化过程，以及外界环境因素的影响。模型的建立通常包括以下几个方面：

① 数据收集。收集区域内的水文数据（如降水量、流量、蒸发量等）和水质数据（如氨氮、总磷、溶解氧等），为模型提供基础数据支持。

② 参数设定。根据区域特征和已有研究，设定模型所需的各种参数，如污染物的降解速率、沉淀率等，以确保模型的准确性。

③ 模型验证。通过历史数据对模型进行验证，确保其能够准确模拟实际水体的水质变化，为后续的模拟提供可靠的基础。

2) 模拟水质变化

在建立好水质模型后，下一步是对不同治理方案进行水质变化的模拟。这一过程通常涉及以下几个方面：

① 情景设定。根据不同的治理措施，设定多种情景进行比较，例如实施某一治理措施前后的水质变化。这些情景可能包括不同的排污标准、治理技术的应用、流域管理措施的实施等。

② 模拟运行。运行模型，预测各个方案对水质的影响。通过模拟，可以获得不同治理措施对水质改善的定量评估，帮助识别最佳的治理方案。

③ 结果分析。对模拟结果进行统计分析，评估各个方案在不同情景下的水质指标变化，识别出最具有效性的治理措施。

3) 评估达标情况

最后，将模拟结果与相关水质标准进行比较，以评估各个方案是否能够满足预定的水环境目标。此步骤包括：

① 标准对比。将模拟结果中的水质指标与国家或地方的水质标准进行对比，确定各项指标是否达标。

② 可达性评估。如果模拟结果显示水质指标能够达到或优于相关标准，则说明该方案的可达性较强，具备实施的基础。

③ 敏感性分析。进一步进行敏感性分析，评估模型对不同参数变化的敏感性，了解哪些因素对水质达标的影响最大，从而为后续的治理措施调整提供依据。

（2）生态环境治理投资的可行性分析

在评估规划方案中的投资可行性时，需要考虑当地经济实力的承受能力。常用的方法包括：根据环保投资占国内生产总值的百分比，或者根据工业总产值和固定资产投资率来求算生态环境治理投资占工业基建投资的比率等。

生态环境治理投资占国内生产总值的比例计算如下：

$$I = \frac{C_e}{\text{GDP}} \times 100\% \tag{12-7}$$

式中，I 为生态环境治理投资占国内生产总值的比例；C_e 为生态环境治理投资；GDP 为国内生产总值。

在得到比例 I 后，判断其高低的标准可以参考以下几点。

1) 比例的绝对值

① 较低的比例（例如 $I < 1\%$）。通常表示生态环境治理投资在经济总量中占比较小，

这通常意味着投资在经济承载范围内，具有较好的可行性。

② 适中的比例（例如 $1\% \leqslant I < 3\%$）。这表明生态环境治理投资占 GDP 的比例较为合理，可能处于一个平衡状态，能够对环境产生积极影响，同时不会对经济造成过大压力。

③ 较高的比例（例如 $I \geqslant 3\%$）。如果比例较高，说明生态环境治理投资在经济总量中占比较大，这可能会引发对其他公共服务或基础设施投资的挤出效应，需进一步分析投资的合理性和必要性。

2）行业标准与历史数据

① 可以参考其他地区或国家的生态环境治理投资占 GDP 的比例标准，以评估本地区的投资水平是否合理。

② 比较历史数据。查看过去几年的生态环境治理投资占 GDP 的比例变化，判断投资趋势是否合理，是否有逐年增加的趋势，是否符合经济发展的需要。

3）经济承载能力

① 综合考虑当地的经济增长率、财政收入与社会发展的需求，判断投资的合理性。

② 如果当地经济增长快速，生态环境治理投资比例较高可能是必要的，反之则需谨慎。

4）进一步分析

如果发现比例 I 较高，可进行以下进一步分析：

① 投资效益分析。评估生态环境治理投资的预期效益，包括改善水质、空气质量改善、提升居民生活质量、促进经济发展等。可参考一些成功案例，例如，某城市在实施水污染治理项目后，水质明显改善，同时吸引了更多的投资和旅游，带动了地方经济的发展。

② 资金来源和使用效率。分析投资的资金来源是否稳健，使用效率是否高，确保资金有效利用。可参考一些成功案例，如某地通过多元化的融资渠道（如政府资金、社会资本等）确保了生态治理项目的顺利实施。

③ 社会反馈与公众参与。收集公众对生态环境治理项目的反馈，了解社会对该投资的接受度和支持程度。例如，通过问卷调查和公众咨询会，了解居民对水体治理的看法和期待，从而增强项目的社会认可度和参与感。

12.4.4　环境影响评价（EIA）

环境影响评价也可用于评估规划方案对环境的潜在影响，特别是对水质、生态系统及社会经济的影响。通过这一过程，可以识别和量化可能的环境后果，从而为决策提供科学依据。水环境规划的环境影响评价通常包括以下几个主要步骤。

（1）确定影响范围和指标

在这一阶段，首先需要明确评估的影响范围，包括物理环境（如水体、土壤、空气）、生态环境（如生物多样性、水生生物等）以及社会经济环境（如人类健康、社区发展、经济活动等）。具体步骤包括：

① 识别影响因素。通过文献调研、专家咨询和现场考察等方式，识别与水质、生态和社会经济相关的主要影响因素。这些因素可能包括污染物排放、生态破坏、资源消耗等。

② 制定评价指标。基于识别的影响因素，制定相应的评价指标。这些指标应当具有可量化性和可比性，如水质指标（pH 值、溶解氧、氨氮浓度等）、生态指标（生物多样性指数、栖息地面积等）以及社会经济指标（就业率、居民收入水平等）。

（2）预测环境影响

在确定了影响范围和指标后，下一步是利用模型对各个方案进行环境影响预测。这一过程包括：

① 模型选择。根据评估的具体需求，选择合适的环境模型。这些模型可以是水质模型、生态模型或综合环境模型，能够有效模拟不同方案实施后的环境变化。

② 情景分析。对不同的规划方案进行情景分析，模拟其对环境的潜在影响。通过对比不同方案的环境影响，可以识别出最具可持续性的选项。

③ 结果评估。对模拟结果进行评估，分析各方案对水质、生态系统及社会经济的潜在影响，确定其环境风险等级。

（3）提出减缓措施

根据评估结果，提出减少负面影响的措施和建议。具体内容大致包括：

① 制定减缓措施。针对评估中识别出的负面影响，制定切实可行的减缓措施。例如，可以提出改进污水处理设施、优化资源利用、增强生态恢复等方案。

② 政策建议。基于评估结果，向决策者提供政策建议，帮助其在方案实施过程中平衡经济发展与环境保护的关系。

③ 监测与评估计划。建议建立长期的环境监测与评估计划，以跟踪方案实施后的环境变化，确保减缓措施的有效性。

为了对环境影响进行定量分析，可以使用以下公式进行计算：

$$E = \sum_{i=1}^{n} w_i I_i \tag{12-8}$$

式中，E 为环境影响总量；w_i 为指标 i 的权重，反映该指标对总体环境影响的重要性；I_i 为指标 i 的影响值，代表该指标在特定情景下的实际影响程度。

通过这一公式，可以将多个影响指标进行综合评估，得出一个量化的环境影响总量，以便于进行比较和决策。

12.4.5 水环境承载力分析

水环境承载力分析是评估水环境支持经济发展和生活需求能力的重要方法。具体包括以下内容。

（1）水环境承载力的含义

水环境承载力是指某一地区、某一时间、某种状态下水环境对经济发展的支持能力，反映水环境对人类物质和能量需求的限度。

（2）水环境承载力的指标

水环境承载力的指标主要包括与人口、经济相关的水资源和水污染状况、污水处理投资和供水费用等。具体指标比如：城市化水平的倒数、人均工业产值、可用水资源总量与城市总用水量之比、单位水资源消耗量的工业产值等。

（3）水环境承载力的定量表述方法

通过发展变量和支持变量的结合，表征城市经济发展对水环境的作用和水环境系统对经济发展的支持能力。具体步骤如下。

1）定义发展变量和支持变量

发展变量包括与经济发展相关的因素，如人口、产值、投资等，通常会影响水环境的需求；支持变量包括水环境的状态和功能，包括水质、可用水资源、生态系统健康等，反映水环境对经济发展的支持能力。

2）归一化处理

为了比较不同指标，需对各分量进行归一化处理。

$$x' = \frac{x - x_{\min}}{x_{\max} - x_{\min}} \tag{12-9}$$

3）计算承载力向量

将发展变量和支持变量组合成一个向量，进行比较与分析。

$$E = (E_1, E_2, \cdots, E_n) \tag{12-10}$$

式中，E 为水环境承载力向量；E_i 为第 i 个指标的承载力值。

4）向量的大小比较方法

在计算出承载力向量后，可以使用以下方法对向量的大小进行比较，从而判断水环境承载力的强弱：

① 向量的模（大小）计算。向量的大小可以通过其模（或长度）来表示，计算公式为：

$$||E|| = \sqrt{E_1^2 + E_2^2 + \cdots + E_n^2} \tag{12-11}$$

其中，$||E||$ 为向量的模，反映了综合承载力的强弱。

② 比较不同方案的承载力。

a. 对于不同的承载力向量（例如，不同发展方案或不同时间段的承载力），可以计算它们的模并进行比较。

b. 如果一个方案的承载力向量的模大于另一个方案的模，说明该方案的水环境承载力更强，能够支持更高的经济发展水平。

③ 加权比较。

a. 根据各指标的重要性，赋予不同的权重 $w_i E_i$，可以计算加权承载力向量：

$$E_w = (w_1 E_1, w_2 E_2, \cdots, w_n E_n) \tag{12-12}$$

b. 计算加权向量的模：

$$||E_w|| = \sqrt{(w_1 E_1)^2 + (w_2 E_2)^2 + \cdots + (w_n E_n)^2} \tag{12-13}$$

c. 通过加权比较，可以更准确地反映各指标对水环境承载力的贡献。

④ 相对比较。可以利用相对承载力的计算，比较不同地区或不同时间段的承载力。例如，计算某一地区的承载力相对于平均承载力的比例：

$$R = \frac{||E||}{\overline{E}} \tag{12-14}$$

式中，$\overline{E}$ 为相应的平均承载力。

通过上述步骤和方法，可以定量地表述水环境承载力，并通过向量的大小比较，判断不同经济发展方案在水环境支持能力方面的优劣。

综上，在水环境规划中，综合决策方法的选择应根据具体情况和需求进行。不同的方法各有优缺点，通常需要结合多种方法进行综合评估，以确保方案的科学性和可行性。总的来说，水环境规划方案的可行性分析与综合决策是一个复杂而系统的过程，涉及多个方面的评估与分析。通过多指标决策分析法、费用效益分析、方案可行性分析、环境影响评价和水环境承载力分析等方法，决策者可以全面评估不同方案的优缺点，选择最优方案。随着技术的发展，未来的水环境规划将更加依赖于科学的决策支持系统，以实现对水资源的高效管理和保护。

12.5 水环境规划实例

本节以一个真实的水环境规划实例［海河流域天津市的水污染防治"十一五"规划（2006—2010 年）］为基础[33]，详细介绍水环境规划是如何将上述理论和技术方法转化为具体的地区水环境规划。这一过程不仅涉及科学数据和模型的应用，还包括政策制定、公众参与和跨部门协作等多个方面，确保规划的可行性和有效性。

📚 **拓展阅读**

水环境规划实例——海河流域天津市的水污染防治"十一五"规划（2006—2010 年）

复习思考题（答案请扫封底二维码）

问题 1. 水环境容量的大小与哪些因素有关？
问题 2. 水环境规划过程包括哪几个环节？
问题 3. 水环境规划要注意的问题有哪些？
问题 4. 水环境功能分区原则有哪几个方面？
问题 5. 水污染控制单元划分的思路与方法是什么？
问题 6. 进行水环境容量计算时，排污条件的设置有哪几类？
问题 7. 划分不同水质目标的重要性有哪些？
问题 8. 水文参数在决定水环境容量大小中所起的作用是什么？

第13章 | 大气污染控制规划

13.1 大气环境规划概述与大气污染类型

13.1.1 概述

大气环境规划是由环保部门牵头，规划部门、排污单位和受体公众等多方群体共同参与，在遵守国家法律，具有经济效率、环境福利代际公平和方案可实施性等原则的基础上，集大气质量评估、达标目标的确定、污染源排放控制方案设计、方案设计的审批与实施、公众参与、方案控制与评估等活动于一体的，确保区域空气质量在指定期限内达标的一揽子管理行动。

大气环境规划紧密依托于城市的总体蓝图及严格的大气环境质量基准，旨在调和并优化特定区域内大气环境、社会进步与经济增长三者间的动态平衡，以促使大气环境系统整体性能达到最佳状态。在规划之初，核心步骤是对整个大气环境体系实施详尽而系统的剖析，旨在厘清并确立各子系统间错综复杂的相互依存关系。

在进行大气环境规划时，首先需要识别和确定主要的大气污染物，并分析影响排污量增长的关键因素。通过对这些因素的深入研究，能够更准确地预测排污量的增长趋势及其对大气环境质量的潜在影响，从而不仅为制定有效的控制措施提供了科学依据，还为规划者在目标设定和方案设计中提供了重要参考。

13.1.2 大气污染源的分类

空气污染源是指向空气中排放足以对环境产生有害影响物质的生产过程、设备、物体及场所。一方面可以指污染物的发生源，另一方面也可以指污染物的存在形式。

（1）按照发生源分类

按照发生源分类，大气污染源可以划分为人为大气污染源和天然大气污染源。

① 人为大气污染源。这些污染源主要包括与人类活动息息相关的工业排放、交通运输、建筑施工和农业活动等，严重影响了空气质量和居民的生活健康。按人们的社会活动又可分为工业污染源、生活污染源和交通污染源。

② 天然大气污染源。天然大气污染源是指那些非人为因素引起的气体和颗粒物的释放，这些源头在一定程度上对环境和人类健康造成了影响。虽然相对于人为污染源，天然大气污染源的排放量相对较小，但其影响却不可忽视。主要是森林火灾、火山爆发、沙尘暴、自然溢出煤气和天然气，煤田和油田以及腐烂的动植物等。

（2）按照污染源的存在形式分类

按照污染源的存在形式，空气污染源可以划分为固定大气污染源和移动大气污染源。

① 固定大气污染源。固定大气污染源，通常指的是那些排放规模显著、排放行为遵循一定规律且位置固定的污染源头，它们广泛存在于各种环境之中，包括但不限于工业领域的工厂高耸的烟囱、生产车间的排气装置等，是环境污染治理中需重点关注的对象。

② 移动大气污染源。移动污染源涵盖了多种交通工具，如道路上的机动车辆、非道路作业机械、翱翔天际的飞机、航行于江河湖海的轮船，以及穿梭于铁轨的火车等，其显著特性在于排放位置随着移动而不断变化，这使得对其排放的监测与管理更具挑战性。

面源污染可被视为除固定排放源与移动排放源之外的另一类污染源范畴，其核心特征在于其非固定、易逸散的排放模式，此类排放过程复杂多变，使得监测工作极具挑战性，同时也涵盖了部分小型固定源的排放情况，尽管其排放量相对较小。

13.1.3　大气污染物

大气污染物是指以气体、液滴或颗粒形式存在于大气中，能够对空气质量造成负面影响，对人类健康和生态环境构成潜在危害的外来物质，包括常规大气污染物和危险大气污染物，它们可能来源于工业排放、交通运输、日常生活、农业活动和自然现象等。

常规污染物，作为影响健康的常见因素，通常设定了空气质量标准来限制其水平，涵盖如 SO_2、NO_2、CO、O_3、PM_{10} 及 $PM_{2.5}$、危害性空气成分等种类。

① SO_2，作为此类污染物中的典型代表，其来源广泛，涉及含硫能源的燃烧、矿石加工等多个工业环节。高浓度的 SO_2 不仅直接威胁人类健康，还促成硫酸型酸雨的形成，加剧环境问题。此外，SO_2 的氧化产物硫酸盐，也是细颗粒物的重要前体物之一。

② NO_2，主要源自高温燃烧过程，如车辆尾气和电厂排放，其高浓度同样对人类健康构成威胁，并可能引发硝酸型酸雨。在空气中，NO_2 与挥发性有机物在光照下反应，生成臭氧这一强氧化剂。同样，NO_2 的氧化产物硝酸盐，也为细颗粒物贡献了部分成分。

③ CO，其主要源头涵盖工业生产、机动车尾气及化石燃料的燃烧。它的存在，若浓度超标，将直接对人体健康造成不利影响。

④ O_3，作为一种典型的光化学污染物，其生成源于 NO_x 与挥发性有机物在光照环境下的相互作用。当 O_3 浓度攀升至过高水平时，它会对人体健康构成显著威胁，包括但不限于加剧呼吸系统疾病、影响心脏功能、增加皮肤癌风险以及诱发淋巴细胞染色体异常等健康问题。

⑤ 可吸入颗粒物，依据空气动力学特性被定义为直径不超过 $10\mu m$ 的微粒（PM_{10} 及 $PM_{2.5}$），它们能够深入肺部，甚至进入血液循环系统，从而引发心脏病、肺病及多种呼吸道疾病。这些颗粒物的来源广泛多样，主要包括工业排放、建筑工地的扬尘、道路尘土以及机动车尾气排放等。这些污染源不断向大气中释放颗粒物，对环境和人类健康造成持续影响。

⑥ 细微颗粒物，特指空气动力学直径不超过 $2.5\mu m$ 的颗粒物，常简称为 $PM_{2.5}$。与直径较大的 PM_{10} 不同，$PM_{2.5}$ 能够轻松穿透人体呼吸防线，深入肺部并可能沉积于肺泡乃至血液中，这一过程不仅会对肺泡及黏膜造成损害，还可能诱发肺组织慢性纤维化，进一步导致肺心病、哮喘等严重健康问题，对易感人群如老人和儿童的影响尤为显著。在浓度攀升至高位时，$PM_{2.5}$ 的潜在危害甚至超越了 PM_{10}。尤为值得关注的是，当 $PM_{2.5}$ 表面附着有毒或有害物质时，其危害程度将更为加剧。此类颗粒物的来源复杂多样，既包括了工业排放、

机动车尾气等直接来源的 $PM_{2.5}$，也涉及了 SO_2、NO_x、挥发性有机化合物（VOCs）及氨等污染物在空气中通过化学反应间接生成的 $PM_{2.5}$。其中，VOCs 与氮氧化物在光照条件下相互作用，生成 O_3 这一空气污染物，而 O_3 又进一步参与反应，氧化空气中的 SO_2 与 NO_x，最终促成 $PM_{2.5}$ 的生成。这一系列复杂的化学反应链条，不仅凸显了空气质量管理的复杂性，也强调了从源头控制污染物排放的重要性。因此，在制定空气质量标准时，而 O_3 及其促成 $PM_{2.5}$ 生成的化学反应机制均需被纳入考量范畴。

危害性空气成分（hazardous air pollutants，HAPs），主要指已被证实或疑似能引发致癌风险、健康损害（诸如对生殖系统的干扰、引发先天性缺陷）以及对环境与生态系统造成不利影响的空气污染物。在美国的监管体系中，鉴于这些污染物不具备明确的健康安全阈值，通常不单独设定特定的空气质量标准，而是采取设定环境健康风险容忍界限的策略，比如要求污染物的暴露风险需维持在极低的百万分之一水平以下。截至 2012 年的统计数据显示，美国共确认了属于 HAPs 范畴的污染物达到 13 大类，具体细分包含 189 种不同物质，其中涵盖了卤代烃类、醛类与酮类等。

13.1.4 大气环境系统与规划类型

13.1.4.1 大气环境系统

构成大气环境系统的子系统可以概括为大气环境过程子系统、大气污染物排放子系统、大气污染控制子系统及城市生态子系统。系统的状态主要由大气环境质量描述。

（1）大气环境过程子系统

大气中的污染物运输、稀释及扩散效能深受大气环境动态过程所调控，这一过程受人类活动的直接干预较小，主要遵循自然界的固有规律。通过对实验数据的细致剖析或历史资料的深入探索，我们能够洞悉影响这些过程的关键因素的运动轨迹与模式，进而根据实际需求，将这些关键因素转化为可量化的参数模型。鉴于大气环境演变及其特征描述的变量普遍呈现出随机性特征，当进行参数化设定时，务必清晰阐述其统计特性，包括但不限于事件发生的频率、置信水平或是置信范围的界定，以确保参数化结果的准确性和实用性。

（2）大气污染物排放子系统

大气污染物排放子系统是指在特定区域内，由各种人类活动和自然过程所释放的污染物的集合。这些污染物包括固体颗粒物（PM）、氮氧化物（NO_x）、硫氧化物（SO_x）、挥发性有机物（VOCs）等。它们的排放源主要可分为工业排放、交通运输、建筑施工和农业活动等，有点源、面源、线源。

（3）大气污染控制子系统

大气污染控制子系统通常包括监测、治理和管理三个关键环节。首先，监测环节通过部署各类传感器和监测设备，实时收集空气质量数据，包括 $PM_{2.5}$、PM_{10}、SO_2、NO_x 等污染物的浓度。这些数据为污染源识别和治理措施制定提供了科学依据。其次，治理环节涉及对污染物的处理和减排技术的应用。其中，去除污染物的技术手段多种多样，包括过滤、吸附、化学反应等。例如，工业废气处理设备常应用于去除工业排放中的有害气体。此外，城市交通管理的改善，如推广电动车和公共交通，也在源头上减少了机动车尾气对空气质量的影响。最后，管理环节旨在通过政策制定和公众参与来确保大气污染控制子系统的有效运作。各国政府可通过立法、经济激励等手段，促使企业和公众积极参与到污染治理中来。同时，增强公众环保意识，促进社会各界共同参与，是实现大气污染控制目标的重要途径。

（4）城市生态子系统

城市生态子系统是指在城市环境中，各种生物、植物、土壤、水体以及人类活动之间形成的相互作用与关系网络。这一概念不仅关注城市的自然环境，也强调社会经济因素对生态系统的影响。随着城市化进程的加快，研究城市生态子系统的重要性日益凸显。

13.1.4.2 大气环境规划的类型

基于大气环境体系可知，大气环境动态子系统展现为自然循环体系。深入探究此体系，能够揭示污染物在大气中迁移与转化的自然法则，然而，人为干预并精准调控此子系统面临较大的挑战。大气污染物的排放与控制措施，两者既紧密联系又各自独立，构成环境管理链上的关键环节。在制定大气环境保护策略时，需将这两方面视为不可分割的整体进行规划，旨实现双赢局面。综上所述，大气环境规划策略可宏观上归结为两大范畴：一是聚焦于提升大气环境质量的规划，旨在通过优化环境参数来保障空气质量；二是针对大气污染实施的有效控制规划，侧重于减少污染物排放，采取针对性措施以遏制污染扩散。这两类规划相辅相成，共同构成了大气环境管理的核心框架。

（1）大气环境质量规划

大气环境质量规划综合考量区域总体布局和国家大气环境质量标准，规定了针对不同经济、社会行为和需求的主要大气污染物的限值浓度。大气环境质量规划模型主要是建立污染源排放和大气环境质量的输入响应关系。

（2）大气污染控制规划

大气污染控制规划是实现大气环境质量规划的技术与管理方案。对于已经受到污染或部分污染的区域，制定大气污染控制规划可以寻求实现大气环境质量规划的简捷、经济和可行的技术方案和管理对策。该类规划是检验在设计气象条件下，污染源排放与大气环境质量的设定模型的响应关系。

13.2 大气环境规划目标与方案的制定

13.2.1 大气环境规划目标

大气环境目标是在大气环境调查评价和预测以及大气环境功能区划分的基础上，根据规划期内所要解决的主要大气环境问题和区域社会、经济与环境协调发展的需要而制定，主要包括大气环境质量目标和大气环境污染总量控制目标。

（1）大气环境质量目标

大气环境质量目标是基本目标，依不同的地域和功能区而不同，由一系列表征环境质量的指标来体现（例如，针对 $PM_{2.5}$、NO_2 和 SO_2 等主要污染物）。

（2）大气环境污染总量控制目标

大气环境污染总量控制目标是为了达到质量目标而规定的便于实施和管理的目标，其实质是以大气环境功能区环境容量为基础的目标，将污染物控制在功能区环境容量的限度内，其余的部分作为削减目标或削减量。

大气环境规划目标的决策过程不是一蹴而就的，一般是初拟大气环境目标，编制达到大气环境目标的方案；论证环境目标方案的可行性，当可行性出现问题时，根据反馈的结果重新修改大气环境目标和实现目标的方案，再进行综合平衡，在现实生活中多次反复论证，最后比较科学地确定大气环境目标。

13.2.2　大气环境规划的指标体系

大气环境规划的指标体系是用来表征所研究具体区域的大气环境特性和质量的系统。

① 气象气候指标。气温、气压、风速、风频、日照、风向、大气稳定度、混合层高度等。

② 大气环境质量指标。总悬浮颗粒物、飘尘、二氧化硫、一氧化碳、光化学氧化剂、臭氧、氟化物、苯并芘和细菌总数、降尘、氮氧化物等。

③ 大气环境污染控制指标。工业粉尘回收量、烟尘及粉尘的去除率、一氧化碳排放量、废气排放总量、二氧化硫排放量、二氧化硫的回收率、烟尘排放量等。

④ 城市环境建设指标。城市集中供热率、城市绿地覆盖率、城市气化率、人均公共绿地等。

⑤ 城市社会经济指标。国内生产总值人均国内生产总值、工业总产值、生活耗煤量、万元工业产值能耗、城市人口总量、各行业产值、能耗、各行业能耗、分区人口数、人口密度及分布、人口自然增长率等。

13.2.3　大气环境规划的主要内容

大气环境规划主要内容可概括为以下几个方面。

13.2.3.1　调查区域大气基本状况与污染源等级评级

对规划范围内的自然和社会经济发展状况进行调查分析，重点分析影响区域大气污染物扩散的主要气象要素及参数。

（1）画出污染源分布图

绘制区域内大气污染源的地理分布图，详尽标注各污染源的具体坐标及其污染物释放模式，同时，编制一份详尽的参数清单，逐项列出所需信息。在处理污染源时，高耸且孤立的烟囱通常被视为点状污染源；而对于那些排放方式无序、数量众多、高度较低且排放强度不显著的排气设施，则倾向于归类为面状污染源（具体而言，即将高度低于 30m 且排放强度小于 0.04t/h 的污染源视为面源处理）；此外，交通繁忙的公路干线、铁路网络及机场跑道等，因其连续性和线性特征，常被划分为线性污染源进行管理与分析。

（2）点源调查统计内容

① 排气筒底部中心坐标（一般按国家坐标系）及分布平面图。

② 排气筒高度（m）及出口内径（m）。

③ 排气筒出口烟气温度（℃）。

④ 烟气出口速度（m/s）。

⑤ 各主要污染物正常排放量（t/a，t/h 或 kg/h）。

（3）面源调查统计内容

面源调查是在 1000m×1000m 的坐标系内网格化。规划区较小时，可取 500m×500m，按网格统计面源的下述参数：

① 主要污染物排放量 [t/(h·km²)]。

② 面源排放高度（m），如网格内排放高度不等时，按排放量加权平均取平均排放高度。

③ 面源分类，如果面源分布较密且排放量较大，当其高度差较大时，可按不同平均高度将面源分为 2~3 类。

（4）大气污染源评价方法

1）等标污染负荷法

等标污染负荷法是一种系统化的评价工具，广泛应用于区域工业污染源的分析与管理。该方法通过对不同污染源及其污染物的定量分析，帮助决策者了解污染源的相对影响，以便优先采取相应的控制措施。

该方法的核心在于计算每个污染源的等标污染负荷，具体计算公式为：

$$S_{ij} = \frac{C_{ij}}{C_{0i}} F_{ij} \tag{13-1}$$

式中，S_{ij} 为 j 污染源中 i 污染物的等标污染负荷；C_{ij} 为 j 污染源中 i 污染物的浓度；C_{0i} 为 i 污染物的国家或地方环境质量评价标准；F_{ij} 为 j 污染源中 i 污染物的排放量。

j 污染源的总等标污染负荷为 $S_j = \sum S_{ij}$（关于 i 相加）；i 污染物的总等标污染负荷为 $S_i = \sum S_{ij}$（关于 j 相加）；该区域的总等标污染负荷为 $S = \sum S_i = \sum S_j$。

根据污染物 S_i 和污染源 S_j，得到的污染负荷比，由此就可以找到区域主要污染物和主要污染源，为后续的污染治理和环境保护措施提供科学依据。

2）污染物排放量排序法

除了等标污染负荷法，污染物排放量排序也是评估污染源的重要方法。通过对各污染源的排放量进行排序，可以简洁直观地识别出主要的污染源。这种方法通常包括以下几个步骤：

① 数据收集。收集区域内所有污染源的排放数据，包括各类污染物的排放量。这些数据可以通过监测设备、企业自报或环境监测机构的报告获得。

② 排放量统计。对收集到的数据进行统计，计算每个污染源的总排放量，并将其按排放量从高到低进行排序。

③ 主要污染源识别。通过排放量的排序，识别出对区域大气质量影响最大的污染源。这些污染源通常是排放量最大的工业设施、交通干线或其他人类活动。

④ 优先控制。根据排序结果，制定优先控制的策略，将资源和政策重点放在那些排放量大、影响严重的污染源上，以实现更高效的污染防治效果。

13.2.3.2 结合规划目标制定规划方案

（1）规划目标的确定

大气环境规划目标依据国家整体规划和地方（省/直辖市/自治区、城市、县域、乡镇）的功能和发展定位，结合技术水平与财政分配，从实践着眼，确定最终的环境质量目标和总量控制目标。这些目标的制定要基于区域前期污染源的广泛普查和常规排放清单，同时考虑区域受到地形、气象等条件影响下的环境容量和污染物削减潜力的分析结果。

（2）选择规划方法、建立规划模型

针对区域污染气象要素的特点，以各类大气扩散模型为基础，综合大气环境现状、模型精度、数据可获取性等，建立各类不同水平面高度的污染源与大气环境质量之间的输入响应关系。

（3）规划方案的制定、评价与决策

将经过优化分析的各规划方案，采用环境目标和经济承受能力等因素综合协调，进行规划方案的决策分析，当以上各因素存在较大矛盾时适当修改环境目标。从污染源布局、污染源贡献、控制方案，以及建立技术经济优化模型等方面进行综合评价，寻求实现大气环境质量的便捷、经济、可行的技术方案和管理方案。

（4）规划方案的分解

根据规划方案的急缓、难易程度，将任务进行分解，落实到各执行部门和污染源单位，使决策方案成为可实施的方案。

13.3 大气污染物总量控制

13.3.1 大气环境功能区划分

正确划分大气环境功能区是实施大气环境总量控制的基本前提，旨为保护生态环境和人群健康的基本要求而划分。

13.3.1.1 大气环境功能区划分的目的

① 具有不同的社会功能的区域，根据国家有关规定要分别划分为一、二类功能区，如表13-1所列。采用不同的大气环境标准来保证正常分区的社会功能的发挥（表13-2）。

表13-1 大气环境功能区划分

功能区	范围	执行大气治理标准
一类区	自然保护区、风景游览区、其他需要特殊保护的区域等	一级浓度限值
二类区	居住区、商业交通居民混合区、文化区、工业区和农村地区	二级浓度限值

表13-2 环境空气污染物基本项目浓度限值

序号	污染物项目	平均时间	浓度限值 一级	浓度限值 二级	单位
1	二氧化硫（SO_2）	年平均	20	60	$\mu g/m^3$
		24h平均	50	150	
		1h平均	150	500	
2	二氧化氮（NO_2）	年平均	40	40	
		24h平均	80	80	
		1h平均	200	200	

续表

序号	污染物项目	平均时间	浓度限值		单位
			一级	二级	
3	一氧化碳（CO）	年平均	4	4	mg/m³
		24h平均	10	10	
4	臭氧（O₃）	日最大8h平均	100	160	
		1h平均	160	200	
5	颗粒物（粒径≤10μm）	年平均	40	70	μg/m³
		24h平均	50	150	
6	颗粒物（粒径≤2.5μm）	年平均	15	35	
		24h平均	35	75	

② 应充分考虑规划区的地理、气候条件，科学合理地划分大气环境功能区。例如，充分利用自然环境的界线（如山脉、丘陵、河流、道路等），作为相邻功能区的边界线，尽量减少边界的处理。方向/方位也是安排设置功能区时考虑的重点，合理的方位规划可以最大程度地开发利用大气自净能力。二类功能区应安排在最大风频的下风向，如一类功能区应放在最大风频的上方向。

③ 划分大气环境功能区，对不同的功能区实行不同大气环境目标的控制对策，有利于实行新的环境管理机制。

13.3.1.2　大气环境功能区的总体原则及要求

（1）总体原则

根据《环境空气质量功能区划分原则与技术方法》（HJ 14—1996），环境空气质量功能区以保护生活环境和生态环境，保障人体健康及动植物正常生存、生长和文物古迹为宗旨。划分环境空气功能区应遵循以下原则：

① 环境空气质量功能区的划分应充分利用现行行政区界或自然分界线。

② 环境空气质量功能区划分宜粗不宜细。

③ 环境空气质量功能区划分时既要考虑环境空气质量现状，又要兼顾城市发展规划。

④ 不能随意降低原已划定的功能区的类别，划分尽量做到既客观科学，又便于操作管理和控制，有利于城市规划和城市环境综合管理的实施。

（2）主要要求

① 一、二类功能区不得小于$4km^2$。

② 一类区和二类区之间设置一定宽度的缓冲带，缓冲带的宽度不小于300m，缓冲带内的环境空气质量应参照要求高的区域。

③ 位于缓冲带内的污染源，应根据其对环境空气质量要求高的功能区的影响情况，确定该污染源执行排放标准的级别。

13.3.1.3　大气环境功能区的划分方法

划分大气环境功能区的方法一般有多指标综合评分法、模糊聚类分析法、生态适宜度分析法及层次分析法等。其他学者还运用了基于 GIS 技术的多因子分析法、基于数理统计学的抽样理论、模糊数学的聚类分析理论等运用了现代数学、计算机及数据库的方法研究了城市的大气环境功能区划分，现以多指标综合评分法为例说明如何进行大气环境功能区的划分。

使用多指标综合评价法，应将属于一类功能区的区域和农村从总量控制区域中挑选出来，再将剩余的区域划分成若干子区，例如有小行政区、小城镇的网格划分，判定这些子区属于二类功能区。

（1）确定评价因子

对于二类功能区，评价因子可选择人口密度、商业密度、科教医疗单位密度、单位面积污染物排放量、风向（污染系数）、单位面积工业产值、污染程度。

（2）单因子分级评分标准的确定

将每一子区划分为二类功能区的评级描述分级为 5 级，即很不适合、不适合、基本适合、适合、很适合。为了减少各评价因子定性描述带来的人为因素的影响，使评价结果能较好地与实际相符合，需要制定各评价因子的分级判断标准。判断标准可以是定性的也可以是定量的。

（3）单因子权重的确定

若采用较多的评价因子划分大气环境功能分区时，每个因子所起的作用各不相同，给每一个因子赋予一个权重便于计算。

（4）评价结果的最终确定

对每一个子区，分别按上述方法对其划分为二类功能区的适合程度进行评价。

13.3.2　确定大气污染物总量控制边界

大气污染物总量的调控策略，旨在限定特定区域内特定污染物的许可排放总量。这一策略的核心思路在于综合考量大气环境承载能力，通过科学手段界定并约束该区域内污染物的总排放量，进而将这些排放量合理分摊至各个排放源。此过程不仅确保了区域内大气污染物的总体控制，还促进了资源的优化配置，以保障该区域的大气环境质量能够达成既定的环保标准与目标值，从而实现对环境质量的全面保护与提升。

地方政府基于城镇建设蓝图、经济发展战略与环境保护迫切需求，所划定的需实施严格的大气污染物排放总量监管的地域范围，称为大气污染物排放总量控制区（简称总量控制区）。而未纳入总量管理范畴的区域，则被界定为非总量控制区，这通常涵盖了广袤的农村地区以及工业化程度较低的偏远地带。然而，针对遭受严重酸雨威胁的广大地区，尤其是工业化程度较高的地区，政府也应优先考虑设立二氧化硫与氮氧化物排放的总量限制区域。大气总量控制区域的大小随环境保护的目标来确定，确定总量控制区域时通常要注意以下几点：

① 对于大气污染严重的城市和地区，控制区一定要包括全部大气环境质量超标区，和对超标区影响比较大的全部污染源。非超标区根据未来城市规划、经济发展的重点区域方向将一些重要的污染源包括在内。

② 对于大气污染尚不严重，但是存在着孤立的超标区或估计将来不久因城市发展会成

为严重污染的区域，总量控制区的划定方法同上一条。若仅要求对城市中某一源密集区进行总量控制与监测，则可以将该污染源密集区及其可能影响到的污染区划为控制区。

③ 对于新经济开发区或新发展城市，可以将其规划区作为控制区。

④ 在划定总量控制区时，需要考虑当地的主导风向。控制区通常设在主导风向下风方位，控制区边界应在污染源的最大落地浓度的最远处。

13.3.3 大气污染物允许排放总量计算方法

13.3.3.1 A-P 值法计算控制区域允许排放总量

A-P 值法是将城市看成一个或者多个箱体组成，下垫面为底，混合层顶为箱盖。通过对区域的通风量、雨量承载能力、混合层厚度等条件综合分析得出在浓度限值的条件下，一年内由大气的自净能力所能清除掉的大气污染物的总量。控制区分为 n 个分区，每个区面积为 S_i，各区环境容量为：

$$Q = AC \frac{S_i}{\sqrt{S}} \tag{13-2}$$

式中，A 为总量控制地区系数；C 为控制功能区 S_i 的环境质量标准；S_i 为控制功能区 i 的面积；S 为 A 值控制区总面积。

13.3.3.2 反推法计算控制区域允许排放量

大气总量控制规划需说明新增污染源的大致位置、源强、排放高度等一系列问题，而使用 A-P 值法就很难解决这些问题。A-P 值只考虑了旧源，不能确定新源的位置。

利用大气环境质量模型，在确定大气环境质量标准的情况下，通过模型反推，可以计算控制区域各种污染源的排放总量，也可以规划新源的位置、源强和排放高度，该方法是北京环境保护研究所在进行北京经济技术开发区的大气污染总量控制研究中提出的。此方式的实施基于以下几点假设：

① 污染规律符合高斯烟流模式；

② 对某一控制点的地面浓度贡献可以近似地认为是由轴线上各小区造成的污染之和，其他偏离轴线的小区的影响忽略不计；

③ 假设各面源具有统一的排放高度；

④ 需要将开发区均匀分成若干环境单元，并假设各块面源的源强相等。根据以上假设条件，可利用高斯模式的地面轴线浓度模式计算下风向的轴线浓度。

反推法的基本原理：

$$\rho = f(Q) \tag{13-3}$$

式中，ρ 为某区域大气污染物浓度，mg/m^3；Q 为影响该区域的大气污染物排放量，t/a。

上述即为根据排放量预测大气污染物浓度的基本关系式。在最大允许排放量的计算中，大气污染物浓度 ρ_0（即大气质量标准）是已知的，上式可变为：

$$Q = f'(\rho_0) \tag{13-4}$$

运用反推法，在已知 ρ_0 的情况下，求出最大允许排放量 Q。实际工作中，最大允许排放量的计算经常按污染源的性质划分为以下两种情况。

（1）高架源允许排放量的计算

通常将那些烟囱几何高度超越 30m 界限的排放源界定为高架源。在进行大气环境质量预测时，会分别针对高架源与面源的排放量，独立评估它们各自对环境造成的浓度影响值，随后将这些影响值汇总，以求得整体的浓度水平。据此，对于污染物允许排放量的计算，亦会根据排放源的不同特性，采取分门别类的处理方式。

如果预测中高架源使用的是高斯烟流模型，那么污染物的地面浓度为：

$$\rho(x,y,0,H)=\frac{Q}{\pi u \sigma_y \sigma_x}\exp\left(-\frac{y^2}{2\sigma_y^2}\right)\exp\left(-\frac{H^2}{2\sigma_x^2}\right) \tag{13-5}$$

式中，x 为下风向距离；y 为横风向距离；H 为有效烟囱高度；Q 为源强（计算或实测）；u 为平均风速（风速观测资料）；σ_y，σ_x 分别是 y，x 方向上的扩散系数（观测或查表）。

如果气象条件不随源距 Y 轴距离变化时，从式（13-5）可以看出，ρ 仅与排放量有关，即：

$$\rho = NQ \tag{13-6}$$

式中，N 为高架源转化系数。

那么可用下式计算高架源允许排放量：

$$Q_{高架源允许}=\frac{\rho_高}{N} \tag{13-7}$$

式中，$\rho_高$ 为高架源污染物浓度的大气环境目标。

（2）面源允许排放量的计算

高架源以外的源都可当作面源。在大气预测中，面源常用箱模型进行预测，箱模型的简单形式可表示为：

$$\rho=\frac{BL}{vH}+\rho_0 \tag{13-8}$$

式中，ρ 为污染物平衡浓度预测值，mg/m^3；ρ_0 为上风向大气环境背景浓度值，mg/m^3；B 为该地区面源源强，mg/(m$^2 \cdot$ s)；v 为进入箱内的平均风速，m/s；H 为箱内的高度，大气混合层的高度；L 为箱的长度，m。

如果气象因素稳定，城市边缘以外基本没有污染源，即 $\rho_0=0$，那么：

$$\rho=\frac{BL}{vH}=NQ \tag{13-9}$$

式中，N 为面源转化系数。

面源允许排放量的计算式为：

$$Q_{面源允许}=\frac{\rho_面}{N} \tag{13-10}$$

式中，$\rho_面$ 为面源污染物浓度的大气环境目标。

（3）高架源和面源的环境目标确定

要分别计算高架源和面源的允许排放量，就必须知道高架源和面源的环境目标要求。但在实际规划中，不可能分别制定高架源和面源的环境目标，往往是确定总的环境目标。即：

$$\rho_总=\rho_高+\rho_面 \tag{13-11}$$

式中，$\rho_{总}$ 为总污染物浓度的环境目标值

如何分配 $\rho_{高}$ 和 $\rho_{面}$ 的值决定了高架源与面源排放许可量的过程，需依据实际情况进行规划，其考量基准涵盖多方面：

① 当前污染负荷中，高架源与面源各自承担的比例；

② 针对当前排污状况，高架源与面源的具体分担情形；

③ 评估高架源与面源现有治理手段的实施状况及未来提升空间；

④ 以及综合考量大气环境保护中，各类污染源防控策略的制定与执行。

13.3.4 总量负荷分配原则

如何将允许排放总量分配给每个污染源，分配原则可以分为以下几类。

13.3.4.1 按燃料或原料用量的分配方式

这种分配方式，就是将计算得到的控制区允许排放总量，将各源工厂（烟源群）使用的燃料和原料用量进行分配，再来控制全区大气污染的方法。这种方法对排放高度没有限制，也没有考虑不同源对环境质量的贡献率，因而不能差别对待不同排放高度和不同位置的污染源实际造成的不同的危害。而另外一个不可控的因素是，如果燃料供应和燃料品质的选择不过关，燃烧过程中的污染量就不是可预测的。

13.3.4.2 一律削减排放量的分配原则

这种分配原则是在使用大气扩散模式法模拟计算允许排放总量过程中使用的，对所有源排放量都进行削减从而控制允许排放总量，并且同时完成总量负荷分配到源的方式。这种分配原则有以下几种：

① 等比例削减的分配原则。对所有烟源采取同样的比例削减排放量，将允许排放总量分配到源。这种分配原则，只适合在控制区域范围比较小或污染源相当密集的情况下才使用。一般情况下最好不用。

② 按贡献率削减排放量的分配原则。按各污染源对控制区地面大气环境质量浓度贡献大小削减排放量。对于环境质量影响大的可以多削减，影响小的少削减。

13.3.4.3 优化规划分配原则

（1）源强优化规划分配原则

此种方法适用于多个污染源的模式，在控制区达到环境目标值的约束条件下，使污染源排放量的削减量总和或削减率总和最小。即：

$$\Delta T = \sum_{i=1}^{N} (t_{1i} - t_{2i}) \rightarrow \min \tag{13-12}$$

式中，T 为污染源排放量削减量总和；t_{1i} 为第 i 源削减前的排放量；t_{2i} 为第 i 源削减后的排放量。

或

$$\Delta R = \sum_{i=1}^{N} \frac{t_{1i} - t_{2i}}{t_{1i}} = \sum_{i=1}^{N} \left(1 - \frac{t_{2i}}{t_{1i}}\right) \rightarrow \min \tag{13-13}$$

它们的约束条件一般可写成：

$$
\begin{bmatrix}
\rho_{11} & \rho_{12} & \cdots & \rho_{1n} \\
\rho_{21} & \rho_{22} & & \rho_{2n} \\
\vdots & \vdots & \cdots & \vdots \\
\rho_{m1} & \rho_{m2} & \cdots & \rho_{mn}
\end{bmatrix}
\begin{bmatrix}
R_1 \\
R_2 \\
\vdots \\
R_m
\end{bmatrix}
=
\begin{bmatrix}
\Delta\rho_1 \\
\Delta\rho_2 \\
\vdots \\
\Delta\rho_n
\end{bmatrix}
\tag{13-14}
$$

式中，ρ_{ij} 为第 i 源对第 j 控制点的大气环境质量浓度贡献；R_i 为第 i 源排放量的削减率（$0 < R < 1$）；$\Delta\rho_j$ 为各污染源对 j 控制点的环境质量浓度削减总和。

这样获得的各污染源的允许排放量和削减量，是要获得控制区允许排放总量最大的最佳分配。这样的分配对不同污染源来说是不公平合理的，若从总量控制的总体观念上讲是合理的，其不仅助力生产效能的提升，还显著地削减了治理流程中的资金耗费，实现了经济效益与管理效率的双重优化。

（2）最小治理费用的分配原则

这个分配原则也适用于多源模式。在控制区达到大气环境质量目标值的约束条件下，使污染治理费用投资总和为最小，来求解各污染源的允许排放量和削减量的最佳分配原则。

目标函数可写成：

$$
\Delta M = \sum_{i=1}^{N} M_i (t_{1i} - t_{2i}) \rightarrow \min
\tag{13-15}
$$

式中，ΔM 为治理污染总投资；M_i 为第 i 源达标治理投资费用；t_{1i} 为第 i 源削减前的排放量；t_{2i} 为第 i 源削减后的排放量。

13.4　大气环境规划的综合防治措施

着眼于区域大气环境的整体格局，针对特定区域的大气承载能力，深入分析该区域内存在的主要大气污染问题，包括污染的种类、严重性、覆盖广度等关键要素，并紧密结合大气环境质量标准，旨在显著提升大气环境质量。为实现这一目标，需系统性地融合各类策略与手段，通过整合、精细化调整与最优化配置，精心设计出一套大气污染防控的解决路径。将制定的方案具体化为大气污染综合防控的规划与蓝图，不仅是对单一污染源的治理，更是对城市大气环境质量全方位、深层次改善的关键步骤。大气环境综合措施可归纳为以下七点。

13.4.1　减少污染物排放量

（1）使用新能源

新能源又称非常规能源，是指传统能源之外的各种能源形式，指刚开始开发利用或正在积极研究、有待推广的能源。其各种形式都是直接或者间接地来自太阳或地球内部所产生的热能。包括太阳能、风能、生物质能、地热能、水能和海洋能以及由可再生能源衍生出来的生物燃料和氢所产生的能量。新能源产业的发展是整个能源供应系统的有效补充手段，也是环境治理和生态保护的重要措施。

（2）改变现有燃料构成

燃煤在传统能源的使用中产生的污染是最严重的。每吨煤的燃烧，平均排放出粉尘飞灰 6～11kg，而 1t 石油燃烧产生的粉尘只有 0.1kg 左右，相当于燃煤产生粉尘量的 1/50～

1/100。气体燃烧产生的粉尘量更少。而且，在使用上，气体和液体燃料还有很多优点，如运输方便、起燃容易、燃烧完全后残渣少，有利于控制大气污染。

（3）改变煤的燃烧方式

改变燃烧方式也可降低燃烧过程中排放的大气污染物，应避免直接燃烧原煤。通过将煤炭气化、液化或制成型煤，改变煤的燃烧方式，达到保护环境的效果。

13.4.2　集中供热

集中供热是一种将热能集中生产并通过管道系统输送至用户的供热方式。这种模式常见于城市和大型社区，其主要优点在于提高了能源利用效率、减少了环境污染以及降低了用户的供热成本。

13.4.3　采用有效的治理技术

对于控制污染源来说，以上措施还是不够的，还必须采取必要而有效的治理技术，降低污染物的排放，使之达标排放，甚至达到总量控制所要求的允许排放量。

（1）控制颗粒物排放

控制颗粒物排放的方法与技术有重力沉降设备、旋风式集尘器、洗涤除尘器、过滤集尘器、静电除尘器和声波除尘器等。在资金允许的情况下，可采用不同类型的除尘设备组成多种除尘组合器，以达到最佳除尘效率。

（2）控制气体污染物排放

气体污染物可采用燃烧、吸收、吸附、催化和回收等方法来控制。

13.4.4　实施清洁生产

清洁生产是与传统的以末端治理为主的污染防治战略完全不同的新概念。其以节能、降低物耗、减少污染为目标，以管理、技术为手段，实施工业生产全过程控制污染，使污染物的产生量、排放量最小化的一种综合性措施。其目的是提高污染防治效果，大大减少污染物的排放量，降低污染治理费用，消除或减少工业生产对人体健康和环境的影响。

13.4.5　控制移动源的排放

随着我国经济的发展，机动车拥有量迅速增加，城市大气环境污染有可能从以煤烟型为主，逐步过渡到以氮氧化物为主的机动车燃油氧化型污染。对此，可采取的控制措施有：严格制定用车污染排放标准及新车污染排放管理办法；重型汽油货车采用废气再循环、氧化催化器；重型柴油车采用电控柴油喷射、增压中冷等手段控制污染排放；对于公共汽车、出租车可采用集中的强化 I/M（汽车排放检测系统）；对于污染排放严重车辆要进行淘汰；发展电动汽车、氢燃料车等清洁能源交通工具。

13.4.6　充分利用大气自净能力

大气环境中的污染物经历稀释、散布、沉降及降解过程后，其浓度得以逐步削减的能力，称之为大气的自净能力。这一效能深受区域气候特征、功能区规划布局及污染源配置等多重因素的调控。巧妙地利用大气的自净能力，不仅能有效减轻污染物的排放负担，还能显著降低环境治理所需的成本投入。具体策略包括优化污染源的地理布局、科学规划城市功能区，以及通过增加排放设施如烟囱的高度，来促进污染物的高效扩散与稀释，从而最大化地利用大气环境的自我清洁能力。

（1）大气污染源合理布局

大气污染源的布局应该是使有烟尘和废气污染的工业区尽量布置在远离对大气环境质量要求较高的居民区。

（2）合理布置城市功能区

一个城市依据其主要职能，可细化为商业枢纽、居住区、工业区以及文化教育区等多元化区域。规划这些功能区的布局，特别是工业区的配置策略，对居民的生活与工作环境具有很大影响。鉴于风向与风速在调控空气质量中的关键作用，对于工业化程度较高的大中型城市而言，那些占地面积较大且产生轻度空气污染的工业类型（诸如电子信息产业、纺织制造业等），宜选址于城市边缘地带或紧邻郊区的位置；而针对排放污染严重的大型企业（例如冶金、化学工业、火力发电厂、水泥制造厂等），则应当布局于城市远郊，且需精确选址于污染扩散系数最小的上风向位置，以最小化对居民生活的影响。此外，工业布局规划还需分析各企业间的合理分布，旨在促进生产流程的高效协同，同时兼顾环境保护的需求，确保经济与生态的双赢发展。

13.4.7 加强绿化

绿化能够有效提高空气质量。植物通过光合作用吸收二氧化碳，释放氧气，同时能够吸附空气中的有害物质，调节空气温度、湿度及城市热岛效应。此外，还具有吸收有害气体粉尘、杀菌、降低噪声和监测空气污染等多种作用。

（1）植物净化

若城市存在大范围的植被，地表的粗糙度明显增加，地表层的湍流强度也明显增强，空气中的大粒子下降率增大；植物叶子的表面粗糙不平、多茸毛，有些植物还能分泌油脂和汁液，对于比较小的粒子起到很强的滞留或吸附作用。草地和灌木植物生长到健康的成熟期时，其叶面积总和可比其占地面积大 22～30 倍，植被的增加可使裸露的地表大大减少，这十分有利于防止风沙扬尘。一般认为绿地覆盖率必须达到 30% 以上，才能起到改善大气环境质量的作用。

（2）合理设置绿化隔离带

合理的绿化隔离带不仅能够美化城市环境，还能有效调节气候、提升居民生活质量，促进生态平衡。绿化隔离带的距离应根据当地的气象条件、地理状况、环境质量要求、有害物质的释放频率、污染源排放的强度及治理的状况，通过扩散公式或风洞实验来确定。

13.5 大气污染治理制度的变迁过程

大气污染治理制度的变迁过程梳理如图 13-1 所示，详细解释见下文。

1973—1990年：起步阶段	1991—2000年：发展阶段	2001—2010年：转型阶段	2010至今：攻坚阶段
1973年：第一次全国环境会议；《关于保护和改善环境的若干规定》通过；原国务院环境保护领导小组成立；《工业“三废”排放试行标准》发布。 1979年：《中华人民共和国环境保护法(试行)》颁布。 1982年：首个《大气环境质量标准》发布；划分一类、二类、三类区；评价项目包括TSP、飘尘(参考标准)、SO_2、NO_x、CO、光化学氧化剂(臭氧)。 1987年：《大气污染防治法》施行。 此阶段以烟粉尘污染为防控重点，开展光化学污染研究、工业烟气污染研究、大气环境容量研究工作。	1990年、1992年：《关于控制酸雨发展的意见》通过；工业燃煤二氧化硫排污费和酸雨综合防治试点工作开展。 1996年：《环境空气质量标准》颁布，更新了一类区、二类区、三类区的定义；评价项目包括TSP(总悬浮颗粒物)、PM_{10}、SO_2、NO_x、CO、臭氧铅、氟化物、NO_2、苯并芘。 1995—1998年：《大气污染防治法》第一次修订，要求划定“两控区”，重点控制酸雨污染；二氧化硫与酸雨污染控制联合取得成效。 1995—2000年：提出实施污染物排放总量控制，建立排放总量指标体系和定期发布制度，开展排污许可制度试点；“一控双达标”计划的制定与实施；限制含铅汽油，机动车船污染排放控制；总悬浮物颗粒和可吸入颗粒物指标共存；《大气污染防治法》2000年第二次修订。 “九五”期间污染物排放总量显著下降，但仍居高位，且酸雨污染仍然严峻。	2001—2005年：《国家环境保护“十五”计划》细化总量控制目标；《两控区酸雨和二氧化硫污染防治“十五”计划》落实“两控区”二氧化硫削减任务；《火电厂大气污染物排放标准》修订明确2005、2010年火电厂二氧化硫、烟尘、氮氧化物排放限值；2000年，《环境空气质量标准》修订，取消NO_x，放宽NO_2和臭氧。 “十五”期间，我国进入污染事故多发期和矛盾凸显期。 2006年：《国民经济和社会发展第十一个五年规划纲要》提出以科学发展观统领经济社会发展全局；《“十一五”期间全国主要污染物排放总量控制计划》将污染物排放总量分解落实到基层与重点排污单位。 2007年：《国家环境保护“十一五”规划》部署火电建设脱硫设施，加强可吸入颗粒物污染防治，开展城市群区域性大气污染防治研究、监测和预警；《节能减排综合性工作方案》印发，强力推进节能减排，调整经济结构，转变增长方式；《主要污染物总量减排统计(监测、考核)办法》出台，细化减排监督体系。 2010年：《关于推进大气污染联防联控工作改善区域空气质量的指导意见》推动建立联防联控机制，形成区域大气环境管理体系。 “十一五”期间，污染物排放总量减排全面发挥效益，城市空气质量显著得到改善，二氧化硫进入下降态势。	2012年：新修订的《环境空气质量标准》实施，增加$PM_{2.5}$和臭氧8h指标；取消三类区，维持一类区，扩大二类区；分阶段在不同地区实施，2016年在全国实施；增加$PM_{2.5}$和臭氧，收紧PM_{10}和NO_2等的浓度限值，提高自动监测系统的运转要求。 2013年：74城市按新标准率先开展空气质量监测；《大气污染防治行动计划》出台，经过五年努力，全国空气质量总体改善，重污染天气较大幅度减少，重点区域空气质量明显好转，大气污染防治新机制基本形成，创造了大气污染防治的中国模式。 2015年：《大气污染防治法》修订，为大气污染防治提供了更为坚实的法律基础。 2016年：《国民经济和社会发展第十三个五年规划纲要》对大气污染防治提出4项约束性指标。 2018年：《关于全面加强生态环境保护坚决打好污染防治攻坚战的意见》发布，并印发《打赢蓝天保卫战三年行动计划》。 2018年：《环境空气质量标准》修改，将污染物按照标准状态(0℃、1个标准大气压)监测，修改为气态污染物按照参考状态(25℃、1个标准大气压)、颗粒物及其组分按照实况状态(监测点的实际气温和气压)监测；要求各监测点记录气温、气压等气象参数，支持空气质量数据的对比分析；修改前后标准污染物项目及限制不变。 2017—2020年：雾霾、秋冬季重污染专项研究攻关；大气污染防治攻关联合中心建立；连续发布重点区域秋冬季天气污染综合治理攻坚方案。

注：下划线为标准修订版中新增或更改的评价项目。

图 13-1　我国大气污染治理历程回顾

(1) 1973—1990 年：起步阶段

20 世纪 70 年代，我国的工作重心为经济建设，出台的环保制度较少，当时的制度主要关注的是在工厂环境中工作群体的身体健康、卫生安全，比如在上世纪 50 年代颁布的《工厂安全卫生暂行条例》和《工厂安全卫生规程》。

1973 年我国召开了第一次全国环境保护会议，提出了"全面规划、合理布局、综合利用、化害为利、依靠群众、大家动手、保护环境、造福人民"的"三十二字"战略方针。1974 年国务院成立环境保护领导小组，这是我国历史上第一个环境保护机构，各项环境保护工作开始规范。第五届全国人民代表大会颁布了第一部环境保护法：《中华人民共和国环境保护法（试行）》。改革开放后，经济飞跃发展，对外的学术交流、商业交流也越发频繁。环境保护受到越来越多的重视。1983 年和 1989 年召开全国环境保护会议，环境保护成为基本国策，并先后提出八大制度。《大气环境质量标准》施行于 1982 年，运用量化的方法，将大气环境质量区分为三类，并且规定了空气污染物三级标准浓度限值，使大气污染治理和保护可操作化；《关于防治煤烟型污染技术政策的规定》（1987 年）对城市道路和行政区的烟气黑度和烟尘浓度进行了规定，并提出建设的基本原则。1987 年 9 月 5 日第六届全国人大第 22 次会议通过，1988 年 6 月 1 日起施行我国首部《中华人民共和国大气污染防治法》。

(2) 1991—2000 年：发展阶段

在 1992 年参加了巴西里约热内卢的《关于环境与发展的里约热内卢宣言》和《21 世纪议程》后，1994 年我国实施了《中国 21 世纪人口、环境与发展白皮书》，成为我国实施可持续发展战略的行动纲领。这一阶段我国大气污染治理制度主要采用试点方式，主要防治对象为二氧化硫和悬浮颗粒物。该阶段空气污染正从城市的局部问题向区域性污染扩展，导致大规模的酸雨污染，控制的重点是燃煤锅炉和工业排放。1990 年 12 月，国务院环境保护委员会第 19 次会议通过了《关于控制酸雨发展的意见》；同年还发布了《汽车排气污染监督管理办法》。随后，《大气污染防治法实施细则》（1991 年）、《征收工业燃煤二氧化硫排污费试点方案》（1992 年）也对烟尘、粉尘、二氧化硫进行了监督和管理；1995 年《大气污染防治法》进一步修订，对落后生产工艺和设备、煤炭的洗选等问题进行修改；1996 年《环境空气质量标准》也对总悬浮颗粒物等 14 种术语的定义和对环境质量的分区、分级有关内容进行了改动，调整补充了污染物项目、取值时间、浓度限值和数据统计的有效性规定。1998 年国务院批复实施"两控区"，其中酸雨控制区面积约为 $8.0 \times 10^5 \, km^2$（国土面积 8.4%）、二氧化硫污染控制区面积约为 $2.9 \times 10^5 \, km^2$（国土面积 3%）。

(3) 2001—2010 年：转型阶段

2000 年《大气污染防治法》进行了第二次修订。此次修订致力于协调大气法与其他相关政策和法律之间的关联，清晰地指明各级地方人民政府需对其所辖地区的大气环境质量承担责任。更加明确各级政府责任，同时法律责任由 10 条增加到 20 条，并将超标排污定为违法，大大提高了惩罚力度。这一规定要求地方政府必须制定相应的规划，并采取必要的措施，确保大气质量达到规定的标准。根据新规，排放到大气中的污染物浓度不能超过国家及地方设定的标准。此外，修订版本还建立了针对空气污染物的总量控制制度和排放许可制度。新的条款中进一步增强了防控机动车辆和船舶排放污染的措施，并规定了履行相关国际条约的要求。同时，大气污染物的排污收费适用范围也得到了扩大。值得一提的是，实施总量控制的区域范围已从最初的"两控区"扩展到其他尚未达标的区域，以及"两控区"内。这一系列措施有效地改善了空气质量，促进生态环境的可持续发展。《两控区酸雨和二氧化

硫污染防治"十五"计划》（2002 年）、《燃煤二氧化硫排放污染防治技术政策》（2002 年）、
《现有燃煤电厂二氧化硫治理"十一五"规划》（2007 年）、《国家酸雨和二氧化硫污染防治
"十一五"规划》（2010 年）、《关于有效控制城市扬尘污染的通知》（2001 年）、《二氧化硫总
量分配指导意见》（2006 年）、《节能减排综合性工作方案》（2007 年）、《主要污染物总量减
排监测办法》（2008 年）等都以规划的模式将污染物的浓度控制转为总量控制，调整经济结
构，宏观调控、强化企业主体责任，建立健全节能减排责任制和问责制，加强考核和监督；
《关于推进大气污染联防联控工作改善区域空气质量的指导意见》（2010 年）以全面削减大
气污染物排放为手段，建立统一规划、统一监测、统一监管、统一评估、统一协调的工作网
络，防控重点污染物、重点行业、重点企业和问题难关。

（4）2010 至今：攻坚阶段

2010 之后，全国对大气环境保护的工作达到了空前重视，各方都攻坚克难，全面提高
空气质量。该阶段我国大气防治主要对象中的灰霾、$PM_{2.5}$ 和 PM_{10}、VOCs 和臭氧逐渐受
到关注。2012 年对《环境空气质量标准》进一步修订，新增加一氧化碳、臭氧、$PM_{2.5}$ 三
项监测污染物，将空气污染指数改为空气质量指数，同时规定有些项目必测，有些项目跟进
地方生态环境特点选测。2013 年年初，我国京津冀、长三角、华中和四川盆地出现了长时
间、大面积的灰霾污染过程，受到社会各界高度关注；同年 9 月，我国出台了史上最为严格
的《大气污染防治行动计划》（简称"大气十条"）。"大气十条"是 2013～2017 年间我国大
气污染防治的纲领性文件，具体措施有：

① 加大综合治理力度，减少多污染物排放。全面整治燃煤小锅炉，加快重点行业脱硫、
脱硝、除尘改造工程建设。综合整治城市扬尘和餐饮油烟污染。加快淘汰黄标车和老旧车
辆，大力发展公共交通，推广新能源汽车，加快提升燃油品质。

② 调整优化产业结构，推动经济转型升级。严控高耗能、高排放行业新增产能，加快
淘汰落后产能，坚决停建产能严重过剩行业违规在建项目。

③ 加快企业技术改造，提高科技创新能力。大力发展循环经济，培育壮大节能环保产
业，促进重大环保技术装备、产品的创新开发与产业化应用。

④ 加快调整能源结构，增加清洁能源供应。到 2017 年，煤炭占能源消费总量比重降到
65％以下。京津冀、长江三角洲、珠江三角洲区域力争实现煤炭消费总量负增长。

⑤ 严格投资项目节能环保准入，提高准入门槛，优化产业空间布局，严格限制在生态
脆弱或环境敏感地区建设"两高"行业项目。

⑥ 发挥市场机制作用，完善环境经济政策。中央财政设立专项资金，实施以奖代补政
策。调整完善价格、税收等方面的政策，鼓励民间和社会资本进入大气污染防治领域。

⑦ 健全法律法规体系，严格依法监督管理。国家定期公布重点城市空气质量排名，建
立重污染企业环境信息强制公开制度。提高环境监管能力，加大环保执法力度。

⑧ 建立区域协作机制，统筹区域环境治理。京津冀、长江三角洲区域建立大气污染防
治协作机制，国务院与各省级政府签订目标责任书，进行年度考核，严格责任追究。

⑨ 建立监测预警应急体系，制定完善并及时启动应急预案，妥善应对重污染天气。

⑩ 明确各方责任，动员全民参与，共同改善空气质量。

为了应对区域性复合型大气污染防治的需求，2015 年 8 月 29 日十二届全国人大常委会
第十六次会议表决通过修订后的《大气污染防治法》，对已有的"大气十条"实施措施得到
了法治化，旨在以改善环境空气质量为核心。这一修订清晰地界定了政府、监管机构、排污

单位及公众在大气污染防治中的责任与义务。特别是针对各级政府的目标责任制及其考核评价体系、重点区域大气污染的联合防控，以及应对重污染天气的新措施，都得到了明确。这样的新内容为推动大气污染防治提供了坚实的法律依据，确保各方能够有效履行职责，共同改善空气质量。2016 年 7 月，国务院印发《"十三五"控制温室气体排放工作方案》，持续推进了绿色低碳发展，明确下达了控制温室气体排放约束性指标，实现到 2020 年单位 GDP 二氧化碳排放比 2015 年下降 18%、碳排放总量得到有效控制的目标，氟碳化物、甲烷、氧化亚氮、全氟化碳、六氟化硫等非二氧化碳温室气体控排力度进一步加大，碳汇能力显著增强。2018 年 7 月国务院印发了《打赢蓝天保卫战三年行动计划》。从产业结构、能源结构、运输结构、用地结构、实施重大专项运功、强化区域联防联控六个方面将任务落实到国家相关部门，明确量化指标和完成年限。2018 年全国生态环境保护大会通过了《中共中央 国务院关于全面加强生态环境保护坚决打好污染防治攻坚战的意见》，明确打好蓝天保卫战等污染防治攻坚战标志性战役的路线图，任务书、时间表，为我国大气污染防治的顺利开展提供了重要的指导意见。2021 年，国务院印发《"十四五"节能减排综合工作方案》，要求到 2025 年，全国单位国内生产总值能源消耗比 2020 年下降 13.5%，能源消费总量得到合理控制，化学需氧量、氨氮、氮氧化物、挥发性有机物排放总量比 2020 年分别下降 8%、8%、10% 以上、10% 以上。2023 年 11 月 30 日，国务院印发《空气质量持续改善行动计划》，强调要以改善空气质量为核心，扎实推进产业、能源、交通绿色低碳转型，加快形成绿色低碳生产生活方式，实现环境、经济和社会效益多赢。为持续深入打好蓝天保卫战、以空气质量持续改善推动经济高质量发展指明了方向和路径。"十四五"时期，$PM_{2.5}$ 和臭氧的协同治理作为大气污染防治重点目标之一，我国要做好氮氧化物和挥发性有机物的协同减排。

13.6　大气污染防治协调机制国际经验

13.6.1　环境空气质量标准、行动计划及监测体系

欧盟的空气质量管理计划（Air Quality Platform）与美国各州的实施规划（State Implementation Plan）为削减污染物排放、减轻污染水平提供借鉴思路。这两大方案详尽地包括了污染源辨识、污染预防与控制策略、实施路线图、减排成效及其成本效益的科学经济评估、重度空气污染应急响应预案，以及执行与执法资源充足性验证等多个维度。为达成空气质量标准，欧洲大陆与美国均倡导构建综合性的空气质量监控体系，持续追踪达标进程。

美国环保署界定了"不达标区域"（即含有一个或多个未达标环境空气质量监测站点的地区）与"影响区域"（指对空气质量恶化负有排放责任的邻近地带）。欧洲则遵循了类似的路径，依据各自监控需求，在不同地点部署了监测站点，涵盖：

① 背景站点。此类站点设立于城市或乡村的偏远地带，确保不受邻近区域排放的干扰（如远离工业区与公路）。

② 交通密集区与工业区站点。这些站点专注于监测人群暴露风险较高的热点排放区域（如高速公路沿线），以捕捉高浓度污染数据。

欧洲采取了严密的监测执行流程以保障数据的采集可信度，这些数据对公众及利益相关者全面开放。若公众或相关利益群体认为政府应对空气污染的措施不足，他们可依据这些公开的监测资料，在司法途径中向空气质量监管部门提起质询或诉讼，以此作为强有力的证据支持。

欧洲成功实现了 SO_2 与 NO_x 排放量近乎同步的大幅削减，主要有三大方面的原因：首先是促进能效提升；其次是调整燃料构成，如广泛采用清洁替代能源取代煤炭；最后是实施高效的末端治理技术及强化监管体系。经验显示，经济激励政策大幅推动清洁技术创新发展。值得注意的是，这三方面措施的协同作用还促使了 CO_2 排放量的减少，彰显了综合施策的显著成效。

13.6.2　主要固定污染源的国家排放标准

欧洲实施的工业排放指令（Industrial Emissions Directive）与美国的新排放源效能标准（New Source Performance Standards）为大型固定排放源设定了严格的排放上限。在欧洲工业排放法令框架下，各成员国需规划翔实的战略蓝图，明确实施与遵循排放标准的路径，并采纳欧盟专家建议的最佳可行排放控制技术。而美欧两地均规定，大型固定排放设施需从州级环保机构取得施工前与运营阶段的许可认证；运营许可还集成了对各工厂或企业具体污染物排放的监测规定与报告要求（合并为一份文件）。

13.6.3　移动污染源国家排放标准

在欧洲和美国，机动车辆排放的污染物标准异常严格。此外，非道路污染源的数量日益增加，包括建筑设备、农业机械及某些地区的船只与燃料，也逐渐纳入了排放控制体系。美国建立了行之有效的召回机制，要求汽车制造商及进口商对不符合排放或耐久性标准的发动机及排放控制装置进行召回和改进。与此同时，美国在型式认证及在用符合性测试中，增加了多样化的测试条件。

与之前的排放标准相比，Euro 6/Ⅵ（vehicle emission standards）显著提高了对机动车型式认证和在用符合性测试的限值要求。

拓展阅读

英国大气污染治理

复习思考题（答案请扫封底二维码）

问题 1. 酸雨是如何形成的？
问题 2. $PM_{2.5}$ 的危害有哪些？
问题 3. 大气污染控制子系统包括哪三个环节？
问题 4. 大气环境规划策略宏观上归结为哪两大范畴？
问题 5. 大气环境规划目标有哪两个？
问题 6. 划分环境空气功能区应遵循哪些原则？
问题 7. 总量负荷分配的三个原则的差别是什么？
问题 8. 第一次全国环境保护会议中提出的"三十二字"方针是什么？
问题 9. 1991—2000 年期间我国大气污染防治的特点是什么？
问题 10. "十四五"时期大气污染防治的重点是什么？

第14章 固体废物管理与规划

14.1 概述

固体废物管理与规划是实现可持续发展和环境保护的重要环节之一。随着我国经济的快速发展和城市化进程的加速，固体废物的产生量显著增加，给环境质量和人类健康带来了严峻的挑战。这种挑战不仅体现在垃圾处理能力的不足上，还涉及固体废物对土壤、水体和空气的潜在污染。因此，制定科学合理的固体废物管理策略和污染防治规划显得尤为重要。

我国在固废管理方面已逐渐形成了一套较为系统的规划与管理机制。国家层面，相关法律法规（如《固体废物污染环境防治法》），为固体废物的管理与规划提供了法律框架和政策支持。此外，各级政府也在不断完善固废管理的政策措施，推动垃圾分类、资源回收和无害化处理等工作。在城市层面，许多地方政府已经开始实施垃圾分类制度，以提高资源的回收利用率，减少固体废物的最终处置量。同时，建设现代化的垃圾处理设施，如焚烧发电厂、填埋场和堆肥设施，也是当前固废管理的重要措施。这些努力旨在实现固体废物的减量化、资源化和无害化，进而促进生态环境的改善和可持续发展目标的实现。

简言之，固体废物管理与规划的科学化、系统化不仅是应对环境挑战的必然选择，也是推动社会经济可持续发展的重要保障。

14.1.1 固体废物的分类与来源

固体废物的分类可以从多个维度进行划分，包括来源、成分、特性等。根据来源的不同，固体废物主要可以分为以下几类：

① 生活垃圾。生活垃圾是指居民日常生活中产生的废弃物。随着生活垃圾分类制度的不断推行，生活垃圾的分类日益规范化和细致化。生活垃圾主要可分为以下三类：a. 厨余垃圾，包括食物残余、果皮、蔬菜叶等有机物；b. 可回收物，包括纸类、塑料、金属、玻璃等可再利用的物品；c. 其他垃圾，如烟蒂、卫生纸、塑料袋等不可回收物。

② 工业固体废物。工业固体废物是指在工业生产过程中产生的固体废弃物，主要包括高炉渣、钢渣、粉煤灰、废催化剂、金属屑、塑料边角料、废旧设备等。这些废物不仅数量庞大，而且成分复杂，对环境的影响显著。

③ 建筑废物。建筑业虽然也是工业生产中的一个门类，但由于其量大面广且往往与居民生活区紧密相连，因此有必要进行详细关注。建筑废物是指在建筑、拆除、装修等过程中产生的固体废弃物，主要包括混凝土、砖块、石块、金属、木材及各类其他有机建材等。

④ 医疗废物。医疗废物是在指医疗和卫生活动中产生的固体废物，主要包括：a. 感染性废物，如废弃针头、输液器、手术残余物等；b. 药品废物，包括过期药品和使用过的药

瓶等。由于医疗废物的特殊性与潜在危害，必须进行严格管理。

⑤ 农业固体废物。农业活动产生的固体废物主要包括秸秆、禽畜粪便等。随着规模化养殖和种植的增加，农业废物产生量也在上升。这些废物的有效管理对于环境保护和资源再利用具有重要意义。

如上所述，各类固体废物中，尤其是工业废物中，许多具有危险性。因此，有必要对危险废物进行专门的分类管理。

按照固体废物的毒害性，可以大致将其分为一般废物和危险废物两类。危险废物是指在生产、生活及其他活动中产生的，因其特性可能对人类健康和环境造成严重危害的固体、液体或气体废物。这类废物通常具有毒性、腐蚀性、易燃性、反应性或感染性，处理不当可能引发严重的环境污染和公共健康问题。

根据我国的《国家危险废物名录（2021 年版）》，具有以下情形之一的固体废物（包括液态废物）被列入危险废物名录：

① 具有毒性、腐蚀性、易燃性、反应性或者感染性等危险特性。

② 不排除具有危险特性，可能对生态环境或人体健康造成有害影响，需要按照危险废物进行管理的。

此外，该名录还明确规定了危险废物与其他物质混合后的固体废物，以及危险废物利用处置后的固体废物的属性判定，应按照国家规定的危险废物鉴别标准执行。

危险废物的管理与处置至关重要。根据相关法律法规，产生危险废物的单位必须按照规定进行分类、收集、运输和处置，以确保不对环境和公众健康造成危害。常见的处理方式包括焚烧、填埋、物化处理和资源化利用等。

14.1.2　固体废物的特性

固体废物具有多种特性，这些特性不仅影响其管理和处置方式，也对环境和人类健康产生深远的影响。主要特性包括：

① 成分复杂。固体废物的成分因其来源而异。生活垃圾中通常含有大量的有机物、可回收物和不可回收物，这些成分的多样性使得垃圾分类和处理变得复杂。工业废物则可能含有重金属、化学物质和其他有害成分，这些成分的存在使得其处理和处置过程面临更高的技术要求和安全风险。

② 处理难度大。由于固体废物成分的复杂性，处理和处置过程中的技术要求相对较高。特别是危险废物的管理需要特定的技术和设施，以确保在处理过程中不会对环境和人类健康造成危害。这种处理的复杂性和高成本使得固体废物管理成为一项挑战。

③ 资源化潜力。固体废物中蕴含着大量可再利用的资源。例如，生活垃圾中的可回收物（如纸张、塑料、金属等）和有机废物（如厨余垃圾）都可以经过适当的处理实现资源化利用。这种资源化不仅有助于减少废物排放，还能促进循环经济的发展。

④ 环境影响显著。固体废物的随意堆放和不当处理会导致土壤、水体和空气的污染，对生态环境造成显著影响。废物中的有害成分可能渗入土壤和水体，影响生态系统的平衡，甚至对人类健康构成威胁。

14.1.3　固体废物带来的环境问题

固体废物的产生和管理不当会引发一系列环境问题，主要包括：

① 土壤污染。固体废物中含有的重金属、有机污染物等有害成分在长期堆放中可能会通过雨水淋溶或地表径流进入土壤，导致土壤污染和退化。这种污染不仅影响土壤的肥力，还可能通过食物链影响人体健康。

② 水体污染。固体废物的渗滤液在降雨或融雪时可能渗入地下水或流入地表水体，从而导致水体污染。这种污染会影响水源安全性，危害生态系统，甚至对人类饮用水安全造成威胁。

③ 大气污染。固体废物在堆放和处理过程中，可能会释放出有害气体和粉尘，污染大气环境。在焚烧固体废物时，可能会释放二噁英、氮氧化物等有害气体，不仅会影响空气质量，还会对居民的健康造成危害。

④ 生物污染和生态污染。固体废物可能成为蚊虫、病菌和病毒等生物的滋生地，传播疾病，危害人体健康。同时，固体废物的倾倒和处理不当会破坏生态环境，导致生物栖息地的丧失，从而影响生物多样性。

⑤ 占用土地和景观破坏。大量堆放的固体废物不仅占用土地资源，还会破坏自然景观和生态环境。这种景观破坏影响了人们的生活质量，也可能影响旅游业等相关产业的发展。

⑥ 带来社会问题。固体废物的管理不善可能引发公众的不满和抗议，增加社会矛盾，影响社会稳定。公众对环境问题的关注日益增强，若管理措施不当，可能导致社会信任的下降，甚至引发更大的社会冲突。

14.1.4　我国有关固体废物管理的相关法律法规和标准

（1）主要的相关法律法规

《固体废物污染环境防治法》（1995 年发布，最新修订于 2020 年，制定机构-全国人民代表大会常务委员会），对固体废物的管理、处理和处置提出了具体要求，明确了各级政府和相关部门的职责。

《城市生活垃圾管理办法》（2007 年颁布，最新修订于 2015 年，住房和城乡建设部发布），规范生活垃圾的分类、收集、运输和处理，推动垃圾分类工作。

《危险废物经营许可证管理办法》（2004 年由国务院颁布，2013 年修订），旨在加强对危险废物收集、贮存和处置经营活动的监督管理，防治危险废物污染环境。

《危险废物转移管理办法》（2021 年 11 月 30 日生态环境部、公安部、交通运输部令第 23 号公布，自 2022 年 1 月 1 日起施行），旨在加强对危险废物转移活动的监督管理，防止污染环境。

（2）主要的相关标准

《生活垃圾分类标志》（GB/T 19095—2019，住房和城乡建设部发布），规定了生活垃圾分类标志的使用标准，旨在提高垃圾分类的可识别性。在此次标准修订中，主要对生活垃圾分类标志的适用范围、类别构成、图形符号进行了调整。相比于 2008 版标准，新标准的适用范围进一步扩大，生活垃圾类别调整为可回收物、有害垃圾、厨余垃圾和其他垃圾 4 个大类和 11 个小类。

《固体废物鉴别标准　通则》（GB 34330—2017，环境保护部和国家质检总局发布），对固体废物的鉴别方法和标准进行了规定，以便于识别和管理不同类型的固体废物。本标准规定了依据产生来源的固体废物鉴别准则、在利用和处置过程中的固体废物鉴别准则、不作为固体废物管理的物质、不作为液态废物管理的物质以及监督管理要求。

《危险废物鉴别标准 通则》（GB 5085.7—2019，生态环境部、国家市场监督管理总局发布），规定了固体废物危险特性技术指标，危险特性符合标准规定的技术指标的固体废物属于危险废物，须依法按危险废物进行管理。

《医疗废物管理条例》（2011年，国务院发布），对医疗废物的分类、收集、运输、储存和处置进行了规范。

《一般工业固体废物贮存和填埋污染控制标准》（GB 18599—2020，生态环境部、国家市场监督管理总局发布），规定了一般工业固体废物贮存场、填埋场的选址、建设、运行、封场、土地复垦等过程的环境保护要求，以及替代贮存、填埋处置的一般工业固体废物充填及回填利用环境保护要求，以及监测要求和实施与监督等内容。该标准为强制性标准。

《生活垃圾焚烧污染控制标准》（GB 18485—2014，由生态环境部与国家市场监督管理总局联合发布），规定了生活垃圾焚烧厂的选址要求、技术要求、入炉废物要求、运行要求、排放控制要求、监测要求、实施与监督等内容。

《危险废物焚烧污染控制标准》（GB 18484—2020，由生态环境部与国家市场监督管理总局联合发布），规定了危险废物焚烧设施的选址、运行、监测和废物贮存、配伍及焚烧处置过程的生态环境保护要求，以及实施与监督等内容。

14.2　固体废物污染防治规划

固体废物污染防治规划不仅是确保环境保护和公共健康的重要手段，也是推动资源可持续利用和社会经济协调发展的基础。下文简要介绍固体废物污染防治规划的方法和步骤。

14.2.1　固体废物污染防治规划的指导思想和基本原则

（1）指导思想

① 可持续发展理念。固体废物污染防治规划应以可持续发展为核心，强调在满足当前社会需求的同时，保护环境和资源，以确保子孙后代的生存环境。通过推动固体废物的减量化、资源化和无害化，努力实现经济、社会和环境的协调发展。

② 预防为主，综合治理。在固体废物管理中，应强调预防的优先性，通过源头减量、分类投放和循环利用等措施，减少固体废物的产生。同时，采取综合治理措施，协调各个环节的管理，形成系统化的固体废物处理和利用体系。2020年修订颁布的《中华人民共和国固体废物污染环境防治法》明确了固体废物管理的责任和义务，强调了综合治理的重要性，要求各级政府和企业协同合作，形成合力。

③ 科学决策，数据驱动。固体废物污染防治规划应基于科学的数据和信息，进行全面的现状调查和评估。通过分析固体废物的来源、成分和处理能力等，制定切实可行的管理目标和措施，确保规划的科学性和有效性。

④ 公众参与，透明管理。在固体废物管理过程中，应鼓励公众参与和监督，提高公众的环保意识。通过信息公开和咨询机制，让公众了解固体废物管理的相关政策和措施，增强社会的责任感和参与感。

（2）基本原则

① 源头减量原则。在固体废物管理中，源头减量是首要原则。应优先采取措施减少固

体废物的产生，这不仅有助于降低后续处理的压力，也能有效节约资源。中国政府积极推广绿色生产和消费模式，鼓励企业和个人采用可持续的生活方式，以减少不必要的资源消耗和废物产生。同时，国家层面出台了多项政策，支持企业实施清洁生产技术，促进低污染、低排放的生产方式，从根本上减少固体废物的产生。

② 分类投放原则。固体废物的分类是实现资源化利用的基础。建立健全的垃圾分类体系至关重要，这可以有效引导公众对生活垃圾进行分类投放，提高可回收物的回收率，降低混合垃圾的处理难度。中国已在多个城市开展垃圾分类试点，并逐步推广至全国范围，旨在提高公众的环保意识和参与度，从而实现更高效的垃圾处理和资源回收。

③ 资源化利用原则。固体废物中蕴含着丰富的可再利用资源，必须通过技术手段和政策法规实现废物的资源化利用。鼓励发展废物回收、再加工、堆肥等产业，推动循环经济的发展，减少对自然资源的依赖。通过构建完善的资源回收体系和激励机制，可以有效促进资源的再利用，实现经济与环境的双赢。

④ 无害化处理原则。对于无法回收利用的固体废物，必须采取无害化处理措施，以防止对环境和人类健康造成危害。填埋和焚烧是常见的处理技术，确保固体废物的安全处置是管理的关键。近年来，中国加大了对垃圾焚烧和填埋设施的建设力度，力求实现"无害化、减量化、资源化"的目标。例如，许多城市已建设现代化的垃圾焚烧发电厂，这不仅解决了垃圾处理问题，还实现了能源的回收利用，为可持续发展贡献力量。

⑤ 区域协调发展原则。固体废物管理应充分考虑区域特点和差异，制定适合当地实际情况的管理措施。通过区域间合作与协调，可以实现资源优化配置和管理的有效衔接，提高固体废物管理的整体效率。这种区域协调发展可以避免资源浪费，促进地方经济的可持续发展。

⑥ 法律法规保障原则。依法治理是固体废物管理的重要保障。固体废物污染防治规划应依托相关法律法规，确保规划的合规性与执行力。通过完善法律法规体系，明确各级政府和企业的责任，强化固体废物管理的法律约束，可以有效提高管理的权威性和执行力，确保各项措施的落实。

⑦ 技术创新原则。随着科技发展，固体废物管理技术手段也在不断更新。应鼓励科研机构和企业开展固体废物处理与利用技术的研发，推动新技术应用，以提高固体废物管理的效率和效果。通过创新技术，可以实现更高效的资源回收和废物处理，推动环境保护和经济发展的协同进步。

14.2.2　规划技术路线

固体废物污染防治规划的技术路线是一个系统性的过程，旨在通过科学的方法和合理的策略，有效管理和减少固体废物对环境和公众健康的影响。该技术路线涵盖多个关键步骤，包括现状调查、趋势预测、规划目标和指标设置、规划方案构建与优选，以及规划方案实施与监督管理。

（1）现状调查

现状调查是固体废物污染防治规划的第一步，旨在全面了解当前固体废物的产生、处理和管理状况。这一阶段主要包括以下几个方面。

1）数据收集

数据收集是现状调查的核心。通过对各类固体废物的产生量、成分、来源和处理方式进行系统调查，收集相关数据。数据来源可以包括：

① 政府统计。各级政府部门定期发布的固体废物统计数据，提供了全国或地方的固体废物管理现状。

② 企业报告。企业在生产过程中产生的固体废物情况，包括企业的环境监测报告和年度环境报告等。

③ 现场调查。通过实地考察和问卷调查等方式，收集社区和居民关于固体废物产生和处理的第一手资料。

2）现状分析

在收集到足够的数据后，需对其进行深入分析，以识别固体废物管理中存在的问题与挑战。分析内容包括：

① 生活垃圾分类的有效性。评估现有分类系统的实施效果，确定分类投放的准确率和效率。

② 工业固体废物处理能力。分析工业生产中固体废物的产生量与处理能力之间的差距，识别处理能力不足的领域。

③ 危险废物管理的规范性。检查危险废物的管理流程、存储和处置情况，确保其符合国家和地方的法规要求。

3）环境影响评估

评估当前固体废物管理对环境和公众健康的影响至关重要。这一评估为后续规划提供了科学依据，确保规划方案能够有效应对当前的环境问题。具体而言，这一评估需要考虑：

① 土壤污染。分析固体废物堆放和处理过程中对土壤的潜在污染影响。

② 水体污染。评估固体废物处理过程中可能对地下水和地表水造成的污染风险。

③ 空气质量。检查固体废物焚烧和处理过程中对空气质量的影响，尤其是有害气体的排放情况。

（2）趋势预测

在现状调查的基础上，进行趋势预测是规划技术路线的第二步。主要内容如下。

1）未来产生量预测

基于历史数据和经济社会发展趋势，利用统计模型和情景分析等技术方法预测未来固体废物的产生量。这一预测可以通过以下方式实现：

① 统计模型。应用时间序列分析和回归分析等统计方法，预测固体废物的产生量。

② 情景分析。根据不同的经济发展情景（如人口增长、城市化进程等），评估未来固体废物产生量的变化。

2）政策与技术发展趋势

分析国家和地方的政策导向、技术进步对固体废物管理的影响。例如：

① 垃圾分类政策的推广。评估政策实施对固体废物产生量和分类投放率的影响，为政策的进一步优化提供依据。

② 资源化利用技术的应用。分析新兴技术（如生物处理、机械分选等）在固体废物资源化中的应用前景及其对未来管理的影响。

3）社会公众参与趋势

评估公众对固体废物管理的关注度和参与意愿，尤其是在垃圾分类和资源回收方面的态度变化。可以通过以下方式进行评估：

① 公众调查。通过问卷调查和访谈等方式，了解公众对固体废物管理的认知和态度。

② 社会媒体分析。分析社交媒体和新闻报道中关于固体废物管理的讨论，掌握公众的关注热点和意见反馈。

通过趋势预测，能够为规划目标的设定提供依据，确保目标的科学性和可行性。

（3）规划目标和指标设置

明确的目标和指标是规划成功的关键，主要内容如下。

1）总体目标设定

根据现状分析和趋势预测，设定固体废物管理的总体目标，例如：

① 减少固体废物的产生量。通过推动源头减量和清洁生产，降低固体废物的产生。

② 提高资源化利用率。鼓励废物分类和资源回收，提升可再利用资源的回收率。

③ 降低环境污染。通过无害化处理和资源化利用，减少固体废物对环境的负面影响。

2）具体指标制定

根据总体目标制定量化的具体指标，如：

① 生活垃圾分类投放率。衡量生活垃圾分类实施的效果。

② 可回收物回收率。评估资源回收的效率。

③ 工业固体废物资源化利用率。反映工业废物的资源化处理程度。

这些指标应具备可操作性和可测量性，以便在后续实施中进行有效评估。

3）时间节点划分

为各项指标设定具体的实现时间节点，确保目标的可行性和时效性，促进各项工作的有序推进。例如：

① 短期目标（1～2 年），提高垃圾分类投放率至 50%。

② 中期目标（3～5 年），实现可回收物回收率达到 30%。

③ 长期目标（5 年以上），实现固体废物资源化利用率达到 70%。

通过清晰的目标和指标设置，可以确保固体废物管理工作的有序推进和有效落实。

（4）规划方案构建与优选

在目标和指标设置的基础上进行规划方案的构建与优选，主要步骤如下。

1）方案构建

针对不同类型的固体废物，制定相应的治理方案。例如：针对生活垃圾的分类投放、资源化利用与焚烧处理，工业固体废物的清洁生产与资源化利用，以及危险废物的无害化处理和安全管理。具体方案内容视规划对象的具体特征和目标要求而定。具体方法参见下一节。

2）方案评估与优选

对不同方案进行综合评估，包括技术可行性、经济效益和环境影响等方面的评价。评估方法可以包括：

① 成本效益分析。评估不同方案的经济性，选择最具性价比的方案。

② 环境影响评估。分析不同方案对环境的影响，确保选择的方案能够有效减少污染。

可以采用多目标群决策的方法对方案进行优选，以选择最佳治理方案。

3）公众参与与反馈

在方案优选过程中，邀请公众和相关利益方参与，通过听证会、座谈会等形式收集意见和建议。公众参与的方式可以包括：

① 公开征求意见。通过公告、网站等渠道公开征求公众意见，增强透明度。

② 组织讨论会。邀请专家和公众代表参与讨论，收集不同观点和建议。

通过公众参与，能够确保规划方案的合理性和可接受性，增强公众的认同感。

（5）规划方案实施与监督管理

规划实施是实现目标的最终环节，主要内容如下。

1）实施计划制定

根据优选的方案，制定详细的实施计划，包括责任分工、时间安排、资金投入等，确保各项措施的落实。实施计划应包括：

① 责任分工。明确各级政府、企业和社会组织在实施过程中的责任和义务。

② 时间表。制定详细的时间安排，确保各项措施按时推进。

③ 资金保障。明确资金来源和投入，确保实施过程中资金的有效使用。

2）监督管理机制建立

建立健全的监督管理机制，确保各级政府、企业和公众在固体废物管理中的责任与义务。监督管理可以通过以下方式实现：

① 定期检查。各级政府定期对固体废物管理工作进行检查，确保实施效果。

② 评估与反馈。建立评估机制，及时收集实施过程中的反馈意见，发现问题并进行调整。

3）效果评估与调整

在规划实施过程中，定期对各项指标进行监测和评估，评估实施效果。如果发现目标未能实现或出现新的问题，及时调整规划方案和实施措施，确保固体废物治理的持续改进和优化。评估应包括：

① 定期报告。各级政府和企业应定期向社会公布固体废物管理的实施情况和成效。

② 调整机制。根据评估结果，及时调整实施方案，以适应新的环境和政策变化。

总之，通过现状调查、趋势预测、目标和指标设置、规划方案构建与优选，以及规划方案的实施与监督管理等环节，固体废物污染防治规划的技术路线可以为有效应对固体废物问题提供系统化的解决方案。这一技术路线不仅有助于提高固体废物管理的效率和效果，还能促进资源的合理利用和生态环境的保护，推动社会的可持续发展。

14.2.3 规划方案制定方法与思路

固体废物污染防治规划方案的制定是实现有效固体废物管理的关键环节。通过针对不同类型的固体废物，分别制定生活垃圾、工业固体废物和危险废物的污染防治规划方案，可以确保各类固体废物得到科学、合理和有效的管理。以下将详细论述这三类固体废物的污染防治规划方案的制定方法与思路。

（1）生活垃圾污染防治规划方案的制定方法与思路

生活垃圾是城市固体废物的主要组成部分，其污染防治的有效性直接影响到城市环境的质量和居民的生活品质。因此，制定科学合理的生活垃圾污染防治规划方案至关重要。生活垃圾污染防治规划方案的制定主要包括以下几个方面。

1）生活垃圾分类与投放

① 分类标准确定。制定科学合理的垃圾分类标准是生活垃圾管理的基础。可将生活垃

圾细分为可回收物、厨余垃圾、有害垃圾和其他垃圾。通过明确分类标准，不仅能够提高垃圾的资源化利用率，还能增强居民的垃圾分类意识和参与度。为此，相关部门应参考国际先进经验，结合本地实际情况，制定适合的分类标准，并在政策文件中明确规定。

② 分类投放设施建设。在各个社区、居民小区和公共场所设置分类投放设施是确保垃圾分类有效实施的关键。每类垃圾应设有专门投放容器，投放设施应醒目、便于使用，配备清晰的分类标识和宣传信息。此外，考虑到不同社区的特点，应根据实际需求设计不同类型投放设施，确保覆盖率和使用便捷性。定期检查和维护投放设施，确保其良好运行。

③ 宣传教育与培训。加强对居民的垃圾分类宣传与教育，提升公众环保意识至关重要。应通过社区活动、宣传手册、线上平台等多种形式，广泛普及垃圾分类知识。同时定期举办垃圾分类培训，帮助居民掌握分类技巧，并针对新搬入居民和年轻家庭提供个性化指导。通过开展垃圾分类竞赛、评比等活动，激励居民积极参与，形成良好的社区氛围。

2）垃圾收集与运输

① 收集体系优化。建立完善的垃圾收集体系是确保分类垃圾得到及时处理的关键。根据垃圾产生量和分类情况，合理安排垃圾收集的频率和路线，确保分类垃圾的及时收集和运输，避免因滞留而产生二次污染。此外，应建立动态监测机制，及时调整收集计划，以适应垃圾产生量的变化。

② 运输车辆与设备。配备专用的垃圾运输车辆，确保不同类别垃圾的分开运输，防止交叉污染。运输车辆应符合环保标准，减少运输过程中的噪声和气味污染。建议采用密闭式垃圾运输车，减少垃圾泄漏和异味扩散。同时，应定期对运输车辆进行维护和检查，确保其正常运转。

3）垃圾处理与资源化利用

① 垃圾焚烧与发电。建设现代化的垃圾焚烧发电厂是提升生活垃圾资源利用率的重要手段。通过将生活垃圾转化为能源，既能减少垃圾体积，又能为城市提供清洁能源。焚烧厂应配备先进的烟气处理设施，确保排放物符合环保标准，减少对环境的影响。此外，定期进行焚烧设备的维护和技术升级，确保其高效运转。

② 厨余垃圾处理。推广厨余垃圾的资源化处理技术，如堆肥化和厌氧发酵等，将厨余垃圾转化为有机肥料或生物气体，减少对填埋场的依赖。应鼓励居民参与厨余垃圾的分离投放，并与专业企业合作，建设厨余垃圾处理设施，实现资源的有效回收与利用。

③ 可回收物回收。建立可回收物回收体系，鼓励居民将可回收物送至专门回收点或参与社区回收活动。与回收企业建立合作关系，形成稳定的回收渠道，以提高可回收物的回收率。同时，鼓励企业参与可回收物的回收与再利用，推动形成良好的资源循环利用生态。

4）垃圾填埋与无害化处理

① 填埋场选址与设计。对于无法回收利用的生活垃圾，合理选择填埋场的选址与设计至关重要。填埋场应符合环保标准，设置防渗漏和气体收集系统，以防止对土壤和水体的污染。在选址时，应考虑周边环境、地质条件和交通便利性，确保填埋场的可持续运行。

② 填埋场的管理与监测。对填埋场进行定期的管理与监测，以确保填埋过程中的环境安全。应建立填埋场的环境监测系统，定期对填埋场的渗滤液、气体和周边环境进行检测，及时发现和处理潜在的环境问题。此外，填埋场的管理部门应制定应急预案，以应对可能出现的突发事件，确保公众安全和环境保护。

表 14-1 总结了常见的生活垃圾处理方式及其对环境的影响，展示了不同处理方式的优

缺点，在实际的规划和工程应用中，具体在何地采用何种方法，应进行综合的环境经济评估，以获得最大的综合效益和最小化环境风险。

表 14-1　常见的生活垃圾处理方式及其对环境的影响与优缺点

处理方式	方法描述	环境影响及优缺点
垃圾填埋	将垃圾埋入土地，进行覆盖和压实	可能导致土壤和地下水污染 产生沼气（如甲烷），对气候变化有影响 占用大量土地，影响周边生态
垃圾焚烧	在高温炉内燃烧垃圾，减少体积并发电	产生有害气体（如二噁英、重金属），需经过处理 产生灰烬和飞灰，需妥善处置。能源回收利用，减少化石燃料使用
垃圾堆肥	将有机垃圾（如秸秆、厨余垃圾等）进行堆肥化处理	减少垃圾量，回收利用有机物 改善土壤质量，促进植物生长 需控制气味和虫害
回收利用	对可回收物（如纸张、塑料、金属等）进行分类和再加工	减少原材料消耗，节约资源 降低垃圾处理量，减轻填埋和焚烧压力 需建立完善的回收体系
垃圾分类	在源头对垃圾进行分类投放	提高资源回收利用率，减少混合垃圾处理难度 降低处理成本，提高处理效率 需公众参与和意识提升

综上，生活垃圾污染防治规划方案的制定需要综合考虑多方面的因素，包括垃圾分类与投放、收集与运输、处理与资源化利用、填埋与无害化处理等。通过科学合理的规划和有效的实施，可以显著提升城市垃圾管理的效率，改善城市环境质量，提升居民的生活品质。同时，政府、企业和公众应共同参与，形成合力，共同推动生活垃圾的有效治理，助力可持续发展目标的实现。

（2）工业固体废物污染防治规划方案的制定方法与思路

工业固体废物的管理涉及多个行业和领域，其处理和利用的复杂性要求制定针对性的污染防治规划方案。有效的工业固体废物污染防治规划方案不仅能够降低环境污染风险，还能提高资源的利用效率。简要来说，该类规划方案的内容主要包括以下几个方面。

1）工业废物分类与源头减量

① 分类标准划分。制定科学合理的工业固体废物分类标准是管理的基础。应将废物分为可回收利用废物、危险废物和其他废物。通过明确分类标准，帮助企业识别和管理各类废物，确保不同类别废物的处理措施得当。例如，可回收利用的废物可以优先用于再利用或回收，而危险废物则需严格按照相关法规进行处理。分类标准的制定应参考国内外的先进经验，并结合本地区的实际情况，以确保其可行性和有效性。

② 源头减量措施。鼓励企业采用清洁生产技术和管理方法，减少固体废物的产生。通过工艺改进、原材料替代和流程优化，降低生产过程中固体废物的产生量。例如，企业可以通过更新设备和技术，优化生产流程，减少废物生成；同时，选择更环保的原材料，以降低废物生成的潜在风险。定期开展技术培训和交流，提升企业员工的环保意识和清洁生产知识，促进源头减量的有效实施。

2）废物回收与资源化利用

① 回收体系建设。建立企业内部的固体废物回收体系是推动资源化利用的重要措施。鼓励企业对可回收废物进行再利用，形成闭环管理。企业应定期评估其废物产生情况，制定

相应的回收计划，与专业回收企业建立合作关系，形成稳定的回收渠道。此外，政府和行业协会可提供支持，帮助企业建立有效的废物回收网络，提高整体资源化利用率。

② 资源化利用技术推广。推广固体废物的资源化利用技术，如废物再生利用、热能回收和物料循环利用等。通过技术创新，提高工业固体废物的资源化水平，减少对填埋的依赖。例如，企业可以利用废物中的有用成分进行再加工，或通过热能回收技术将废物转化为可利用的能源。政府应鼓励研发机构和企业合作，推动新技术的研发和应用，提升工业固体废物的资源化利用效率。

3）危险废物管理

① 危险废物识别与分类。对产生的危险废物进行准确识别与分类是确保安全管理的前提。企业应建立危险废物清单，明确每种危险废物的产生源、特性和处理要求。制定相关的管理规定，明确危险废物的处理流程和责任，确保企业能够按照法规要求进行危险废物的处理。同时，定期进行危险废物管理培训，提升员工的识别能力和管理水平，确保所有员工都能遵循相关操作规程。

② 安全处置与无害化处理。建立危险废物的安全处置和无害化处理机制，确保危险废物的处理符合国家和地方的环保标准。推动危险废物的焚烧、固化和生物处理等无害化处理技术的应用，确保废物处理过程中的环境安全。此外，企业应与专业的危险废物处置机构合作，确保危险废物的处置符合相关法律法规，并定期评估处置效果，确保处理方案的有效性。

4）监测与评估

① 监测体系建设。建立工业固体废物管理的监测体系是确保规划方案落实的重要手段。应定期对企业的废物产生、处理和利用情况进行监测和评估，确保企业按照规定进行废物管理。监测体系应包括废物产生量、分类情况、处理方法及其效果等多个方面，定期向管理部门报告监测结果，以便及时发现并解决问题。

② 绩效评估与激励机制。对企业的固体废物管理情况进行绩效评估，建立科学的评估指标体系，对表现良好的企业给予激励和支持。这可以通过政策补贴、税收优惠等方式鼓励企业在固体废物管理方面的持续改进。同时，政府和相关机构应定期发布优秀企业的案例，分享成功经验，鼓励更多企业积极参与固体废物管理，提高整个行业的环保水平。

综上，工业固体废物污染防治规划方案的制定，必须综合考虑分类与源头减量、废物回收与资源化利用、危险废物管理以及监测与评估等多因素。通过科学合理的规划和有效的实施，可以显著降低工业固体废物对环境的影响，推动资源的循环利用，实现可持续发展目标。

（3）危险废物污染防治规划方案的制定方法与思路

危险废物的管理涉及安全性和复杂性，因此显得尤为重要，其污染防治规划方案的制定必须充分考虑其潜在的危害性，主要包括以下几个方面。

1）危险废物的识别与分类

① 危险废物识别标准。制定明确的危险废物识别标准是管理的第一步。应通过对废物成分、性质和危害性的全面评估，明确哪些废物属于危险废物。这包括对物质的化学性质、毒性、反应性、可燃性和生态危害等进行系统分析。企业应定期进行自查，确保能够准确识别危险废物，并及时更新相关识别标准，以适应新材料和新工艺的变化。

② 分类管理与登记。建立危险废物的分类管理制度是确保其有效管理的基础。企业应对产生的危险废物进行详细的登记和备案，记录废物的种类、数量、产生源、存放地点及流

转情况等信息。通过建立完整的流转记录，不仅可以为后续的管理和追踪提供依据，还能在发生环境事故时，迅速定位问题源头，采取相应的应急措施。

2）危险废物的储存与运输

① 安全储存设施建设。为了确保危险废物的安全储存，必须建立符合国家和地方标准的储存设施。这些设施应具备防渗漏、防火和防爆等安全措施，确保储存过程中的安全性。此外，储存设施应定期进行检查和维护，及时排除潜在的安全隐患。同时，储存区域应设有明确的警示标识，提醒工作人员和相关人员注意安全。

② 安全运输与标识。在危险废物的运输过程中，必须采取严格的安全运输措施，以确保运输过程中的安全。运输车辆应配备专用的标识和警示信息，明确标示所运货物的危害性。此外，运输过程中应遵循相关法规，确保运输路线的安全性，避免经过人口密集区和环境敏感区域。运输人员应接受专业培训，掌握危险废物的处理和应急处置知识。

3）危险废物的处理与处置

① 无害化处理技术推广。推广危险废物的无害化处理技术是减少环境污染和保障公众健康的重要措施。应鼓励企业采用焚烧、化学处理、固化等无害化处理技术，确保危险废物的处理符合环保标准。政府应支持研究和开发新型无害化处理技术，提供技术指导和资金支持，促进技术的普及和应用。

② 处置设施建设与管理。建设符合相关环保标准的危险废物处置设施是确保安全处置的关键。处置设施应具备完善的安全管理体系，定期进行管理与监测，确保其正常运行，防止泄漏和污染事件的发生。应建立应急预案，确保在发生突发事件时，能够迅速采取有效措施，降低对环境和人类健康的影响。

4）监管与法律法规

① 法律法规保障。制定和完善危险废物管理的法律法规是确保管理工作合规性和有效性的基础。应明确各级政府、企业和公众在危险废物管理中的责任和义务，确保法律法规的实施具有约束力。定期对法律法规进行评估和修订，以适应新情况和新问题的出现，确保其时效性和有效性。

② 监管机构与机制。建立专门的危险废物管理监管机构，负责对危险废物的管理进行监督与执法。该机构应具备专业的技术人员和充足的资源，定期对企业的危险废物管理情况进行检查，确保其符合相关法规和标准。此外，应建立信息共享平台，促进政府、企业和公众之间的信息交流，提高社会对危险废物管理的关注和参与。

综上，危险废物污染防治规划方案的制定需要综合考虑危险废物的识别与分类、储存与运输、处理与处置、监管与法律法规等多个方面。通过科学合理的规划和有效的实施，可以显著降低危险废物对环境和人类健康的影响，保障生态安全与公众安全。各级政府、企业和社会应共同努力，形成合力，推动危险废物的有效治理。

14.3 固体废物管理规划实例

随着城市化进程的加快，固体废物的产生量日益增加，固体废物管理成为现代城市面临的重要挑战之一。有效的固体废物管理不仅能改善环境质量，还能促进资源的循环利用，推动可持续发展。本节将以某城市的固体废物管理规划为实例，详细介绍该城市在固体废物管理方面的具体措施、实施效果及经验教训。

14.3.1 背景分析

（1）城市概况

某城市位于东部沿海，是一座经济发展迅速、现代化程度高的大城市。近年来，随着城市化进程的加快，人口持续增长和经济活动频繁，该市固体废物产生量逐年上升，给城市环境管理带来了巨大的压力。根据统计数据，2019 年该市每日产生生活垃圾约为 5000t，工业固体废物产生量约为 3000t，危险废物产生量则为 200t。这些数据反映出该市在应对固体废物管理方面的紧迫性和重要性，尤其是在促进可持续发展和保护生态环境的背景下。

（2）问题与挑战

尽管该市在固体废物管理方面已有一定的基础和初步的管理体系，但仍面临诸多挑战，具体如下：

① 垃圾分类不彻底。尽管政府和相关部门已开展了一系列垃圾分类宣传活动，但居民对垃圾分类的认知和参与度普遍不足，导致垃圾混投现象严重。这不仅影响了后续垃圾处理的效率，也降低了资源化利用的效果，造成可回收资源的浪费。

② 处理设施不足。现有的垃圾焚烧和填埋设施的处理能力无法满足快速增长的垃圾处理需求。随着生活垃圾和工业固体废物的持续增加，现有设施面临饱和，造成垃圾堆积，进而引发环境污染和卫生问题，影响居民的生活质量。

③ 危险废物管理薄弱。在危险废物的管理方面，存在监管不力和信息不透明的问题。危险废物的产生和管理缺乏有效的监管和追踪机制，企业在危险废物的处理上可能存在侥幸心理，导致安全隐患加剧，给环境和公众健康带来潜在威胁。

14.3.2 固体废物管理规划的制定

（1）规划目标

为应对上述问题，该市固体废物管理规划的总体目标是：到 2030 年，实现生活垃圾分类投放率达到 60%，资源化利用率达到 50%，危险废物无害化处理率达到 100%。具体目标包括：

① 提高垃圾分类的公众参与度和分类投放率。通过开展多样化的宣传活动和教育培训，提高居民的分类意识和参与热情，鼓励社区居民积极参与垃圾分类工作。

② 增强可回收物的回收和资源化利用能力。建立健全可回收物的回收体系，鼓励企业和居民将可回收物送至专门回收点，并通过引入新技术提高回收效率，推动资源循环利用。

③ 加强工业固体废物和危险废物的安全管理和处置。制定严格的管理标准和操作规程，确保工业固体废物和危险废物的安全处理，降低环境风险，保护公众健康。

（2）规划原则

在制定固体废物管理规划时，该市遵循以下基本原则：

① 预防为主。强调源头减量和清洁生产，鼓励企业和居民采取更环保的生产和消费方式，减少固体废物的产生，从源头降低环境负担。

② 分类管理。推动垃圾分类投放、分类收集和分类处理，提升资源化利用水平，确保不同类别垃圾得到相应的处理，最大限度地减少废物的环境影响。

③ 公众参与。增强公众对固体废物管理的参与意识，通过社区活动和宣传教育，形成

良好的社会氛围，鼓励居民主动参与垃圾分类和回收工作，提升整体管理效果。

④ 科技驱动。利用信息技术和新技术手段提升固体废物管理的效率和效果，例如，实施智能垃圾分类系统和数据监测平台，实现精细化管理和实时监控。

（3）规划内容

规划内容主要包括以下几个方面：

① 垃圾分类与投放。制定明确的分类标准，将生活垃圾细分为可回收物、厨余垃圾、有害垃圾和其他垃圾。在各个社区和公共场所设置分类投放设施，并进行相应的宣传和培训，确保居民了解分类标准及其重要性，提高分类投放的准确性。

② 垃圾收集与运输。优化设计垃圾收集的路线和频率，确保分类垃圾能够及时收集和运输。配备专用的垃圾运输车辆，确保不同类别垃圾的分开运输，以防止交叉污染。同时，加强运输过程中的监控，确保运输安全。

③ 垃圾处理与资源化利用。建设现代化的垃圾焚烧发电厂，以提升垃圾的资源化利用水平，减少对填埋场的依赖。推广厨余垃圾的堆肥化和资源化利用技术，鼓励居民参与厨余垃圾的分类和处理，促进有机废物的循环利用。

④ 危险废物管理。建立完整的危险废物识别、分类、储存和处置机制，确保危险废物的安全管理。加强对危险废物产生企业的监管，定期进行现场检查和评估，确保其合规性和安全性，防止危险废物对环境和公众健康造成伤害。

⑤ 监测与评估。建立完善的固体废物管理监测体系，定期对各项指标进行评估和反馈，确保管理措施的有效实施。根据评估结果，及时调整和优化固体废物管理策略，确保规划目标的实现，形成持续改进的管理循环。

14.3.3 实施过程

（1）垃圾分类与投放

1）分类标准的制定

该市根据国家和地方的相关标准，制定了生活垃圾分类标准，明确了四类垃圾的定义和投放要求：可回收物包括纸张、塑料、玻璃等；厨余垃圾包括剩饭剩菜和果皮等；有害垃圾包括电池、药品等；其他垃圾则为无法分类的垃圾。

2）分类投放设施建设

在全市范围内，建设了大量的分类投放设施，包括分类垃圾桶、分类投放点和社区垃圾站等。这些设施设计合理，便于居民投放垃圾，并配备了醒目的分类标识。具体措施如下：

① 设施数量。在每个社区内至少设置 10 个的分类投放点，公共场所如公园、商场等设置分类垃圾桶不少于 5 个。

② 设施类型。投放设施根据垃圾种类定制，采用不同颜色和图案的垃圾桶，确保居民易于识别。

③ 智能投放。部分区域引入智能垃圾投放设备，配备传感器和监控系统，实时监测垃圾投放情况，提高管理效率。

3）宣传教育与培训

通过多种形式的宣传教育活动，提高居民对垃圾分类的认知和参与度。包括在社区内开展垃圾分类知识讲座、发放宣传手册、利用社交媒体进行线上宣传等。同时，组织志愿者进行垃圾分类知识的普及和现场指导。具体措施包括：

① 宣传活动。每季度在社区内举办一次大型垃圾分类宣传活动，邀请环保专家举办讲座。

② 培训课程。为社区志愿者和物业管理人员提供垃圾分类培训，确保他们能够引导居民进行正确分类。

③ 线上宣传。利用社交媒体平台发布垃圾分类小知识，鼓励居民分享分类经验。

（2）垃圾收集与运输

1）收集体系优化

根据居民的垃圾产生量和分类情况，优化了垃圾收集的频率和路线。生活垃圾的收集频率根据区域的垃圾产生量进行动态调整，确保垃圾及时清运，避免堆积。具体措施包括：

① 动态调整。对垃圾产生量大、居民密集的区域，每日收集一次；对垃圾产生量少的区域，调整为每周收集三次。节假日适时增加收集频次。

② 数据支持。利用信息化手段，通过垃圾投放记录和居民反馈，实时监测垃圾产量，优化收集路线。

2）运输车辆与设备

配备了专用的垃圾运输车辆，确保生活垃圾、可回收物和危险废物的分开运输。运输车辆上配备了 GPS 定位系统，确保运输过程的安全和高效。同时，针对不同垃圾类型采用不同的运输设备，具体措施如下：

① 车辆配置。生活垃圾采用密闭式运输车，可回收物采用开放式运输车，危险废物采用专用的防泄漏运输车。

② 运输监控。通过 GPS 系统监控运输车辆的实时位置，确保运输路线的合理性和安全性。

（3）垃圾处理与资源化利用

1）垃圾焚烧与发电

该市建设了一座现代化的垃圾焚烧发电厂，具备每年处理垃圾 100 万吨的能力。焚烧过程中产生的热能被转化为电能，供给城市用电。焚烧厂配备了先进的烟气处理设施，确保排放物符合环保标准。具体措施如下：

① 焚烧技术。采用先进的炉型和焚烧技术，确保燃烧效率高，减少二次污染物的产生。

② 电能利用。焚烧厂内设有发电机组，将焚烧过程中产生的蒸汽转化为电能，年发电量可达 1 亿千瓦时，供给周边居民用电。

2）厨余垃圾处理

在厨余垃圾的处理方面，推广了堆肥化和厌氧发酵技术。通过将厨余垃圾转化为有机肥料，减少了垃圾的填埋量，实现了资源的循环利用。具体措施包括：

① 堆肥化设施。在城市周边建设堆肥化处理厂，年处理能力达到 2 万吨，将厨余垃圾转化为有机肥料，供给农业使用。

② 厌氧发酵。引入厌氧发酵技术，将厨余垃圾转化为生物气体，供给城市的燃气需求。

3）可回收物回收

建立了可回收物的回收体系，鼓励居民将可回收物送至专门的回收点或参与社区回收活动。与多家回收企业合作，形成稳定的回收渠道，提高了可回收物的回收率。具体措施如下：

① 回收点设置。在每个社区设置至少一个可回收物回收点，方便居民投放可回收物。

② 回收奖励机制。推行可回收物回收奖励机制，居民每投放 1kg 可回收物可获得积分，

积分可兑换小礼品或购物优惠。

（4）危险废物管理

1）危险废物识别与分类

对辖区内企业产生的危险废物进行严格的识别和分类，确保企业能够准确管理危险废物。制定了相关的管理规定，明确危险废物的处理流程和责任。具体措施包括：

① 企业培训。定期对相关企业进行危险废物管理培训，提高企业对危险废物识别和分类的能力。

② 管理制度。建立危险废物管理制度，明确责任人和管理流程，确保危险废物的安全管理。

2）安全处置与无害化处理

建立了危险废物的安全处置和无害化处理机制，推动危险废物的焚烧、固化等无害化处理技术的应用。确保危险废物的处理符合国家和地方的环保标准。具体措施包括：

① 处置设施建设。建设专门的危险废物处置设施，具备年处理危险废物 5000t 的能力，确保危险废物的安全处置。

② 处置流程。参照国家相关标准，制定标准化的危险废物处置流程，确保处置过程中安全、规范，防止二次污染。

3）监管与法律法规

制定和完善了危险废物管理的地方性法律法规，确保危险废物管理工作的合规性和有效性。建立专门的危险废物管理监管机构，负责对危险废物的管理进行监督与执法。具体措施包括：

① 定期检查。对产生危险废物的企业进行定期检查，确保其按照规定进行危险废物的管理。

② 举报机制。建立危险废物管理的举报机制，鼓励公众和员工对违法行为进行举报，形成社会监督。

14.3.4 实施效果

（1）垃圾分类与投放效果

通过垃圾分类投放的推广，该市居民的垃圾分类意识明显提高。根据调查数据，生活垃圾的分类投放率从实施前的 20% 提高到 60%，可回收物的回收率也显著提升。具体效果如下：

① 分类投放率。生活垃圾分类投放率达到 60%，可回收物的回收率提升至 40%。

② 居民参与度。参与垃圾分类的居民比例由 30% 提升至 70%，居民对垃圾分类的认可度明显提高。

（2）垃圾处理与资源化利用效果

垃圾焚烧发电厂的建设，使该市的垃圾处理能力得到显著提升。焚烧厂的运行有效减少了垃圾的填埋量，垃圾的资源化利用率达到了 50%。同时，厨余垃圾的处理也实现了资源化，减少了对填埋场的依赖。具体效果如下：

① 垃圾处理能力。垃圾焚烧发电厂年处理垃圾 100 万吨，减少填埋量 50 万吨。

② 资源化利用率。垃圾的资源化利用率达到 50%，厨余垃圾的资源化利用率提高到 60%。

（3）危险废物管理效果

危险废物的安全管理和处置得到了加强，危险废物的无害化处理率达到了 100%。企业对危险废物的管理意识明显增强，违规行为大幅减少。具体效果如下：

① 无害化处理率。危险废物的无害化处理率达到 100%，没有发生任何危险废物泄漏事件。

② 企业合规率。参与危险废物管理的企业合规率提高到 95%，企业对危险废物的管理意识明显增强。

14.3.5 经验与教训

（1）成功经验

① 公众参与的重要性。通过广泛的宣传教育和培训，提高了居民的垃圾分类意识和参与度，形成了良好的社会氛围。

② 科技驱动的必要性。利用信息技术和新技术提升固体废物管理的效率和效果，推动了垃圾分类、资源化利用和危险废物管理的有效实施。

③ 政府与企业的协同。政府与企业的密切合作，形成了稳定的固体废物管理体系，共同推动了固体废物管理的有效实施。

（2）需要改进的地方

① 分类标准的细化。在垃圾分类标准的制定上，可以进一步细化，尤其是对可回收物的分类，以提高分类的准确性和有效性。

② 基础设施的建设。在某些区域，垃圾分类投放设施和处理设施的建设仍需加强，以满足日益增长的垃圾处理需求。

③ 监测与评估机制的完善。需要建立更加完善的监测与评估机制，确保固体废物管理措施的有效实施和持续改进。

综上，某城市的固体废物管理规划实践表明，科学的规划、有效的实施和公众的参与是实现固体废物管理成功的关键。通过垃圾分类、资源化利用和危险废物的安全管理，该市在固体废物治理方面取得了显著成效，为其他城市提供了可借鉴的经验。未来，随着技术的不断进步和管理经验的积累，该市的固体废物管理将朝着更加科学、有效和可持续的方向发展，为生态环境的保护和社会的可持续发展做出更大贡献。

📖 拓展阅读

日本的工业废物经验——快速工业化国家的教训

📖 复习思考题（答案请扫封底二维码）

问题 1. 城市固体废物污染来源主要包括哪三个方面？

问题 2. 固体废物具有哪几个特性？

问题 3. 固体废物污染防治规划的基本原则有哪些？

问题 4. 简述垃圾焚烧对环境影响及优缺点。

问题 5. 海洋塑料污染的影响有什么？

问题 6. "十四五"我国面临的固体废物利用的形势是什么？

第15章 | 全球环境问题与管理

15.1 全球环境问题概述

全球环境问题是当今社会面临的最紧迫挑战之一。这些问题不仅影响生态系统的健康和稳定，还对人类的生存和发展构成了严重威胁。由于这些问题通常跨越国界、影响范围广泛，因此亟需全球合作来共同应对。接下来将详细介绍几种主要的全球环境问题及其全球性和相互关联性。

15.1.1 全球性环境问题的主要特征

全球环境问题的特征不仅体现在问题的复杂性上，还在于这些问题的全球性和相互关联性，具体而言主要包括以下几个方面。

（1）跨国界的影响

全球环境问题的一个显著特征是其跨国界的影响。许多环境问题并不局限于某一国家或地区，而是展现出广泛的跨国界影响。例如，气候变化是一个典型的全球性问题，其重要根源之一在于全球范围内的土地利用变化和温室气体排放等因素。无论是发达国家还是发展中国家的温室气体排放行为，都会对全球气候产生直接的影响。而气候变化的影响是全方位的，包括气温升高、极端天气事件增加、海平面上升等。这些变化不仅影响到自然生态系统的稳定，还对人类社会的生活、经济发展及安全构成威胁。例如，海平面上升可能导致沿海城市的淹没，影响数百万人的生存环境。而即使是一个小国的森林砍伐行为，也可能通过减少碳吸收能力，进而影响全球的碳循环，导致气候系统的不稳定。此外，一些污染物如臭氧层破坏物质（氟氯烃等）、重金属、放射性物质和难降解有机物等，能够在全球范围内扩散，造成跨国界的环境危害。例如，臭氧层的破坏不仅影响到特定区域的生态环境，还可能导致全球范围内的紫外线辐射增加，从而影响人类的健康和植物的生长。这种跨国界的影响强调了全球合作的重要性，各国必须共同努力，才能有效应对和解决这些环境问题。

（2）生态系统的相互依存性

地球上的生态系统是高度相互联系和相互依存的，这种相互依存性使得环境问题的影响范围远超单一地区。例如，亚马孙雨林的砍伐不仅对当地生物多样性造成直接威胁，还会引发一系列全球性后果。作为全球重要的碳汇，亚马孙雨林的砍伐将减少二氧化碳的吸收，进而改变全球气候模式，导致极端天气事件的增加，如洪水、干旱和热浪等。

生态系统之间的相互依赖性还意味着某一地区的环境问题可能迅速地直接扩展到其他地区。例如，陆地生态系统的健康状况直接影响海洋生态系统的状况，陆地上的污染物和营养物质流入海洋，导致海洋富营养化和生态失衡。这种现象不仅会影响海洋生物的生存，还会破坏人类依赖海洋资源的经济活动，如渔业和旅游业。此外，生态系统的变化也会影响人类的生活质量和经济安全。例如，森林砍伐导致的土壤侵蚀和水资源枯竭，可能会影响农业生产，从而引发粮食安全问题。这种生态系统间的相互依赖关系表明，局部的环境问题可能迅速演变为全球性的问题，因此必须采取综合的管理策略。

（3）社会经济的互联性

全球化加深了各国在经济、贸易和资源方面的相互依赖，这种经济互联性使得环境问题的解决变得更加复杂。许多发展中国家依赖于发达国家的市场来出口原材料，而这些原材料的开采和运输往往伴随着环境污染和生态破坏。例如，某些国家的矿产资源开采可能导致水源污染、土壤退化和生物栖息地破坏，这些问题不仅影响到当地的生态环境，还可能通过贸易链条影响到远在千里之外的国家和地区。

全球供应链的复杂性使得环境问题的解决变得更加困难。一国的环境政策可能会影响其他国家的经济利益。例如，发达国家可能会通过提高环保标准，限制某些产品的进口，这对依赖出口的国家造成了经济压力。此外，环境问题的解决需要资金和技术的支持，而这些往往集中在发达国家，发展中国家在这方面的短缺使得它们在全球环境治理中处于不利地位。

因此，这种经济互联性强调了国际合作与协调在解决环境问题中的必要性。只有通过全球性的协作，才能找到可持续的解决方案。例如，国际社会可以通过制定全球性的环境协议来减少温室气体排放，或者通过技术转让和资金支持，帮助发展中国家实现可持续发展。

（4）环境问题的连锁反应

环境问题往往会引发一系列连锁反应，形成复杂的因果关系。例如，气候变化导致的极端天气事件，如洪水和干旱，可能造成农业产量的下降，进而引发粮食危机。这种粮食危机不仅影响到个体的生存，甚至可能导致社会动荡和经济衰退。而粮食短缺可能引发的社会不稳定现象，又会进一步加剧环境问题的复杂性，因为在资源匮乏的情况下，人们往往会过度开发环境资源，形成恶性循环。此外，环境污染问题也会引发健康危机，增加公共卫生开支，进而影响经济发展和社会稳定。例如，空气污染导致的呼吸系统疾病增加，可能使劳动力的生产力下降，进而影响国家的经济增长。健康危机不仅加重了公共卫生系统的负担，还可能导致劳动力市场的不稳定，进而影响整个社会的经济活动。

因此，这种相互影响的复杂性和连锁反应，使得在解决一个环境问题时，必须考虑到其他相关问题的影响，从而制定出更具综合性的解决方案。例如，在制定气候变化应对政策时，不仅要考虑减排目标，还需关注对经济和社会的影响，确保政策的可行性和有效性。

综上所述，跨国界的影响、生态系统的相互依存性、社会经济的互联性以及环境问题的连锁反应等因素，共同构成了当今全球环境治理的复杂背景。有效应对这些问题需要国际社会的紧密合作，采取系统性和综合性的管理策略，以实现可持续发展和保护地球生态环境的目标。

15.1.2 全球性环境问题：气候变化

气候变化是当今全球最为紧迫的环境问题之一，影响着自然生态系统和人类社会的各个层面。尽管科学界对气候变化的内在机理仍存在争议，一些学者认为自然规律如太阳辐射变化和地球自身的地质过程等，也都会以或长或短的周期对地球气候产生影响，但广泛的共识是，人类活动在近年来的气候变化中扮演了关键角色。自 20 世纪中叶以来，全球温室气体浓度显著上升，这一变化主要归因于化石燃料的燃烧、森林砍伐、农业活动以及工业过程等人类活动。这一变化不仅是气候模式的转变，更是对生态系统、经济发展和社会稳定的深远影响。因此，尽量减少人类活动对自然界的过度干扰，包括降低由于人类活动所导致的温室气体排放，已成为应对气候变化的普遍共识。

15.1.2.1 气候变化带来的全球性影响

（1）全球气温上升

根据气候变化国际小组（IPCC）的报告，自 1850 年以来，全球平均气温已经上升了约 1.2℃。预计到 2100 年，气温的增幅可能达到 1.5～4℃。气温的上升直接导致了冰川的加速融化和海平面的上升。北极地区的冰盖和格陵兰冰层的迅速融化，已经成为全球变暖的明显指征。气温的上升不仅影响了气候模式，还对农业生产、供水系统和生态平衡造成了深远的影响。例如，温度升高可能导致农作物的生长周期缩短，影响粮食生产的稳定性。同时，极端气候条件的增加可能使得某些地区的水资源更加紧张，影响人们的生活和经济活动。在这一过程中，科学界对气候变化的研究仍在继续，一些学者也在探索自然因素对气候变化的影响，以便更全面地理解气候系统的复杂性。

（2）极端天气事件的增加

气候变化导致极端天气事件的频率和强度显著增加，包括热浪、洪水、干旱、飓风和暴风雪等。这些极端天气现象给人类生活和经济活动带来了巨大的损失。例如，2017 年的飓风哈维造成了美国得克萨斯州数十亿美元以上的经济损失和数百万人口受灾，直接与气候变化有关。根据 IPCC 的研究，未来随着气温的持续上升，极端天气事件将变得更加频繁和严重，威胁到人类的生命安全和财产安全。极端天气的增加不仅给直接受灾地区带来了损失，还可能对全球经济产生连锁反应。例如，农业受到干旱或洪水影响，可能导致全球粮食供应链的中断，进而引发粮食价格的上涨和社会不稳定。因此，理解气候变化与极端天气之间的关系，对于制定有效的应对策略至关重要。

（3）海平面上升

随着气候变化的加剧，海平面上升已成为全球性问题。由于极地冰盖融化以及海水热膨胀，全球海平面已经上升了约 20cm，预计到 2100 年，海平面可能再上升 1m。这一变化对沿海地区的生态环境和人类居住构成了严重威胁。许多低洼岛国和沿海城市，如马尔代夫等，面临着被淹没的风险。海平面上升还可能导致盐水入侵，影响淡水资源和农业生产，进一步加剧粮食安全问题。此外，海平面上升对沿海生态系统的影响也是不可忽视的。湿地、红树林等生态系统在抵御海平面上升方面发挥着重要作用，但这些生态系统本身也面临着气候变化的威胁。因此，保护和恢复这些生态系统对于应对海平面上升至关重要。

（4）生态系统失衡

气候变化对生态系统的影响深远而复杂。气温上升和降水模式的变化影响了动植物栖息地，导致物种迁移、繁殖周期改变以及生态系统脆弱性增加。例如，北极地区的气候变化导致北极熊栖息地减少，影响其生存和繁衍能力。其他物种如珊瑚礁，也因海水温度升高而面临白化和死亡的风险。气候变化还可能导致生态系统的相互作用受到影响，从而破坏生物多样性，降低生态系统的服务功能，如水源净化、土壤肥力和气候调节等。这些生态系统服务是人类生存和发展的基础，因此，保护生物多样性和生态系统的健康至关重要。

15.1.2.2　应对气候变化的策略

应对气候变化需要各国共同努力，实施有效的减排政策，推动可再生能源的开发与利用，并加强国际合作。只有通过全球范围内的合作与协调，才能有效应对气候变化带来的挑战，保护我们赖以生存的地球。各国政府、企业和公众需要共同承担责任，采取切实可行的措施来减少温室气体排放。例如，发展和推广可再生能源，如太阳能、风能和水能，可以显著减少对化石燃料的依赖，降低温室气体排放。此外，提高能效、推广绿色建筑和可持续交通方式，也是应对气候变化的重要手段。在农业领域，采用可持续的耕作方式和技术，可以提高土壤的碳储存能力，减少农业生产对环境的负面影响。国际社会还需加强合作，共同应对气候变化带来的挑战。通过国际协议和合作机制，各国可以分享技术、资金和经验，以实现全球范围内的减排目标。例如，《巴黎协定》为各国提供了一个共同的框架，推动全球气温上升控制在 2℃ 以内的目标。

综上所述，气候变化是一个复杂而紧迫的问题，涉及自然、社会和经济多个层面。理解气候变化的内在机理，尤其是人类活动与自然因素之间的关系，对于制定有效的应对策略至关重要。通过减少人类对自然界的干扰，推动可持续发展，我们将能够更好地应对气候变化带来的挑战，保护地球的生态环境。

15.1.3　全球性环境问题：生物多样性丧失

生物多样性是指地球上不同生物物种及其生态系统的多样性，包括物种多样性、遗传多样性和生态系统多样性。生物多样性不仅是生态系统健康的基石，也是人类生存和发展的重要保障。然而，近年来，全球生物多样性正以惊人的速度下降，这一趋势引发了广泛的关注和警惕。根据《生物多样性和生态系统服务全球评估报告》，目前约有一百万种物种面临灭绝风险，这不仅影响生态平衡，还威胁到人类的食物安全和健康。生物多样性丧失的主要原因包括以下几个方面。

（1）栖息地破坏

栖息地的破坏是导致生物多样性丧失的主要因素之一。随着城市化、农业扩展和基础设施建设的加速，自然栖息地的面积不断减少。这种变化迫使许多物种面临生存威胁。例如，亚马孙雨林的砍伐和土地开发不仅导致了大量物种的栖息地丧失，还破坏了生态系统的结构和功能，进一步威胁到全球生物多样性。根据巴西国家空间研究院（INPE）的数据，2020年亚马孙雨林的砍伐面积达到 11088km^2，较 2019 年增加了 9.5%，为 2008 年以来同期最大规模。这一趋势不仅影响了当地的生物多样性，还对全球气候系统产生了深远的影响。

此外，湿地、草原和森林等重要生态系统的退化，也导致了许多特有物种的灭绝风险上升。例如，北美的湿地因城市化和农业开发而大幅减少，导致许多依赖湿地栖息地的鸟类和水生生物数量急剧下降。

（2）过度开发

人类对自然资源的过度开发是另一个导致生物多样性丧失的重要因素。过度捕捞、狩猎和采矿等行为使得一些物种的数量急剧下降，甚至濒临灭绝。例如，某些鱼类由于过度捕捞而面临灭绝风险，如大西洋鳕鱼和太平洋金枪鱼。根据联合国粮农组织（FAO）的数据，全球约有三分之一的渔业资源已被过度捕捞，这不仅影响了海洋生态系统的平衡，还对依赖这些资源的渔业社区造成了经济损失。

在陆地上，狩猎和采矿活动也对当地物种产生了严重影响。例如，非洲的象牙贸易导致非洲象数量大幅减少，许多地方的象群已处于濒危状态。同时，矿产资源的开采如金矿和铝土矿的开采，往往伴随着生态破坏和栖息地丧失，使得当地的生物多样性受到威胁。

（3）环境污染

环境污染也是导致生物多样性丧失的重要驱动因素。化学物质、塑料和重金属等污染物对生态系统造成了深远的影响，破坏了生物的生存环境。水体污染，尤其是农药和重金属的排放，导致鱼类和其他水生生物的死亡，进而影响到依赖这些生物的食物链。例如，印度的恒河因工业废水和生活污水的排放而受到严重污染，水质恶化导致了水生生物的死亡，并对当地居民的健康造成了威胁。此外，空气污染和土壤污染也对植物和动物的生长造成了直接威胁，进一步减少了生物多样性。例如，重金属污染会对某些植物的生长和繁殖造成影响，导致某些植物的数量减少，进而影响到依赖这些植物的动物。

（4）气候变化

气候变化是影响生物多样性的重要因素。气候变化导致环境条件的变化，改变了物种的栖息地和生存条件，降低了生态适应能力。例如，气候变暖使得许多植物和动物无法适应新的温度和降水模式，导致它们的栖息地缩小或完全消失。北极地区的气候变化不仅威胁到北极熊等特有物种的生存，也影响到全球气候系统的稳定性。

另一个具体的案例是珊瑚礁的白化现象。随着海水温度的升高，全球范围内的珊瑚礁正面临严重的白化和死亡。在《第六次世界珊瑚状况：2020 年报告》中，由联合国环境规划署资助的全球珊瑚礁监测网络的专家收集了来自 73 个国家的 300 多名科学家的数据，时间跨度为 40 年，包括 200 万次单独观测。报告显示，2009～2018 年间，海洋温度的持续上升导致全球 14% 的珊瑚礁遭到破坏——比澳大利亚珊瑚礁的总面积还多。另据国际珊瑚礁倡议（ICRI）的报告，未来如果不采取有效措施，预计到 2050 年，90% 的珊瑚礁将面临灭绝的风险。珊瑚礁不仅是海洋生物多样性的热点，也为无数海洋生物提供栖息地和食物。珊瑚礁每年可提供数十亿美元的生态系统服务。它们是地球上 25% 的海洋生物赖以生存的家园，并为至少 10 亿人口提供了广泛的生态系统服务。但由于珊瑚礁对不断升温的海洋环境格外敏感，它们处于饱受气候危机影响的最前沿。

（5）物种入侵

物种入侵也是导致生物多样性丧失的重要因素之一。外来物种的引入可能会对本地生态系统造成严重威胁，外来物种往往没有天敌，能够迅速繁殖并占据资源，导致本地物种的灭绝。例如，某些入侵植物通过竞争水源和养分，抑制了本地植物的生长，影响了整个生态系统的健康。

综上，生物多样性丧失对生态系统服务的影响将直接反映在农业生产、气候调节和水资源管理等领域。因此，保护生物多样性是全球可持续发展战略的重要组成部分，亟需国际社会共同努力，通过立法、教育和科学研究等多种手段，采取有效措施应对这一严峻挑战。只有通过积极地保护和可持续管理，才能维护地球的生物多样性，确保人类的未来。在这一过程中，各国应加强合作，分享经验和技术，共同应对生物多样性丧失带来的挑战。

15.1.4　全球性环境问题：污染

污染是全球环境问题中的一个重要方面，主要包括水污染、空气污染和土壤污染。尽管大部分环境污染和污染事件往往发生在某个国家或地区，但从生态环境与社会经济的协同演化关系的角度来看，伴随经济发展和工农业生产而来的环境污染现象早已成为世界各国普遍面临的挑战。这些污染问题不仅对各国的生态系统造成了严重影响，还对全球人类健康构成了重大威胁。因此，面对环境污染，人类社会有必要携起手来，互相借鉴，取长补短，共同应对环境污染。以下是污染的主要来源及其影响。

（1）工业排放

工业排放是全球空气和水污染的主要来源之一，尤其在发展中国家更为严重。工厂和企业在生产过程中产生的废气、废水和固体废物，如果未经适当处理就排放到环境中，将对全球生态系统和人类健康造成深远影响。例如，水资源污染已严重危害到印度人民的身体健康。依据世界卫生组织设定的洁净水标准，印度近 70% 人口饮用的是被严重污染的湖泊水和地下水。另据相关报道，1990—2019 年，空气污染导致印度死亡率增长 115%。仅在 2019 年，印度就有 170 万人死于空气污染，占全年死亡总数的 18%。这一情况在许多快速工业化的国家普遍存在，表明全球在经济发展的同时，面临着环境保护的巨大挑战。

（2）交通运输

交通运输是全球城市空气污染的重要原因之一，尤其在大型城市中，汽车、船舶和飞机等交通工具的排放物显著影响了空气质量。交通拥堵和燃料燃烧产生的废气中含有大量的氮氧化物、硫氧化物和颗粒物，严重影响人的呼吸健康。例如，洛杉矶、新德里以及中国的一些大城市都曾经或正面临着严重的空气污染问题。$PM_{2.5}$ 等大气污染物浓度经常超标会导致呼吸系统疾病和心血管疾病的发病率增加。这一现象反映了全球城市化进程中的共同挑战，亟需国际社会采取协调一致的应对措施。在应对交通污染方面，许多城市开始尝试推广电动车和公共交通系统，以减少交通排放。例如，挪威已成为电动汽车普及率最高的国家之一，政府通过提供税收优惠和免费停车等政策，鼓励市民使用电动车，从而有效降低了城市中的交通污染。

（3）农业活动

全球范围内，农业活动中的农药和化肥的过度使用也是导致污染的重要因素。这些化学物质不仅对土壤造成污染，还通过径流进入水体，影响水源的质量。例如，在密西西比河流域，农业径流导致水体富营养化，形成墨西哥湾"死区"，使得水生生物如鱼类和其他水生生物的生存受到威胁。墨西哥湾的死区主要是人为造成的，这是由于过量营养物质造成的，包括来自城市环境和农场的氮和磷，通过密西西比河流域的输送进入海湾。根据美国国家海洋和大气管理局（NOAA）的数据，密西西比河流域所导致的海湾"死区"面积每年都在增加，2019 年达到约 20000km^2。此外，土壤中的农药残留物也会通过食物链影响人类健康，增加了慢性病的风险。例如，某些农药与癌症的发生存在相关性，尤其是在长期接触的情况下。这些问题在许多国家普遍存在，影响了全球范围内的水资源管理和生态平衡。为解决农业污染问题，一些国家开始推广可持续农业实践，如轮作、减少化肥和农药的使用，以及采用生物防治等方法，以减少对环境的影响。

（4）生活垃圾

随着全球城市化进程的加快，生活垃圾产生量大幅增加，而许多地区对垃圾的处理不当进一步加剧了污染问题。垃圾填埋场的管理不善，导致有害物质渗入土壤和地下水，造成土壤和水源严重污染。例如，许多发展中国家的垃圾填埋场由于缺乏有效管理和监测，导致周边环境的污染，影响了居民生活质量和健康。根据联合国环境规划署（UNEP）的报告，全球每年产生超过 20 亿吨的城市固体垃圾，其中近一半未得到妥善处理。为了应对生活垃圾问题，许多国家开始实施垃圾分类和回收利用政策。例如，日本通过严格的垃圾分类制度，鼓励居民减少垃圾产生，并对可回收物进行有效利用，极大地减少了垃圾填埋的数量。

（5）其他污染源

除了上述主要来源外，建筑施工、采矿和化石燃料的提炼等活动也会产生大量的污染物，进一步加剧环境的恶化。此外，塑料污染已成为全球性的环境问题，塑料垃圾的广泛存在不仅污染了土壤和水体，还对野生动物造成了直接威胁。根据国际环境组织的统计，全球每年约有 800 万吨塑料垃圾流入海洋，严重影响海洋生物的生存。海洋中的塑料污染已导致许多海洋生物误食塑料，造成内脏损伤甚至死亡。海鸟、海龟和其他海洋生物在误食塑料后，可能会因为消化不良而死亡，严重影响海洋生态系统的健康。

（6）全球化与污染的扩散

全球化加剧了污染问题的复杂性。产品的全球贸易和供应链使得污染物的传播不再局限于产生污染的地区。例如，某些国家可能会将高污染的生产过程转移到环境法规较为宽松的国家，导致污染问题在全球范围内扩散。这样的现象在全球化的背景下愈发明显，许多发展中国家成为发达国家污染产业的"后花园"。

总的来说，污染对全球生态环境和人类健康的影响是深远而复杂的。它不仅导致生态系统功能的下降，还增加了呼吸系统疾病、癌症和其他慢性病的发病率。因此，亟需在全球范围内采取有效的政策和措施来减少污染源，改善环境质量。这包括加强国际合作，制定全球性的环境标准、推广清洁交通技术、合理使用农业化学品，以及加强垃圾管理和回收利用等。只有通过全球共同努力，才能有效应对污染问题，保护我们赖以生存的地球。

15.1.5 资源枯竭

资源枯竭是指自然资源的过度开采导致其供应无法满足日益增长的需求。这一现象在全球范围内日益严重，直接影响到经济发展、生态平衡和人类的生存质量。资源枯竭主要体现在以下几个方面。

（1）水资源短缺

随着全球人口的持续增长和经济的快速发展，水资源的消耗速度加快，导致许多地区面临严重的水资源短缺问题。尤其是在北非和中东地区，水资源的匮乏不仅影响到农业生产，还威胁到居民的饮水安全。这一问题在全球范围内普遍存在，许多国家和地区由于气候变化、过度抽取地下水和污染等因素，水资源可用性不断下降。根据联合国的报告，到 2050 年，全球将有多达 40% 的人口可能面临水资源短缺的风险，这一现象将加剧地区间的社会和经济不平等。

（2）矿产资源枯竭

矿产资源的过度开采，特别是金属矿产和能源资源（如煤、石油和天然气），导致资源的快速消耗，影响未来的可持续发展。许多国家依赖于这些资源作为经济增长的主要驱动力，但随着资源的枯竭，经济发展面临越来越大的风险。例如，某些国家因过度依赖石油而陷入经济困境，这不仅影响了国家的财政稳定，也导致了社会的不安定和动荡。此外，全球能源结构的转型迫在眉睫，但许多国家在过渡过程中仍然面临着资源枯竭的挑战。

（3）森林资源减少

全球范围内，森林资源的减少是资源枯竭的又一表现。森林砍伐和土地开发导致全球森林覆盖率不断下降，破坏了生态平衡，进一步加剧了生物多样性丧失。例如，印尼因大规模的森林砍伐而导致严重的生态退化和生物多样性损失。这一现象不仅损害了当地生态系统的健康，也对全球气候变化产生了负面影响。森林作为重要的碳汇，其减少将加剧温室气体的积累，从而影响全球气候。

（4）土地资源的过度开发

资源枯竭还体现在土地资源的过度开发上。随着城市化进程的加快，农田、草原和湿地等自然生态系统被不断转化为城市和工业用地。这种转变不仅减少了可耕地面积，还损害了生态系统的自然功能，如水土保持和生物栖息地的提供。土地资源的过度开发使得许多地区面临土地退化和沙漠化的风险，进一步加剧了粮食安全问题。

综上所述，资源枯竭不仅影响经济发展，还威胁到人类生存所依赖的自然环境，亟需全球采取有效措施实现资源的可持续利用。各国应加强合作，制定和实施可持续资源管理政策，以减少资源消耗、提高资源利用效率，并推动绿色技术的研发和应用。此外，公众的环保意识和行为改变也是实现资源可持续利用的重要组成部分。只有通过全球共同努力，才能有效应对资源枯竭带来的挑战，确保未来世代的生存和发展。

15.1.6　海洋问题

海洋是地球生态系统的重要组成部分，涵盖了丰富的生物多样性和重要的生态功能。然而，近年来，海洋面临着许多严重的威胁，这些问题不仅影响到海洋自身的健康，也对全球生态平衡和人类社会的发展构成了挑战。以下是当前海洋问题的主要表现。

（1）海洋酸化

海洋酸化是由于大气中二氧化碳浓度增加，海洋吸收大量二氧化碳所导致的。这一过程使得海水的 pH 值降低，影响了海洋生物的生存，尤其是珊瑚礁和贝类等依赖碳酸钙构建外壳的生物。例如，珊瑚白化现象的频繁出现与海洋酸化密切相关，威胁到整个海洋生态系统的稳定性和多样性。此外，海洋酸化还可能影响鱼类的嗅觉和捕食能力，进而影响海洋食物链的完整性和渔业资源的可持续性。

（2）塑料污染

全球每年有数百万吨塑料垃圾流入海洋，严重影响海洋生态系统，威胁海洋生物的生存。塑料污染不仅导致海洋生物误食塑料物品而导致死亡，还可能通过食物链影响人类健康。微塑料的广泛存在使得海洋生物体内积累有害物质，最终可能通过海洋食品传递给人类。塑料污染问题的全球性特征要求各国采取一致行动，减少一次性塑料的使用和提高塑料回收率。

（3）过度捕捞

不合理的捕捞行为导致许多鱼类资源的枯竭，影响了海洋生态平衡和渔业的可持续发展。根据联合国粮农组织（FAO）的报告，全球约 1/3 的渔业资源被捕捞超过可再生水平，许多鱼类种群的数量急剧下降。这种情况不仅威胁到渔业经济的稳定，还影响了依赖海洋资源生存的沿海社区的生计。为了确保海洋资源的可持续利用，各国需要共同制定和执行可持续渔业管理政策。

（4）海洋生态系统破坏

人类活动对海洋生态系统的破坏导致生物栖息地的减少，影响了海洋生物的多样性。例如，沿海地区的湿地和红树林被开发、填埋或污染，导致这些重要生态系统的脆弱性增加。湿地和红树林不仅是生物栖息地，也是海洋生态系统的"缓冲区"，能够有效抵御风暴和海平面上升。因此，保护和恢复这些关键生态系统对于维护海洋的健康至关重要。

总的来说，海洋问题的解决需要全球合作与共同努力。各国应强化海洋保护政策，推动可持续渔业管理，减少塑料使用，并加强海洋生态系统的保护和恢复。国际社会应通过制定全球性的海洋保护协议，促进科技创新，提升公众意识，以实现海洋资源的可持续利用。

综上，全球环境问题的共同特点是它们的全球性和相互关联性。气候变化、生物多样性丧失、污染、资源枯竭和海洋问题相互交织，导致环境问题的复杂化。解决这些问题需要国际社会的共同努力，加强合作与协调，制定有效的政策和措施，实现可持续发展。只有通过全球范围内的合作，才能有效应对这些挑战，保护我们赖以生存的地球环境。

15.2 国际环境管理的主要内容

国际环境管理是应对全球环境问题的关键机制，旨在通过国际合作制定和实施有效的政策与措施，以应对气候变化、生物多样性丧失、环境污染、资源枯竭等一系列复杂的环境挑战。随着全球化进程的加快，生态环境问题的复杂性和紧迫性愈发显著，亟需各国共同努力，形成合力。因此，国际环境管理的框架也在不断演变和完善，以适应新的环境需求和挑战。

国际环境管理的主要内容涵盖多个核心领域，包括国际条约与协议、环境评估、技术转让与合作、公众参与与教育，以及可持续发展目标（SDGs）等多个方面。这些领域相互关联，共同构成了全球环境治理的基础，推动各国在环境保护与可持续发展方面的合作与协调。

15.2.1 国际条约和协议

国际条约和协议是国际环境管理的核心组成部分，通过这些法律框架，各国能够协调行动，共同应对全球环境问题。随着全球环境挑战的增加，国际社会愈加意识到需要通过合作来实现可持续发展。以下将重点介绍一些主要的国际环境条约和协议，旨在展示它们在全球环境治理中的重要性及其相互关联。

（1）《联合国气候变化框架公约》

《联合国气候变化框架公约》（UNFCCC）于 1992 年在巴西里约热内卢的地球峰会上签署，旨在应对全球气候变化的挑战。公约的核心目标是通过稳定温室气体浓度，防止人类活动对气候系统造成危险的影响，从而保护地球生态环境并促进可持续发展。至今，UNFCCC 已吸引了 197 个缔约方的参与，体现了全球在应对气候变化问题上的共识与协作。

为支持各国在减缓和适应气候变化方面的努力，公约设立了一系列机制，包括技术转让、资金支持和能力建设。这些机制为发展中国家提供了必要的资源和支持，以帮助它们应对气候变化带来的挑战，确保这些国家能够积极参与全球气候治理。自公约签署以来，各缔约方每年召开缔约方会议（COP），以评估气候变化应对的进展，并制定新的政策和措施。例如，2015 年的巴黎气候大会（COP21）被广泛认为是继《京都议定书》之后，全球合作应对气候变化的一个重要转折点。《巴黎协定》的实施标志着全球气候治理进入了一个新阶段，各国在气候行动中展现出更强的政治意愿和合作精神。

总的来说，通过这种多边合作机制，UNFCCC 为各国提供了一个平台，使它们能够共同应对气候变化的挑战，分享经验和最佳实践，推动可持续发展。随着气候变化问题的日益严重，UNFCCC 的重要性和影响力也日益凸显，成为全球气候治理的核心框架。

（2）《生物多样性公约》

《生物多样性公约》（CBD）同样于 1992 年签署，旨在保护生物多样性、可持续利用生物资源以及公平分享利用遗传资源所带来的利益。该公约强调各国在生物多样性保护方面的责任与义务，并通过设定具体的目标和指标来推动生物多样性保护的实施。CBD 的实施促进了世界各国在生物多样性保护领域法律和政策的制定，增强了全球生态保护的合作。例如，各缔约国在公约框架下制定了国家生物多样性战略和行动计划（NBSAPs），以实现生物多样性目标。此外，公约通过《名古屋议定书》加强了对遗传资源的管理与使用，确保公平分享资源带来的利益，该议定书于 2010 年在联合国生物多样性公约第十届缔约国会议上通过。

总的来说，《生物多样性公约》的实施不仅有助于保护濒危物种，还促进了生态系统的恢复与可持续管理，为全球生态安全和人类福祉提供了保障。

（3）《巴黎协定》

《巴黎协定》于 2015 年在巴黎气候大会上通过，成为继《京都议定书》之后，全球应对气候变化的又一个重要里程碑。该协定的目标是在 21 世纪内将全球气温升幅控制在 2℃ 以内，并努力将升幅限制在 1.5℃ 以内。各国根据自身国情和能力提交"国家自主贡献"（NDC），承诺减少温室气体排放。与《京都议定书》相比，《巴黎协定》的独特之处在于其灵活性和包容性，允许各国根据经济和社会发展的实际情况设定减排目标。此外，该协定强调发达国家应向发展中国家提供资金和技术支持，以确保全球共同应对气候变化的努力得以实现。通过建立透明的报告和审查机制，协定旨在提升各国在气候行动中的责任感和透明度。《巴黎协定》的实施不仅为各国提供了应对气候变化的框架，也为全球社会提供了共同努力的方向。各国的积极参与和承诺使得全球气候治理朝着更具协作性和有效性的方向发展，为应对气候变化带来了新的希望。

（4）其他重要条约

在全球环境治理的框架中，除了前述国际环境条约外，各国还签署了一系列涵盖特定环境问题的国际协议。这些协议不仅针对特定的环境挑战，还反映了全球社会在应对复杂环境问题时的持续共同努力。以下是一些具有重要意义的国际环境条约，它们在全球环境保护和可持续发展方面也发挥了非常重要的作用。

1）《蒙特利尔议定书》

1987 年签署的《蒙特利尔议定书》旨在保护臭氧层，特别是通过逐步淘汰消耗臭氧层物质（ODS）来减少臭氧层的破坏。该协议被广泛认为是国际环境治理的成功案例，显示了全球合作在解决环境问题上的潜力。根据该议定书的规定，缔约国承诺在规定的时间框架内逐步淘汰特定的 ODS，包括氟氯烃（CFCs）等。实施《蒙特利尔议定书》以来，研究表明，该协议显著减缓了臭氧层的耗损，促进了全球气候的稳定，并为应对气候变化提供了宝贵的经验。通过国际社会的共同努力，臭氧层的恢复进程已初见成效，科学家们预计到 21 世纪中叶，臭氧层将恢复到 1980 年前的状态。这一成就不仅改善了地球的生态环境，也为未来的国际环境协议提供了成功的范例，证明了全球合作在应对环境危机中的重要性。

2）《鹿特丹公约》

1998 年签署的《鹿特丹公约》旨在促进危险化学品的国际贸易管理。该公约要求出口国在向其他国家出口危险化学品之前，必须获得进口国的同意，确保各国在处理和使用这些化学品时能够采取适当的防护措施。该公约的实施为各国提供了一个透明的框架，确保危险化学品的贸易在保障人类健康和环境安全的前提下进行。通过促进信息的共享和技术的转移，《鹿特丹公约》增强了各国对危险化学品的管理能力，降低了环境污染和健康风险。公约还强调了公众参与和信息透明的重要性，鼓励各国在危险化学品管理方面与民间组织和公众进行沟通与合作。通过这些措施，公约为保障人类健康和环境安全提供了坚实的法律基础。

3）《生物安全议定书》

2000 年 1 月 29 日，《生物多样性公约》缔约方大会通过了《卡塔赫纳生物安全议定书》。该议定书旨在保护生物多样性，特别是通过管理转基因生物的跨境转移，确保在使用生物技术时不对环境和人类健康造成危害。议定书强调了预防原则，要求各国在允许转基因生物的进口和使用之前，进行充分的风险评估和管理。这一机制不仅保护了生态系统的完整性，也为各国在发展生物技术时提供了法律依据，促进了对生物技术的负责任使用。《生物安全议定书》的实施帮助各国加强了对转基因生物的监管，确保在推动生物技术发展的同时，能够有效控制潜在的环境和健康风险。此外，议定书的实施也促进了各国之间的技术交流与合作，为发展中国家在生物技术领域的能力建设提供了支持。

4）《国际海洋法公约》

1982 年通过的《国际海洋法公约》旨在为海洋资源的管理和保护提供法律框架。公约规定了各国在海洋环境保护、资源利用和海洋科学研究方面的权利与义务。通过促进各国在海洋环境保护方面的合作，该公约有助于维护海洋生态系统的健康，确保海洋资源的可持续利用。《国际海洋法公约》涵盖了海洋划界、海洋资源开发、环境保护等多个方面，为国际社会提供了全面的海洋治理框架。公约的实施促进了各国在海洋科学研究和技术交流方面的合作，推动了海洋环境的保护和可持续发展。随着海洋生态环境问题的日益严重，公约在维护海洋生态平衡、保护海洋生物多样性方面的作用愈加凸显。

5）《联合国防治荒漠化公约》

1994 年签署的《联合国防治荒漠化公约》旨在通过全球合作应对土地退化和荒漠化问题，特别是在干旱和半干旱地区。作为联合国环境与发展大会框架下的三大环境公约之一，该公约的核心目标是由各国政府共同制定国家级、次区域级和区域级行动方案，并与捐助方、地方社区和非政府组织合作，以对抗荒漠化的挑战。公约强调可持续土地管理的重要性，鼓励各国采取措施恢复和保护受影响的土地资源。通过实施该公约，各国能够在土地管理、植被恢复和社区参与方面加强合作，促进生态恢复和可持续发展。公约的成功实施不仅有助于改善干旱地区的生态环境，也为全球应对气候变化提供了重要支持。

（5）全球合作与未来展望

以上这些国际条约和协议通过设定法律框架，为国际社会提供了行动指南，并促进了各国在环境保护方面的合作与交流。它们不仅反映了全球范围内对环境问题的共同关注，也为各国在制定和实施环境政策时提供了重要的法律和技术支持。成功实施这些协议还依赖于各国的政治意愿和公众参与，凸显了全球治理中多方协作的重要性。

随着全球环境问题的日益凸显和复杂化，国际条约和协议的作用愈发重要。各国需加强合作，确保这些条约和协议的有效实施，以共同应对气候变化、生物多样性丧失和其他环境挑战。此外，国际社会还需不断完善现有机制，适应新的环境需求，推动更具包容性和可持续性的全球环境治理体系。未来，国际环境管理将面临许多新挑战，如快速城市化、资源短缺和生态系统退化等。因此，国际条约和协议的更新与实施将是确保全球可持续发展的关键。通过深化国际合作，分享最佳实践和技术，各国可以更有效地应对全球环境问题，为子孙后代创造一个健康、安全的地球环境。

15.2.2　环境评估

环境评估是国际环境管理的重要工具，通过对全球环境状况的定期评估，为政策制定提供科学依据。这一过程不仅有助于识别当前的环境问题和趋势，还为各国制定应对措施提供了可靠的数据支持。环境评估的主要内容包括以下几个方面。

（1）全球环境展望报告

联合国环境规划署（UNEP）定期发布的《全球环境展望报告》（GEO）是全球环境评估的重要文献。该报告自 1997 年首次发布以来，已成为监测全球环境变化的核心工具。GEO 综合分析全球环境状况及其变化趋势，涵盖气候变化、生物多样性、环境污染、土地退化和水资源管理等多个领域。

每一期 GEO 报告都基于大量的科学研究和数据，通过定量和定性的方法对环境问题进行深入分析。报告不仅识别出全球面临的主要环境挑战，如气温上升、海平面上升和生态系统退化，还提供了各国在应对这些挑战方面的政策建议和成功案例。通过汇总全球范围内的政策和行动，GEO 报告为各国政策制定者提供了重要的参考信息，促进了国际社会对环境问题的关注与行动。

（2）生态足迹和可持续性评估

生态足迹是衡量人类活动对自然资源消耗和生态系统影响的重要指标，旨在评估各国在资源利用和环境保护方面的可持续性。通过计算生态足迹，可以深入了解人类对土地、水和能源的需求，以及地球生态系统的再生能力，从而帮助各国制定更加科学和有效的环境政策。

1）生态足迹的基本思路与计算方法

生态足迹的基本概念是将人类对自然资源的需求转换为所需的生态空间，以公顷（ha）为单位进行量化。其计算不仅考虑了直接的资源消耗，还包括间接的生态影响，例如生产、运输和消费过程中的碳排放、土地使用和水资源消耗。生态足迹的计算通常包括以下几个步骤：

① 数据收集。收集相关的经济、社会和环境数据，例如人口、消费模式、能源使用、

农业生产等。

② 资源需求计算。根据收集的数据，计算满足人类需求所需的生态空间，包括农业用地、森林用地、水域和建筑用地等。

③ 生态容量评估。评估生态系统的再生能力，包括自然资源的可再生性和生态服务的提供能力。

④ 比较分析。将生态足迹与生态承载力进行比较，以确定一个国家或地区的可持续性水平。

2）生态足迹的国际背景与政策支持

在全球环境问题日益严重的背景下，生态足迹的概念逐渐受到国际社会的重视。20 世纪 90 年代以来，随着可持续发展理念的兴起，各国政府和国际组织开始关注人类活动对自然资源的影响。联合国在 1992 年发布的《里约宣言》明确提出可持续发展的重要性，为生态足迹的推广奠定了基础。

此外，生态足迹的评估与联合国可持续发展目标（SDGs）密切相关，特别是目标 12（负责任消费和生产）和目标 15（陆地生态系统）。各国在制定国家政策和战略时，越来越多地将生态足迹作为重要的指标，以评估和优化资源利用效率。例如，许多国家在其国家环境报告和可持续发展战略中，开始纳入生态足迹的相关数据，以便更好地监测和管理资源消耗。

3）生态足迹的应用与影响

生态足迹的评估不仅为政策制定者提供了科学依据，还对企业和公众的行为产生了深远的影响。通过生态足迹的计算，政府和企业能够识别资源使用的过度和浪费问题，从而采取相应的政策和措施。例如，一些国家通过实施生态税、资源税等经济激励机制，鼓励企业和个人减少资源消耗，推动可持续消费和生产模式的转变。此外，生态足迹的评估也促使公众提高对环境影响的认识。通过教育和宣传，生态足迹的概念逐渐深入人心，许多消费者开始关注自己的消费行为对环境的影响。这种意识的提高推动了绿色消费和可持续生活方式的普及，例如选择低碳产品、减少废弃物和支持可再生能源等。

4）综合评估方法与未来展望

为了更好地支持可持续发展政策的制定，生态足迹的评估通常与其他环境指标结合使用，如水足迹和碳足迹等。这种综合评估方法能够更全面地反映人类活动对生态系统的影响，为各国制定有效的环境管理措施提供数据支持。例如，水足迹能够帮助识别水资源的使用效率，而碳足迹则关注温室气体的排放情况。将这些指标结合起来，可以形成更为全面的环境管理框架。

（3）国家环境状况报告

在全球范围内，许多国家定期发布国家环境状况报告，以评估本国的环境质量、资源利用和生态保护情况。这些报告不仅是国家环境管理的重要工具，也是国际环境合作和交流的重要基础。国家环境状况报告通常涵盖多个关键领域，包括空气质量、水资源管理、土壤污染、生物多样性保护和气候变化等，提供全面的环境信息和趋势分析。

1）报告内容与结构

国家环境状况报告的内容通常包括以下几个方面：

① 空气质量。评估主要污染物（如 $PM_{2.5}$、PM_{10}、二氧化硫、氮氧化物等）的浓度和分布，分析空气污染对公众健康和生态系统的影响。例如，中国的《环境状况公报》显示，

近年来，随着政府加大对空气污染治理的力度，京津冀地区的 $PM_{2.5}$ 浓度逐步下降。

② 水资源。评估水体的质量和可用性，包括地表水和地下水的污染状况、用水效率以及水资源的可持续管理。以印度为例，印度环境部定期发布的《国家水质量监测报告》揭示了全国河流水质的变化，为水资源管理提供了依据。

③ 土壤污染。监测土壤中重金属、有机污染物和其他有害物质的含量，评估土壤质量对农业生产和生态系统的影响。中国在《土壤污染防治法》中明确提出了对土壤污染的监测和治理要求，并在国家环境状况报告中定期更新土壤污染的数据。

④ 生物多样性。评估物种的丰富度和分布，分析栖息地的破坏和生物多样性丧失的趋势，提出保护措施。比如，巴西的《生物多样性法》和《国家生物多样性报告》等详细阐述了亚马孙雨林的生物多样性现状以及保护措施，强调了国际合作的重要性。

⑤ 气候变化。评估温室气体排放的趋势，分析气候变化对自然环境和人类社会的影响，并提出应对气候变化的政策建议。比如，根据日本的《全球变暖对策基本法案》和《环境·循环型社会·生物多样性白皮书（环境白皮书）》等，日本政府定期评估国内温室气体排放情况，并制定相应的减排目标以应对气候变化。

这些报告的编制通常涉及多个政府部门、研究机构和非政府组织的合作，确保数据的准确性和全面性。通过科学的数据收集和分析，各国能够更好地了解自身环境状况，并制定相应的政策和措施。

2）国际合作与经验分享

国家环境状况报告不仅为国内政策制定提供依据，还为国际社会的合作与交流提供了重要参考。透明的环境报告使各国能够分享成功经验、面临的挑战以及应对措施，从而促进国际的学习与合作。例如，联合国环境规划署（UNEP）和其他国际组织鼓励国家之间分享环境报告，通过跨国比较和经验交流，推动全球环境治理的进步。

以中国为例，在例行定期公布的《国家生态环境状况公报》中，中国政府分享了在污染防治和生态恢复方面的成功经验，还例如，在公开发布的《"十三五"生态环境保护规划》中，系统性地公开提出了生态环境保护目标，并列出了非常详细的约束性指标与预期性指标。这些经验不仅在国内得到了应用，也为其他发展中国家提供了借鉴。

此外，许多国家在编制环境状况报告时，参考国际标准和框架，如《全球环境展望报告》（GEO）和《可持续发展目标》（SDGs），确保其报告与国际社会的要求保持一致。例如，欧盟通过《欧盟环境状况报告》监测各成员国在实现 SDGs 方面的进展，促进区域内的环境政策协调。

3）提高公众环保意识

国家环境状况报告的发布还具有提高公众环保意识的重要作用。通过透明的信息传播，公众能够更好地了解国家的环境状况和面临的挑战，从而激发其参与环境保护的积极性。许多国家通过报告的发布，鼓励公众参与环境保护活动，如植树造林、清理河流和参与环保宣传等，推动形成全社会共同参与可持续发展的氛围。例如，澳大利亚的《国家环境报告》不仅向公众提供了环境数据，还通过社交媒体和公共活动增加公众对环境问题的关注和参与。通过这些努力，公众的环保意识显著提高，推动了绿色生活方式的普及。

4）未来展望

展望未来，国家环境状况报告将在全球环境治理中发挥越来越重要的作用。随着全球环境问题的复杂性和紧迫性日益加剧，各国需要通过更为系统和科学的方式进行环境评估和管理。为了提升国家环境状况报告的有效性，各国应加强数据收集和分析能力，推动环境监测技术的创新与应用。同时，各国应继续加强国际合作，通过共享经验和最佳实践，提升全球环境治理的水平。国家环境状况报告不仅是各国环境管理的基础工具，也是实现全球可持续发展目标的重要支撑。

（4）全球环境监测网络

为了有效开展环境评估，全球范围内建立了多个环境监测网络。这些网络汇集了来自不同国家和地区的数据，提供实时的环境信息和趋势分析，旨在增强各国在应对环境问题时的协作能力。通过国际合作，这些监测网络不仅促进了数据共享与交流，还为全球环境治理提供了重要支持。

1）主要监测网络及其功能

① 全球气候观测系统（GCOS）。1990 年，在瑞士日内瓦召开的第二次世界气候大会上，各国科学家联合提出了制定"全球气候观测系统（GCOS）计划"的建议。1992 年，世界气象组织、联合国教科文组织的政府间海洋委员会、联合国环境规划署、国际科学联盟理事会共同发起建立了"全球气候观测系统（GCOS）"。GCOS 是一个国际性框架，旨在监测气候变化及其影响。它整合了来自各国的气象数据，包括温度、降水、风速等信息，为气候科学研究提供了基础数据。GCOS 的数据被广泛应用于气候模型的开发、气候变化影响评估和政策制定，帮助各国制定有效的应对气候变化策略。

② 全球生物多样性信息网络（GBIF）。全球生物多样性信息网络（Global Biodiversity Information Facility）是一个由世界各国政府资助的国际网络和数据基础设施。由生物多样性信息组织（Biodiversity Informatics Subgroup）在 1999 年经济合作与发展组织科学论坛中提出，并在 2001 年通过参与政府间的谅解备忘录后正式成立。GBIF 致力于提供关于全球生物多样性的实时数据，涵盖物种分布、生态系统状况等信息。通过整合来自不同国家和地区的生物多样性数据，GBIF 为科学研究、物种保护和生态恢复提供了重要支持。各国可以利用这些数据评估生物多样性的变化趋势，制定相应的保护措施。

③ 全球环境监测系统（GEMS）。成立于 1975 年，是联合国环境规划署（UNEP）"地球观察"计划的核心组成部分，其任务就是监测全球环境并对环境组成要素的状况进行定期评价。参加 GEMS 监测与评价工作的共有 142 个国家和众多的国际组织，其中特别重要的组织有联合国粮农组织（FAO）、世界卫生组织（WHO）、世界气象组织（WMO）、联合国教科文组织（UNESCO），以及国际自然与自然资源保护联盟（IUCN）等。它系统地收集、分析和评价各种环境状况变化因素的数据和环境在时间和空间上的变化情况，但不直接承担具体的监测工作，而是负责协调国际上有关的监测活动，特别是联合国系统各组织的有关活动。监测系统支持的活动主要有气候的观测、污染物远程迁移的监测、人体健康的检验、陆地可更新资源的监测、海洋污染状况的监测 5 个方面。全球环境监测系统列举的国际监测项目包括生态监测、污染物监测、自然灾害监测、环境监 4 大类。我国从 1978 年起先后参加了大气污染监测、水质监测、食品污染监测、人体接触环境污染物评价点监测等活动。

④ 全球淡水环境监测系统（GEMS/Water）。成立于 1978 年，旨在收集全球水质数据，用于评估全球内陆水质的现状和趋势。2014 年，在加拿大环境部成功运作 30 多年后，在第一届联合国环境大会（UNEA）更新并加强了 GEMS/Water 任务。该网络旨在监测和评估全球水资源的质量和可用性。通过收集和分析水质数据，GEMS/Water 为各国提供了科学依据，以应对水资源短缺和水污染问题，推动可持续水资源管理。

2）国际合作与数据共享

这些监测网络通过国际合作实现数据的共享与交流，增强了各国在应对环境问题时的协作能力。例如，联合国环境规划署（UNEP）和世界气象组织（WMO）等国际机构在推动环境监测网络的建立和发展方面发挥了重要作用。通过这些机构，各国能够更好地协调监测活动，确保数据的标准化和一致性。

此外，国际合作还体现在数据的开放获取上。许多监测网络鼓励各国共享数据，为科学研究、政策制定和公众参与提供便利。例如，全球生物多样性信息网络 GBIF 提供了开放的数据平台，允许研究人员和公众访问全球范围内的生物多样性数据，从而促进科学研究和环境保护活动。

3）数据的应用与影响

监测网络的数据不仅用于科学研究，还为政策制定和国际谈判提供了重要依据。气候变化谈判中的科学报告和政策建议往往基于这些监测数据，有助于各国在全球气候治理中达成共识。例如，在《巴黎协定》的谈判过程中，各国依赖 GCOS 提供的气候数据，评估自身的温室气体减排目标，确保全球减排努力的有效性。

此外，这些监测网络的数据还为各国制定环境政策提供了科学依据。例如，许多国家在制定国家气候行动计划和生物多样性保护战略时，都会参考相关的监测数据，以确保政策的科学性和有效性。

4）未来展望

展望未来，全球环境监测网络将继续在应对全球环境挑战中发挥关键作用。随着气候变化、生物多样性丧失和环境污染等问题的加剧，各国需要更加紧密地合作，强化监测网络的建设和数据共享机制。

为此，各国应持续投资于环境监测技术的研发，推动数据采集和分析能力的提升。同时，国际社会应加强对环境监测网络的支持，促进技术转移和能力建设，确保发展中国家能够参与到全球环境监测和评估中。通过不断完善全球环境监测网络，各国能够更有效地识别和应对环境问题，推动可持续发展目标的实现，为全球生态安全和人类福祉做出贡献。

（5）小结

环境评估作为国际环境管理的核心组成部分，能够为各国在环境保护与可持续发展方面提供科学依据和政策支持。通过全球范围内的合作与数据共享，各国能够更有效地识别和应对环境挑战，推动可持续发展目标的实现。未来，随着环境问题的日益复杂化，环境评估的重要性将愈发突出，需要各国不断加强合作，完善评估机制，以实现全球环境治理的目标。

15.2.3　技术转让与合作

技术转让与合作是实现可持续发展的关键途径，尤其在应对气候变化和环境保护方面具有重要意义。通过全球范围内的技术交流与合作，各国能够共同应对日益严峻的环境挑战，推动绿色经济和可持续发展。以下是技术转让与合作的主要内容。

（1）发达国家的参与与支持

发达国家在技术转让和资金支持方面扮演着重要角色，尤其是在提升发展中国家的环境管理能力方面。例如，在《巴黎协定》中，发达国家承诺每年向发展中国家提供 1000 亿美元的气候资金，以支持其应对气候变化的努力。这些资金旨在促进可再生能源的开发、提高能效以及增强气候适应能力，从而推动全球范围内的绿色转型。

发达国家不仅通过资金支持，还通过技术转让项目分享先进的环境管理技术和实践经验，帮助发展中国家建立起有效的环境政策和管理体系。这种支持不仅有助于发展中国家实现可持续发展目标，也为全球减缓气候变化和保护生态环境创造了条件。例如，发达国家在清洁能源技术、废物管理和水资源保护等领域的专业知识，可以为发展中国家提供宝贵的参考和实践指导。

此外，发达国家还可以通过双边和多边合作机制，促进技术的转让和应用。例如，国际气候变化会议和环境峰会为各国提供了一个交流平台，使发达国家能够与发展中国家分享成功经验和技术创新。这种合作不仅提升了发展中国家的环境管理能力，也为全球的可持续发展提供了新的动力。

（2）南南合作

南南合作是发展中国家之间相互支持与技术交流的重要形式。通过分享经验和技术，发展中国家能够更有效地应对环境问题。例如，中国在可再生能源和绿色技术方面的领先经验，通过南南合作项目，帮助多个非洲和亚太国家提升其可持续发展能力。这种合作模式不仅增强了发展中国家的环境管理能力，也促进了全球绿色技术的传播与应用。

南南合作的优势在于，发展中国家之间的技术交流往往更能够针对彼此的实际需求和挑战，提供切实可行的解决方案。例如，南美洲国家在农业可持续发展方面的经验可以为非洲国家提供借鉴，帮助其应对土地退化和粮食安全问题。此外，这种合作还能够加强发展中国家在国际谈判中的发言权，推动全球可持续发展议程的实现。

南南合作还可以通过建立区域性技术交流平台，促进各国间的合作与交流。例如，东南亚国家在气候变化适应和减缓方面的合作机制，可以为区域内的国家提供技术支持和经验分享，从而共同提升应对气候变化的能力。

（3）国际技术合作平台

国际社会建立了一系列技术合作平台，如"清洁发展机制"（CDM）和"全球环境基金"（GEF），为各国提供技术支持和资金援助。这些平台促进了技术的转移和知识的共享，助力各国实现可持续发展目标。

通过这些机制，国际社会能够更有效地协调资源，解决全球环境问题。例如，清洁发展机制为发展中国家提供了通过减排项目获得资金的机会，促进了低碳技术的引入和应用。发展中国家可以利用这些资金发展太阳能、风能等可再生能源项目，从而降低温室气体排放，实现可持续发展目标。而全球环境基金则为生态保护、气候变化适应和可持续发展项目提供资金支持，推动了全球范围内的环境治理。

此外，其他国际合作平台如"国际可再生能源署"（IRENA）和"国际能源署"（IEA）也为技术转让和合作提供了重要支持。这些机构通过提供技术指导、政策建议和培训，帮助各国在可再生能源领域取得进展。通过这些合作平台，各国能够共享最佳实践，提升自身的技术能力和管理水平。

（4）未来展望

展望未来，技术转让与合作将继续在全球可持续发展进程中发挥重要作用。各国应加强协作，建立更加开放和灵活的技术转让机制，以应对全球气候变化和环境挑战。国际社会需要加大对技术创新的支持力度，推动绿色技术的研发与应用，确保所有国家，特别是发展中国家，能够共享可持续发展的成果。技术转让与合作不仅是实现可持续发展的重要途径，也是推动全球经济转型和环境保护的关键因素。只有通过共同努力，才能确保地球的未来更加美好。

15.2.4　公众参与与环保教育

公众参与与环保教育是国际环境管理中不可或缺的重要环节。通过提高公众的环保意识和鼓励社会各界积极参与环境保护行动，可以显著增强环境政策的有效性和可持续性。这一领域的主要内容包括环保教育、公众参与机制、社会动员等方面。

（1）环保教育

环保教育是提升公众环保意识的关键手段。各国通过在学校、社区和媒体中开展广泛的环保宣传和教育活动，增强公众对环境问题的认识与理解。例如，联合国教科文组织（UNESCO）推出的全球可持续发展教育方案，旨在通过教育促进可持续发展。环保教育不仅帮助公众了解气候变化、生态保护和资源管理等重要议题，也是培养未来环保人才和领导者的重要途径。

在基础教育阶段，环保教育可以通过课程设置、课外活动和校园项目等多种形式融入学生的日常学习中。例如，学校可以组织学生参与植树活动、环保知识竞赛和社区清洁行动，使学生在实践中学习环保知识。此外，教师可以通过课堂讨论、案例研究等方式，引导学生深入理解环境问题的复杂性及其对社会和经济的影响。

在高等教育和职业培训中，环保教育可以更加专业化，培养具备环境管理、生态科学和可持续发展等领域知识的人才。世界各国的许多大学都已经开设了相关课程，培养学生的批判性思维和解决问题的能力，以应对未来环境挑战。此外，终身学习理念的推广，使得所有年龄段的公民都能够不断更新和提升自己的环保知识，确保在环保事业中发挥积极作用。

（2）公众参与机制

许多国家和地区建立了公众参与机制，以确保公众在环境政策的制定和实施中发挥重要作用。这些机制包括公众咨询、环境影响评估中的公众参与，以及通过立法程序让公众对环境政策提出意见和建议。公众的参与不仅可以增强政策的透明度和合法性，还可以提高政策的实施效果，确保环境保护政策更符合公众的需求。例如，在一些国家，政府会定期举行公众听证会，广泛征求意见，以确保环境政策的制定过程更加民主和开放。这种参与机制可以有效提升公众对环保政策的认同感和支持度，进而促进政策的有效实施。公众的意见和建议能够为政策制定者提供宝贵的第一手资料，帮助其更好地理解社会对环境问题的关注点和期望。

此外，信息技术的进步也为公众参与提供了新途径。许多政府和组织通过在线平台发布政策草案，允许公众在网络上进行评论和反馈。这种数字化的参与方式，不仅提高了公众的参与便利性，也扩大了参与的范围，使更多的人能够参与到环境政策的制定中来。

（3）社会动员

在全球范围内，环保组织和非政府组织（NGO）在推动公众参与方面发挥了重要作用。这些组织通过倡导和动员，促使公众参与各类环保活动，如植树、清理海洋垃圾、推动可持续消费等。这些行动不仅提高了公众的环保意识，也促进了社会对环境问题的关注。

社交媒体和网络平台的兴起，为环保组织提供了新的宣传和动员渠道，扩大了公众参与的范围和影响力。例如，许多环保组织利用社交媒体发起线上活动，动员公众参与全球气候行动、减少塑料使用和支持可再生能源等。这种数字化参与方式有效地连接了全球的环保倡导者，形成了更为广泛的社会动员效应。此外，社会动员的成功案例还包括全球性的环保运动，如"世界环境日""全球气候罢工"和"地球日"等活动。这些运动通过集结大量公众的力量，向政府和企业传达了强烈的环保诉求，推动了政策的改变和社会的关注。环保组织在这些运动中不仅发挥了组织和协调的作用，还通过媒体宣传和公众教育，增强了人们的环保意识。

（4）未来展望

展望未来，公众参与与环保教育将在全球可持续发展进程中继续发挥关键作用。各国应加强环保教育的普及与深化，推动公众更广泛地参与环境管理和决策过程。同时，政府、企业和社会组织应共同努力，创造一个更加开放和包容的环境，使公众的声音能够在环境政策中得到充分体现。

未来的环保教育应更加注重实践和互动，鼓励公众参与实际的环保行动。通过开展社区环保项目、志愿服务活动和环境教育培训，提升公众的参与感和责任感。此外，随着科技的不断发展，虚拟现实（VR）、增强现实（AR）等新技术可以被引入到环保教育中，创造更加生动和直观的学习体验。

在公众参与方面，政府和组织应继续创新参与机制，利用数字化工具和社交媒体增强公众的参与便利性和积极性。通过建立反馈机制，确保公众的意见能够真正影响政策的制定和实施，提高政策的有效性和公众的信任度。

通过增强公众参与与环保教育，全球社会不仅能够更有效地应对环境挑战，还能为实现可持续发展目标提供坚实的社会基础。这种集体行动的力量，将为未来的环境保护事业注入新的活力与动力。也只有通过广泛的公众参与和教育，才能确保环境保护政策真正落到实处，实现人类与自然的和谐共生。

15.2.5 联合国可持续发展目标（SDGs）

联合国可持续发展目标（SDGs）是全球范围内推动经济、社会和环境协调发展的重要框架。2015年，联合国大会通过了《2030年可持续发展议程》，设定了17个可持续发展目标和169个具体指标，旨在到2030年实现全球的可持续发展。SDGs的主要内容如下。

（1）目标的综合性

SDGs涵盖了贫困、教育、性别平等、健康、经济增长和环境保护等多个领域，体现了可持续发展的综合性和协调性。这些目标强调，各国在实现经济发展的同时，必须关注社会公平和环境保护，确保可持续发展惠及所有人。

（2）各国的责任

各国在落实SDGs方面负有共同但有区别的责任。发达国家应在技术、资金和能力建设方面支持发展中国家，而发展中国家则应根据自身国情，制定相应的实施计划和措施，以推动可持续发展目标的实现。这种责任的分担促进了全球在可持续发展方面的合作与互动。

（3）监测与评估机制

联合国设立了监测和评估机制，定期评估各国在实现SDGs方面的进展。这一机制通过数据收集和分析，帮助各国识别挑战和机遇，调整政策和行动，以确保可持续发展目标的实现。各国应建立健全的统计体系，以便于有效监测和评估可持续发展目标的进展情况。

（4）社会各界的参与

实现 SDGs 需要社会各界的共同努力，包括政府、企业、学术界和公众。各国应通过多方合作，推动可持续发展目标的落实，形成全社会共同参与的良好氛围。企业在可持续发展中的角色日益重要，企业应通过创新和投资，推动可持续的商业模式和实践，助力全球可持续发展目标的实现。

综上，国际环境管理是应对全球环境问题的关键机制，其主要内容涵盖国际条约与协议、环境评估、技术转让与合作、公众参与与教育以及联合国可持续发展目标等多个方面。通过建立和执行国际条约与协议，各国能够在全球范围内协调行动，形成应对环境问题的法律框架和共识。环境评估则为政策制定提供科学依据，确保决策的有效性与针对性。技术转让与合作为发展中国家提供了必要的资源和能力建设，帮助其更好地应对环境挑战。同时，公众参与与环保教育在提升社会环保意识、促进社会各界参与环境保护方面发挥了重要作用，使环境治理更加透明和民主化。最后，联合国可持续发展目标（SDGs）为全球可持续发展提供了明确的方向和指标，促进了各国在经济、社会与环境之间的协调发展。随着全球环境问题的日益严重，国际社会需要进一步加强合作，共同制定和实施有效的政策与措施，以实现可持续发展目标，保护我们的地球家园。通过全球的共同努力，我们就能够应对环境挑战，推动经济、社会和环境的协调发展，为未来世代创造一个安全、可持续的生活环境。

15.3　中国在全球环境问题管理中的基本原则与行动

中国在全球环境管理中扮演着越来越重要的角色，作为世界上最大的发展中国家和第二大经济体，中国的环境政策和行动不仅影响着国内的可持续发展，也深刻影响着全球的环境治理。中国在全球环境问题管理中秉持的基本原则和具体行动，体现了其对可持续发展的承诺和对国际社会的责任。以下将从基本原则、实际行动及最新动态等方面对中国如何参与全球环境问题管理进行详细阐述。

15.3.1　基本原则

中国国务院环境保护委员会于 1990 年 7 月通过的《关于全球环境问题的原则立场》是有关中国如何参与全球环境问题管理的重要纲领性文件，为中国后续的环境政策与国际合作奠定了理论基础和实践指导。随着近年来全球环境问题日益突出，中国在环境治理中的基本原则也不断得到深化和完善。大体来说，中国在全球环境管理中贯彻的基本原则主要有以下几个。

（1）可持续发展

中国始终强调经济发展与环境保护的协调，推动绿色发展，力求实现经济、社会与环境的和谐共生。可持续发展理念贯穿于中国的国家战略中，包括历年的环境保护规划，以及最新的"十四五"规划和 2035 年远景目标纲要等。这些政策文件明确提出要加快构建以绿色为导向的现代化经济体系，推动资源节约和循环利用，促进经济的高质量发展。

中国政府在可持续发展方面的努力不仅体现在政策层面，还包括大量的具体行动。例如，中国政府在 2020 年提出了"碳达峰"和"碳中和"目标，计划在 2030 年前达到碳排放峰值，并在 2060 年前实现碳中和。这一目标的设定不仅标志着中国在全球应对气候变化中承担了更大的责任，也展示了其向可持续发展转型的坚定决心。

此外，中国还积极推进绿色交通和智能城市建设，以减少城市化进程中对环境的影响。政府鼓励发展公共交通系统，推广电动汽车和新能源汽车的使用，以降低交通运输领域的碳排放。在城市规划中，绿色建筑和生态城市的理念逐渐被纳入，以实现城市的可持续发展。

在社会层面，中国也在不断提升公众的环保意识和参与度。通过开展环保教育、志愿者活动和社区参与项目，越来越多的公众意识到环保的重要性，并积极参与到环境保护行动中。例如，许多城市组织的植树活动和清理河道的志愿者活动，吸引了大量居民参与，增强了社区的环保意识。

总之，中国在可持续发展方面的努力是多方位的，涵盖了政策制定、技术创新、社会参与等多个方面。通过不断深化可持续发展战略的实施，中国正朝着经济、社会与环境和谐共生的目标迈进，为全球可持续发展贡献力量。

（2）共同但有区别的责任

在全球环境治理中，中国倡导"共同但有区别的责任"原则，强调不同国家在历史责任和能力上的差异。中国认为需要重视发达国家在工业化过程中对环境造成的历史性影响，呼吁发达国家应承担更多的减排责任和技术转让义务。

在《巴黎协定》的谈判中，中国积极推动这一原则的落实，认为发达国家应在资金、技术和能力建设方面给予发展中国家更多支持，以帮助后者应对气候变化和环境挑战。这一原则的具体体现还包括中国在国际气候变化谈判中的立场。中国在 2015 年巴黎气候大会上提出的"国家自主贡献"目标也充分反映了这一立场。

（3）多边主义

中国坚定支持通过国际合作解决全球环境问题，倡导在联合国框架内开展合作。中国认为，面对气候变化、生物多样性丧失和环境污染等全球性挑战，各国应加强合作，携手应对。中国积极参与联合国环境规划署（UNEP）、联合国气候变化框架公约（UNFCCC）等多边机制，并在这些平台上提出建设性意见与建议。

中国在多边环境治理中的积极角色还体现在推动建立全球环境治理新机制上。例如，2016 年，中国发起了"南南合作"计划（"气候、生态与生计旗舰计划"）[34]，旨在通过技术转让、资金支持和经验分享，帮助发展中国家提升应对环境挑战的能力。此外，中国还参与了全球环境基金（GEF）的管理，为资助全球环境保护项目提供支持。这些努力不仅有助于提升发展中国家的环境治理能力，也为全球环境治理注入了新的活力。

（4）建设生态文明

近年来，中国在全球环境治理中逐渐将生态文明建设作为重要原则，强调人与自然的和谐共生。生态文明建设不仅是中国发展理念的重要组成部分，也是中国在国际社会中展示其环境治理责任和形象的重要途径。

在全球范围内，中国通过倡导生态文明理念，推动国际社会加强环境保护合作，促进可持续发展。例如，在"一带一路"倡议中，中国强调绿色发展，推动沿线国家在基础设施建设中融入生态环保理念，确保经济发展与生态保护相结合。

15.3.2　实际行动

（1）主动承诺减排目标

中国在《巴黎协定》中的承诺是其全球环境治理行动的重要体现。在《巴黎协定》通过后，中国政府迅速制定了国家自主贡献清单，明确了减排目标和实施路径。中国承诺到2030年，二氧化碳排放强度比2005年下降65％以上，并努力提高非化石能源在一次能源消费中的比重，力求到2030年达到20％以上。通过这些承诺，中国展示了在全球气候治理中的领导力和责任感。

为实现这些减排目标，中国正在加快推动可再生能源的开发和利用，减少对化石燃料的依赖。根据国家能源局的数据，截至2021年10月，我国可再生能源发电累计装机容量突破10亿千瓦，占全国发电总装机容量比重达43.5％。其中，水电、风电、太阳能发电和生物质发电装机均持续保持世界第一。这样的发展不仅有助于降低温室气体排放，也为全球能源转型提供了中国经验。

（2）加强国内环保立法

中国在加强环保立法方面取得了显著进展，特别是《环境保护法》《大气污染防治法》和《水污染防治法》等一系列法律法规的出台和修订，标志着中国在环境治理法治化方面迈出了重要一步。这些法律不仅明确了政府和企业在环境保护中的责任，也为公众参与环境治理提供了法律依据。

例如，2015年新修订的《环境保护法》加强了对环境违法行为的惩罚力度，提升了公众的环境诉讼权利，鼓励公众参与环境保护和监督。这些法律的出台，体现了中国在环境治理中的法治环境越来越完善。

（3）推动绿色经济与可再生能源发展

中国在推动绿色经济和可再生能源发展方面采取了一系列政策措施。2021年国务院印发《关于加快建立健全绿色低碳循环发展经济体系的指导意见》，明确了推动绿色产业、绿色技术和绿色消费的目标和路径，提出到2025年，绿色低碳循环发展的生产体系、流通体系、消费体系初步形成。到2035年，美丽中国建设目标基本实现。

在可再生能源领域，中国已成为全球最大的太阳能和风能市场。根据国际可再生能源署（IRENA）的数据，中国在2021年占全球太阳能发电的近40％和风能发电的近30％。这一成就不仅有助于降低国内的碳排放，也为全球可再生能源技术的进步与应用提供了重要支持。

此外，2016年，中国政府发布了《中国落实2030年可持续发展议程国别方案》，明确了未来几年在可持续发展领域的重点任务和目标，这一方案强调了绿色经济、生态保护和社会公平的重要性，也是对2015年联合国大会通过的《2030年可持续发展议程》的积极响应和全面落实。

（4）推动"一带一路"倡议中的绿色发展

"一带一路"倡议是中国推动全球发展的重要战略，其中绿色发展是其核心内容之一。中国在"一带一路"倡议框架下，积极推动"一带一路"国家的可持续发展，强调基础设施建设与环境保护相结合。

在"一带一路"建设中，中国引入了绿色金融理念，鼓励绿色投资和可持续项目的实施。例如，中国银行和建设银行等金融机构推出了绿色债券，为可再生能源、生态保护和清洁交通等项目提供资金支持。此外，中国还通过技术合作和经验分享，帮助"一带一路"国家提升环境管理能力，实现共赢发展。

综上所述，中国在全球环境问题管理中秉持可持续发展、共同但有区别的责任和多边主义等原则立场，通过积极承诺减排目标、加强国内环保立法、推动绿色经济与可再生能源发展，以及在"一带一路"倡议中倡导绿色发展，展示了其在全球环境治理中的积极行动。

随着全球环境问题的日益严峻，中国将继续加强与国际社会的合作，推动全球可持续发展，积极参与应对气候变化和生态保护的全球努力。通过这些行动，中国不仅为自身的可持续发展奠定了基础，也为全球环境治理贡献了力量。在未来的国际环境治理中，中国将继续发挥重要作用，推动实现人与自然的和谐共生，为全球可持续发展作出更大贡献。

拓展阅读

全球富人的生活消费模式加剧地球暖化

复习思考题（答案请扫封底二维码）

问题1. 全球环境问题的全球性和相互关联性主要表现哪几个方面？
问题2. 气候变化带来的全球性影响包括哪几点？
问题3. 如何构建"一带一路"生态环保交流合作体系？
问题4. 中国在全球环境管理中贯彻的重要基本原则有几个？
问题5. 17个联合国可持续发展目标请说出5个。
问题6. 国家环境状况报告的内容通常包括哪几个方面？
问题7. 面对全球气候变暖个人可以做些什么？

参考文献

[1] COMMONER B. Making peace with the planet [M]. New York：Pantheon Books，1990.

[2] ROSA E A. Rethinking the environmental impacts of population，affluence and technology [J]. Human ecology review，1994，1 (1).

[3] MEADOWS D H，MEADOWS D L，RANDERS J，et al. The limits to growth [M]. New York：Universe Books，1972.

[4] CARSON R. Silent spring [M]. Boston：Houghton Mifflin，1962.

[5] 朱利安·西蒙，哈尔曼·卡恩. 资源丰富的地球 [M]. 北京：科学技术文献出版社，1988.

[6] HAUB C. Global aging and the demographic divide [R]. Washington，D. C.：Population Reference Bureau，2008.

[7] BINDRABAN P S，BURGER C P J，QUIST-WESSEL P M F，et al. Resilience of the European food system to calamities [R]. Wageningen：Plant Research International，2009.

[8] WHITE D R，MALKOV A，KOROTAYEV A. World population：trends，mechanisms，singularities [M]. [S. l.]，2009.

[9] BOULDING K E. 即将到来的太空船地球经济 [M] //托夫勒. 未来学家谈未来. 杭州：浙江人民出版社，1987：239-246.

[10] SIMON H. Administrative behavior：a study of decision-making processes in administrative organization [M]. New York：Macmillan Publishing Co.，Inc.，1976.

[11] Brundtland Commission. Our common future [R]. [S. l.]，1987.

[12] BARROW C J. Environmental management：principles and practice [M]. United Kingdom：Psychology Press，1999.

[13] ISO. ISO 14001：2015 environmental management systems—requirements with guidance for use [S]. Geneva：ISO，2015.

[14] OSTROM E. Governing the commons：the evolution of institutions for collective action [M]. Cambridge：Cambridge University Press，2009.

[15] MURALIKRISHNA I V，MANICKAM V. Environmental management：science and engineering for industry [M]. Kidlington：Butterworth-Heinemann，2017.

[16] THEODORE M K，THEODORE L. Introduction to environmental management [M]. 2nd ed. Boca Raton：CRC Press，2021.

[17] 刘常海，张明顺. 环境管理 [M]. 北京：中国环境科学出版社，1994.

[18] 叶文虎. 环境管理学 [M]. 北京：高等教育出版社，2013.

[19] 王金南. 中国环境规划与政策 [M]. 北京：中国环境出版社，2015.

[20] WACKERNAGEL M，REES W. Our ecological footprint：reducing human impact on the earth [M]. Gabriola Island：New Society Publishers，1996.

[21] BOULDING K E. The economics of the coming spaceship earth [M] //JARRETT H. Environmental quality in a growing economy. Baltimore：The Johns Hopkins University Press，1966：3-14.

[22] 商务部，财政部，发展改革委，等. 关于印发《家电以旧换新实施办法（修订稿）》的通知：商贸发〔2010〕231号 [A/OL]. [2024-11-01]. https：//www. gov. cn/zwgk/2010-06/23/content_1634925. htm.

[23] 上海市绿化和市容管理局. 关于加强本市装修垃圾、大件垃圾投放和收运管理工作的通知 [A/OL]. （2021-05-17）[2024-11-01]. https：//lhsr. sh. gov. cn/srgl/20210517/fd79de83-1766-46b0- b21e-f3df63ed4236. html.

[24] 汉阴县人民政府. 陕西省水资源税征收管理办法（试行）[A/OL]. [2024-11-01]. https：//www. hanyin. gov. cn/Content-2105810. html.

[25] 生态环境部. 环境影响评价技术导则 [S/OL]. [2024-11-01]. https：//www. mee. gov. cn/ywgz/ fgbz/bz/bzwb/other/pjjsdz/.

［26］ 生态环境部. 关于印发《排污许可证管理暂行规定》的通知 https：//www. mee. gov. cn/ gkml/hbb/bwj/ 201701/t20170105 _ 394012. htm.

［27］ 生态环境部. 排污许可管理办法 ［A/OL］. ［2024-11-01］. https：//www. gov. cn/zhengce/ 202404/content _ 6944187. htm.

［28］ BERRY B J L，HORTON F E. Urban environmental management：planning for pollution control ［M］. Englewood Cliffs：Prentice-Hall，1974.

［29］ LEOPOLD A. A sand county almanac ［M］. Oxford：Oxford University Press，1949.

［30］ NAESS A. The shallow and the deep，long-range ecology movement ［J］. Inquiry，1973，16：95-100.

［31］ 中华人民共和国主席令. 中华人民共和国水法 ［A/OL］. （2002）［2024-11-01］. https：// www. gov. cn/gongbao/content/2002/content _ 61737. htm.

［32］ 深圳市科技创新局. 全国首创城市面源污染治理典范工程观澜河口调蓄池提标改造顺利通水 ［EB/OL］. ［2024-11-01］. https：//stic. sz. gov. cn/gzcy/msss/mskjdt/content/post _ 2907058. html.

［33］ 天津市环境保护局，天津大学环境科学与工程学院，天津市环境监测中心. 海河流域天津市水污染防治"十一五"规划（简本）［R］. 天津，2005.

［34］ 中国科学院. 联合国环境署与中国联合推动南南合作"气候、生态与生计旗舰计划"启动 ［EB/OL］. （2016-11-17）［2024-11-01］. https：//www. cas. cn/yx/201611/t20161117 _ 4581593. shtml.